高等教育规划教材

Visual C++高级编程技术

张志强　张博文　编著

机械工业出版社

本书介绍了使用 Visual C++开发 Windows、Android 和 iOS 等系统下应用软件的基本方法。第 1～3 章介绍使用 VC++开发 Windows 程序的基本原理和方法，第 4～9 章讲授开发文档及视图程序的方法，第 10 章讲授对话框的使用方法，第 11～12 章讲授常见控件的使用方法，第 13 章讲授创建和使用动态链接库的方法，第 14 章讲授使用进程和线程技术开发并行、并发程序的方法，第 15 章讲授使用 VC++ 2015 提供的跨平台开发技术开发 Android、iOS 及 OS X 程序的基本原理和方法。

本书既可作为高等院校计算机及相关专业 C++后续课程的教材或主要参考书，也可作为继续教育或网络培训中的程序设计课程教材，同时也可供有关工程技术人员和计算机爱好者学习参考。

本书配有电子课件，需要的教师可登录 www.cmpedu.com 免费注册，审核通过后下载，或联系编辑索取（QQ：2850823885，电话：010-88379739）。

图书在版编目（CIP）数据

Visual C++高级编程技术 / 张志强，张博文编著. —北京：机械工业出版社，2016.2

高等教育规划教材

ISBN 978-7-111-52934-7

Ⅰ. ①V… Ⅱ. ①张… ②张… Ⅲ. ①C 语言－程序设计－高等学校－教材 Ⅳ. ①TP312

中国版本图书馆 CIP 数据核字（2016）第 026534 号

机械工业出版社（北京市百万庄大街 22 号　邮政编码 100037）

责任编辑：郝建伟　　责任校对：张艳霞

责任印制：李　洋

三河市国英印务有限公司印刷

2016 年 3 月第 1 版 • 第 1 次印刷

184mm×260mm • 20 印张 • 495 千字

0001－3000 册

标准书号：ISBN 978-7-111-52934-7

定价：49.00 元

凡购本书，如有缺页、倒页、脱页，由本社发行部调换

电话服务

服务咨询热线：（010）88379833

读者购书热线：（010）88379649

网络服务

机 工 官 网：www.cmpbook.com

机 工 官 博：weibo.com/cmp1952

教育服务网：www.cmpedu.com

金　书　网：www.golden-book.com

出版说明

当前，我国正处在加快转变经济发展方式、推动产业转型升级的关键时期。为经济转型升级提供高层次人才，是高等院校最重要的历史使命和战略任务之一。高等教育要培养基础性、学术型人才，但更重要的是加大力度培养多规格、多样化的应用型、复合型人才。

为顺应高等教育迅猛发展的趋势，配合高等院校的教学改革，满足高质量高校教材的迫切需求，机械工业出版社邀请了全国多所高等院校的专家、一线教师及教务部门，通过充分的调研和讨论，针对相关课程的特点，总结教学中的实践经验，组织出版了这套“高等教育规划教材”。

本套教材具有以下特点：

1）符合高等院校各专业人才的培养目标及课程体系的设置，注重培养学生的应用能力，加大案例篇幅或实训内容，强调知识、能力与素质的综合训练。

2）针对多数学生的学习特点，采用通俗易懂的方法讲解知识，逻辑性强、层次分明、叙述准确而精炼、图文并茂，使学生可以快速掌握，学以致用。

3）凝结一线骨干教师的课程改革和教学研究成果，融合先进的教学理念，在教学内容和方法上做出创新。

4）为了体现建设“立体化”精品教材的宗旨，本套教材为主干课程配备了电子教案、学习与上机指导、习题解答、源代码或源程序、教学大纲、课程设计和毕业设计指导等资源。

5）注重教材的实用性、通用性，适合各类高等院校、高等职业学校及相关院校的教学，也可作为各类培训班教材和自学用书。

欢迎教育界的专家和老师提出宝贵的意见和建议。衷心感谢广大教育工作者和读者的支持与帮助！

机械工业出版社

前　言

Visual C++（简称 VC++）经过 20 多年的发展，已经成为目前世界上使用最为广泛的一种 C++开发工具，用它开发的应用软件早已经超越了 Windows 操作系统的限制，甚至很多热门的 Android 和 iOS 手机应用软件都是用 VC++开发的。

目前，软件开发方式主要有两种：一种是使用 Java、C#、VB 和 Delphi 等进行开发，这些开发工具将大量的系统内部技术细节屏蔽掉，从而简化了编程的难度，极大地提高了开发的速度。还有一种是使用 C、C++等语言采用直接面向系统底层的开发方法，由于主流操作系统的核心部分都是采用 C 语言所编写的，所以采用此方法可以实现与操作系统的无缝对接，最大限度地发挥系统的潜能，但难度较大。

两种方法各有优缺点，若追求软件的开发速度，Java、C#、VB 和 Delphi 是很好的选择；若追求软件运行效率，C 和 C++是最佳选择。因此，目前市场上主流的通用商业软件，不论是 microsoft Office、WPS 等办公软件，AutoCAD、Photoshop 等专业软件，还是著名的 DOTA2、LOL 或魔兽等游戏软件，无一不是 C 或 C++的杰作。本书主要面向希望掌握专业开发技术的读者，讲授以 VC++为开发平台，使用 C++进行应用软件开发的基本方法。

本书讲授使用 VC++开发 Windows、Android 和 iOS 应用软件的基本方法。编写目标是使学生向开发人员过渡，使计算机编程爱好者由业余水平向专业水平过渡。本书内容属于 C++高级编程技术，需要读者已经掌握 C++基本知识。本书内容共分为 15 章，采用原理和实例相结合的方法系统讲授 VC++编程技术，目标是使读者在学习完本书后，可以参照 VC++的联机文档及网络资源，编写出满足一般应用需求的各种应用软件，并以此为基础，能够通过自学掌握更加高级的软件开发技术。

本书前 14 章由张志强编写、第 15 章由张博文编写。由于掌握基于 C++的应用软件开发技术确实有一定的难度，为了使读者少走弯路，著名手机游戏研发公司西帮网络的多位软件工程师结合自己的开发经验为本书内容的编排提供了大量的帮助，在此谨向他们表示诚挚的谢意。

由于作者水平所限和时间的原因，书中难免存在错误和疏漏之处，欢迎广大读者批评指正。

编　者

目　　录

出版说明

前言

第1章 VC++程序设计基础

应用软件的运行和开发离不开操作系统的支持，本章首先介绍以 Windows 为代表的当前主流操作系统的发展历史及技术特点，然后通过一个实例介绍 Windows 应用程序的运行模式、基本结构及开发流程。

1.1 Windows 概述

操作系统是计算机系统中最重要的软件，它负责管理计算机系统中的各种软、硬件资源，负责各种应用软件的启动、运行和结束，并管理它们使用的各种资源。一个应用程序若想正确运行必须严格执行操作系统中定义的各种规则；一个应用程序若想使用计算机中的软、硬件资源也必须借助操作系统才能够使用。所以开发应用软件仅仅掌握一门或几门程序设计语言是不够的，还必须学习在相应的操作系统环境下应用软件的开发规则和方法。

1.1.1 操作系统的发展历史

1）最早的计算机系统中并没有操作系统，程序设计全部使用机器语言，人们使用电路插板及硬连线来控制计算机的运行。

2）20 世纪 50 年代后期，随着 Fortran、Algol 及 COBOL 等语言的发明和计算机功能的增强，人们开发了一些监督程序来对计算机的运行进行简单的控制和管理。

3）20 世纪 60 年代以后，这些监督和管理程序的功能不断增强，逐渐发展成为简单的操作系统，其中比较典型的有 Fortran 监控系统和 IBMSYS 等。20 世纪 60 年代中期开始，一些著名的计算机公司开始尝试开发具有通用功能的操作系统，但都失败了。

4）20 世纪 60 年代末，AT&T 公司贝尔实验室的软件工程师 Ken Thompson 请同事 Dennis Ritchie 为自己的游戏程序“星际旅行”开发了一个操作系统。后来两人为了把这个游戏和操作系统移植到其他硬件平台，又发明了 C 语言，并用 C 语言重写了这个操作系统，该操作系统就是 UNIX 操作系统。UNIX 的诞生标识着现代操作系统的诞生。到目前为止，几乎所有的主流操作系统都和 UNIX 有关系，且都是采用 C 语言开发的。

5）20 世纪 70 年代末，美国施乐公司开发出了世界上第一个图形界面操作系统，它在 Star8010 工作站上运行，其新颖的操作界面（简称为 GUI）引起了当时一些新兴计算机公司的兴趣。苹果公司的 Steve Jobs 在参观了施乐公司后挖走了该公司的多名程序员，并于 1983 年推出了具有图形操作界面的 Apple Lisa 个人计算机。

20 世纪 80 年代初，微软公司的 Bill Gates 也从施乐公司挖走了一名技术主管，开始了 GUI 界面操作系统的研发，并于 1985 年推出了具有图形操作界面的操作系统 Windows 1.0。

6）20 世纪 90 年代初，微软公司推出了 Windows 3.0，该系统是第一个风靡全球的 GUI 界面操作系统。在 Windows 3.0 崛起的同时，一名芬兰大学生 Linus Torvalds 改进了 Andy Tanenbaum 开发的 Minix 系统（一种简化的 UNIX 操作系统）并命名为 Linux，该系统源码被

Linus 放到网络上共享，全世界很多操作系统爱好者自发参加了 Linux 的改进工作，Linux 迅速发展起来并成为 UNIX 的一个重要分支。

7）21 世纪初，微软公司推出 Windows XP 操作系统，该系统成为世界上用户最多的计算机操作系统。同时，智能手机开始流行，微软公司以 Windows CE 为基础推出了手机操作系统 Windows Mobile，苹果公司以 OS X 为基础推出了手机操作系统 iOS，谷歌以 Linux 为基础推出了手机操作系统 Android。因为微软公司对手机操作系统重视不够导致 Windows Mobile 发展缓慢，Android 与 iOS 则迅速崛起。

需要注意的是，OS X 及 iOS 使用的都是 UNIX 操作系统内核，所以 iOS 与使用 Linux 操作系统内核的 Android 可以说是同源的。苹果手机和绝大部分 Android 手机使用的 CPU 和硬件架构都是由 ARM 公司设计的。所以苹果手机和 Android 手机在底层的设计上是相似的。

8）2015 年，微软公司推出了全新一代操作系统 Windows 10，它为包括 ARM 架构和 x86 架构在内的各种硬件提供一个统一的运行平台。因为包括苹果手机、Android 手机在内的绝大部分手机、平板电脑厂商使用的都是 ARM 的硬件架构，包括苹果计算机在内绝大部分计算机使用的都是 Intel 的硬件架构，所以 Windows 10 支持的设备类型可以从互联网设备到个人计算机再到全球企业数据中心服务器等。给用户带来的最大好处是开发一个应用，就可以跨平台地在手机、平板电脑、个人计算机及 Xbox 等众多种类的设备上运行。

1.1.2 Windows 的技术特点

Windows 操作系统发展到目前为止主要形成了以下几大技术特点。

1）用户界面友好，操作方便。Windows 操作系统及应用程序的操作方法比较简单，不需要进行太多的记忆，用户在直观的图形化操作界面上使用鼠标等指示设备进行简单的单击，就可以完成许多复杂的功能。

2）系统内部采用抢先式多任务方式运行。该方式可管理并协调多个任务在一台计算机的一块或多块 CPU 上并发甚至并行执行，能充分利用计算机的硬件设备资源，极大地提高了工作效率。

3）良好的安全性和稳定性。在安全性方面，当前的 Windows 系统均达到美国政府的 C2 级安全标准，支持用户账号检测、各用户资源的分配和保护功能；在稳定性方面，Windows 操作系统将程序运行模式分为核心态和用户态两部分，Windows 应用程序总在用户态运行，一个用户态的软件出错不会影响其他软件的运行，也不会导致处于核心态的系统崩溃。

4）兼容性好。Windows 操作系统不但支持多种计算机硬件设备，而且采用统一的 Windows 开发标准编写的各种应用软件，在几乎不需要修改的情况下可在各种 Windows 平台下正常运行。

5）强大的多媒体功能。Windows 操作系统内部支持多种多媒体设备和技术标准，并可通过多种方式支持未来的多媒体设备和技术，可使运行 Windows 系统的各种设备成为家庭影院、游戏机甚至家庭娱乐中心。

6）强大的网络功能。Windows 操作系统内部支持多种网络设备和网络协议，提供局域网和广域网上的多种应用功能，对 Internet 有完整的支持。通过系统内置的网络浏览器和 IIS 组件功能，不但可以使用各种网络资源，还可以在网络上建立多种服务。

7）系统采用面向对象的设计思想。不但系统的操作模式是面向对象的，例如一般操作过程是选择对象然后操作对象，而且系统的运行模式也是面向对象的。系统的工作采用消息驱动的模式，系统的构成采用组件的设计思想，Windows 提供面向对象的开发接口，如采用 COM、DCOM 和 COM+开发技术等。

8）完善的开发接口。Windows 系统为每一项重要系统功能都提供了强大的应用程序开发接口（一般称为 Windows API），该接口由多达几千个系统功能的调用组成。使用它们，用户可以编写出具有与 Windows 同样技术特点的应用程序。

在 Windows 平台下，开发工具众多，其中最著名、应用最广泛的是微软公司推出的 Microsoft Visual Studio（简称 VS）系列开发工具，它支持多种程序设计语言，使用户可以方便地开发出各种功能强大的 Windows 应用软件。使用 VS，不仅可以开发 Windows 平台的应用软件，还可以开发谷歌 Android 和苹果 iOS 平台下的应用软件，目前很多流行的手机游戏就是使用 VS 开发的。

1.2 Windows 程序特点

为了适应 Windows 操作系统的技术特点，使用户能够使用 Windows 操作系统提供的各项功能，Microsoft 对标准的 C/C++程序结构进行了一些扩充和修改，并给出了一些自己的约定，从而形成了自己的技术特点，下面对这些特点分别给予说明。

1.2.1 程序组成

开发一个标准的 Windows 应用程序，用户需要创建“程序代码”和“用户界面（简称 UI）资源”两部分内容，然后使用编译器将两部分内容合并到一起构成一个 EXE 文件，即 Windows 可执行程序。另外，为了使程序能在 Windows 下运行和使用 Windows 系统提供的功能，在编写的程序中还会使用一些 Windows 系统提供的函数库和头文件，所以一个标准 Windows 程序由以下 4 部分组成。

1. 程序代码

程序功能是通过执行程序代码实现的，这里所指的程序代码就是需要用户自己编写的用于实现特定功能的程序。

Windows 程序对标准的 C/C++程序的部分语法和运行规则进行了一些修改，增加了许多自己的特性。例如，在标准的 C/C++程序中，必须包含一个命名为 main 的函数，它是整个程序的入口点，程序的执行一般从它开始。而在标准 Windows 窗口应用程序中，则必须包含一个命名为 WinMain 的函数，它取代了原来标准的 C/C++程序中的 main 函数，成为 Windows 窗口应用程序新的入口点。但 Windows 对 C/C++的基本语法规则和功能并没有修改。

程序代码一般在开发工具提供的程序编辑窗口中进行编写，也可以在其他任意的文本编辑程序中编写。

2. UI 资源

Windows 操作系统是基于图形界面的，所以它的应用程序一般也是基于图形界面的。标准 Windows 应用程序的图形界面中主要包括菜单、工具栏、图标、位图和光标等，在应用程序的对话框中还包含按钮、位图和输入/输出框等，这些元素的显示形式及它们在相应窗口内的布局构成了一个程序的外貌。一个程序外貌的调整，如按钮位置和大小的调整，可以不影响程序的结构和算法，因此在开发 Windows 程序过程中，可以将这些外貌描述从程序代码中分离出来，单独以程序数据的形式存放，它们统称为Windows程序的UI资源。

由于程序的UI资源主要是一些用来描述程序窗口布局的数据，所以可以使用文本编辑程序编辑这些数据，以实现增删窗口元素或调整窗口元素的位置和大小，从而修改程序运行界面。然而要想观看UI资源调整后的效果则必须重新运行程序，比较烦琐。一些Windows开发工具提供了所见即所得的UI资源编辑工具，这些工具可以在用户修改UI资源的同时模拟显示UI资源修改后的程序运行效果。VC开发环境即提供了这样的UI资源编辑工具，称为资源编辑器。

3. Windows函数库

在编写应用程序过程中，经常需要使用到各种各样的函数库，其中有两个函数库是必需的：一个是在Windows环境下提供标准C/C++函数功能的函数库，文件名为LIBC.LIB、MSVCRT.LIB等，它的用法与标准C/C++函数用法一样，只是这个库为了适应Windows操作系统的特点已经被重写了；另一个是Windows API函数库。所谓Windows API函数库，即Windows应用程序开发接口，它们在GDI.LIB、USER32.LIB和KERNEL32.LIB等文件中定义，该组函数由Windows操作系统内部提供，在程序中使用它们可以调用操作系统的各种功能。Windows API所提供的功能主要包括以下七大类。

1）基础服务（Base Services），提供对Windows系统可用的基础资源的访问接口。例如：文件系统（file system）、外部设备（device）、进程（process）、线程（thread），以及访问注册表（Windows registry）和错误处理机制（error handling）等。

2）图形设备接口（GDI），提供功能为：输出图形内容到显示器、打印机，以及其他外部输出设备。

3）图形化用户界面（GUI），提供的功能有创建并管理屏幕和大多数基本控件（control），例如：按钮和滚动条、接收鼠标和键盘输入，以及其他与GUI有关的功能。

4）通用对话框链接库（Common Dialog Box Library），为应用程序提供标准对话框，例如：打开/保存文档对话框、颜色对话框和字体对话框等。

5）通用控件链接库（Common Control Library），为应用程序提供接口来访问操作系统提供的一些高级控件。例如：状态栏（status bar）、进度条（progress bar）、工具栏（tool bar）和标签（tab）。

6）Windows外壳（Windows Shell），作为Windows API的组成部分，不仅允许应用程序访问Windows外壳提供的功能，还对其有所改进和增强。

7）网络服务（Network Services），为访问操作系统提供的多种网络功能提供接口。

以上函数库已经包含在Windows操作系统和VC集成开发环境中，用户可以在自己的Windows程序中直接使用。

4. 头文件

如同使用标准C/C++函数必须在代码中包含定义相应函数的头文件一样，使用Windows API也必须包含Windows.h这个头文件。Windows.h及其包含的一些头文件中包含了众多Windows API中的函数、数据结构，以及一些常量的声明和定义。然而，随着Windows的发展，许多新增加的Windows API函数和数据结构不包含在Windows.h中，而在新增加的头文件中定义，使用这些函数需要包含另外的头文件，详细信息可查找MSDN（MSDN是随VC提供的全面的、权威的Windows开发技术资料，该资料可在安装VC时选择安装）。

1.2.2 数据类型

为了满足 Windows 系统的需要，Windows API 中定义了一些新的数据类型，为了与标准 C/C++语言中的数据类型区别，这些新的数据类型通常以大写字符来标识，它们在 Windows 函数库的头文件中使用 C/C++语言中的关键字 typedef 定义，表 1-1 给出了其中一些常用数据类型的说明。

表 1-1 常用 Windows 数据类型

类　型	名　称	长度/B	取值范围
BYTE	字节类型	1	0～255
CHAR	字符类型	1	−128～127
WCHAR	宽字符类型	2	−32768～32767
SHORT	短整类型	2	−32768～32767
WORD	字类型	2	0～65535
INT	整型	4	-2^{31}～（$2^{31}-1$）
LONG	长整型	4	-2^{31}～（$2^{31}-1$）
DWORD	双字类型	4	0～（$2^{32}-1$）
UINT	无符号整型	4	0～（$2^{32}-1$）
FLOAT	浮点型	4	-10^{38}～10^{38}
BOOL	布尔型	4	FALSE、TRUE
HWND	窗口句柄	4	0～（$2^{32}-1$）
LPCSTR	字符串指针	4	0～（$2^{32}-1$）
LPARAM	消息参数	4	-2^{31}～（$2^{31}-1$）
WPARAM	消息参数	4	-2^{31}～（$2^{31}-1$）
VOID	任意类型	4	-2^{31}～（$2^{31}-1$）

表 1-1 中只列出了 Windows 自定义数据类型中的一小部分，若想了解更多，在 VC 开发环境的程序编辑窗口中，选择一个 Windows 数据类型并右击，在弹出的快捷菜单中选择“转到定义”命令，即可打开该类型在 Windows 头文件中的定义。如 BOOL 型在 windef.h 中定义如下。

```
typedef int                                   BOOL;
typedef wchar_t                               WCHAR;
```

下面介绍几个与 Windows 数据类型有关的概念。

1．句柄

句柄在 Windows 操作系统内部和 Windows 应用程序中大量使用，它实质上是一个整数，是 Windows 用来标识内部对象的整数。例如，Windows 系统内可能同时存在多个窗口，如何区分它们呢？区分方法是系统在建立每一个窗口时都用一个唯一的整数进行标识，以后系统和用户程序都可以使用这个整数值找到这个窗口，这个整数值就被称为窗口句柄。

在 Windows 系统中，句柄的应用极其广泛，许多地方都要使用句柄，例如在使用到窗口、文件、网络连接和动态链接库等对象的时候，都要使用句柄进行标识。

2．Unicode

Unicode 是 ASCII 字符编码的一个扩展。在 ASCII 字符编码中，每个字符用 7～8 位表示，所以能够描述的字符的个数是有限的。由于许多民族的文字无法描述，人们为了满足自己的需要，就对 ASCII 编码进行了扩展，由此产生了不同的扩展编码方法，仅中文就有 GB2312 和 BIG5 等多种扩展编码。扩展后的编码方案可以容纳本国的语言文字，但是可能与其他国家的语言文字发生编码冲突，甚至同一种文字的不同编码之间也会发生冲突，而发生冲突的编码方案是不能同时使用的，这样就增加了软件开发的复杂性。

解决以上问题的方法是建立一种世界统一的编码方案，该方案能够对世界上所有的主要语言文字进行统一编码，这样程序员在处理多种语言文字时将极大地简化过程，同时也解决了多种语言文字同时处理时可能产生冲突的问题。Unicode 编码方案即由此产生。

VS 可以支持 Unicode 编码方案。如果在 VS 项目中选择 Unicode 编码方案，每个字符将占用 2B，这样共可以描述 65535 个字符。其中前 128 个为原 ASCII 码字符（0x0000～0x007F），紧跟后面的 128 个为扩展 ASCII 编码（0x0080～0x00FF），汉、日、韩三种文字使用从 0x3000～0x9FFF 的区间进行统一编码（简称 CJK）。现有的 Windows 操作系统对 Unicode 有完整的支持。选择 Unicode 编码方式，可以使开发的软件同时支持多种语言，但 Unicode 方式下字符的处理方式和传统的字符不同。

表 1-2 通过列举几个字符的编码来简单演示 ANSI 和 Unicode 编码的区别。

表 1-2　ANSI 和 Unicode 编码的区别

编码方式	数据类型	字符 A	字符 a	汉字字符“中”
ANSI 编码	char	0x41	0x61	0xd6d0
Unicode 编码	WCHAR	0x0041	0x0061	0x4e2d

Unicode 类型字符定义的关键字为 wchar_t，在 Windows 编程中更普遍的写法是用 WCHAR 取代 wchar_t，方法如下。

```
WCHAR c,s[100]=L"你好";  //Unicode 类型变量定义方法
c=_T('A');               //用来将单字节字符常量转为 Unicode 类型
```

“你好”前面的 L 说明字符串“你好”是 Unicode 类型，_T()是一个宏，可以将单字节字符或字符串常量转为 Unicode 类型的字符或字符串。以上只是对 Unicode 的简单介绍，详细内容将在后面相关章节中介绍。

1.2.3　匈牙利命名法

在 Windows 应用程序中，人们习惯采用一种称为“匈牙利命名法”的命名方法来为变量、函数等标识符命名。“匈牙利命名法”是为了纪念一位微软公司传奇的匈牙利籍程序员 Charles-Simonyi 而命名的。该种命名方法不是必须要掌握的，但掌握它有利于学习 Windows 编程，增加程序的可读性。

该命名法的命名规则为：标识符以一个或几个小写字母开始，这些字母表示变量的类型，对于结构类型可以用结构类型名的缩写小写字母作为变量名的开始；小写字母后面跟几个单词用来说明变量的意义，每个单词的第一个字母大写，其他为小写，举例如下。

```
char   szNameStudent[16];        //sz 代表变量为字符串类型，串以'\0'结束，
```

```
                              //NameStudent 代表学生姓名
HWND    hWndMain[16];         //h 代表变量为一个句柄，WndMain 代表主窗口
int iCount;                   //i 代表变量为一个整型，Count 用来计数
struct Student
{
    …
}  stClassOne;                //st 代表学生类型，ClassOne 代表一班的学生
```

表 1-3 列出了“匈牙利命名法”常用变量的类型前缀表示方法。

表 1-3 “匈牙利命名法”常用标识符类型前缀

前　缀	表示数据类型
c	char 类型
by	BYTE 类型
n	short 类型
i	int 类型
x,y	int 类型，分别用做 x 坐标或 y 坐标
cx,cy	int 类型，分别用做 x 长度或 y 长度，c 代表 count
b	BOOL 类型
f	float 类型
w	WORD 类型
l	LONG 类型
dw	DWORD 类型
fn	函数
s	string（串）
sz	以 0 结尾的字符串类型
h	句柄类型
p	指针类型

1.2.4 窗口消息

Windows 是一种消息驱动（也称为事件驱动）的操作系统。所谓消息驱动，是指操作系统中的每一部分与其他部分之间都可以通过消息进行通信，应用程序与操作系统间的许多交互也是通过消息来完成的。基于消息的工作方式与标准 C/C++中的调用式工作方式不同，但消息方式更富有效率，更符合面向对象的程序设计思想。

例如，当发生针对用户程序的键盘和鼠标的输入产生时，Windows 系统向用户程序发送“有输入”消息，用户程序通过处理这些消息可以获得键盘和鼠标的输入信息。当系统需要用户程序更新窗口时，就发给用户程序“更新窗口”的消息，用户程序处理这些消息以更新窗口内容。另外，用户在程序中也可以自己定义一些消息，通过发送给本程序的不同窗口或发送给其他程序的窗口来实现通信。

Windows 中的消息种类虽然比较多，但所有消息的格式都是固定的，其结构信息和类型名称定义如下。

```
typedef struct tagMSG
{
        HWND hwnd;
        UINT message;
        WPARAM wParam;
        LPARAM lParam;
        DWORD time;
        POINT pt;
}MSG, *PMSG, NEAR *NPMSG, FAR *LPMSG;
```

在该结构中，每个数据成员的意义如下。

- hwnd 为目标窗口的窗口句柄，这个参数用来决定将消息发送给哪个窗口。
- message 为一个数字，它唯一标识了一种消息类型。消息类型通常在 Windows 头文件 winuser.h 中被定义，所有窗口消息都以 WM_开始，后面带一些描述了消息特性的名称。例如需要某应用程序退出时，Windows 就向该应用程序发送一条 WM_QUIT 消息，接到该消息的程序应该结束程序的执行。
- wParam 和 lParam 是 32 位的消息参数，其值的确切意义取决于消息本身，发送方通常用它们来传送一些附加的信息给接收消息的一方。
- time 为消息放入消息队列中的时间，在这个域中写入的并不是日期，而是从 Windows 启动后所测量的时间值。Windows 用该值使消息保持一定的顺序。
- pt 为消息放入消息队列时鼠标的坐标。

1.2.5 运行模式

Windows 窗口应用程序运行模式如图 1-1 所示。

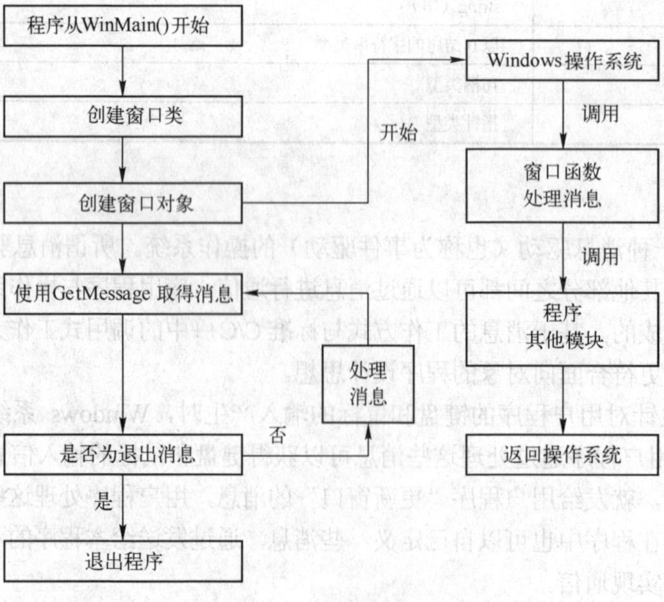

图 1-1 Windows 窗口应用程序运行模式

首先应用程序从 WinMain()开始执行，WinMain()完成初始化后创建一个窗口类，在窗口类中应包含一个处理窗口消息的函数，这个用来处理窗口消息的函数被称为窗口函数或窗口过程。该窗口函数在窗口对象创建完成后可以与 WinMain()函数并发运行，如图 1-1 所示。

WinMain()函数像传统的 C/C++程序一样顺序执行，该函数执行结束即退出程序。通常一个 Windows 窗口应用程序并不会自己结束，而是在接到用户或系统发来的退出消息时才会结束运行。为了实现以上功能，WinMain()中有一个循环，该循环使用 GetMessage()函数不断取得系统发来的各种消息，并可在该循环中对收到的消息进行检测，检测到需要处理的消息即进行处理，若检测到系统发来的退出消息则退出循环并结束本程序的运行。

窗口函数比较特殊，它一般不会被 WinMain()直接调用，而是由操作系统调用。每个窗口函数都属于一个窗口对象，每个窗口对象通常对应着一个窗口。只要操作系统检测到有针对该窗口的用户输入或有一些工作需要该窗口完成，操作系统就会调用该窗口函数，并将相关信息以消息（函数参数）的形式传递给窗口函数，由窗口函数进行处理。如果有些工作比较复杂，在窗口函数中还可以调用程序的其他模块（函数）来完成。窗口函数因为不是 WinMain()调用的，所以执行完成后并不返回 WinMain()函数，而是等待操作系统的下次调用。WinMain()函数和窗口函数是分别执行的，而且一个程序中虽然只有一个 WinMain()函数，但可以创建多个窗口，这些窗口的窗口函数都可以同时运行，但在 WinMain()函数运行结束后，WinMain()函数创建的所有窗口都将被关闭，这些窗口函数也都会退出。

1.3 一个简单的窗口程序

下面通过实际例子来说明一个 Windows 程序的组成和工作方式，这个总共 54 行的程序（例 0101）运行后在屏幕上将显示一个窗口，如图 1-2 所示。

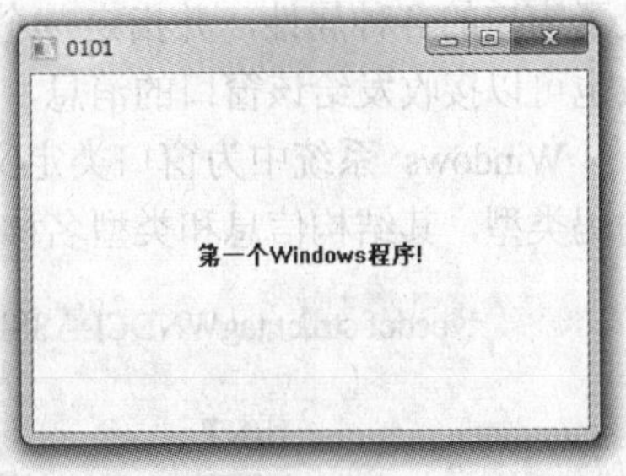

图 1-2 例 0101 运行结果

1.3.1 开始之前

在 C/C++程序的主函数之前，通常包含 3 项内容：必要的头文件、定义的全局变量和声明的外部函数。用 C/C++语言编写的 Windows 程序遵循同样的规则。

```
#01.  #include <windows.h>
```

程序代码的第一行包含头文件 windows.h，在该文件中定义了 Windows 系统内部使用的各种数据类型、接口函数和常数标识等内容。

```
#02.  TCHAR szTitle[]=L"0101";                    //标题栏字符串，代表 01 章 01 例
```

szTitle 字符串用来存储程序窗口的标题栏信息，L 说明字符串"0101"是 Unicode 类型。

```
#03.  TCHAR szWindowClass[]=L"Wnd0101";           //主窗口类名
```

szWindowClass 字符串用来存储窗口类的名称，Windows 系统使用窗口类信息来创建窗口，有关窗口类的详细信息将在后面讲解。

```
#04.  LRESULT CALLBACK WndProc(HWND, UINT, WPARAM, LPARAM);
```

声明了一个窗口函数 WndProc，具体功能将在函数定义部分讲解。

1.3.2 WinMain()函数

本章前面介绍过，WinMain()函数取代 main 函数成为 Windows 程序的主函数，也如同 main 函数在标准 C 语言程序中一样，Windows 程序从 WinMain()函数开始执行，随着 WinMain()函数执行结束而结束。

```
#05. int CALLBACK WinMain
     (HINSTANCE hInstance,HINSTANCE hPrevInstance,LPSTR lpCmdLine,int nCmdShow)
#06. {
```

从上面可以看出，WinMain 的类型为 int CALLBACK，其中 int 代表返回值的类型，CALLBACK 代表“回调”，所谓“回调”，是说明本函数将由系统调用。在 Windows 程序中经常使用回调函数来处理事件或消息，如在本例中的窗口函数 WndProc()即是一个回调函数。

与 main 不同，WinMain 包含 4 个参数，其中第一个参数 hInstance 是由系统告知的本程序目前在系统内部的标识，即“实例句柄”的值；hPrevInstance 在 Win32 以后不再使用，可忽略；lpCmdLine 指向传给程序的命令行参数；LPTSTR 为指向字符串的指针类型；int nCmdShow 通知应用程序窗口初始显示状态，如最大化或最小化等。

C++中的类由一组相关的数据及专门用来管理这些数据的成员函数组成，用类可以创建对象，使用消息在对象间进行通信。本章在介绍 Windows 的技术特点时曾经提到过 Windows 的面向对象特性，Windows 系统中的窗口类和窗口与 C++中的类和对象很相似。一个窗口类定义了窗口的各种属性，并指定一个函数来对窗口进行管理，该函数被称为“窗口函数”，该函数也可以接收发给该窗口的消息，并处理这些消息以实现窗口的各项功能。

Windows 系统中为窗口类定义了一个统一的数据类型 WNDCLASSEX，对于 UNICODE 编码类型，其结构信息和类型名称定义如下。

```
typedef struct tagWNDCLASSEXA
    {
        UINT          cbSize;                //窗口类的大小
        UINT          style ;                //窗口类的风格
        WNDPROC       lpfnWndProc ;          //指向窗口过程函数的指针
        Int           cbClsExtra ;           //窗口类附加数据
        Int           cbWndExtra ;           //窗口附加数据
        HINSTANCE     hInstance ;            //拥有窗口类的实例句柄
        HICON         hIcon ;                //窗口图标资源句柄
        HCURSOR       hCursor ;              //窗口内使用的光标
        HBRUSH        hbrBackground ;        //用来着色窗口背景的刷子
        LPCWSTR       lpszMenuName ;         //指向菜单资源名的指针
        LPCWSTR       lpszClassName ;        //指向窗口类名的指针
        HICON         hIconSm;               //最小窗口图标资源句柄
    } WNDCLASSEXA, *PWNDCLASSEXA, NEAR *NPWNDCLASSEXA, FAR *LPWNDCLASSEXA;
```

用户创建该结构体变量即可用于创建窗口类。

```
#07.      WNDCLASSEX wcex;
```

下面为结构体变量各成员赋值。

```
#08.        wcex.cbSize = sizeof(WNDCLASSEX);
```

成员 cbSize 保存窗口类本身占用内存的大小，可以用 sizeof(WNDCLASSEX)取得。

```
#09.        wcex.style  = CS_HREDRAW | CS_VREDRAW;
```

成员 style 保存窗口的一些重要特性，在 windows.h 中定义了一些前缀为 CS 的常量，在程序中可组合使用这些常量。本程序中使用的 CS_HREDRAW 表示当窗口的横坐标发生变化时要重画整个窗口，CS_VREDRAW 表示当窗口的纵坐标发生变化时要重画整个窗口。

```
#10.        wcex.lpfnWndProc= (WNDPROC)WndProc;
```

成员 lpfnWndProc 保存一个函数的指针，此函数即称为窗口函数。它用来接收 Windows 发送给窗口的各种消息，并执行相应的处理。

```
#11.        wcex.cbClsExtra = 0;
#12.        wcex.cbWndExtra = 0;
```

成员 cbClsExtra 和 cbWndExtra 为窗口类的额外字节数，通常情况下可赋值为 0。

```
#13.        wcex.hInstance = hInstance;
```

成员 hInstance 说明本窗口类所属的应用程序，其值为应用程序的实例句柄。

```
#14.        wcex.hIcon = NULL;
```

成员 hIcon 说明本程序所使用图标的句柄，使用系统函数 LoadIcon()可以取得程序资源中包含的图标句柄，在 VC 开发环境的资源编辑器中有专门制作图标的工具。本例使用 Windows 默认图标，定义为 NULL。

```
#15.        wcex.hCursor = NULL;
```

成员 hCursor 说明本程序所使用光标的句柄，使用系统函数 LoadCursor()可以取得程序资源中包含的图标句柄，在 VC 开发环境的资源编辑器中有专门制作光标的工具。本例使用 Windows 默认光标，定义为 NULL。

```
#16.        wcex.hbrBackground = (HBRUSH)(COLOR_WINDOW+1);
```

成员 hbrBackground 说明 Windows 用于绘制窗口背景的刷子颜色，本程序中使用的是系统默认窗口背景颜色。

```
#17.        wcex.lpszMenuName = NULL;
```

成员 lpszMenuName 用于说明菜单名，本程序中没有使用菜单，所以为 NULL。

```
#18.        wcex.lpszClassName = szWindowClass;
```

成员 lpszClassName 指定了本窗口类的名称。在程序中建立窗口时需要指定使用的窗口类，而窗口类的名称是指定窗口类的标识。

```
#19.        wcex.hIconSm = NULL;
```

成员 hIconSm 说明本程序所使用的小图标的句柄，本例使用 Windows 默认图标，定义为 NULL。

在窗口类变量创建完成后，需要把它提交给系统，可以使用系统函数 RegisterClassEx() 向系统注册窗口类，如果成功则返还窗口类型的标识号，可以用标识号进行创建窗口、查找窗口和注销窗口类型等，如果注册失败则函数返还 FALSE。一个窗口类在一个程序中不能重复注册。

```
#20.        if(!RegisterClassEx(&wcex))
#21.            return FALSE;
```

窗口类注册成功后，调用系统函数 CreateWindow()即可创建窗口。CreateWindow()函数定义如下。

```
HWND CreateWindow（
        LPCTSTR lpClassName,            //建立该窗口使用的窗口类名称
        LPCTSTR lpWindowName，          //窗口的标题
        DWORD dwStyle,                  //窗口的风格，如有无最大化、最小化按钮等
        int x,int y,                    //窗口在屏幕中的位置坐标值
        int nWidth,int nHeight,         //窗口初始大小，即宽度与高度
        HWND hWndParent,                //窗口的父窗口
        HMENU hMenu,                    //窗口的菜单
        HINSTANCE hInstance,            //窗口所属程序的句柄
        LPVOID lpParam）                //建立窗口消息 WM_CREATE 的附加数据
）
```

该函数建立窗口并返回其句柄，使用其他系统函数可通过该句柄操作该窗口，函数调用方法如下。

```
#22.  HWND hWnd;
#23.  hWnd = CreateWindow(szWindowClass, szTitle, WS_OVERLAPPEDWINDOW,
              CW_USEDEFAULT, 0, 400, 250, NULL, NULL, hInstance, NULL);
#24.      if (!hWnd)
#25.          return FALSE;
```

窗口创建完成后并不会显示，需要调用系统函数 ShowWindow()来显示窗口，ShowWindow()定义如下。

```
BOOL ShowWindow (
HWND hwnd,                  //窗口句柄，说明显示哪一个窗口
int nCmdShow                //指定窗口如何被显示
)
```

参数 nCmdShow 指定了 CWnd 应如何被显示。表 1-4 列出了 nCmdShow 的取值和功能。

表 1-4　nCmdShow 的取值和功能

标　识	功　能
SW_HIDE	隐藏窗口并将活动状态传递给其他窗口
SW_MINIMIZE	最小化窗口并激活系统列表中的顶层窗口
SW_RESTORE	激活并显示窗口。如果窗口是最小化或最大化的，Windows 恢复其原来的大小和位置
SW_SHOW	激活窗口并以其当前的大小和位置显示
SW_SHOWMAXIMIZED	激活窗口并显示为最大化窗口
SW_SHOWMINIMIZED	激活窗口并显示为图标
SW_SHOWMINNOACTIVE	将窗口显示为图标。当前活动的窗口将保持活动状态
SW_SHOWNA	按照当前状态显示窗口。当前活动的窗口将保持活动状态
SW_SHOWNOACTIVATE	按窗口最近的大小和位置显示。当前活动的窗口将保持活动状态
SW_SHOWNORMAL	激活并显示窗口。如果窗口是最小化或最大化的，则 Windows 恢复它原来的大小和位置

在本程序中，hwnd 使用 CreateWindow 创建窗口时返还的句柄，nCmdShow 使用 WinMain()函数传入的参数，调用方法如下。

```
#26.     ShowWindow(hWnd, nCmdShow);
```

窗口在屏幕上显示后，窗口显示的内容需要程序绘制，而 Windows 窗口程序是基于消息工作的，为了产生窗口绘制消息，需要调用系统函数 UpdateWindow()窗口函数。

系统函数 UpdateWindow(HWND hWnd)使系统向 hWnd 标识的窗口发送一个 WM_PAINT 消息，该消息会导致该窗口对应的窗口对象的窗口函数被调用，窗口函数可响应该消息进行窗口内容的绘制，至此窗口创建完成。

在本程序中，hwnd 使用 CreateWindow 创建窗口时返还的句柄，调用方法如下。

```
#27.     UpdateWindow(hWnd);
```

窗口创建完成后，窗口及窗口对象成为程序功能的主角，而 WinMain()函数通常成为了程序的配角，WinMain()函数剩下的工作就是通过 while 循环不断调用系统函数 GetMessage()获取系统发过来的消息，如果 GetMessage()接到 WM_QUIT 消息，则 GetMessage 返回 FALSE，循环结束，WinMain()函数退出程序。

为了接收和保存消息，需要定义一个 MSG 结构的变量。

```
#28.     MSG msg;
```

MSG 结构的内容在 1.2.4 节已经说明，#28 行代码用于定义消息变量，系统函数 GetMessage(LPMSG lpMsg,HWND hWnd,UINT wMsgFilterMin,UINT wMsgFilterMax)用来获取消息。GetMessage()函数的第一个参数是要接收消息的 MSG 变量的地址；第二个参数表示接收消息的窗口句柄，NULL 则表示要获取该应用程序创建的所有窗口的消息；第三、四个参数指定消息范围。

```
#29.  while (GetMessage(&msg, NULL, 0, 0))
```

#29 的函数调用中，第二个参数为 NULL，表示要获取该应用程序创建的所有窗口的消息；第三、四个参数为 0，说明要获取发送到窗口的所有消息。

```
#30.     {
#31.         TranslateMessage(&msg);
```

调用系统函数 TranslateMessage()翻译用户输入的键盘消息，有关详细内容将在第 6 章“用户输入”中进行讲解。

```
#32.         DispatchMessage(&msg);
```

DispatchMessage()要求系统将消息传送给在 MSG 变量中指向的窗口，即由系统调用相应窗口对应的窗口过程，本例中的 WndProc()函数将被系统调用。

```
#33.     }
```

以上的#29～#33 行为程序的消息循环，当 GetMessage 获取到 WM_QUIT 消息，函数返回 0，循环结束，程序执行#34 函数返还语句结束当前程序的运行。

```
#34.     return (int) msg.wParam;
#35. }
```

1.3.3 窗口函数

如果说一个窗口相当于一个 C++的对象，窗口函数就是这个对象的成员函数，只要产生针对该窗口的操作（在 Windows 系统中统称为消息），系统就调用该函数，并将操作信息（即消息）以参数的形式传给它，由窗口函数完成相应的操作。

```
#36. LRESULT CALLBACK WndProc(HWND hWnd, UINT message, WPARAM wParam, LPARAM lParam)
```

窗口函数的 4 个参数为 MSG 结构的前 4 个元素，第一个参数为接到消息的窗口句柄，这里需要说明的是，一个窗口类可以创建多个窗口，当窗口函数处理窗口的消息时，需要通过窗口句柄判断消息来自哪个窗口（C++类由于内置 this 指针，当一个类对应多个对象时，成员函数使用隐藏的 this 进行识别）。第二个参数是消息的标识，后面两个参数是消息的附加信息。

```
#37. {
#38.     switch (message)          //在窗口函数中通常用 switch 语句对接到的消息分别处理
#39.     {
#40.     case WM_PAINT:
```

当需要重画某窗口时，系统会向该窗口发送 WM_PAINT 消息。例如，当一个窗口尺寸被改变或遮住它的窗口被移走时，系统向该窗口发送 WM_PAINT 消息重新绘制窗口内容。

在窗口内绘图前，要擦除窗口背景设置重绘区域，还需要取得窗口的一些参数，这些参数在结构体 PAINTSTRUCT 和结构体 HDC 内定义，通过系统函数 BeginPaint()可以实现以上功能，用法如下。

```
#41.     PAINTSTRUCT ps;
#42.     HDC hdc;
#43.     hdc = BeginPaint(hWnd, &ps);
```

取得窗口绘图参数后，可以开始绘图，本例仅简单地在屏幕上输出一串字符，调用系统函数 TextOut()在窗口内指定位置输出字符串信息。系统函数 TextOut()定义如下。

```
BOOL TextOut(
    HDC       hdc,                    //输出文字需要的窗口参数
    int       nXStart,                //输出字符串左上角 x 坐标
    int       nYStart,                //输出字符串左上角 y 坐标
    LPCTSTR lpString,                 //输出字符串
    int       cchString               //输出字符串字符个数
);
```

在本程序中，hdc 使用 BeginPaint 获得绘制窗口所需要的参数，在窗口左上角（100、100）的位置输出字符串“第一个 Windows 程序!”。lstrlen 是 C 语言函数，用来求字符串的长度，调用方法如下。

```
#44.  TextOut(hdc,100,100,L"第一个 Windows 程序!",lstrlen(L"第一个 Windows 程序!"));
```

调用系统函数 EndPaint()结束在指定窗口的绘图，释放相关资源。

```
#45.        EndPaint(hWnd, &ps);
#46.            break;
```

当窗口关闭时，系统会向该窗口发送 WM_DESTROY 消息。如果窗口关闭后需要退出程序，窗口过程应调用系统函数 PostQuitMessage(0)，该函数向程序发送 WM_QUIT 消息，WinMain()的消息循环取得该消息后退出程序。

```
#47.        case WM_DESTROY:
#48.            PostQuitMessage(0);
#49.            break;
#50.        default:
#51.            return DefWindowProc(hWnd, message, wParam, lParam);
```

对于本函数未处理的窗口消息，可调用系统函数 DefWindowProc()对其进行处理。

```
#52.        }
#53.        return 0;
#54.  }
```

1.4 上机步骤

Microsoft Visual Studio（简称 VS）是 Microsoft 公司推出的多语言集成开发环境，其中包含的 Microsoft Visual C++（简称 VC++）是一个 C/C++语言开发环境。本书涉及开发环境的操作步骤主要以 VS 2010 为范例，其他版本的 VS 开发工具与此相似。下面以上一节程序为例，讲授使用 VC++ 2010 开发 Windows 程序的方法。

1.4.1 进入开发环境

启动 Microsoft Visual Studio 2010 程序，进入如图 1-3 所示的程序开发界面。

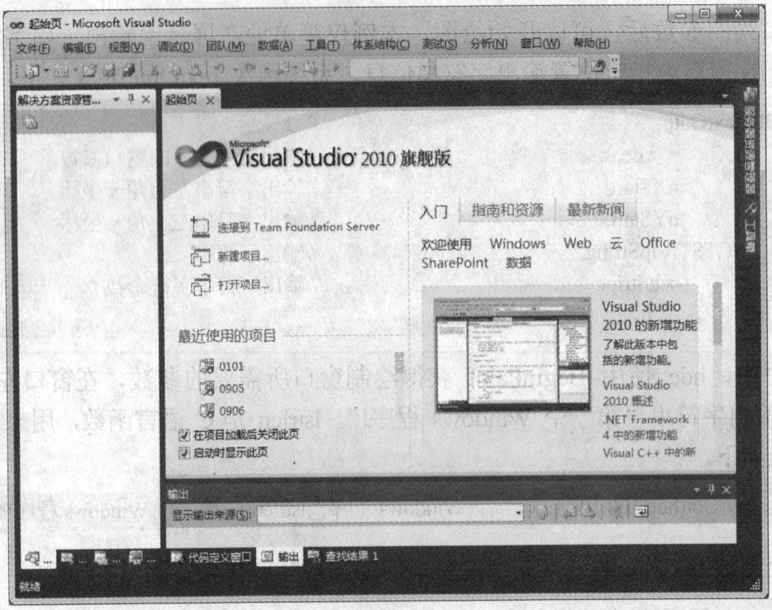

图 1-3　VS 2010 开发界面

1.4.2　新建项目

选择“文件”→“新建”→“项目”命令，弹出如图 1-4 所示的“新建项目”对话框。

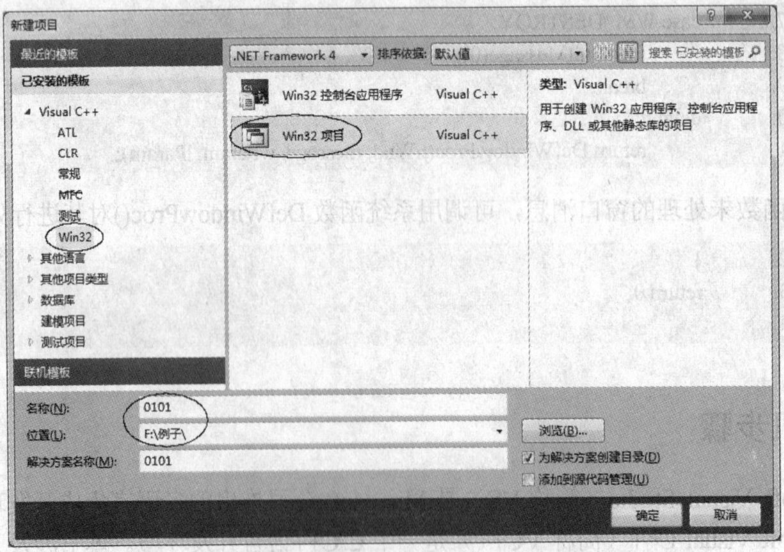

图 1-4　“新建项目”对话框

在对话框的“项目类型”中选择“Visual C++项目”选项，在“模板”中选择“Win32 项目”选项，在“位置”文本框内输入要创建的项目的地址（本例为 F：\例子\），在“名称”文本框内输入项目名称（本例为 0101），然后单击“确定”按钮，进入如图 1-5 所示的“Win32 应用程序向导”对话框。

1.4.3 修改项目选项

在“Win32 应用程序向导”对话框中首先选择“应用程序设置”栏，然后在“应用程序类型”选项组中选择“Windows 应用程序”单选按钮，在“附加选项”选项组中选择“空项目”复选框，最后单击“完成”按钮，程序即进入与图 1-3 相似的开发界面。

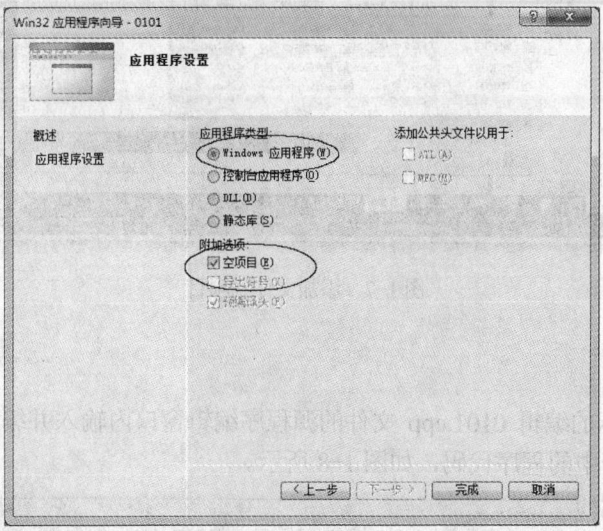

图 1-5 Win32 应用程序向导

1.4.4 添加程序文件

进入开发界面以后，选择“文件”→“新建”→“文件”命令，弹出如图 1-6 所示的“新建文件”对话框。

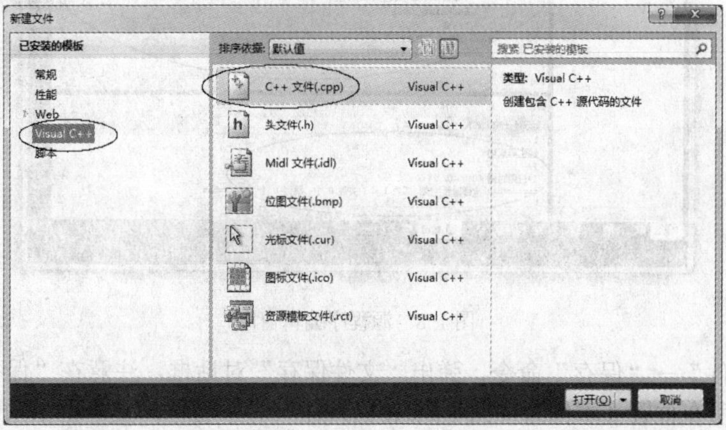

图 1-6 “新建文件”对话框

在“已安装的模板”选项组中选择 Visual C++选项，在右侧的列表框中选择“C++文件”选项，单击“打开”按钮，程序即进入如图 1-7 所示的程序编辑界面。

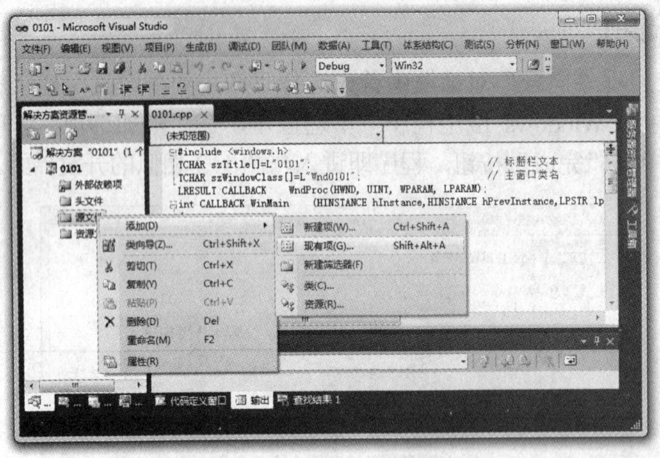

图 1-7　添加文件到项目

1.4.5　编辑程序

在如图 1-7 所示的编辑 0101.cpp 文件的源程序编辑窗口内输入并编辑上一节所讲述的简单 Windows 程序例子中的程序代码，如图 1-8 所示。

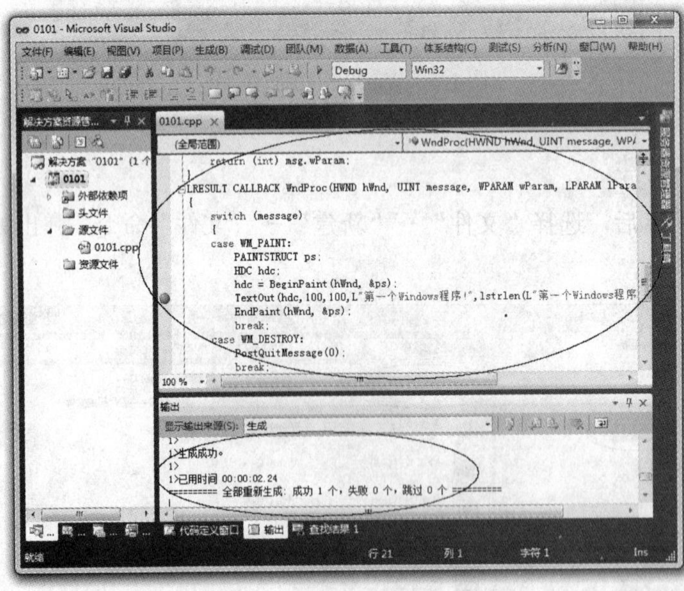

图 1-8　源程序编辑窗口

选择"文件"→"保存"命令，弹出"文件保存"对话框，注意在"保存在"下拉列表框中选择项目所在位置（本例为 F:\例子\0101），在"对象名称"文本框中输入源程序文件名（本例为 0101.cpp）；然后单击"保存"按钮。

1.4.6　添加源文件到项目

选择"解决方案管理器"视图，如图 1-7 所示，选择"源文件"选项并右击，在弹出的快捷菜单中选择"添加"→"现有项"命令，弹出"添加现有项"对话框，找到源程序文件

（本例为 0101.cpp），然后单击“添加”按钮，该源程序文件即可被添加到项目中。

1.4.7 调试运行

程序代码输入完成并添加到项目之后，选择“生成”→“生成解决方案”命令，然后检查编辑窗口下面的输出窗口内是否显示程序有语法错误，如有语法错误，读者可以根据提示对程序进行修改，修改完成之后选择“调试”→“开始执行”命令，执行程序，程序运行结果如图 1-2 所示。

1.5 增加窗口程序功能

1.5.1 关闭窗口消息

当用户试图关闭一个窗口时，Windows 会向该窗口发送 WM_CLOSE 消息，可由窗口函数确定是否要关闭窗口。

如果希望关闭窗口，可在窗口函数内调用系统函数 DefWindowProc()对其进行处理，如下面粗体部分代码所示。

```
LRESULT CALLBACK WndProc(HWND hWnd, UINT message, WPARAM wParam, LPARAM lParam)
{
        switch (message)
        {
                case WM_CLOSE:
                        return DefWindowProc(hWnd, message, wParam, lParam);
        }
}
```

如果不希望关闭窗口，窗口函数可以直接返回，如下面粗体部分代码所示。

```
LRESULT CALLBACK WndProc(HWND hWnd, UINT message, WPARAM wParam, LPARAM lParam)
{
        switch (message)
        {
                case WM_CLOSE:
                        break;
        }
}
```

1.5.2 显示信息窗口

在标准 C 中的 printf()函数及标准 C++中的标准输出流 cout 简单易用，可以方便地输出各种信息，Windows 库函数中也有一个函数 MessageBox()，能够以弹出对话框的方式便捷地输出各种信息。

MessageBox 定义如下。

```
WINAPI MessageBox(
HWND hWnd,                    //消息框的父窗口
```

```
    LPCTSTR lpszText,         //消息框内部显示的文本
    LPCTSTR lpCaption,        //消息框标题栏显示的文本
    UINT nType = MB_OK,       //指定按钮的风格
    );
```

参数 nType 用来指定按钮的风格，其值的含义如表 1-5 所示。

表 1-5　消息框按钮的风格

参 数 值	功能说明
MB_ABORTRETRYIGNORE	显示 Abort、Retry、Ignore（或相应中文提示信息）按钮
MB_OK	显示 OK（或相应中文提示信息）按钮
MB_OKCANCEL	显示 OK、Cancel（或相应中文提示信息）按钮
MB_RETRYCANCEL	显示 Retry、Cancel（或相应中文提示信息）按钮
MB_YESNO	显示 Yes、No（或相应中文提示信息）按钮
MB_YESNOCANCEL	显示 Yes、No、Cancel（或相应中文提示信息）按钮

参数 nType 也可以用来指定图标的风格，用户在使用 MessageBox 时，可以将按钮的风格与图标的风格组合使用。图标的风格其值含义如表 1-6 所示。

表 1-6　消息框图标的风格

参 数 值	功能说明
MB_ICONINFORMATION	显示一个 i 图标，通常用于表示提示
MB_ICONEXCLAMATION	显示一个惊叹号，通常用于表示警告
MB_ICONSTOP	显示 X 图标，通常用于表示警告或严重错误
MB_ICONQUESTION	显示问号图标，通常用于表示疑问

按钮的风格与图标的风格组合的方法是将两种风格组合使用或运算，将运算结果作为 nType 参数传给 MessageBox()函数。例如使用 MB_ABORTRETRYIGNORE | MB_ICONQUESTION 作为参数调用 MessageBox()函数。

```
    MessageBox(hWnd,L" 是 否 退 出 程 序 ？ ",L" 提 示 消 息 ",MB_
OKCANCEL|MB_ICONQUESTION);
```

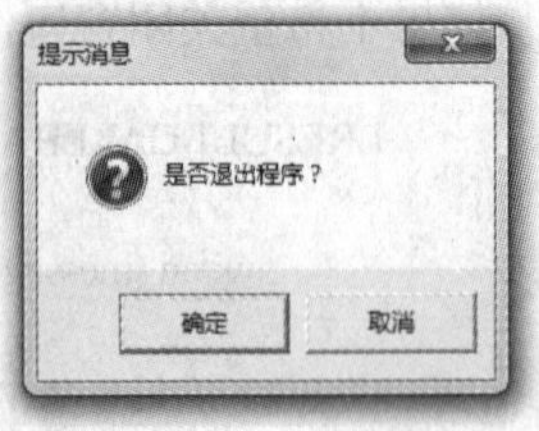

图 1-9　MessageBox 消息窗口

程序运行显示如图 1-9 所示的信息框。

MessageBox 的返回值代表用户选择了哪个按钮，其值含义如表 1-7 所示。

表 1-7　函数 MessageBox()返还值

返 还 值	功能说明
0	内存不够，不能显示消息框
IDABORT	用户选择了 Abort 按钮
IDCANCEL	用户选择了 Cancel 按钮
IDIGNORE	用户选择了 Ignore 按钮
IDNO	用户选择了 No 按钮
IDOK	用户选择了 OK 按钮
IDRETRY	用户选择了 Retry 按钮
IDYES	用户选择了 Yes 按钮

下面改写 WndProc()函数，添加粗体部分的内容，使其拥有拒绝关闭的能力。

```
LRESULT CALLBACK WndProc(HWND hWnd, UINT message, WPARAM wParam, LPARAM lParam)
{
	switch (message)
	{
…
		case WM_CLOSE:
		if(IDCANCEL==MessageBox(hWnd,L" 是 否 关 闭 窗 口 ？ ",L" 提 示 消 息 ", MB_
OKCANCEL| MB_ICONQUESTION))
			break;
		else
			return DefWindowProc(hWnd, message, wParam, lParam);
	}
…
}
```

程序在用户对窗口执行关闭操作时显示消息框提示是否关闭窗口，如果单击“确定”按钮，程序将关闭窗口，如果单击“取消”按钮，程序将继续运行。

1.6 小结

在本章中主要讲述了以下几个方面的内容。

- Windows 操作系统的发展历史和技术特点。
- Windows 应用程序与标准 C/C++程序的区别，包括程序的组成及 Windows 程序设计中的一些新概念。
- 详细分析了一个简单 Windows 程序的完整例子。
- 在 Visual C++集成开发环境下编写 Windows 程序的方法。

1.7 习题

1．结合本章内容进行适当课外阅读，将 Windows 操作系统与 UNIX 操作系统、Linux 操作系统进行比较。

2．简述 Windows 程序的组成。

3．什么是匈牙利命名法？请举例说明。

4．简述什么是 Windows 消息。

5．比较 Windows 程序与标准 C/C++程序的差别。

6．比较窗口类与标准 C++类的异同。

7．简述使用程序建立窗口的步骤。

8．上机运行本章 1.3 节中的实例。

9．将本章 1.3 节中的实例进行修改，交换标题栏与窗口的输出内容。

10．修改本章 1.3 节中的实例，使其运行时能够在屏幕上显示两个窗口。

11．使用“记事本”程序在磁盘上建立一文本文件，修改 1.3 节中的实例程序，使其能显示该文件内容（注意 Unicode 字符存储类型的转换）。

第 2 章　MFC 程序设计基础

2.1　MFC 概述

由于目前主流操作系统都是采用 C 语言开发的，所以使用 C 语言在系统 API 的基础上进行开发是执行效率最高的应用程序设计方法。但是由于调用系统 API 往往需要直接跟操作系统核心部分打交道，会涉及很多系统内部的技术，不但掌握困难而且开发过程烦琐。

随着 C++的流行，Microsoft 公司推出了一种基于面向对象技术的 Windows 应用程序设计方法，该方法的基础就是 Microsoft Foundation Classes（简称 MFC）类库。MFC 将大量系统 API 调用细节封装到 C++类库中，使用 MFC，用户在开发 Windows 应用软件时，可以更加专注于自己的软件开发需求。

本章将讲述 MFC 类库的组成及工作原理，并在本章末尾通过使用基于 MFC 类库的 Windows 应用程序实例来说明 MFC 的用法。

2.1.1　MFC 与应用程序框架

MFC 中包含的一些类使用 C++特性封装了大量的 Windows API，用户使用这些类及其建立的对象即可完成大部分常用 Windows API 所具有的功能。MFC 不仅是一个 C++类库，它还定义了 MFC 中的一些类与类之间的关系，以及一套标准的程序结构。该结构不但定义了 Windows 应用程序所应该具备的各项基本功能，也定义了程序中各基本模块之间的关系，包括程序的哪一部分负责显示、哪一部分管理数据，以及哪一部分与操作系统进行交互等，该程序结构也被称为 MFC 程序框架。

使用 VC++工具，可以生成基于 MFC 程序框架的程序，称为 MFC 框架程序，不需要用户编写任何代码即可独立编译、运行，用户只需要对 MFC 框架程序进行适当修改，例如去掉不需要的功能，加入自己个性化的功能，即可以完成程序的个性化。

MFC 框架程序使用 MFC 类库封装了大量和系统相关的复杂操作，如程序与系统间的交互、程序各个模块之间的交互等都被框架程序封装和隐藏，使用户可以将软件开发的主要精力集中在自己的个性化需求上，从而极大地减轻了编程人员的工作量。

使用 MFC 框架程序不但可以提高程序的开发效率，而且由于 MFC 框架程序有统一的标准，还有利于软件开发的标准化。另外，使用 MFC 框架程序并不影响在程序中直接调用系统 API 提供的各种系统功能，所以 MFC 框架程序具有极大的灵活性。

2.1.2　MFC 的组成

MFC 主要由一组类、一些宏及若干个全局函数组成，内容如下。

1）MFC 中的一些类用来封装 Windows API 的常用功能，包括窗口、对话框和菜单等标准 Windows 部件的建立、控制和撤销等操作，该部分内容可以被称为 Windows 面向对象的程序开发接口。

2）MFC 中的另一些类封装了一些常用数据结构及其操作方法，如队列、链表和串等，使用这些类可以简化用户在程序中处理数据的操作。

3）MFC 还包含大量的宏，这些宏封装了 Windows 应用程序中需要的一些内部操作，如消息和对应处理程序间的传递等。这些操作如果在类的内部用 C++代码实现，则可能对程序的执行效率损失较大，所以采用了宏的方法来实现。

4）MFC 保留了一些全局函数用来完成一些常用操作，如全局函数 AfxGetMainWnd()可取得当前程序的主窗口指针，AfxGetApp()函数可取得当前程序的应用程序对象等。

2.1.3 MFC 中的类

MFC 中定义的类都以大写的字母 C（Class 首字母）开头，它主要分为两种，一种是从 CObject 类派生的派生类，一种是没有父类的非派生类。

MFC 类库中的绝大部分类都是从 CObject 类派生的，在这些派生类中可以使用 CObject 类中提供的一些基本服务，如序列化支持、运行时类型检查及诊断等。图 2-1 给出了一些常用 MFC 派生类的层次结构。

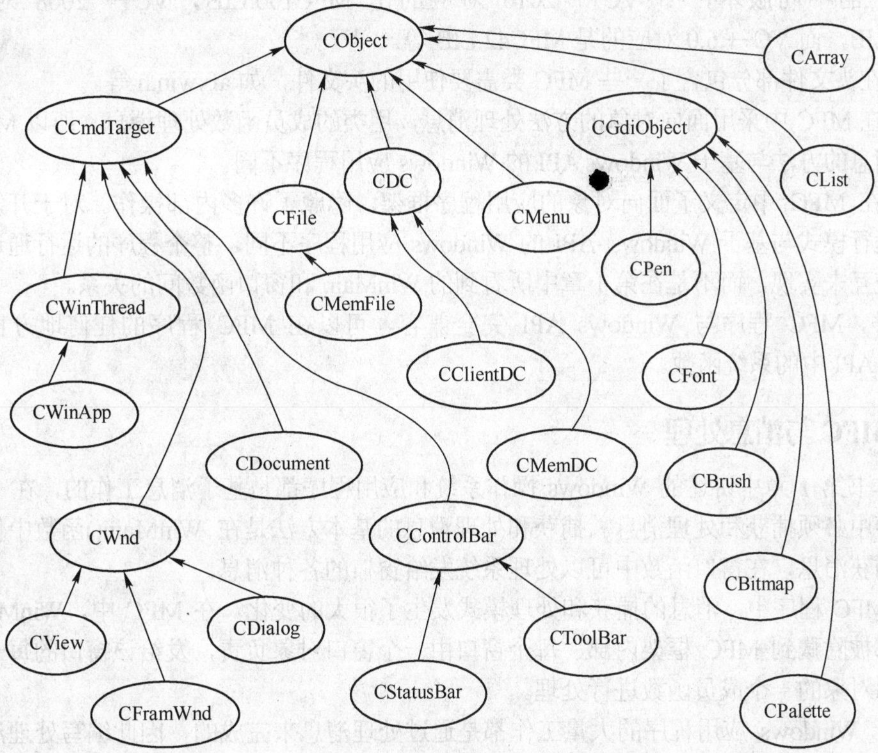

图 2-1　CObject 派生类结构图

CObject 的派生类数以百计，其中 CWinApp 类、CWnd 类、CMenu 类、CGdiObject 类和 CDC 类被称为 Windows API 的接口类，它们中的每一个类都封装了 Windows API 的一个方面，其中 CWnd 类、CGdiObject 类和 CDC 类还有能完成更具体功能的派生子类。在这些接口类中包含许多与 Windows API 函数名称相同的成员函数，使用这些成员函数一般可以完成同名 Windows API 函数的操作，但使用起来更加方便。

MFC 中的非派生类在类库中居于少数，这些类提供了一些 Windows API 之外的附加服务，如 CString 类、CSize 类和 CPoint 类封装了一些在 Windows 编程中常用的数据结构，为了提高效率，这些类没有从 CObject 中派生。

2.2 MFC 程序的特点

使用 MFC 技术编写的 Windows 应用程序与第 1 章中讲述的直接使用 Windows API 编写的 Windows 应用程序既有不同点也有相同点，下面详细进行说明。

2.2.1 概述

MFC 程序中使用的数据类型、标识符的命名方法与第 1 章讲述的基于 Windows API 的 Windows 应用程序基本相同，消息的定义也相同，差别主要体现在以下几个方面。

1）增加了一些 MFC 的数据类型，如 POSITION、LPCRECT 等。

2）程序中使用的函数库部分增加了 MFC 类库文件，如 MFCXXX.LIB 等，这里 XXX 代表 MFC 的不同版本，如 VC++ 2010 对应的是 MFC100.LIB，VC++ 2008 对应的是 MFC90.LIB，而 VC++ 6.0 对应的是 MFC42.LIB 等。

3）在头文件部分包含了一些 MFC 类需要使用的头文件，如 afxwin.h 等。

4）在 MFC 中采用面向对象的方法处理消息，用类的成员函数处理消息，所以 MFC 程序中处理消息的方法与基于 Windows API 的 Windows 应用程序不同。

5）在 MFC 中定义了面向对象的应用程序框架，隐藏了许多内部操作。对于开发人员来讲，其运行模式与基于 Windows API 的 Windows 应用程序不同，整个程序的运行通过若干个对象的交互来实现，而不是在第 1 章中所看到的 WinMain 和窗口函数间的关系。

另外，MFC 程序与 Windows API 完全兼容，可以在 MFC 程序的任何地方直接调用 Windows API 中的系统函数。

2.2.2 MFC 与消息处理

在本书第 1 章中讲述的 Windows 操作系统和应用程序都是基于消息工作的，在 Windows 应用程序中必须捕获和处理消息。捕获和处理消息的基本方法是在 WinMain()函数中使用消息循环来捕获消息，在窗口函数中可以处理系统发给窗口的各种消息。

在 MFC 程序中，消息的捕获和处理模式发生了很大的变化。在 MFC 中，WinMain 和窗口函数都被隐藏到 MFC 框架内部，每个窗口由一个窗口对象负责，发给该窗口的每一个消息由该窗口对象的一个成员函数进行处理。

由于 Windows 应用程序的大量工作都是通过处理消息来完成的，因此编写处理消息的成员函数就成了编写 MFC 应用程序的重要工作。

2.2.3 运行模式

在基于 Windows API 编写的 Windows 应用程序中，有两个最重要的组成部分，一个是 WinMain()函数，一个是窗口函数。应用程序从 WinMain 开始执行，WinMain 完成初始化并建立窗口，WinMain 运行结束标识着整个程序运行结束。窗口函数则处理发给窗口的所有消息并管理窗口。在 MFC 程序中，分别使用两个类封装了 WinMain()函数和窗口函数的功能。

MFC 框架程序运行过程如下。

1）系统首先创建全局对象——CWinApp（或其派生类）对象。

2）系统调用 WinMain()函数（WinMain()函数被隐藏在 MFC 框架程序内部）。

3）WinMain()函数调用 CWinApp 对象的虚拟成员函数 InitInstance()。

4）InitInstance()函数进行程序的初始化并建立程序主窗口。

5）WinMain 调用 CWinApp 的虚拟成员函数 Run()实现消息循环。

6）当 Run()接到 WM_QUIT 消息后，退出消息循环。

7）WinMain()函数调用 CWinApp 对象的虚拟成员函数 ExitInstance()。

8）系统释放全局对象 CWinApp 对象。

至此程序运行结束。

MFC 使用 CWnd 类封装了一个窗口的各种属性和操作功能。CWnd 类包含几百个成员函数，其中约一半是消息处理函数，这些函数以 On 开头，用来响应系统发给窗口的各种窗口消息，另一半成员函数封装了 Windows API 中的窗口操作功能，用来实现对窗口的各种操作。CWnd 及其派生类对象可以以默认方式处理发给它的各种消息并对窗口进行管理。用户可以通过派生 CWnd 子类实现自定义的功能。

由于框架隐藏了许多内部实现，用户可以看到的 MFC 程序运行模式如图 2-2 所示。

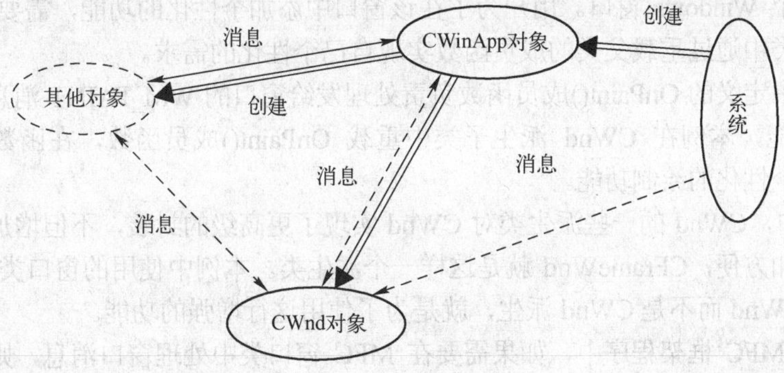

图 2-2　MFC 程序运行模式

在一般的 MFC 程序中，通常并不直接使用 MFC 类来建立对象，而是使用这些类派生子类，在子类中添加程序需要的个性化功能，然后再使用这些子类的对象构建用户程序。

2.3　一个简单的 MFC 程序

下面通过实际例子来说明一个 MFC 程序的组成和工作方式，该程序运行后在屏幕上将显示一个窗口，如图 2-3 所示。

图 2-3　例 0201 运行结果

2.3.1　程序开始之前

在程序开始之前必须包含必要的头文件，afxwin.h 文件中不但包含了 MFC 包含的各种类、宏和全局函数的定义，还包含了 windows.h。

```
#include <afxwin.h>
```

2.3.2 派生应用程序类

CWinApp 类封装了应用程序的初始化、运行和终止等多项功能，所以 MFC 框架程序通常使用 CWinApp 类的对象对程序的运行进行管理，该对象被称为应用程序对象。

用户为了在应用程序对象中添加个性化的功能，需要从 CWinApp 类派生子类，在子类中通过重载父类的成员函数实现自己的功能需求。

下面代码的功能是从 CWinApp 类派生子类 C0201App，并通过在 C0201App 子类中重载父类的虚成员函数 InitInstance()实现个性化的程序初始化。

```
class C0201App : public CWinApp
{
public:
        virtual BOOL InitInstance();
};
```

2.3.3 派生窗口类

CWnd 类封装了窗口的各种属性和操作功能，通过创建一个 CWnd 类的对象，用户可以创建并管理一个 Windows 窗口。用户为了在该窗口中添加个性化的功能，需要从 CWnd 类派生子类，在子类中通过重载父类的成员函数实现自己个性化的需求。

CWnd 类中定义的 OnPaint()成员函数负责处理发给窗口的 WM_PAINT 消息，用来实现窗口内的绘制功能，本例在 CWnd 派生子类中重载 OnPaint()成员函数，在函数内编写绘制代码，可以实现个性化的绘制功能。

在 MFC 中，CWnd 的一些派生类对 CWnd 实现了更高级的封装，不但增加了功能，而且使用起来也更加方便，CFrameWnd 就是这样一个派生类。本例中使用的窗口类 C0201Window 选择从 CFrameWnd 而不是 CWnd 派生，就是为了使用这行增强的功能。

另外，在 MFC 框架程序中，如果需要在 MFC 窗口类中处理窗口消息，则应该在类中添加 DECLARE_MESSAGE_MAP()宏。DECLARE_MESSAGE_MAP()宏的作用是向类中添加处理窗口消息所必需的结构体和函数声明，DECLARE_MESSAGE_MAP()宏可以添加在类定义区域内的任意位置，但是如果在 DECLARE_MESSAGE_MAP 之后定义有类成员，那么必须为它们指定一个存取类型（公共的、私有的或保护的）。

```
class C0201Window : public CFrameWnd
{
public:
        C0201Window();
public:
        void OnPaint();
        DECLARE_MESSAGE_MAP()
};
```

2.3.4 建立窗口

在窗口类的构造函数中通常使用 Create 成员函数建立窗口，使得窗口对象被构造的同时窗口也被建立。CWnd:: Create 成员函数定义如下。

```
Create(LPCTSTR lpszClassName , //窗口使用的窗口类的名称，如不指定，MFC 使用默认的窗口类
LPCTSTR lpszWindowName ,                    //窗口标题
DWORD dwStyle = WS_OVERLAPPEDWINDOW ,       //窗口的风格，参见附录 A
constRECT&rect =rectDefault ,               //窗口的大小和位置
CWnd* pParentWnd = NULL ,                   //父窗口指针
LPCTSTR lpszMenuName =NULL ,                //使用的菜单资源
DWORD dwExStyle = 0 ,                       //窗口扩展的风格属性，参见附录 A
CCreateContext* pContext = NULL)            //该参数值在文档视图类型程序中使用
```

通过与 Windows API 中的 CreateWindow 比较可以发现，两者的功能和参数相似，只是在 CWnd::Create 中大部分函数参数可以使用默认值，包括复杂的窗口类也可以使用框架内的默认值，从而减轻了建立窗口的复杂程度。

```
#15.  C0201Window::C0201Window()
#16.  {
#17.          Create(NULL, L"0201");
#18.  }
```

在重载的 InitInstance 成员函数中添加创建窗口的代码，使程序在初始化时完成窗口的创建和显示。

```
#19.  BOOL C0201App::InitInstance()
#20.  {
#21.          m_pMainWnd = new C0201Window;
```

m_pMainWnd 是 CMyApp 类中定义的 CWnd *类型公有数据成员，用来指向框架程序的主窗口，用户在程序中可以使用该成员变量操作程序主窗口。#21 行的代码用来创建主窗口对象，而窗口对象在构造函数中创建了程序主窗口。

```
#22.          m_pMainWnd->ShowWindow(m_nCmdShow);
#23.          m_pMainWnd->UpdateWindow();
```

以上两行程序代码中使用的 ShowWindow 和 UpdateWindow 是 CWnd 类中定义的成员函数，其功能与 Windows API 中的同名函数功能相同。因为 CWnd 类的内部已经包含了窗口句柄 m_hWnd 成员，所以在成员函数参数中不再需要传递窗口句柄参数 HWND。m_nCmdShow 是 CMyApp 类中定义的公有数据成员，其初值来自隐藏在框架程序内部的 WinMan()函数的函数参数。

```
#24.          return TRUE;
#25.  }
```

2.3.5 加入消息映射

以 BEGIN_MESSAGE_MAP()开始、以 END_MESSAGE_MAP()结束的一组宏与类的定义中所使用的 DECLARE_MESSAGE_MAP()宏一起使用，可以建立窗口消息与消息处理成员函数间的对应关系，这些宏统称为消息映射宏。

BEGIN_MESSAGE_MAP()宏有两个参数，分别是准备处理消息的类及其父类。而在

BEGIN_MESSAGE_MAP()和 END_MESSAGE_MAP()之间，使用一些预定义的宏来关联消息和消息处理成员函数，如 ON_WM_PAINT()宏用来建立 WM_PAINT 消息到一个窗口类的 OnPaint 成员函数间的映射关系，当该窗口类管理的窗口接到 WM_PAINT 消息时，框架程序自动调用该窗口类的 OnPaint 成员函数。

由于 Windows 系统中使用的消息种类繁多，所以用来连接消息和消息处理成员函数的宏也数以百计，用户可以通过 MSDN 进行查询。

```
BEGIN_MESSAGE_MAP(C0201Window, CFrameWnd)
        ON_WM_PAINT()
END_MESSAGE_MAP()
```

OnPaint 成员函数在 CWnd 中定义，在窗口收到 WM_PAINT 消息时，通过消息映射宏，该函数被框架程序自动调用，本例通过重载 CWnd::OnPaint 成员函数实现在窗口内输出一个字符串“第一个 MFC 程序”。

为了说明方便，在该 OnPaint 成员函数内没有使用 MFC 的方法进行输出，而是使用了与上一章同样的方法，使用 Windows API 的方法进行输出。由于 MFC 的接口类中封装了大量 Windows API 函数，而且名称与相应的 API 函数相同，为了在程序调用中进行区别，一般使用全局作用域操作符来表明使用的函数为 Windows API 函数。

另外，函数中使用的 m_hWnd 为窗口类 CWnd 中包含的公有数据成员，其值为与该 CWnd 对象相关联的窗口的句柄。

```
void C0201Window::OnPaint()
{
        PAINTSTRUCT ps;
        HDC hdc;
        hdc = ::BeginPaint(m_hWnd, &ps);
        ::TextOut(hdc,100,100, L"第一个 MFC 程序!", lstrlen(L"第一个 MFC 程序 "));
        ::EndPaint(m_hWnd, &ps);
}
```

2.3.6 建立 MFC 应用程序对象

在 MFC 框架程序中，必须建立一个全局的应用程序对象，框架程序将使用该对象来启动并管理应用程序的运行。

```
C0201App o0201App;
```

注意：该全局对象在 WinMain()函数执行前创建，其初始化函数 InitInstance()在 WinMain()函数中调用。

2.4 上机步骤

2.4.1 建立项目

建立项目的步骤如下。

1）进入开发环境。
2）新建项目。
3）修改项目选项。
4）添加程序文件。
5）编辑程序。
以上 5 个步骤与第 1 章讲述的方法相同。

2.4.2 修改项目属性

程序编辑完成后，需要手工设置与 MFC 类库的链接。在开发环境的“类视图”空白区域右击，在弹出的快捷菜单中选择“属性”命令，弹出如图 2-4 所示的“0201 属性页”对话框，选择“常规”选项，在“项目默认值”选项组中，将“MFC 的使用”设置为“在共享 DLL 中使用 MFC”。

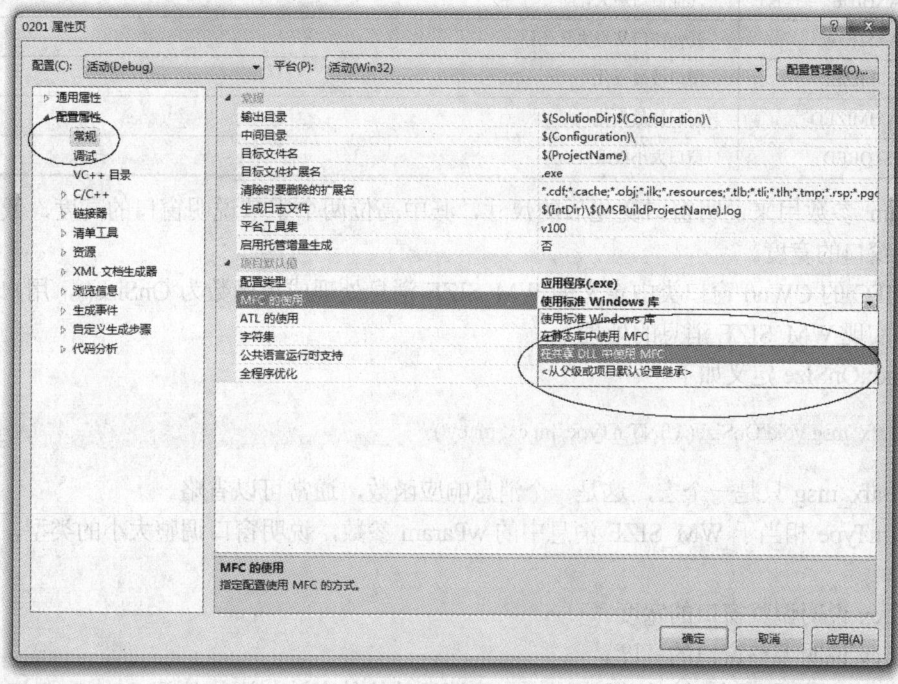

图 2-4 修改项目属性

2.4.3 调试运行

选择“生成”→“生成解决方案”命令，检查编辑窗口下面的输出窗口内是否显示语法错误，如有语法错误，改正后选择“调试”→“开始执行”命令，程序运行结果如图 2-3 所示。

2.5 功能扩展

本节在 2.3 节的基础上，通过增加更多的消息处理功能进一步学习 MFC 框架程序中窗口消息的使用方法，并介绍在一个 MFC 类库中快速输出函数的方法。

2.5.1 WM_SIZE 消息

通过本章前面内容的讲述可知，MFC 的窗口类 CWnd 封装了窗口的各种操作，其中包括用来处理系统发给窗口的各种窗口消息的消息处理函数。系统发给窗口的窗口消息种类繁多，WM_PAINT 只是众多窗口消息中的一个，用户可以在 CWnd 的派生类中选择自己感兴趣的消息进行处理，不处理的消息 MFC 内部会有默认的方法进行处理。本节将介绍另外一个常见窗口消息 WM_SIZE 消息的处理方法。

在窗口第一次显示或窗口的尺寸被改变时，系统会向这个窗口发送 WM_SIZE 消息。该消息附带的参数 wParam 和 lParam 用来说明窗口的变化情况。

wParam 用来说明窗口的状态变化，其值含义如表 2-1 所示。

表 2-1 窗口调整大小的类型

参 数 值	功能说明
SIZE_MAXHIDE	其他窗口最大化
SIZE_MAXSHOW	其他窗口从最大化还原
SIZE_MINIMIZED	窗口被最小化
SIZE_MAXIMIZED	窗口被最大化
SIZE_RESTORED	窗口大小被改变

lParam 参数用来说明窗口变化后的尺寸，其中高位两个字节说明窗口的高度，低位两个字节说明窗口的宽度。

在 MFC 的 CWnd 窗口类中定义的 WM_SIZE 消息处理成员函数为 OnSize()，用户重载该函数可以实现 WM_SIZE 消息的处理。

CWnd::OnSize 定义如下。

```
afx_msg void OnSize( UINT nType, int cx, int cy );
```

其中 afx_msg 只是一个宏，这是一个消息响应函数，通常可以省略。

参数 nType 相当于 WM_SIZE 消息中的 wParam 参数，说明窗口调整大小的类型，其值参考表 2-1。

参数 cx 说明调整窗口的宽度。

参数 cy 说明调整窗口的高度。

在 MFC 框架程序中添加处理 WM_SIZE 消息功能的方法与添加处理 WM_PAINT 消息功能的方法相同，步骤如下。

1．在派生的窗口类中添加消息处理成员函数的声明

```
class C0201Window : public CFrameWnd
{
...
    void OnSize(UINT nType,int cx,int cy );       //添加消息处理成员函数的声明
};
```

2．在消息映射宏中添加 WM_SIZE 消息映射

```
BEGIN_MESSAGE_MAP(C0201Window, CFrameWnd)
    ...
```

```
        ON_WM_SIZE()                                  //在消息映射宏中添加 WM_SIZE 消息映射
    END_MESSAGE_MAP()
```

3．添加消息处理成员函数

编写重载 CWnd 成员函数 OnSize()，在窗口改变大小时实现个性化操作，即在窗口最小化时弹出消息对话框并输出“窗口被最小化!”。

MFC 包含一个全局的函数 AfxMessageBox()，该函数可以弹出一个消息对话框并在对话框中输出一个字符串，该函数的详细介绍参见 2.5.2 节。

```
    void C0201Window::OnSize(UINT nType,int cx,int cy )
    {
        switch(nType)
        {
        case SIZE_MINIMIZED:                          //当窗口最小化时
            AfxMessageBox(L"窗口被最小化！");          //弹出对话框并输出“窗口被最小化！”
            break;
        }
    }
```

程序修改完成后，编译、运行程序。对程序进行最小化操作，程序最小化后，屏幕弹出如图 2-5 所示的对话框。

图 2-5　例 0201 窗口最小化弹出消息窗口

2.5.2　AfxMessageBox()函数

Windows 函数库中的 MessageBox 简单易用，可以方便地输出各种信息，在 MFC 中也有一个全局函数 AfxMessageBox()，它的用法与 MessageBox 相似。

AfxMessageBox 定义如下。

```
    int AfxMessageBox(
    LPCTSTR lpszText,          //表示在消息框内部显示的文本
    UINT nType = MB_OK,        //指定按钮的风格
    UINT nIDHelp = 0           //帮助 ID，0 表示使用程序的默认帮助
    );
```

参数 nType 指定 AfxMessageBox 窗口的风格，其值与 MessageBox 中的 nType 参数含义相同，AfxMessageBox 返回值也与 MessageBox()函数相同。

例如，使用 MB_ABORTRETRYIGNORE|MB_ICONQUESTION 作为参数调用 AfxMessageBox()函数，代码如下。

```
        AfxMessageBox(L"程序发现错误，是否继续执行？",MB_
ABORTRETRYIGNORE| MB_ICONQUESTION);
```

以上程序运行后将显示如图 2-6 所示的信息框。

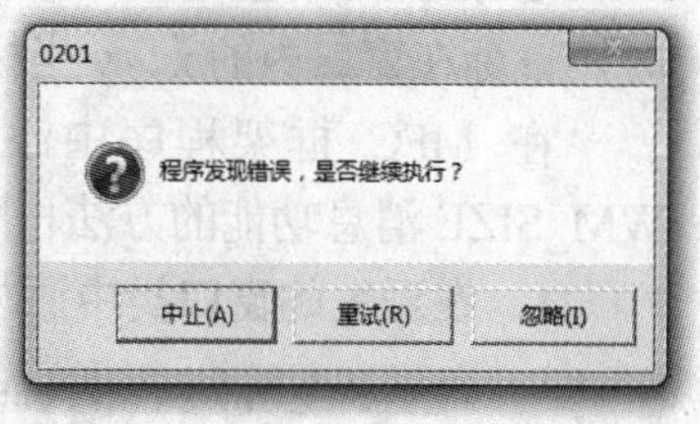

图 2-6　AfxMessageBox 消息窗口

下面改写 void C0201Window::OnSize(UINT nType, int cx,int cy)成员函数，使其拥有拒绝最小化的能力，代码如下。

```
    void C0201Window::OnSize(UINT nType,int cx,int cy )
    {
```

```
        switch(nType)
        {
        case SIZE_MINIMIZED:
            {
                int iRet=AfxMessageBox(L"窗口是否恢复显示？",MB_OKCANCEL|MB_ICONQUESTION);
                if(iRet==IDOK)
                    ShowWindow(SW_RESTORE);
            }
            break;
        }
    }
```

程序在用户对窗口进行最小化操作时将显示消息框，提示是否恢复窗口显示，如果单击“确定”按钮，程序将恢复显示窗口，如果单击“取消”按钮，程序将最小化显示。

2.5.3 WM_LBUTTONDBCLK 消息

用户在运行的 MFC 框架程序的窗口上双击，系统向窗口发送鼠标左键双击的消息，用户可以在相应窗口对象的消息响应成员函数中处理该消息。其方法步骤与处理窗口消息 WM_SIZE 相似。

在 MFC 的 CWnd 窗口类中定义的 WM_LBUTTONDBCLK 消息处理成员函数为 OnLButtonDblClk，用户重载该函数可以实现 WM_LBUTTONDBCLK 消息的处理。

CWnd:: OnLButtonDblClk 定义如下。

```
afx_msg void OnLButtonDblClk (UINT nFlags, CPoint point);
```

步骤如下：

参数 nFlags 用于表示在用户双击的同时，一些组合按键的状态，其值含义如表 2-2 所示。

表 2-2　函数 OnLButtonDblClk()参数 nFlags 的值列表

参 数 值	功能说明
MK_CONTROL	Ctrl 键被按下
MK_LBUTTON	鼠标左键被按下
MK_MBUTTON	鼠标中键被按下
MK_RBUTTON	鼠标右键被按下
MK_SHIFT	Shift 键被按下

参数 point 是 CPoint 类的对象，它有两个数据成员 x、y，分别表示鼠标用于表示双击时，鼠标在窗口内的 x、y 坐标。

在 MFC 框架程序中添加处理 WM_LBUTTONDBCLK 消息功能的方法与添加处理 WM_SIZE 消息功能的方法相同，步骤如下。

1．在派生的窗口类中添加消息处理成员函数的声明

```
class C0201Window : public CFrameWnd
{
...
    void OnSize(UINT nType,int cx,int cy );       //添加消息处理成员函数的声明
};
```

2．在消息映射宏中添加 WM_LBUTTONDBLCLK 消息映射

```
BEGIN_MESSAGE_MAP(C0201Window, CFrameWnd)
    ...
    ON_WM_LBUTTONDBLCLK()   //在消息映射宏中添加 WM_LBUTTONDBCLK 消息映射
END_MESSAGE_MAP()
```

3．添加消息处理成员函数

编写重载 CWnd 成员函数 OnLButtonDblClk()，再双击，弹出消息对话框并输出“用户在本窗口内双击鼠标左键！”。

```
void C0201Window::OnLButtonDblClk(UINT nFlags, CPoint point)
{
    AfxMessageBox(L"用户在本窗口内双击鼠标左键！");
}
```

程序修改完成后，编译、运行程序。在程序窗口内双击，屏幕弹出如图 2-7 所示的对话框。

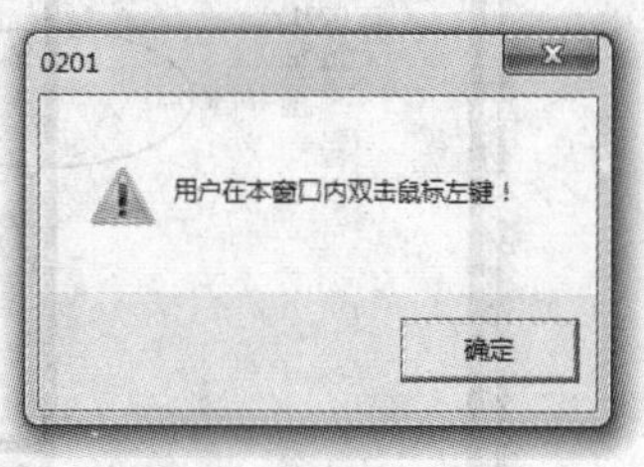

图 2-7　例 0201 双击弹出消息窗口

2.6　使用资源

在本书的第 1 章已经讲述过，Windows 程序中可以包含 UI 资源。下面通过为 2.3 节中的程序添加程序图标来讲述资源的使用方法。

2.6.1　建立图标资源

使用 VC++开发环境自带的“资源编辑器”可以很方便地建立、编辑和修改各种 UI 资源。

1．打开资源视图

选择“视图”→“资源视图”命令，可以打开资源视图，资源视图中可以显示该程序中包含的各种资源，由于程序中目前还没有任何资源，所以显示如图 2-8 所示。

2．添加图标资源

在窗口中空白区域右击，在弹出的快捷菜单中选择“添加”→“添加资源”命令。程序弹出如图 2-9 所示“添加资源”对话框。

图 2-8　例 0201 项目的资源视图

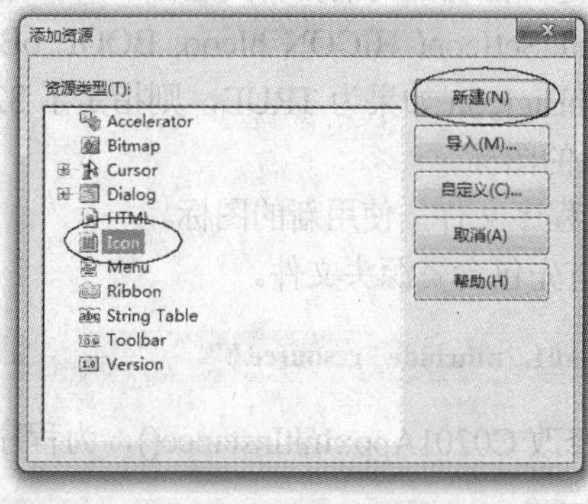

图 2-9　“添加资源”对话框

在“添加资源”对话框中的“资源类型”选项组中选择 Icon 选项并单击“新建”按钮，程序添加新的图标资源并进入图标编辑状态，如图 2-10 所示。观察“资源视图”可以发现视图内多了一个 Icon 文件夹，并在该文件夹下多了一个 IDI_ICON1 的资源标识，IDI_ICON1 就是用户新建的图标

选择“视图”→“解决方案资源管理器”命令，可以发现项目中自动建立并添加了一个头文件 resource.h 和两个资源文件：0201.rc 和 icon1.ico。通过 Windows 系统中的“我的电脑”程序，在项目所在目录中也可以找到这 3 个文件。

用户可以通过图标属性窗口更改图标的资源 ID，绘制图标如图 2-10 所示。

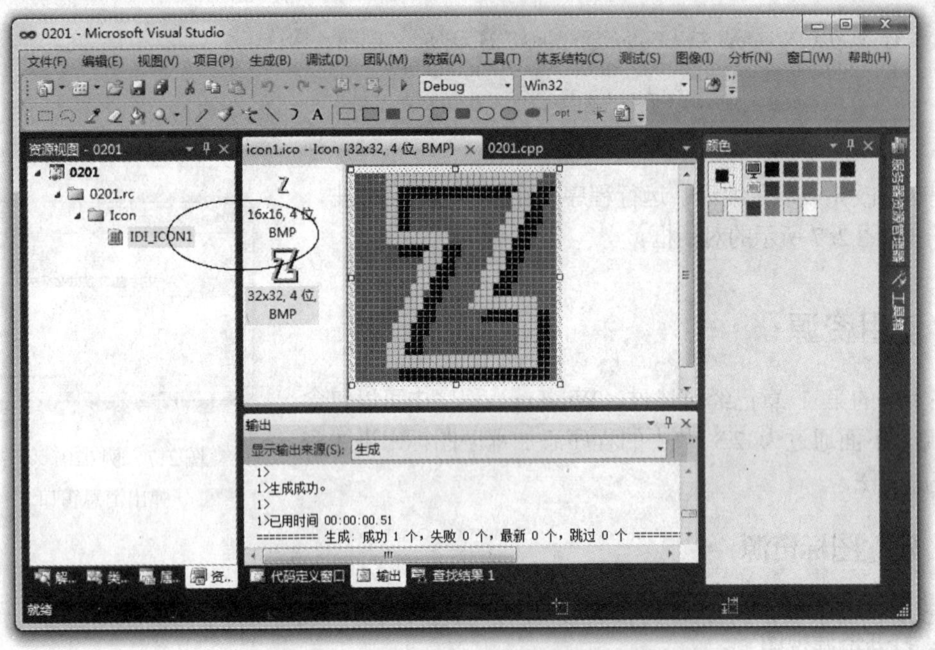

图 2-10　例 0201 项目打开图标资源编辑器

2.6.2　在程序中使用图标资源

CWinApp::LoadIcon(UINT nIDResource)函数可以从程序资源文件中加载图标资源，如果成功，则返回图标的句柄；否则返回 NULL。

CWnd::SetIcon(HICON hIcon, BOOL bBigIcon)为窗口指定一个图标，参数 hIcon 为图标的句柄。bBigIcon 如果为 TRUE，则指定了 32×32 像素的图标；如果为 FALSE，则指定了 16×16 像素的图标。

修改程序文件，使用新的图标。

1）首先包含资源头文件。

```
#01. #include "resource.h"
```

2）修改 C0201App::InitInstance()，为程序窗口指定新图标。

```
#01. BOOL C0201App::InitInstance()
```

```
#02. {
#03. ...
#04.        HICON hIcon=LoadIcon(IDI_ICON1);        // 从程序资源文件中加载图标资源
#05.        m_pMainWnd->SetIcon(hIcon,FALSE);       // 为窗口指定一个小图标
#06.        m_pMainWnd->SetIcon(hIcon,TRUE);        // 为窗口指定一个大图标
#07. }
```

运行程序，结果如图 2-3 所示。

2.7 小结

在本章中主要讲述了以下几个方面的内容。

- MFC 程序框架的概念及作用。
- MFC 类库的组成。
- MFC 程序的特点及运行模式。
- 简单的 MFC 程序的编制方法及上机步骤。

2.8 习题

1．简述什么是 MFC 程序框架，有什么作用。

2．简述 MFC 类库的组成。

3．比较 MFC 程序和 Windows API 程序在程序结构上的区别。

4．比较 MFC 程序和 Windows API 程序在处理消息方法上的区别。

5．将本章 2.3 节中的实例上机运行。

6．请思考如何将 2.3 节中的实例程序全屏幕运行。

7．请思考如何改变 2.3 节中的实例程序的标题。

8．修改 2.3 节中的实例程序，使窗口内的文字信息始终显示在窗口中部。

9．使用“记事本”在磁盘上建立一文本文件，修改 2.3 节中的实例程序，使其能显示该文件内容，如果文字内容超过一行，每行占满程序窗口进行显示并自动换行。

第 3 章　常用 MFC 通用类

MFC 类库中提供了一些通用的类，这些类在 MFC 程序中大量使用，通过它们可以简化 Windows 编程，下面对这些类分别给予说明。

3.1　CPoint、CSize 和 CRect 类

CPoint、CSize 和 CRect 这 3 个类主要用于位置坐标的计算。由于使用比较简单，下面仅进行简单的介绍，更详细的资料可参考 MSDN 中的有关内容。

3.1.1　CPoint 类

CPoint 类定义了一个点的坐标。CPoint 类没有父类，是对 POINT 结构的封装。CPoint 类中定义了操作 CPoint 对象和 POINT 结构类型数据的成员函数，在使用 POINT 类型作为参数的地方，都可以使用 CPoint 对象代替。另外，这个类与“大小”有关的操作符可以接受 CSize 对象或 SIZE 类型的变量，因为这两者是可以互换的。POINT 结构在 Windows 系统中的定义如下。

```
typedef struct tagPOINT {
    LONG x;
    LONG y;
} POINT;
```

3.1.2　CSize 类

CSize 类定义了一个矩形的长和宽。CSize 类没有父类，是对 SIZE 结构的封装，在类中定义了操作 CSize 对象和 SIZE 类型数据的成员函数，在使用 SIZE 结构类型作为参数的地方，都可以使用 CSize 对象代替。SIZE 结构在 Windows 系统中的定义如下。

```
typedef struct tagSIZE {
    LONG cx;
    LONG cy;
} SIZE, *PSIZE;
```

3.1.3　CRect 类

CRect 类定义了一个矩形。CRect 类没有父类，是对 RECT 结构的封装，在类中定义了操作 CRect 对象和 RECT 结构的成员函数，函数参数使用 LPRECT、LPCRECT 或 RECT 结构体类型变量的地方，都可以使用 CRect 对象代替。RECT 结构在 Windows 系统中的定义如下。

```
typedef struct _RECT {
```

```
        LONG left;
        LONG top;
        LONG right;
        LONG bottom;
    } RECT, *PRECT;
```

3.2 CString 类

CString 类主要用于字符串处理，它在 MFC 程序中大量使用。CString 没有父类，在 MFC 头文件 afx.h 中定义，该类的特点为：CString 对象是动态的，由可变字符数组组成。另外，该类利用 C++中的运算符重载功能，可以直接使用该对象进行比较、链接和赋值等运算，在使用 const char *或 LPCTSTR 的地方可直接使用 CString 对象。下面介绍它的使用方法。

3.2.1 创建字符串

1．可以使用的成员函数

表 3-1 所示为创建字符串可使用的成员函数。

表 3-1　创建字符串可使用的成员函数

类的方法	功能说明
CString	以各种方法构造一个 CString 对象
Operator =	给 CString 对象赋一个新值
Operator +	连接两个字符串并返回一个新字符串
Operator +=	把一个新字符串连接到一个已经存在的字符串的末端

2．直接创建

创建字符串的方法有很多种，它可以在创建 CString 对象的时候通过类的构造函数创建，也可以以对象赋初值的形式创建。

```
CString csText1(L"ABCD");
CString csText2(csText1);
CString csText3= L"ABCD";
```

另外，在对象建立后，也可以通过赋值的方式建立。

```
CString csText1, csText2;
csText1= L"ABCD";
csText2=csText1;
```

3．连接创建

+、+=运算符可以将两个 CString 对象连接起来，构成一个新的字符串，请看下面一段程序及说明。

```
CString csText1= L"AB";        //建立对象，并将对象内字符数组初始化内容为"AB"
CString csText2= L"CD";        //建立对象，并将对象内字符数组初始化内容为"CD"
CString csText3= L"EF";        //建立对象，并将对象内字符数组初始化内容为"EF"
```

```
        csText3=csText1+csText2;              //将 csText1 与 csText2 连接的结果保存到 csText3
        ::AfxMessageBox(csText3);             //输出对象内字符数组 ABCD
        csText2+=csText1;                     //将 csText2 与 csText1 连接的结果保存到 csText2
        ::AfxMessageBox(csText2);             //输出对象内字符数组 CDAB
```

3.2.2 访问字符串数据

1．可以使用的成员函数

表 3-2 为访问字符串数据可以使用的成员函数。

表 3-2 访问字符串数据可以使用的成员函数

类的方法	功能说明
GetAt	返回在给定位置的字符
Operator[]	返回在给定位置的字符，等价于 GetAt
SetAt	设置给定位置上的字符
Operator LPCTSTR	像访问一个 C 风格的字符串一样，直接访问保存在一个 CString 对象中的字符
Operator[]	返回在给定位置的字符，相当于 GetAt 操作
Insert	在字符串中的给定索引处插入一个字符或一个子字符串
Delete	从一个字符串中删除一个或多个字符
Replace	用其他字符替换指定的字符
GetBuffer	返回一个指向 CString 对象的指针
GetBufferSetLength	返回一个指向 CString 对象的指针，字符串被截断为指定的长度
ReleaseBuffer	释放对 GetBuffer 所返回的缓冲区的控制权

2．操作 CString 字符

可以把一个 CString 对象看做是一个字符数组。GetAt 成员函数返回一个由一个索引号指定的单个字符。CString 重载的下标（[ ]）运算符与 GetAt 功能等价。

SetAt 成员函数用于重写由一个索引值指定的单个字符。如果索引超出了已有字符串的边界，SetAt 会运行出错。

```
        CString csText=L"ABCDE";              //建立对象，并对对象内字符数组初始化
                                              //长度为>=6，内容为"ABCDE"
        char c=csText.GetAt(1);               //取得对象内字符数组第二个元素'B'
        csText.SetAt(2,c);                    //设置对象内字符数组第三个元素为'B'
        ::AfxMessageBox(csText);              //输出对象内字符数组"ABBDE"
        c=csText[4];                          //取得对象内字符数组第五个元素'E'
        csText[0]=c;                          //错误，不能用[]运算符对字符串赋值
        csText.SetAt(0,c);                    //设置对象内字符数组第三个元素为'B'
        ::AfxMessageBox(csText);              //输出对象内字符数组"EBBDE"
```

3．直接操作 CString 缓存

GetBuffer()与 GetBufferSetLength()函数用来取得包含在 CString 对象内的字符串数组的指针，通过该字符串数组的指针用户可以直接操作该字符串。GetBuffer 的参数用来设定字符串数组的最小尺寸，若原 CString 内的数组尺寸不小于此值，则不改变字符串数组的大小。而 GetBufferSetLength 强制重新设定 CString 内的字符串数组的大小。

使用 ReleaseBuffer 来结束对由 GetBuffer 取得的缓冲区的使用。如果知道缓冲区中的字符串是以空字符结尾的，则可以省略 nNewLength 参数。如果字符串不是以空字符结尾的，需要使用 nNewLength 指定字符串的长度，请看下面一段程序及说明。

```
CString csText=L"ABCDE";                //建立对象，并对对象内字符数组初始化
                                        //长度为>=6，内容为"ABCD"
WCHAR *pStr=csText.GetBuffer(100);      //CString 检查对象内字符数组长度
                                        //判断是否需要重新分配内存，长度变为 100
AfxMessageBox(pStr);                    //输出字符数组内容"BACD"
wcscpy(pStr,L"123456789");              //字符数组存入新串"123456789"
AfxMessageBox(pStr);                    //输出字符数组内容"123456789"
csText.ReleaseBuffer();                 //释放多余内存
AfxMessageBox(csText);                  //输出对象内字符数组内容"123456789"
```

注意：在调用 ReleaseBuffer 之后或其他使用 CString 对象的操作之后，可能会导致 CString 对象内的字符数组重新分配内存，使原 GetBuffer 取得的地址有可能变为无效。

因为使用 WCHAR 类型的字符串，仅支持 char *类型的 strcpy 不能使用，需要替换为支持 WCHAR *类型的 wcscpy。

3.2.3 字符串的比较

1．可以使用的成员函数

字符串比较可以使用的成员函数如表 3-3 所示。

表 3-3 字符串比较可以使用的成员函数

类的方法	功能说明
Compare	比较两个字符串（大小写敏感）
CompareNoCase	比较两个字符串（不区分大小写）
Operator ==、<、<=等	重载的比较运算符，比较两个字符串（大小写敏感）

2．使用比较函数

Compare 与 CompareNoCase 是字符串比较函数，如果通过参数传入的字符串与对象内包含的字符串内容一样，则返回零值；如果 CString 对象内的串小于 lpsz，则返回值小于 0；如果 CString 对象内的串大于 lpsz，则返回值大于 0。另外，Compare 区分大小写字符，CompareNoCase 不区分大小写字符。

```
CString csText1=L"ABC";                    //建立对象，对象内字符数组内容"ABC"
CString csText2=L"ABD";                    //建立对象，对象内字符数组内容"ABD"
int x=csText1.Compare(L"ABC");             //两个串内容相等，返回 0
x=csText1.Compare(L"ABD");                 //小于，返回-1
x=csText1.Compare(L"ABB");                 //大于，返回 1
x=csText1.Compare(L"ABb");                 //小于，返回-1
x=csText1.Compare(L"ABc");                 //小于，返回-1
x=csText1.Compare(csText2);                //小于，返回-1
x=csText1.CompareNoCase(L"ABc");           //等于，返回 0
x=csText1.CompareNoCase(L"ABb");           //大于，返回 1
```

3. 使用重载的比较运算符

可以使用 CString 提供的重载运算符<、<=、>、>=、==和!=进行字符串的比较。

```
CString csText1=L"ABC";          //建立对象，并对对象内字符数组初始化内容为"ABC"
CString csText2=L"ABD";          //建立对象，并对对象内字符数组初始化内容为"ABD"
WCHAR szText[]=L"ABC";           //建立字符数组初始化内容为"ABC"
int x=(csText1==L"ABC");         //两个串内容相等，返回 true(1)
x=(csText1!=csText2);            //两个串内容不相等，返回 true(1)
x=(csText1==szText);             //两个串内容相等，返回 true(1)
x=(szText!=L"ABC");              //比较的是地址!不相等，返回 true(1)
x=(csText1>L"ABB");              //成立，返回 true(1)
x=(csText1<csText2);             //成立，返回 true(1)
x=(csText1>=L"ABc");             //不成立，返回 false(0)
x=(csText1<=csText2);            //成立，返回 true(1)
```

3.2.4 子串函数

1. 可以使用的成员函数

表 3-4 所示为子串函数中可以使用的成员函数。

表 3-4 子串函数中可以使用的成员函数

类的方法	功能说明
Mid	提取一个字符串的中间一部分
Left	提取一个字符串的左边一部分
Right	提取一个字符串的右边一部分
SpanIncluding	提取一个字符串，该子字符串中仅含有某一字符集合中的字符
SpanExcluding	提取一个字符串，该子字符串中不含有某一字符集合中的字符
Find	在一个较大的字符串中查找字符或子字符串
ReverseFind	在一个较大的字符串中从末端开始查找某个字符
FindOneOf	查找与某个字符集合中的字符匹配的第一个字符

2. 提取子串函数

Left()函数用来取得 CString 对象前 n 个字符，Right()函数用来取得 CString 对象后 n 个字符，Mid(int iFirst)函数用来取得 CString 对象内字符数组第 iFirst 后的字符，Mid(int iFirst,int n)函数用来取得 CString 对象内字符数组第 iFirst 后的 n 个字符。

3. 查找子串函数

Find(char c,int iStart)函数用来在 CString 对象内从 iStart 位置开始搜索指定字符，找到后返回其在串内位置的索引，失败则返回-1。

```
CString csText1=L"ABC ABCD ABCDE";
int x=csText1.Find(L'C');
x=csText1.Find(L'C',3);
```

Find(LPCTSTR lpszSub,int iStart)函数用来在 CString 对象内从 iStart 位置开始搜索指定字符，找到后返回其在串内位置的索引，失败则返回-1。

```
CString csText1=L"ABC ABCD ABCDE";
int x=csText1.Find(L"BC");
x=csText1.Find(L"BC",3);
```

ReverseFind(char c)函数用来在 CString 对象内串的末尾开始搜索指定字符，找到后返回其在串内位置的索引，失败则返回-1。

```
CString csText1="ABC ABCD ABCDE"; //对象内字符数组内容为"ABC"
int x=csText1.Find(L'B');
```

FindOneOf(LPCTSTR lpszCharSet)函数用来在 CString 对象内的串查找在 lpszCharSet 中出现的字符，并返回找到的第一个从 0 开始的索引，失败则返回-1。

```
CString csText1=L"ABC ABCD ABCDE";      //对象内字符数组内容为"ABC"
int x=csText1.Find(L"BC");
```

3.2.5 字符串处理函数

1. 可以使用的成员函数

表 3-5 所示为字符串处理函数中可以使用的成员函数。

表 3-5 字符串处理函数中可以使用的成员函数

类的方法	功能说明
MakeUpper	将字符串中的所有字符转换为大写字符
MakeLower	将字符串中的所有字符转换为小写字符
MakeReverse	将字符串中的字符以倒序排列
Remove	从一个字符串中移走指定的字符
Format	像 sprintf()函数一样格式化该字符串
FormatV	像 vprintf()函数一样格式化该字符串
TrimLeft	将字符串中前面的空格整理出字符串
TrimRight	将字符串中结尾的空格整理出字符串
FormatMessage	格式化一个消息字符串
GetLength	取得 CString 对象中的字符串长度
IsEmpty	测试一个 CString 对象中是否不含有字符
Empty	强制一个字符串的长度为 0

2. 格式化串函数

Format 成员函数用来将格式化数据和一个参数变量列表写入一个 CString 中，其使用方法与 C 风格的 sprintf()函数相似。这个成员函数在 CString 中格式化并存储一系列字符和值。根据 lpszFormat 中指定的格式，函数中的每一个可选参数都被转换并输出。

```
CString csText;
int    x1=1980,x2=2011;
double y1=11.3,y2=37.9;
WCHAR szText[]=L"是 1980 年的";
csText.Format(L"%d 年中国城镇人均住宅面积%.2lf 平方米,%s%.2lf 倍",x2,y2,szText,y2/y1);
::AfxMessageBox(csText);
```

3.2.6 应用实例

1．创建 MFC 框架程序

参照本书第 2 章的内容，创建一个 MFC 框架程序，并添加 WM_LBUTTONDBLCLK 消息处理函数。

2．输出鼠标坐标

修改 WM_LBUTTONDBLCLK 消息处理函数，当用户在程序窗口内双击时，输出鼠标在窗口内的坐标。

```
void C0301Window::OnLButtonDblClk(UINT nFlags, CPoint point)
{
    CString csText;
    csText.Format(L"当前鼠标坐标（x=%d,y=%d）",point.x,point.y);
    AfxMessageBox(csText);
}
```

3．程序运行结果

程序运行结果如图 3-1 所示。

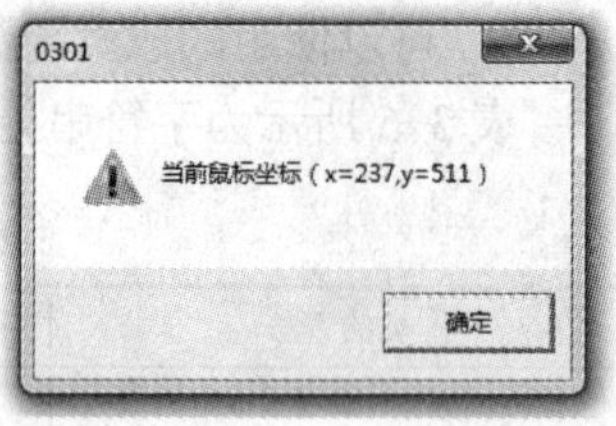

图 3-1　例 0301 弹出消息窗口

3.3 集合类

MFC 类库提供集合类来管理程序数据。这些类可分为两种类型：以 C++模板技术创建的集合类和使用非模板创建的集合类。新的 C++模板技术提供了将算法与数据类型相分离的有效手段，代表了今后程序设计的发展方向，而 MFC 中的非模板的集合类只是为了与早期代码兼容而保留，本书不再介绍。

MFC 提供 3 种基本集合类：列表、数组和映射（也称为字典），用户可以根据自己的编程需求选取使用适合的集合类。

关于模板的详细内容请复习 C++的有关知识。

3.3.1 列表类 CList

简单列表类 CList 是基于 C++模板技术的 CObject 类的派生类，在 MFC 头文件 afxtempl.h 中定义，它的特点为：列表类采用双向链接表技术实现。列表有“头”和“尾”，不论是从列表头或列表尾添加或移除元素，还是在列表中间指定位置插入或删除元素，速度都非常快。但按值或索引来查找列表中的一个元素，需要按顺序查找，如果列表较长，此查找可能较慢。

1．类的成员函数

类 CList 成员函数如表 3-6 所示。

表 3-6　列表类 CList 类的成员函数

类的方法	功能说明
CList	构造一个空的有序列表
GetHead	返回列表的表头元素（不能为空）
GetTail	返回列表的末尾元素（不能为空）

（续）

类的方法	功能说明
RemoveHead	从列表表头中移走元素
RemoveTail	从列表末尾移走元素
AddHead	添加一个元素（或另一个列表的所有元素）到列表表头（生成新的表头元素）
AddTail	添加一个元素（或另一个列表的所有元素）到列表尾部（生成新的尾部）
RemoveAll	从列表中移走所有元素
GetHeadPosition	返回列表表头元素的位置
GetTailPosition	返回列表尾部元素的位置
GetNext	获取用于遍历的下一个元素
GetPrev	获取用于遍历的前一个元素
GetAt	在指定位置上获得元素
SetAt	在指定位置上设置元素
RemoveAt	从列表中删除一个由位置确定的元素
InsertBefore	在指定位置前插入一个新的元素
InsertAfter	在指定位置后插入一个新的元素
Find	获得由指针值确定的元素位置
FindIndex	获得由基于零的索引指定的元素位置
GetCount	返回此列表中的元素数
IsEmpty	检测空列表的情况（没有元素）

2．建立列表

由于列表类 CList 是一个模板类，在建立 CList 对象时需要指明其元素类型，建立列表对象的方法如下。

```
CList< class TYPE, class ARG_TYPE >  列表对象名称;
```

以上说明中的 TYPE 为存储在列表中的对象的类型，ARG_TYPE 为参考类型，在某些 CList 成员函数中需要使用 ARG_TYPE 进行工作。以下代码为建立一个整型列表对象的示例。

```
CList< int,int> MyList;
```

3．查找和取得元素

在列表的操作过程中经常用到 POSITION 对象，该对象可用来记录和标识元素在列表中的位置。

POSITION CList::Find(ARG_TYPE searchValue, POSITION startAfter = NULL)在列表中从 startAfter 指向位置的下一个位置开始，查找值为 searchValue 的元素，找到后返回其位置，startAfter 为 NULL，代表从列表头开始查找。

以下代码用来查找 MyList 列表中包含多少个值为 100 的元素。

```
POSITION pos=NULL;                    // pos 为 NULL，代表从头开始
int count=0;                          //count  整型变量用来计数
while(pos=MyList.Find(100,pos))       //从列表头开始查找到结束
```

```
	count++;
```

POSITION CList:: FindIndex (int nIndex)使用 nIndex 值作为列表索引。它从头开始顺序查找，一直找到第 nIndex 个元素并返回它的位置。以下代码取得列表中第 0 个元素的位置。

```
POSITION pos=MyList.FindIndex(0);
```

TYPE CList::GetAt(POSITION position)返回 position 位置的元素。以下代码取得列表 pos 处元素的值。

```
int x=MyList.GetAt(pos);
```

4. 遍历列表

TYPE CList::GetNext (POSITION& rPosition)返回 rPosition 位置的元素，同时将 rPosition 指向列表下一元素，若没有下一元素，则将 rPosition 设为 NULL。下面的程序代码将遍历整个列表。

```
CList<int,int> MyList;
	...
POSITION ps=MyList.GetHeadPosition();		//取得列表头
int x;
while(ps)					//判断是否还存在元素，循环
{
	ps=m_List.GetNext(ps);			//取得元素，并指向下一元素
	...
}
```

5. 插入元素

列表 CList 对象建立完成后，可以有多种方式插入元素，下面介绍其中最常用的 4 种，程序代码演示如下。

```
POSITION pos=NULL;
pos=MyList.AddHead(1);			//在列表头插入整型元素 1，并返回在列表中的位置
pos=MyList.InsertAfter(pos,2);		//在 pos 位置后插入元素 2，并返回在列表中的位置
pos=MyList.AddTail(3);			//在列表尾插入整型元素 3，并返回在列表中的位置
pos=MyList.InsertBefore(pos,4);		//在 pos 位置前插入元素 4，并返回在列表中的位置
int x[4];
for(int i=0;i<4;i++)
{
	pos=MyList.FindIndex(i);
	x[i]=MyList.GetAt(pos);
}
```

以上操作完成后，x 中存储的数据依次为 1、2、4、3。

6. 删除元素

可以有多种方式删除列表 CList 中的元素，下面介绍其中最常用的 4 种，程序代码如下。

```
POSITION pos;
...
MyList.RemoveHead();		//删除列表头元素
```

```
MyList.RemoveTail();              //删除列表尾元素
MyList.RemoveAt(pos)              //删除位置为 pos 的列表元素
MyList.RemoveAll()                //删除列表中所有的元素
```

7．修改元素

可以有多种方式修改列表 CList 中的元素，下面介绍最常用的一种，程序代码如下。

```
POSITION pos；
...
MyList.SetAt(pos,200);            //将 pos 处的元素值修改为 200
```

3.3.2 数组类 CArray

简单 CArray 类是基于 C++模板技术的 CObject 类的派生类，它提供动态调整大小、有序的整数索引数组。

1．类的成员函数

类 CArray 成员函数如表 3-7 所示。

表 3-7 数组类 CArray 类的成员函数

类的方法	功能说明
CArray	构造一个空数组
GetSize	获得此数组中的元素数
GetUpperBound	返回最大的有效索引值
SetSize	设置包含在此数组中的元素数
FreeExtra	释放大于当前上界的未使用的内存
RemoveAll	从此数组移去所有元素
GetAt	返回在给定索引上的值
SetAt	设定一个给定索引的值，数组不允许扩展
ElementAt	返回一个对数组中元素指针的临时参考
GetData	允许对数组中的元素访问。可以为 NULL
SetAtGrow	为一个给定索引设置值；如果必要，扩展数组
Add	在数组的末尾添加元素；如果必要，扩展数组
Append	在数组上附加另一个数组；如果必要，扩展数组
Copy	把另一个数组复制到数组上；如果必要，扩展数组
InsertAt	在指定的索引上插入一个元素（或另一个数组中的所有元素）
RemoveAt	在指定的索引上移去一个元素
[ ]	在特定索引上设置或获取元素

2．建立数组

数组类 CArray 与列表类 CList 一样，也是一个模板类，在建立 CArray 对象时需要指明其元素类型，建立列表对象的方法如下。

```
CArray< class TYPE, class ARG_TYPE >  数组对象名称;
```

以上说明中的 TYPE 为存储在数组中的对象的类型，ARG_TYPE 为参考类型，在某些

CArray 成员函数中需要使用 ARG_TYPE 进行工作。以下代码为建立一个整型数组对象的示例。

```
CArray< int,int> MyArray;
```

另外，在使用一个 CArray 数组之前，应使用 SetSize 成员函数建立它的大小，为它分配内存。如果不使用 SetSize，为数组添加元素会引起内存频繁地重新分配和复制，不但降低了程序效率，而且易导致内存碎片。以下代码将 MyArray 数组的长度设置为 100。

```
MyArray.SetSize(100);
```

3．查找、取得和修改元素

取得元素最简便的方法是使用重载的[]运算符，以 MyArray 数组对象为例，下面的代码先将整数 50 赋值给数组的第 5 个元素，然后将数组的第 10 个元素的值赋给变量 x。

```
MyArray[5]=50;
int x=MyArray[5];
```

以下代码在数组对象中查找值为 100 的元素，并统计个数。

```
int count=0;
for(int i=0;i<MyArray.GetSize(),i++)
    if(MyArray[i] ==100)
        count++;
```

4．插入元素

使用 CArray 类的成员函数 InsertAt(int nIndex,ARG_TYPE newElement,int nCount=1) 可以在数组的特定索引上插入一个元素（或元素的多个副本），移动（通过索引值的增加）其后的所有元素，并将数组长度加 1。该操作可能引起内存重新分配。

以下代码在执行完成后，MyArray 对象的数组的大小变为 6 个元素，内容依次为 0、1、2、100、3、4。

```
CArray< int,int> MyArray;
MyArray.SetSize(5);
for(int i=0;i<MyArray.GetSize();i++)
MyArray[i]=i;
MyArray.InsertAt(3,100);
```

类 CArray 的成员函数 Add(ARG_TYPE newElement)也可以在数组的末尾加上一个新元素，并将数组长度加 1。

5．删除元素

使用 CArray 类的成员函数 RemoveAt(int nIndex,int nCount=1) 可以在数组的特定索引上删除一个元素，将其后所有的元素向下移动，并将数组长度减 1。该操作不会释放内存。

以下代码在执行后，MyArray 对象的数组的大小变为 4 个元素，内容依次为 0、1、2、4。

```
CArray< int,int> MyArray;
MyArray.SetSize(5);
for(int i=0;i<MyArray.GetSize();i++)
    MyArray[i]=i;
```

```
MyArray．RemoveAt (3);
```

类 CArray 的成员函数 RemoveAll ()从此数组中移去所有元素，并将数组设置为 0。

3.3.3 映射类 CMap

简单列表类 CMap 是基于 C++模板技术的 CObject 类的派生类，在 MFC 头文件 afxtempl.h 中定义，它的特点为：映射中的每一个元素都包含两个对象，一个键对象和一个值对象。映射中的所有元素中的键对象值不能重复，使用键对象可以获取或删除元素，另外，可以使用 POSITION 来记录元素在映射中的位置，实现映射内所有元素的遍历。

1．类的成员函数

类 CMap 成员函数如表 3-8 所示。

表 3-8 映射类 CMap 类的成员函数

类的方法	功能说明
CMap	构造一个映射关键码为值的收集
Lookup	查找与指定关键码对应的值
SetAt	在映射中插入一个元素，但假如发现了匹配的关键码，则替换已经存在的元素
operator[ ]	在映射中插入一个元素，它是代替 SetAt 的操作符
RemoveKey	删除关键码指定的元素
RemoveAll	删除映射中所有的元素
GetStartPosition	返回第一个元素的位置
GetNextAssoc	获取循环中的下一个元素
GetHashTableSize	返回散列表的大小（元素的个数）
InitHashTable	初始化散列表，并指定其大小
GetCount	返回映射中元素的个数
IsEmpty	测试是否为空映射（即没有元素）

2．建立映射

映射类 CMap 与列表类 CList 一样，也是一个模板类，在建立 CArray 对象时需要指明其元素类型，由于 CMap 对象的每个元素都包含一个键对象和一个值对象，所以必须分别指定键对象和值对象的类型和辅助类型。建立映射对象的方法如下。

```
CMap< class KEY,class ARG_KEY,class VALUE, class ARG_VALUE > 映射对象名称;
```

以上说明中的 KEY 为键对象的类型，ARG_KEY 为键的参考类型，VALUE 为值对象的类型，ARG_VALUE 为值的参考类型。在某些 CArray 成员函数中需要使用 ARG_TYPE 进行工作。以下代码为建立一个整型数组对象的示例。

```
CArray< int,int,int,int> MyMap;
```

3．查找元素

使用 CMap 类的成员函数 Lookup(ARG_KEY key,VALUE &rValue) 在映射中查找与键对象匹配的元素，若找到则返回 TRUE。以下代码在映射中查找键值为 1 的元素，若找到函数则返回 TRUE，并可通过函数参数取得元素的值对象的值。

```
CArray< int,int,int,int> MyMap;
...
int x;
MyMap.Lookup(1,x);
```

4．插入和修改元素

使用 CMap 类的成员函数 SetAt(ARG_KEY key,ARG_VALUE newValue)可以在映射中插入一个元素。该成员函数首先查找所有元素的键对象，如果在映射的元素中发现了匹配的键对象，就重新设置该元素的值对象的值，否则添加新的元素。下面的代码在映射中查找键为 1 的元素，如果找到将该元素的值设为 100，否则添加新的键为 1、值为 100 的新元素。

```
CMap< int,int,int,int> MyMap;
MyMap.SetAt(1,100);
```

除了成员函数 SetAt()，还有一种更简便的方法，使用 CMap 类重载的[]运算符，[]内的参数为查找所有元素的键对象值，该运算符的功能与 SetAt 相同，与上例中等价的操作方法如下。

```
MyMap[1]=100;
```

5．删除元素

使用 CMap 类的成员函数 RemoveKey(ARG_KEY key) 首先查找所有元素的键对象，如果在映射的元素中发现了匹配的键对象，就删除该元素。以下代码在映射中删除键对象的值为 2 的元素。

```
CArray< int,int> MyArray;
...
MyArray．RemoveKey (2);
```

类 CMap 的成员函数 RemoveAll ()从此映射中移去所有元素。

3.3.4 应用实例

1．创建 MFC 框架程序

参照本书第 2 章的内容，创建一个名为 0302 的 MFC 程序项目，并添加 WM_LBUTTONDBLCLK 和 WM_PAINT 消息处理函数。

2．创建数据文件“学生成绩.txt”

用记事本创建数据文件，每行包括学生的学号、姓名和成绩 3 个字段，字段间用 tab 键分隔，设置文件名为“学生成绩.txt”，保存在源程序文件所在的文件夹中。

3．添加学生信息结构体类型

在程序开始处添加学生信息结构体类型 struct XS。

```
struct XS
{
    int     xh;             //学号
    char  xm[32];           //姓名
    int     cj;             //成绩
};
```

4. 在窗口类中添加学生列表成员 m_List

```
class C0301Window : public CFrameWnd
{
        CList< XS,XS&> m_List;
    …
};
```

5. 读入文件到 m_List 列表

修改 WM_LBUTTONDBLCLK 消息处理函数，读入文件到 m_List 列表。

```
void C0302Window::OnLButtonDblClk(UINT nFlags, CPoint point)
{
    FILE *fp;
    if(fopen_s(&fp,"学生成绩.txt","rt"))
    {
        AfxMessageBox(L"文件打开失败！");
        return;
    }
    m_List.RemoveAll();
    XS t;
    while(fscanf_s(fp,"%d%s%d",&t.xh,t.xm,sizeof(t.xm),&t.cj)!=EOF)
    {
        m_List.AddTail(t);
    }
    fclose(fp);
    Invalidate();
}
```

Invalidate()函数是 CWnd 的成员函数，它的功能是使窗口重绘，即向窗口发送 WM_PAINT 消息。

6. 显示 m_List 中数据

修改 WM_PAINT 消息处理成员函数，在该函数中添加显示 m_List 中数据的功能。

```
void C0302Window::OnPaint()
{
    XS t;                                    //学生信息临时变量
    int y=0;                                 //输出数据的 y 坐标
    PAINTSTRUCT ps;
    HDC hdc;
    hdc = ::BeginPaint(m_hWnd, &ps);
    POSITION po=m_List.GetHeadPosition();    //取得列表头
    while(po)                                //判断是否还存在元素，循环
    {
        t=m_List.GetNext(po);                //取得元素，并指向下一元素
        WCHAR s[100];
        DWORD dwMinSize = MultiByteToWideChar (CP_ACP, 0, t.xm, -1, NULL, 0);
        MultiByteToWideChar (CP_ACP, 0, t.xm, -1, s, dwMinSize);
        CString cs;
        cs.Format(L"%10d%20s%10d",t.xh,s,t.cj);
```

```
            ::TextOut(hdc,0,y,cs,cs.GetLength());
            y+=20;
        }
        ::EndPaint(m_hWnd, &ps);
    }
```

因为读入的学生姓名信息是 char *类型，需要转换为 WCHAR *类型才能输出，所以首先使用 MultiByteToWideChar()函数取得转换需要的空间大小，然后再调用 MultiByteToWideChar 进行转换。

7. 程序运行结果

程序运行结果如图 3-2 所示。

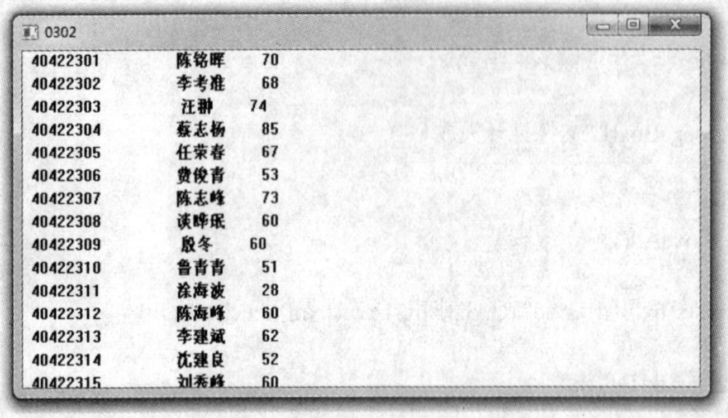

图 3-2 例 0302 运行结果

3.4 时间处理类

MFC 提供了 4 个用于处理日期和时间类型数据的类，其中 CTime 类与 COleDateTime 类可用于处理绝对时间，CTimeSpan 类与 COleDateTimeSpan 类可用于处理时间间隔。使用时间处理类需要包含头文件 ATLComTime.h。

```
#include <ATLComTime.h>
```

3.4.1 COleDateTime 类

COleDateTime 类比 CTime 类占用内存虽然稍多一点，但功能更强，所以本节主要讲述 COleDateTime 类的用法。

COleDateTime 对象占用 12B 空间，4 个字节的 m_status 用来描述 COleDateTime 对象的状态，8 个字节的 m_dt 用来描述时间，m_dt 为 DATE 类型，DATE 类型使用 8 个字节的浮点数实现。天由整数表示，一天内的时间用小数表示，并以 1899 年 12 月 30 日午夜作为 0.0。COleDateTime 类可以处理从 100 年 1 月 1 日到 9999 年 12 月 31 日的时间。

1. 类的成员函数

COleDateTime 类的成员函数如表 3-9 所示。

表 3-9　COleDateTime 类的成员函数

类的方法	功能说明
COleDateTime	用各种方法构造一个 COleDateTime 对象
GetCurrentTime	创建一个代表当前时间的 COleDateTime 对象（静态成员函数）
GetStatus	获取该 COleDateTime 对象的状态（有效性）
SetStatus	设置该 COleDateTime 对象的状态（有效性）
GetAsSystemTime	转换 COleDateTime 对象的时间用一个 SYSTEMTIME 数据结构表示
GetYear	返回此 COleDateTime 对象代表的年
GetMonth	返回此 COleDateTime 对象代表的月（1～12）
GetDay	返回此 COleDateTime 对象代表的日（1～31）
GetHour	返回此 COleDateTime 对象代表的小时（0～23）
GetMinute	返回此 COleDateTime 对象代表的分钟（0～59）
GetSecond	返回此 COleDateTime 对象代表的秒（0～59）
GetDayOfWeek	返回此日是星期几（1 代表星期日，2 代表星期一，以此类推）
GetDayOfYear	返回该 COleDateTime 对象代表的该天是年内第几天（1 月 1 日=1）
SetDateTime	设置该 COleDateTime 对象值为指定的日期/时间值
SetDate	设置该 COleDateTime 对象值为指定的日期值
SetTime	设置该 COleDateTime 对象值为指定的时间值
Format	生成一个代表 COleDateTime 对象的格式化字符串
ParseDateTime	从一个字符串读取一个日期/时间值并设置为 COleDateTime 的值
DATE	将一个 COleDateTime 值转换为一个 DATE
DATE *	将一个 COleDateTime 值转换为一个 DATE *
Operator =	复制一个 COleDateTime 值
Operator +、-	将 COleDateTime 对象加上或减去一个 COleDateTimeSpan 对象
Operator +=、-=	将此 COleDateTime 对象加上或减去一个 COleDateTimeSpan 对象
Operator ==、<等	比较两个 COleDateTime 值

2．建立时间对象

（1）使用构造函数。

COleDateTime 对象有多种构造方法，详细内容可参考 MSDN。下面将使用 COleDateTime (int nYear,int nMonth, int nDay,int nHour,int nMin,int nSec)构造函数构造一个 COleDateTime 对象，下面构造的对象描述的时间为 1999 年 9 月 13 日 13 时 30 分 0 秒。

```
COleDateTime time(1999,9,13,13,30,0);
```

（2）直接赋值。

下面使用 COleDateTime 的静态成员函数 GetCurrentTime()取得当前系统时间，然后直接赋值给 COleDateTime 对象。

```
COleDateTime time=COleDateTime::GetCurrentTime();
```

（3）设置时间。

下面使用 COleDateTime 的成员函数 SetDateTime ()设置 COleDateTime 对象时间值。

```
COleDateTime time;
COleDateTime.SetDateTime(1999,9,13,13,30,0);
```

3．时间处理

参照本书第 2 章的内容，创建一个 MFC 框架程序，并添加 WM_LBUTTONDBLCLK 消息处理函数，实现由日期时间取得星期时间，修改 OnLButtonDblClk 消息处理函数代码如下。

```
void C0303Window::OnLButtonDblClk(UINT nFlags, CPoint point)
{
	COleDateTime time(	1999,9,13,13,30,0);
	int weekday=time.GetDayOfWeek();
	switch(weekday)
	{
	case 1:
		AfxMessageBox(L"1999 年 9 月 13 日是周日");
		break;
	case 2:
		AfxMessageBox(L"1999 年 9 月 13 日是周一");
		break;
	case 3:
		AfxMessageBox(L"1999 年 9 月 13 日是周二");
		break;
	case 4:
		AfxMessageBox(L"1999 年 9 月 13 日是周三");
		break;
	case 5:
		AfxMessageBox(L"1999 年 9 月 13 日是周四");
		break;
	case 6:
		AfxMessageBox(L"1999 年 9 月 13 日是周五");
		break;
	case 7:
		AfxMessageBox(L"1999 年 9 月 13 日是周六");
		break;
	default:
		break;
	}
}
```

运行程序，在窗口内双击，显示如图 3-3 所示的消息框。

4．时间数据格式化

通过使用 Format()函数可将 COleDateTime`对象的时间值转换成字符串的描述形式，其用法有些类似 CString 类中的 Format 成员函数。所以在学习这个实例之前，先看一下 Format()函数的参数，如表 3-10 所示。

表 3-10　Format()函数的参数

类的方法	功能说明
%a	简写的星期名
%A	完整的星期名
%b	简写的月份名
%B	完整的月份名

（续）

类的方法	功能说明
%c	适合于场所的日期和时间表示
%d	月份的天数的十进制数（0～31）
%H	24 小时格式中的小时（00～23）
%I	12 小时格式中的小时（01～12）
%j	年份的天数的十进制数（001～366）
%m	分钟的十进制数（00～59）
%p	12 小时时钟的当前场所的 A.M./P.M.指示符
%S	秒钟的十进制数（00～59）
%U	年份的周数的十进制数，星期日作为一个星期的第一天（00～53）
%w	星期几的十进制数（0～6，星期日=0）
%W	年份的周数的十进制数，星期一作为一个星期的第一天（00～53）
%x	当前场所的日期表示
%X	当前场所的时间表示
%y	没有世纪的年份，以十进制表示（00～99）
%Y	带世纪的年份，以十进制表示
%z,%Z	时区名或简写，时间未知时没有字符
%%	百分号

下面的程序显示当前的星期、日期、时间，以及本周是今年的几周，修改消息处理函数 OnLButtonDblClk()的代码如下。

```
void C0303Window::OnLButtonDblClk(UINT nFlags, CPoint point)
{
        COleDateTime time= COleDateTime::GetCurrentTime();
        CString s1=time.Format(L"%A,%B,%d,%Y");
        CString s2=time.Format(L"%U");
        CString str3=L"当前时间是："+s1+L"\n"+L"本周是今年的第"+s2+L"周";
        ::AfxMessageBox(str3);
}
```

程序运行结果如图 3-4 所示。

图 3-3　例 0303 运行结果

图 3-4　例 0303 修改后的运行结果

3.4.2　COleDateTimeSpan 类

COleDateTimeSpan 没有父类，在 MFC 头文件 afxdisp.h 中定义。一个 COleDateTimeSpan 对象内以一个 DATE 类型的数据成员 m_span 来描述一个时间段，它一般情况下是两个 COleDateTime 对象之间的时间差。

1．类的成员函数

表 3-11 所示为 COleDateTimeSpan 类的成员函数。

表 3-11　COleDateTimeSpan 类的成员函数

类的方法	功能说明
COleDateTimeSpan	用各种方法构造一个 COleDateTimeSpan 对象
GetStatus	获取 COleDateTimeSpan 对象的状态（有效性）
SetStatus	设置 COleDateTimeSpan 对象的状态（有效性）
GetDays	返回 COleDateTimeSpan 对象所表示的时间段的天数部分
GetTotalDays	返回 COleDateTimeSpan 对象所表示的总天数
SetDateTimeSpan	设置 COleDateTimeSpan 对象的值
GetHours	返回 COleDateTimeSpan 对象所表示的时间段的小时部分
GetTotalHours	返回 COleDateTimeSpan 对象所表示总的小时数
GetMinutes	返回 COleDateTimeSpan 对象所表示的时间段的分钟部分
GetTotalMinutes	返回此 CTimeSpan.对象中的总的分钟数
GetSeconds	返回 COleDateTimeSpan 对象所表示的时间段的秒数部分（-59～+59）
GetTotalSeconds	返回 COleDateTimeSpan 对象所表示总的秒数
Format	将一个 COleDateTimeSpan 对象时间值转换为一个格式化的字符串
double	将 COleDateTimeSpan 的值转换为双精度值
Operator =	赋一个新的时间段值
Operator +、-	加上或减去 CTimeSpan 对象
Operator +=、-=	向或从此 CTimeSpan 中加上或减去一个 CTimeSpan 对象
Operator ==、<等	比较两个相对的时间值

2．建立 COleDateTimeSpan 对象

COleDateTimeSpan 对象有多种构造方法，下面将使用 COleDateTimeSpan (long lDays,int nHours,int nMins,int nSecs)构造函数构造一个 COleDateTimeSpan 对象。

```
CTimeSpan timespan(99,11,13,13);    //构造一个 CTimeSpan 对象，为 99 天 11 小时 13 分钟 13 秒的时间
```

3．取得时间间隔

取得时间间隔通常是将两个 COleDateTime 相减，将结果赋值给一个 COleDateTimeSpan 对象，代码如下。

```
COleDateTime time1(1949,10,1,10,0,0);
COleDateTime time2=COleDateTime::GetCurrentTime();
COleDateTimeSpan timespan=time2-time1;
```

下面的程序计算从 1949 年 10 月 1 日 10 时到现在为止所经过的时间间隔，修改消息处理函数 OnLButtonDblClk()的代码如下。

```
void C0303Window::OnLButtonDblClk(UINT nFlags, CPoint point)
{
        COleDateTime time1(1949,10,1,10,0,0);
        COleDateTime time2=COleDateTime::GetCurrentTime();
        COleDateTimeSpan timespan=time2-time1;

        int totalDays=timespan.GetTotalDays();                      //取得间隔天数
        int totalHours=(int)timespan.GetTotalHours();               //取得间隔小时数
        int totalMinutes=(int)timespan.GetTotalMinutes();           //取得间隔分钟数
        int totalSeconds=(int)timespan.GetTotalSeconds();           //取得间隔秒数
        CString cs1,cs2,cs3,cs4;;
        cs1.Format(L"%d 天",totalDays);
```

```
        cs2.Format(L"%d 小时",totalHours);
        cs3.Format(L"%d 分钟",totalMinutes);
        cs4.Format(L"%d 秒",totalSeconds);
        CString str=L"到目前为止已经建国"+cs1+L"或"+cs2+L"或"+cs3+L"或"+cs4;
        ::AfxMessageBox(str);
}
```

程序运行结果如图 3-5 所示。

图 3-5　例 0303 修改后的运行结果

3.5　异常处理类

恰当地使用异常处理，不但可以使程序更加健壮，而且可改善程序结构。在使用 Visual C++编写的 Windows 应用程序中，可以使用 3 种异常处理方式。

1）标准 C++ 异常处理。

2）结构化异常处理。

3）MFC 的异常处理宏。

在以上 3 种异常处理方式中，结构化异常处理为 Windows 操作系统所提供，适用于各种程序设计语言，MFC 的异常处理宏只是为了与早期代码兼容而保留，而标准 C++ 异常处理技术不但覆盖了其他两种异常处理的功能，而且代表了今后的发展方向。

关于异常处理的详细内容请复习 C++的有关知识。

3.5.1　异常处理类的使用

标准 C++异常处理程序由 3 部分组成：用于检测异常发生区域的 try 块、用于抛出异常的 throw 语句及用于捕获异常的 catch 语句。标准异常处理程序结构如下面的代码所示。

```
try
{
...                         //正常程序 1
throw 异常;                 //由于某种原因抛出异常
...                         //正常程序 2
}
catch(异常)                 //捕获异常
{
...                         //处理异常的程序
}
```

在 C++程序中被抛出的异常可以有多种类型，但最常用的是抛出一个异常对象，因为使用对象可以对异常进行更好的描述。在 MFC 类库中，大量地使用了异常机制进行错误处理，当一个 MFC 对象运行出错时，它通常抛出一个异常对象，如果想处理这个异常，用户程序必须捕获该异常，捕获异常的方法如上面的代码所示。

在 MFC 类库中，专门为可能抛出的异常定义了一组类，这些类的对象在 MFC 对象运行出错时被抛出，用户可以在自己的程序中使用 try 和 catch 语句捕获这些异常对象，并进行适当的处理，以提高程序的容错性和可靠性。

3.5.2 MFC 异常处理类简介

MFC 定义的所有异常类的基类为 CException 类，该类定义了一些必需的功能，其包含的成员函数定义如表 3-12 所示。

表 3-12 CException 类的成员函数

类的方法	功能说明
CException	构造一个 CException 对象
Delete	删除一个 CException 对象
GetErrorMessage	获取异常描述信息
ReportError	在消息框中向用户报告一个错误信息

除了以上几个成员函数之外，CException 类还有一个 BOOL 型成员变量 m_bAutoDelete，用来标识该对象在创建后是否能够被自动删除，该对象若在堆中建立，m_bAutoDelete 的值为 TRUE，表示可以使用 CException::Delete 成员函数删除。需要说明的是，当一个异常对象不需要再使用时，应该使用 CException::Delete 成员函数删除，而不是使用 C++操作符 delete 删除，如下面的代码所示。

```
try{                                    //try 块
    ...                                 //正常程序
}
catch(CException *e)                    //捕获异常
{
    ...                                 //处理异常的程序
    e->Delete();                        //删除异常
}
```

CException 类并不能直接使用，需要派生出适当的子类，在 MFC 中常用的 CException 子类及功能如表 3-13 所示。

表 3-13 CException 子类的功能

异常类	功能说明
CMemoryException	内存不足
CNotSupportedException	请求不支持的操作
CArchiveException	存档/序列化异常
CFileException	文件异常
CResourceException	Windows 资源分配异常
COleException	OLE 异常
CDBException	数据库异常（即基于开放数据库连接的 MFC 数据库类出现异常）
COleDispatchException	OLE 发送（自动）异常
CUserException	资源无法找到
CDaoException	数据访问对象异常（即 DAO 类出现异常）
CInternetException	Internet 类出现异常

在本书的第 8 章中将讲述文件的使用方法，在该章中可以看到使用 CFileException 异常类处理文件异常的方法，其他异常类的用法与此相似。

3.6 小结

在本章中主要讲述了以下几个方面的内容。

- CRect、CPoint 及 CSize 的功能和基本使用方法。
- CString 类的用法。
- CList 类的用法。
- CArray 类的用法。
- CMap 类的用法。
- COleDateTime 类的用法。
- COleDateTimeSpan 类的用法。
- MFC 异常处理类的概念。

3.7 习题

1．使用“记事本”程序在磁盘上建立一个文本文件，包含若干字符串，读入到 CString 中，并在屏幕上显示。

2．使用“记事本”程序在磁盘上建立一个文本文件，包含一组整数，读入到 CList 列表中，双击在屏幕上显示。

3．使用“记事本”程序在磁盘上建立一个文本文件，包含一组整数，读入到 CArray 数组中，双击在屏幕上显示。

4．使用“记事本”程序在磁盘上建立一个文本文件，包含一组整数、字符串对，读入到 CMap 中，双击在屏幕上显示。

5．使用 COleDateTime 类编写一个程序，用于显示当前时间。

6．使用 COleDateTimeSpan 类编写一个程序，求再过 10000 分钟是哪一天，并显示。

7．简述什么是 MFC 异常处理类？

8．定义两个 CString 对象 str1 和 str2，分别给它们赋值为 HE 和 LLO，将 str2 接到 str1 后面，有哪些方法？

9．思考在控制台程序中是否可以使用 MFC，为什么？

10．如果可以在控制台程序中使用 MFC，请说明使用 MFC 时应怎样设置？

第4章 文档视图程序

在本书的第 2 章中已经介绍了 MFC 的基本知识，包括 MFC 中程序框架的概念。本章将讲述应用 MFC 程序框架生成的文档视图结构的框架程序及其使用方法。

4.1 概述

4.1.1 程序组成

文档/视图结构的 MFC 框架程序是 MFC 中定义的一种标准程序框架结构。在使用该结构的框架程序中，主要由 CWinApp 应用程序类、CDocument 文档类、CView 视图类、CFrameWnd 框架窗口类和 CDocTemplate 文档模板类的派生类对象组成，每个类的对象分工协作，完成整个程序的各项功能：

- CWinApp 派生类对象——“应用程序对象”负责程序的启动、运行和终止等。
- CDocument 派生类对象——“文档对象”负责程序中数据的存储和管理。
- CView 派生类对象——“视图对象”负责程序中数据在程序窗口内的显示。
- CFrameWnd 派生类对象——“窗口框架对象”负责包括菜单等在内的程序窗口边框的管理等。
- CDocTemplate 派生类对象——“文档模板对象”负责对文档对象、视图对象和窗口框架对象进行管理。

在文档视图结构的应用程序中，应用程序首先创建一个应用程序对象，在应用程序对象的初始化函数 InitInstance()中创建文档模板对象，文档模板对象用来创建文档对象框架窗口对象，框架窗口对象创建“视图对象”。

在采用文档/视图结构的 MFC 框架程序中，一般使用文档对象来管理程序的数据。在 MFC 中，文档类的基类是 CDocument。一个文档对象通常负责对一个文件的数据进行管理。

每个视图对象都要与一个 CFrameWnd 的派生类对象即框架对象相关联，框架对象用来管理视图窗口的边框、标题和菜单等，而视图对象则用来管理窗口的内容，两个对象合在一起才能构成一个完整的显示窗口。

在 MFC 文档/视图程序中，只有一个视图存在的程序被称为单文档程序，简称为 SDI 程序。

在 MFC 文档/视图程序中，若同时可以有多个视图对象存在，这样的程序一般被称为多文档程序，简称为 MDI 程序。

SDI 程序由于只有一个视图，所以它只需要一个框架窗口，该框架窗口既是程序的主窗口也是视图的框架窗口，管理该框架窗口的窗口类通常由 CFrameWnd 类派生。

MDI 程序因为可同时创建多个视图，每个视图都要有一个框架窗口，该框架窗口被称为程序的子框架窗口，MDI 程序的子窗口框架类由 CFrameWnd 的子类 CMDIChildWnd 派生。

由于 MDI 程序的所有子框架窗口都包含在程序主窗口内，管理程序主窗口的窗口通常由 CFrameWnd 的子类 CMDIFrameWnd 类派生。

4.1.2 程序分类

1．单文档单视图程序

有些程序同一时间只需要处理一个文件，如常用的“记事本”程序，它同时只需处理一个文本文件。这样的文档/视图结构程序仅需要创建一个文档对象对数据进行管理，一个视图负责显示这个文档的数据，一个框架窗口对象管理菜单、窗口边框等，一个文档模板对象管理以上 3 个对象。

2．单文档多视图程序

有些程序在同一时间只需要处理一个文件，但它可能需要同时显示这个文件的不同部位或以不同的方式显示同一个文件数据。这样的文档/视图结构程序需要创建一个文档对象多个视图对象对它进行管理，每个视图对象还要有一个配套的框架窗口对象，一个程序总的框架窗口对象，一个文档模板对象对它们进行管理。

3．单一类型多文档程序

当一个程序在同一时间需要处理多个同类型文件时，例如一个程序同时打开多个同类型文件，在文档/视图程序中就需要创建多个文档对象，每个文档对象管理一个文件；创建多个视图对象，每个视图对象显示一个文档对象的数据；创建多个框架窗口对象，每个框架窗口对象对应一个视图对象；创建一个总的框架窗口对象管理各子窗口；创建一个文档模板对象对前面个各对象进行管理。

4．多类型多文档程序

当一个程序在同一时间需要处理多个不同类型的文件时，例如一个程序同时打开多个不同类型的文件，在文档/视图程序中就需要创建多个文档对象，每个文档对象管理一个文件；创建多个视图对象，每个视图对象显示一个文档对象的数据；创建多个框架窗口对象，每个框架窗口对象对应一个视图对象；创建一个总的框架窗口对象管理各子窗口；创建多个文档模板对象，每个文档模板对象管理一个类型的文档。

4.1.3 运行方式

文档模板对象负责创建文档对象、框架对象和视图对象，并管理它们之间的关系。MFC 包含一个文档模板类 CDocTemplate，它有两个重要子类：单文档模板类 CSingleDocTemplate 和多文档模板类 CMultiDocTemplate，两个文档模板类的功能如下。

- 一个 CSingleDocTemplate 对象只能创建和管理一个文档对象。
- 一个 CMultiDocTemplate 对象可以创建和管理多个文档对象。

一个文档模板对象通常只能管理一种类型的数据，在一个应用程序中若需要管理多种类型的数据，就需要建立多个文档模板对象，然后使用 AddDocTemplate()函数将它们添加到程序模板列表。当用户新建一组数据时，程序检索模板列表找到适当类型的文档模板对象，然后使用该文档模板对象创建文档对象、窗口框架对象，再创建视图对象。文档对象和视图对象分别负责这组数据的管理和显示，步骤如图 4-1 所示。

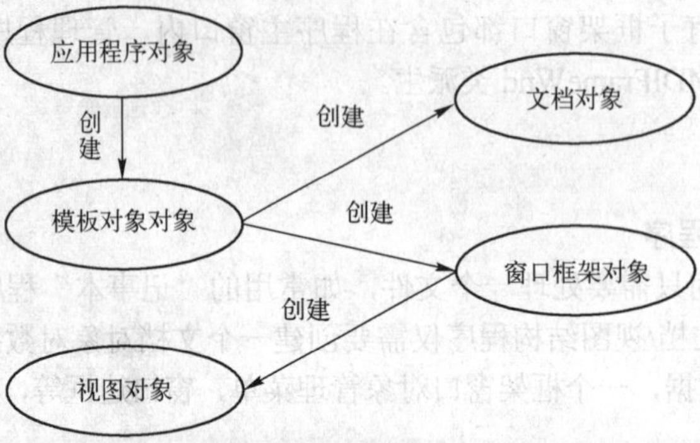

图 4-1　文档/视图程序运行模式

4.2　创建文档视图程序

根据本章前面的内容和第 2 章的有关内容，虽然可以手工建立 MFC 框架程序，但过程比较烦琐。为此，VS 提供了“新建项目向导”工具，使用该工具可以自动生成标准的 MFC 框架程序，从而减少用户大量的重复劳动。下面将讲述使用 VC++工具“新建项目向导”生成标准文档视图框架程序的步骤与方法。

4.2.1　新建项目

启动 VS 2010，选择“新建”→“新建项目”命令，弹出“新建项目”对话框，如图 4-2 所示。

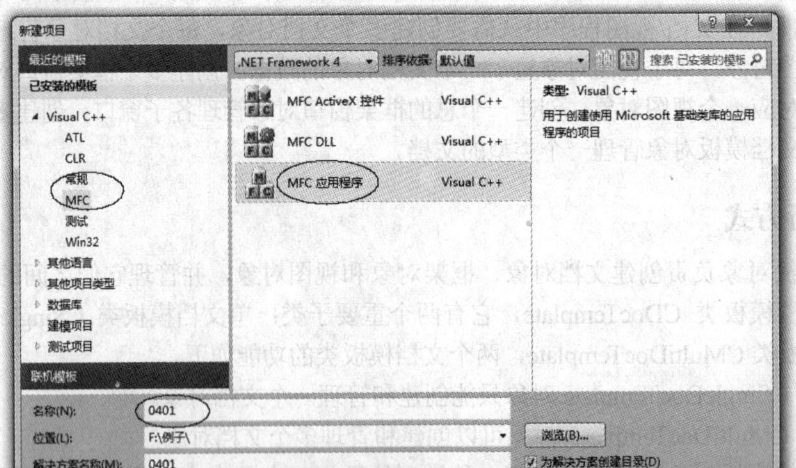

图 4-2　“新建项目”对话框

在“新建项目”对话框中按图 4-2 所示进行选择，然后在“名称”文本框中输入新建立项目的名称 0401，并单击“确定”按钮，弹出“MFC 应用程序向导”对话框，如图 4-3 所示。

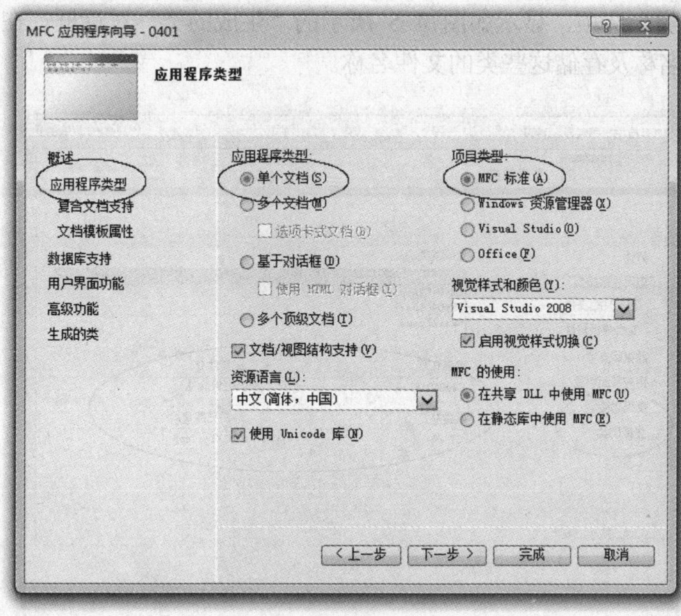

图 4-3　应用程序向导之应用程序类型

4.2.2　修改项目选项

在“MFC 应用程序向导”对话框中按图 4-3 所示进行选择。在“应用程序类型”选项组中选择“单个文档”单选按钮，表示生成的框架程序中的文档模板类将采用 CSingleDocTemplate。

选择“应用程序类型”→“文档模板属性”选项，显示如图 4-4 所示的“文档模板属性”对话框。在这里可以修改文档的类型名称及扩展名称、框架窗口的标题等信息，这些信息将在创建文档时使用。如将“文件扩展名”改为 Txt，则表示该文档模板将用来处理 Txt 类型的数据。

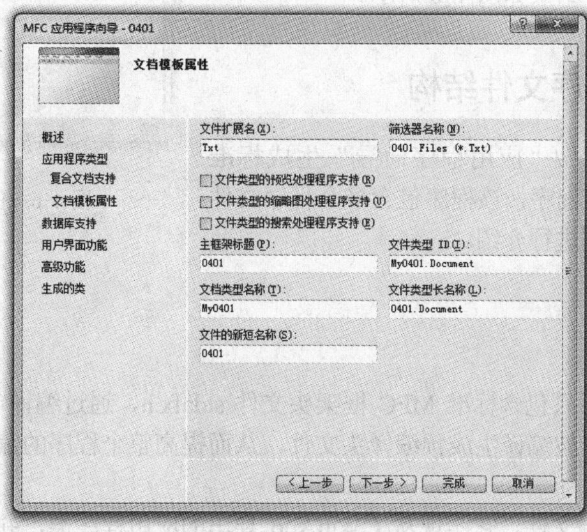

图 4-4　文档模板属性

选择“生成的类”选项，显示如图 4-5 所示的“生成的类”对话框。在这里用户可以修改向导生成的类的名称及存储这些类的文件名称。

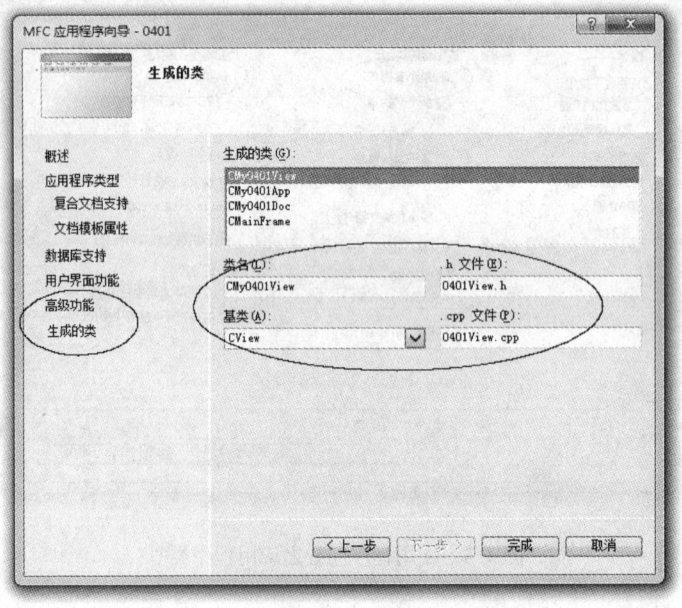

图 4-5　生成的类

4.2.3　完成向导

应用程序向导还有许多其他的选项和设置可以修改，在本例中将使用系统默认值。在如图 4-5 所示的对话框中单击“完成”按钮，应用程序向导按照前面的设置生成单文档视图结构的 MFC 框架程序，直接编译、运行该程序，运行结果如图 4-6 所示。

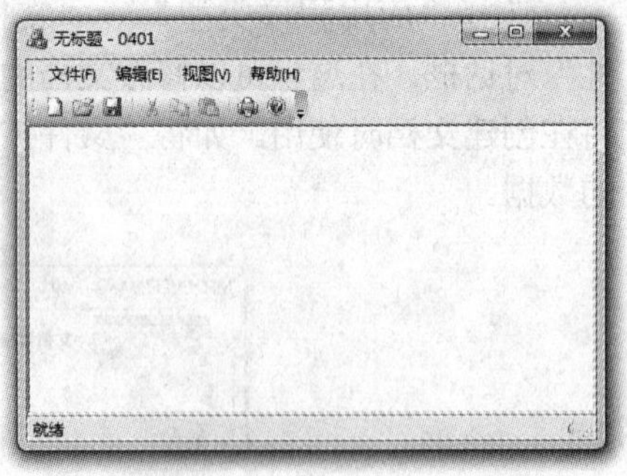

图 4-6　例 0401 运行结果

4.3　文档视图程序文件结构

采用“新建项目”/“应用程序向导”生成标准 MFC 单文档/视图框架程序，该程序包含多个程序文件和资源文件，下面分别进行介绍。

4.3.1　源文件

1．stdafx.cpp

此文件默认情况下只包含标准 MFC 框架头文件 stdafx.h，通过编译 stdafx.cpp，在本文件中被包含的头文件才能被编译生成预编译头文件，从而提高整个程序的编译速度。

2．0401.cpp

此文件是主程序源文件。它实现从 CWinApp 导出的应用程序类，并创建应用程序对象。在本例中，它还实现了一个对话框类，用于显示本应用程序的版权信息。

此文件中的程序对象初始化代码将用到程序的文档类、框架类和视图类，所以要包含定义它们的头文件。afxwinappex.h 文件包含了一些特殊效果的应用，afxdialogex.h 文件包含了对话框父类 CDialogEx 的定义。

```
#01.  #ifdef _DEBUG
#02.  #define new DEBUG_NEW
#03.  #endif
```

上面的条件编译命令用来判断当前进行的编译是否为调试版本，若为调试版本，就使用 DEBUG_NEW 来取代 C++中的 new 操作符，DEBUG_NEW 可以对分配的内存进行记录，方便用户在进行程序调试时检测内存泄漏。用户可以利用此宏在调试版本和发行版本中加入不同的程序代码，实现不同功能。在向导生成的框架程序中除了 stdafx.cpp 之外的每一个源程序文件头都包含该条件编译命令。

有关对话框的内容将在第 10 章进行讲解。

3．MainFrm.cpp

此文件是框架窗口程序源文件，它实现 CMainFrame 类。

4．0401Doc.cpp

此文件是文档程序源文件，它实现 CMy0401Doc 类。

5．0401View.cpp

此文件是视图程序源文件，它实现 CMy0401View 类。

4.3.2 资源文件

1．0401.ico 和 0401Doc.ico

图标文件，分别是应用程序和文档的图标文件。

2．0401.rc

资源文件，包含整个项目的所有资源信息，包括对话框、位图、菜单、图标、工具栏及字符串等资源；它们的大小、风格和字体等属性信息都包含在其中；通常由资源编辑器自动生成维护，不需要用户编辑修改。

3．My0401.rc2

资源文件，用于存放由多个不同项目使用的资源。

.rc 和.rc2 两者的不同在于.rc 文件中的资源可以直接在 VC 集成环境中以可视化的方法进行编辑和修改；而.rc2 中的资源不能在 VC 的集成环境下直接进行编辑和修改，只能根据需要手工进行编辑。

4．Toolbar.bmp 和 Toolbar256.bmp

位图图片文件，被称为位图资源，是工具栏上的图标文件。

4.4 文档视图框架程序分析

4.4.1 头文件

1．Stdafx.h

此文件包含了程序中使用的各种头文件，所以项目中每个源程序（.CPP）文件通常都要包含此文件才能正常编译，并且要把包含该文件的命令放在其他包含文件命令的前面。

由于 MFC 程序需要的头文件内容比较多，编译程序自动将 stdafx.h 生成预编译头文件 Projname.pch（Projname 代表建立的项目名称，本例为 0401.pch），以后只要 Stdafx.h 文件内容不修改，就不用再重新编译该文件，从而提高程序的编译速度。

此文件中定义了一些宏，用来设置编译器对本程序的编译和链接方式。

```
#pragma once
```

#pragma 是编译指示指令，由编译器提供，用来设定程序在某些硬件或操作系统条件下的特殊编译方式。使用方法如下。

```
#pragma 设定字符串
```

“设定字符串”用来给出编译器特有指令和参数的标识，VC++提供多种#pragma 设定，其中#pragma once 用来指定该指令所在的文件将只被编译器编译一次。

stdafx.h 文件内容一般不需要用户修改，只是在用到一些特殊函数库时可以将相应库的头文件包含在此文件中。

2．0401.h

此文件是程序的主包含文件，新建项目向导生成的框架程序中除了 stdafx.cpp 外，其他源程序文件都包含此文件，是声明全局函数和全局变量的理想位置。

在此文件中定义从 CWinApp 导出的程序对象派生类，一般命名为 CMy+“项目名”+App，例如本例项目名为 0401，所以命名为 CMy0401App。

在此文件中声明应用程序类 CMy0401App 的全局对象 theApp 为外部对象，由于此文件被框架程序文件中除了 stdafx.cpp 之外的各程序文件所包含，所以在程序的其他程序文件中可以直接调用全局对象 theApp。

3．MainFrm.h

此文件定义程序的主框架窗口类 CMainFrame。

4．0401Doc.h

此文件定义文档类。

5．0401View.h

此文件定义视图类。

6．Resource.h

此文件是.rc 资源文件的头文件，用于定义各种资源符号的头文件，该文件内容通常由资源编辑器自动生成维护，不需要用户编辑修改。

4.4.2 应用程序类

文档/视图程序使用 CWinApp 的派生类创建应用程序对象，在派生类中通过重载父类的成员函数，实现管理程序的启动、运行和终止等功能。

1．类的声明

```
#01.  class CMy0401App : public CWinApp
#02.  {
#03.  ...
#04.          virtual BOOL InitInstance();
```

```
#05.        virtual int ExitInstance();
#06.        afx_msg void OnAppAbout();
#07.        DECLARE_MESSAGE_MAP()
#08.  };
#09.  extern CMy0401App theApp;
```

说明：

#04 行重载 CWinApp 类的 InitInstance 成员函数，该函数可用于程序初始化，在程序开始执行时被自动调用。

#05 行重载 CWinApp 类的 ExitInstance 成员函数，该函数可用于程序退出前的处理，在程序结束前被自动调用。

#06 行声明一个消息响应成员函数 OnAppAbout()。

#07 行在类中包含 DECLARE_MESSAGE_MAP()宏，使该类可以处理消息。

2．重要成员函数

```
#01.  BOOL CMy0401App::InitInstance()
#02.  {
#03.  ...
#04.        CSingleDocTemplate* pDocTemplate;
#05.        pDocTemplate = new CSingleDocTemplate(
#06.              IDR_MAINFRAME,
#07.              RUNTIME_CLASS(CMy0401Doc),
#08.              RUNTIME_CLASS(CMainFrame),          // 主 SDI 框架窗口
#09.              RUNTIME_CLASS(CMy0401View));
#10.        if (!pDocTemplate)
#11.              return FALSE;
#12.        AddDocTemplate(pDocTemplate);
#13.  ...
#14.        // 唯一的一个窗口已初始化，因此显示它并对其进行更新
#15.        m_pMainWnd->ShowWindow(SW_SHOW);
#16.        m_pMainWnd->UpdateWindow();
#17.  ...
#18.  }
```

说明：

#04 行代码建立一个单文档模板 CSingleDocTemplate 对象的指针。

#05 行使用 new 操作建立单文档模板 CSingleDocTemplate 对象。在 CSingleDocTemplate 的构造函数中传入 4 个参数。

IDR_MAINFRAME 参数指定了一个文档模板字符串资源，包括程序标题栏信息、文件默认名称、文件类型名、文件类型、文件扩展名、注册文件类型，以及存储在注册表中的文件类型名等。该资源在“应用程序向导”的“文档模板字符串”选项中创建，并可通过开发环境的资源编辑工具修改。

模板对象使用 RUNTIME_CLASS 宏取得动态创建对象的有关类信息。

其余 3 个参数用来指定在模板对象使用的模板类、窗口框架类及视图类信息，当用户新建文档时，文档模板对象使用这 3 个类来建立文档对象、框架对象和框架内的视图对象。对于单文档模板对象，只建立一次文档对象、框架对象和视图对象。

#12 行调用 AddDocTemplate 将创建好的文档模板加入到应用程序对象的文档模板链表中。若程序可以操作多种数据类型，如多种类型的文件，通常多次调用 AddDocTemplate 以添加多个模板对象。如果用户选择了“文件”→“新建”或“文件”→“打开”命令，要求创建或打开一个文档时，应用程序类的 OnNewDocument()成员函数和 OnOpenDocument()成员函数就可以从文档模板链表中检索出文档模板，提示用户选择适当的文档类型并创建文档及相关的视图、框架窗口。

#15 行用来显示主框架窗口。

#16 行用来更新主框架窗口内容。

4.4.3 文档类

文档/视图程序通过 CDocMent 派生子类创建文档对象，在子类中通过重载父类的成员函数，实现文档数据的处理功能。

1．类的声明

```
#01. class CMyTextDoc : public CDocument
#02. {
#03. …
#04.         DECLARE_DYNCREATE(CMyTextDoc)
#05.         virtual BOOL OnNewDocument();
#06.         virtual void Serialize(CArchive& ar);
#07. };
```

说明：

#04 行，使用 DECLARE_DYNCREATE 宏使该类支持动态创建。该宏和 IMPLEMENT_DYNCREATE 配合使用，通过使用 RUNTIME_CLASS 宏和 CObject 类的 IsKindOf 成员函数在运行时确定该对象是由哪个类生成的。

使用方法：类的定义文件中添加 DECLARE_DYNCREATE 宏；类的实现文件中添加 IMPLEMENT_DNYCREATE 宏。

#05 行，新建文档，一般用来完成数据的初始化工作。在用户选择“文件”→“新建”命令时被自动调用，对于单文档程序，在程序对象执行成员函数 InitInstance()时将被第一次调用。

#06 行，从磁盘读取文档数据或将其写入磁盘，在用户选择“文件”→“打开”或“文件”→“保存”命令时被自动调用。

2．重要成员函数

```
BOOL CMyTextDoc::OnNewDocument()
{
        if (!CDocument::OnNewDocument())
                return FALSE;
        // TODO：在此添加重新初始化代码
        // （SDI 文档将重用该文档）
        return TRUE;
}
```

当用户启动应用程序或从应用程序的“文件”菜单中选择“新建”命令时，都需要对文档类的数据成员进行初始化。一般情况下，类的数据成员的初始化都是在构造函数中完成的，在构造函数调用结束时对象才真正存在。但对于文档来说却不是这样的，文档类的数据成员初始化工作是在 OnNewDocument 成员函数中完成的，此时文档对象已经存在。这是因为在 SDI 应用程序中，在应用程序启动时，文档对象就已经创建，文档对象直到主框架窗口关闭时才销毁。在用户选择“文件”→“新建”命令时，应用程序对象并不是销毁原来的文档对象然后重建新的文档对象，而只是重新初始化文档对象的数据成员，这个初始化工作就是应用程序对象的 OnFileNew()消息处理成员函数通过调用 OnNewDocument()函数来完成的。如果把初始化数据成员的工作放在构造函数中的话，由于对象已经存在，构造函数就无法被调用，也就无法完成初始化数据成员的工作。为了避免代码的重复，在应用程序启动时，应用程序对象也是通过调用 OnNewDocument 成员函数来初始化文档对象的数据成员的。如果是 MDI 程序，则数据成员的初始化也可以放到构造函数中完成。因为在 MDI 中，选择“文件”→“新建”命令时，应用程序对象就让文档模板对象创建一个新的文档对象，并创建对应的框架窗口对象和视图对象。为了保证应用程序在单文档和多文档界面之间的可移植性，最好将文档对象数据成员的初始化工作放在 OnNewDocument()函数中完成，因为在 MDI 的应用程序对象的 OnFileNew 成员函数中，同样会调用文档对象的 OnNewDocument 成员函数。

在关闭应用程序删除文档对象时，或使用“文件”→“打开”命令打开一个文档时，需要清理文档对象中的数据。同文档对象的初始化一样，文档对象的清理也不是在文档类的析构函数中完成的，而是在文档类的 CDocument::DeleteContents()成员函数中完成的。析构函数只用于清除那些在对象生存期都将存在的数据项。DeleteContents()成员函数的调用有以下两个作用。

1）删除文档对象的数据。

2）使文档对象在使用前数据为空。

前面已经讲过，OnNewDocument()函数会调用 DeleteContents()函数清空数据。在用户选择“文件”→“打开”命令时，应用程序对象调用应用程序类的 OnFileOpen 成员函数，CWinApp::OnFileOpen 调用内部的文档管理类 CDocManager::OnFileOpen()成员函数显示一个通用的文件操作对话框，该文件对话框提示用户输入文件名，然后调用 CWinApp::OpenDocumentFile 打开一个文件。OpenDocumentFile 在打开文件后首先调用 DeleteContents 成员函数清理文档对象中的数据，确保以前打开的文档的数据被清理掉。

缺省的 DeleteContents()函数什么也不做。用户需要重载 DeleteContents()函数，并编写自己的文档清理代码。

```
// CMyTextDoc 序列化
void CMyTextDoc::Serialize(CArchive& ar)
{
	if (ar.IsStoring())
	{
		// TODO：在此添加存储代码
	}
	else
	{
		// TODO：在此添加加载代码
	}
}
```

文档视图程序默认通过在文档类的派生类中通过重载 Serialize 成员函数实现文档数据的读取与保存。

CArchive 对象可以用来存储和读取数据，当 ar.IsStoring()返还 0 时读取数据，否则存储数据，关于 CArchive 对象的详细介绍可参照后续章节。

有时需要在文档对象中访问对应的视图对象，而一个文档可能会对应多个视图，此时可以采用如下方法取得该文档对象对应的所有视图对象。

```
POSITION pos=GetFirstViewPosition();        //获取视图链表的头指针
CEditorView *MyView=(CMyView*)GetNextView(pos);
```

4.4.4 视图类

文档/视图程序使用 CView 的派生类创建视图对象，在派生类中通过重载父类的成员函数，实现文档数据的显示、打印等功能。

1．类的声明

```
#01. class CMyTextView : public CView
#02. {
#03. …
#04.         CMyTextDoc* GetDocument() const;
#05.         virtual void OnDraw(CDC* pDC);      // 重写以绘制该视图
#06.         virtual BOOL PreCreateWindow(CREATESTRUCT& cs);
#07.         virtual BOOL OnPreparePrinting(CPrintInfo* pInfo);
#08.         virtual void OnBeginPrinting(CDC* pDC, CPrintInfo* pInfo);
#09.         virtual void OnEndPrinting(CDC* pDC, CPrintInfo* pInfo);
#10. };
```

说明：

#04 行，取得与本视图关联的文档对象指针。

#05 行，在视图内绘制要显示的内容，例如文档数据等。

#06 行，重载虚拟函数 PreCreateWindow()在窗口创建之前被框架程序调用，可以在该函数中对要创建的窗口属性进行设置。

#07 行，在文档被打印或预览之前调用这个函数；重载这个函数可以初始化 Print 对话框，在“打印”对话框中插入一些值，如文档的长度。

#08 行，开始打印作业时调用这个函数，重载这个函数以分配图形设备接口（GDI）资源，如分配字体或其他 GDI 资源。

#09 行，当打印作业结束时调用这个函数。重载这个函数以释放 GDI 资源，OnEnd PinrtPreview 在退出预览模式的时候调用这个函数，解除分配 GDI 资源。

2．重要成员函数

```
#01. void CMyTextView::OnDraw(CDC* /*pDC*/)
#02. {
#03.         CMyTextDoc* pDoc = GetDocument();
#04.         ASSERT_VALID(pDoc);
#05.         // TODO: 在此处为本机数据添加绘制代码
#06. }
```

#03 行，取得文档对象的地址，通过该地址可以在程序中操作文档对象中的数据。

#04 行，宏 ASSERT_VALID 和 ASSERT 为 MFC 中的调试工具“断言”，当 ASSERT_VALID 在()内的指针不指向 CObject 派生类对象及 ASSERT 在()内的条件为假时，终止程序的执行并显示提示信息框。

#5 行，在该行之后可以添加视图绘制功能的代码，实现绘制功能。

4.4.5 框架窗口类

文档/视图程序使用 CFrameWnd 派生类创建程序的框架窗口对象，在派生类中通过重载父类的成员函数，实现程序窗口框架并创建菜单、工具栏和状态栏等。

1．类的声明

```
#01. class CMainFrame : public CFrameWnd
#02. {
#03. …
#04. virtual BOOL LoadFrame(UINT nIDResource, DWORD dwDefaultStyle = WS_OVERLAPPEDWINDOW |
     FWS_ADDTOTITLE, CWnd* pParentWnd = NULL, CCreateContext* pContext = NULL);
#05.        CMFCToolBar            m_wndToolBar;
#06.        CMFCStatusBar          m_wndStatusBar;
#07.        afx_msg int OnCreate(LPCREATESTRUCT lpCreateStruct);
#08. };
```

说明：

#04 行，LoadFrame 成员函数可以使用程序的资源信息动态构造一个框架窗口。创建框架窗口首先用构造函数构造 CFrameWnd 对象，然后调用 LoadFrame 加载 Windows 框架窗口和相关资源，并将框架窗口附加给 CFrameWnd 对象。

#05 行，定义工具栏成员对象。

#06 行，定义状态栏成员对象。

#07 行，当应用程序通过调用成员函数 Create 或 CreateEx 创建 Windows 的窗口时，函数返回之前调用的这个成员函数。该函数在窗口被创建以后、显示之前被调用。通常可以通过重载 OnCreate 为窗口提供初始化功能。

2．重要成员函数

```
#01. int CMainFrame::OnCreate(LPCREATESTRUCT lpCreateStruct)
#02. {
#03.        if (CFrameWndEx::OnCreate(lpCreateStruct) == -1)
#04.               return -1;
#05. ...
#06.        if (!m_wndToolBar.CreateEx(this, TBSTYLE_FLAT, WS_CHILD | WS_VISIBLE |
     CBRS_TOP | CBRS_GRIPPER | CBRS_TOOLTIPS | CBRS_FLYBY | CBRS_SIZE_
     DYNAMIC) ||!m_wndToolBar. LoadToolBar(theApp.m_bHiColorIcons ? IDR_MAINFRAME_
     256 : IDR_MAINFRAME))
#07.        {
#08.               TRACE0("未能创建工具栏\n");
#09.               return -1;            // 未能创建
#10.        }
#11.        if (!m_wndStatusBar.Create(this))
```

```
#12.        {
#13.              TRACE0("未能创建状态栏\n");
#14.              return -1;          // 未能创建
#15.        }
#16. ...
#17. }
```

说明：

#01 行，函数参数 lpCreateStruct 是一个指向 CREATESTRUCT 结构的指针，CREATESTRUCT 结构定义了传递给应用程序的窗口过程的初始化参数，其中包含了窗口的标题、风格等，该结构定义如下。

```
typedef struct tagCREATESTRUCT
{
      LPVOID      lpCreateParams;
      HANDLE      hInstance;
      HMENU       hMenu;
      HWND        hwndParent;
      int         cy;
      int         cx;
      int         y;
      int         x;
      LONG        style;
      LPCSTR      lpszName;
      LPCSTR      lpszClass;
      DWORD       dwExStyle;
} CREATESTRUCT;
```

hInstance 标识了拥有该窗口的程序句柄，不需要修改。

hMenu 标识了要被用于窗口的菜单。

hwndParent 标识了拥有该窗口的窗口。如果本窗口是一个顶层窗口，这个参数可以为 NULL。

cy 指定了窗口的高。

cx 指定了窗口的宽。

y 指定了窗口左上角的 y 轴坐标。如果本窗口是一个子窗口，则坐标是相对于父窗口的；否则坐标是相对于屏幕原点的。

x 指定了窗口左上角的 x 轴坐标。如果本窗口是一个子窗口，则坐标是相对于父窗口的；否则坐标是相对于屏幕原点的。

style 指定了窗口的风格，附录 A 给出了用户可以设定的窗口样式。另外，MFC 给出了一些新的风格，如下所示。

FWS_ADDTOTITLE：将文档标题添加到窗口标题末尾。

FWS_PREFIXTITLE：将文档标题添加到窗口标题前面。

FWS_SNAPTOBARS：控制框架窗口的大小，该框架窗口围绕着一个控制条，它根据控制条的大小调整窗口的大小。

在单文档应用程序中，框架窗口的默认样式是 WS_OVERLAPPEDWINDOW 和

FWS_ADDTOTITLE 样式的组合。而在多文档应用程序中使用的框架窗口默认样式是 WS_CHILD、WS_OVERLAPPEDWINDOW 和 FWS_ADDTOTITLE 的组合。

lpszName 指向一个以 null 结尾的字符串，用来指定窗口的名称。

lpszClass 指向一个以 null 结尾的字符串，指定窗口的 Windows 类名（一个 WNDCLASS 结构，参见第 1 章的相关内容）。

dwExStyle 指定窗口的扩展风格，附录 A 给出了用户可以设定的扩展窗口样式。

#03 行，调用父类的 OnCreate 完成窗口对象的初始化工作。注意，在本函数中改变 lpCreateStruct 的值不会影响窗口的初始化结果，因为基类的 OnCreate 成员函数使用最初建立窗口时传递给消息的参数。

#06 行，创建指定的风格工具栏。

#11 行，创建指定的风格状态栏。

4.5 应用实例

在本节中将修改一个标准 MFC 单文档结构的文档/视图程序，实现一组学生信息的文件读取、视图显示、排序处理和结果保存到文件 4 项功能。程序运行效果如图 4-7 所示。

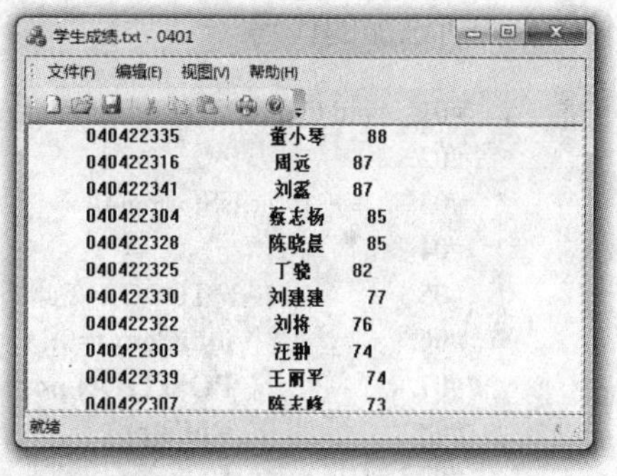

图 4-7 例 0401 修改后的运行结果

4.5.1 添加数据成员

用户通常通过修改负责数据的存储文档类实现程序中数据的存储要求，本例在文档类 CMy0401Doc 中增加一个 CList 类型成员来保存一组学生信息，修改后的文档类 CMy0401Doc 声明如下。

```
#01. #define N 32
#02. struct XS
#03. {
#04.            WCHAR xh[N];            //学号
#05.            WCHAR xm[N];            //姓名
#06.            int cj;                 //成绩
#07. };
```

在 CMy0401Doc 类中增加 CList 类型数据成员 m_list，用来保存学生信息，下面程序段中的粗体部分为所添加的代码。

```
#01. class CMy0401Doc : public CDocument
#02. {
#03. …
#04. public:
#05.      CList <XS,XS&>m_List;
#06. …
#07. };
```

在文档类中，OnNewDocument()函数在程序初始化及新建文档时被框架程序调用，可以在这里对学生数据进行初始化或清空学生数据，下面程序段中的粗体部分为所添加的代码。

```
BOOL CMy0401Doc::OnNewDocument()
{
        if (!CDocument::OnNewDocument())
                return FALSE;
        // TODO: 在此添加重新初始化代码
        // SDI 文档将重用该文档
        m_List.RemoveAll();
        return TRUE;
}
```

4.5.2 添加数据存取

在文档类中，Serialize()函数负责文件的读取和保存，本例中操作文本文件要求为UNICODE类型，请读者在保存学生信息数据文件时注意选择文件的类型。下面程序段中的粗体部分为所添加的代码。

```
void CMy0401Doc::Serialize(CArchive& ar)
{
        if (ar.IsStoring())
        {
                // TODO: 在此添加存储代码
                int iCount=0;                              //记录存储的行数
                POSITION po=m_List.GetHeadPosition();      //取得列表头
                while(po)                                  //判断是否还存在元素，循环
                {
                        XS t=m_List.GetNext(po);           //取得元素，并指向下一元素
                        CString cs;
                        cs.Format(L"%s\t%s\t%d",t.xh,t.xm,t.cj);
                        if(iCount==0)
                                cs=L"\xFEFF"+cs;
```

UNICODE 文本的文件头默认值为 0xFF 和 0xFE 两个字节，在文件第一行的字符串前添加文件头。

```
                        cs+=L"\xd\xa";
```

为 UNICODE 文本字符串的末尾添加换行符。

```
                        ar.WriteString(cs);
                        iCount++;
                }
        }
        else
        {
                // TODO: 在此添加加载代码
                WCHAR s[100];
                XS t;
```

```
        CString cs;
        int iCount=0;                                   //记录读取的行数
        m_List.RemoveAll();
        while(ar.ReadString(s,_countof(s)))            //判断是否读到一行
        {
            if(iCount==0)
                swscanf_s(s+1,L"%s%s%d",t.xh,N,t.xm,N,&t.cj);
```

UNICODE 文本的文件头默认值为 0xFF 和 0xFE 两个字节，s+1 跳过文本文件头，指向第一行的字符串进行处理。

```
            else
                swscanf_s(s,L"%s%s%d",t.xh,N,t.xm,N,&t.cj);
            iCount++;
            m_List.AddTail(t);                              //添加到列表末尾
        }
    }
}
```

swscanf_s()函数用来从 UNICODE 字符串中读取各种类型的数据，其用法类似于标准 C 中的输入数据函数 scanf()。

4.5.3 添加数据显示

CMy0401Viewl 类的成员函数 OnDraw(CDC* pDC)负责视图窗口的显示功能，修改该成员函数可以实现文档数据的显示，下面程序段中的粗体部分为所添加的代码。

```
void CMy0401View::OnDraw(CDC* /*pDC*/)
{
    CMy0401Doc* pDoc = GetDocument();
    ASSERT_VALID(pDoc);
    if (!pDoc)
        return;
    // TODO: 在此处为本机数据添加绘制代码
    int y=0;                                            //输出数据的 y 坐标
    POSITION po=pDoc->m_List.GetHeadPosition();  //取得列表头
    while(po)                                           //判断是否还存在元素，循环
    {
        XS t=pDoc->m_List.GetNext(po);                 //取得元素，并指向下一元素
        CString cs;
        cs.Format(L"%20s%20s%10d",t.xh,t.xm,t.cj);
        pDC->TextOut(0,y,cs,cs.GetLength());
        y+=20;
    }
}
```

编译、运行程序，结果如图 4-8 所示。文件的打开和保存对话框均为框架程序内部调用的 Windows 标准文件操作对话框：

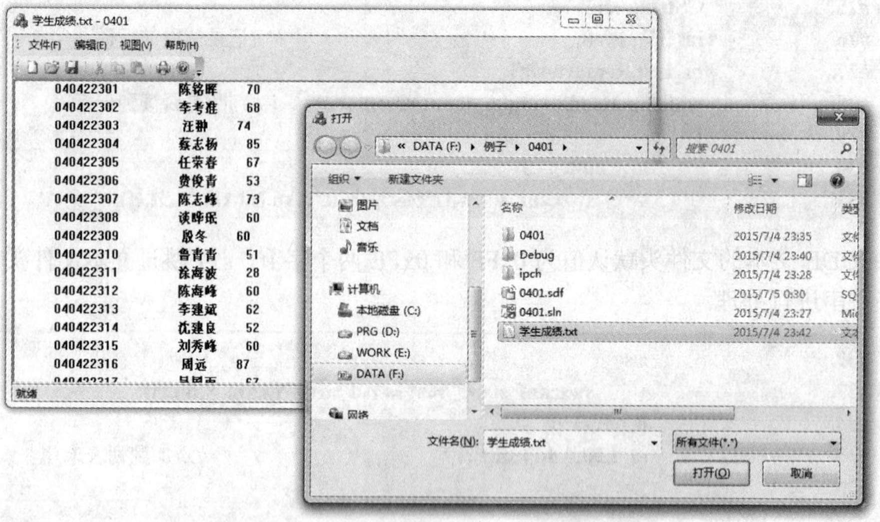

图 4-8　例 0401 从文件读入学生数据并显示

4.5.4　添加数据排序

下面在程序中增加一个对用户信息进行排序的功能。用户信息保存在文档类中，在文档类中增加一个排序函数 Sort()，实现对用户数据的排序比较方便。

1．添加排序成员函数

打开 0401.h 文件，修改 CMy0401Doc 类的定义，添加成员函数 Sort()，下面代码中的粗体部分即为成员函数在类中的声明。

```
class CMy0401Doc : public CDocument
{
...
// 操作
public:
        void Sort();
...
}:
```

2．添加排序成员函数的定义

打开 0401.cpp 文件，添加 CMy0401Doc::Sort 成员函数的定义，代码如下所示。

```
void CMy0401Doc::Sort()
{
        for(int i=0;i<m_List.GetCount();i++)
        {
                POSITION p1,p0=m_List.GetHeadPosition();          //取得列表头
                while(p0)                                          //判断是否还存在元素，循环
                {
                        XS t0=m_List.GetAt(p0);                    //取得元素
                        p1=p0;
                        m_List.GetNext(p1);
```

```
                if(p1==NULL)
                    break;
                XS t1=m_List.GetAt(p1);                          //取得下一个元素
                if(t0.cj<t1.cj)
                {
                    XS &node1 = m_List.GetAt(p0);               //取得元素
                    XS &node2 = m_List.GetAt(p1);               //取得下一个元素
                    XS nodeTmp = node1;
                    node1=node2;
                    node2=nodeTmp;
                }
                m_List.GetNext(p0);
            }
        }
}
```

在数据 CMy0401Doc::Serialize(CArchive& ar)函数中添加排序函数的调用，即在用户读入学生数据后，进行排序。下面程序段中的粗体部分为添加的对排序函数 Sort()的调用。

```
void CMy0401Doc::Serialize(CArchive& ar)
{
...
        else
        {
...
                Sort();
        }
}
```

4.6 小结

本章主要讲述了以下几个方面的内容。

- 文档视图程序的组成。
- 文档的概念及文档的使用方法。
- 视图的概念及视图的使用方法。
- 窗口框架及窗口框架的使用方法。
- 文档模板的概念及文档模板的使用方法。
- MFC 程序的运行模式。
- 使用“应用程序向导”建立 SDI 程序框架的方法。
- 分析了一个标准 SDI 程序框架的代码。
- 分析了一个标准 SDI 框架程序的修改方法。

4.7 习题

1．简述文档视图程序的组成。

2. 简述文档的概念，它有几种使用方法？

3. 简述视图的概念，它有几种使用方法？

4. 简述窗口框架的作用。

5. 简述文档模板的概念和使用方法。

6. 上机运行本章 4.6 节中的实例。

7. 参照第 2 章的方法，修改本章 4.6 节中的实例，在程序窗口内显示“欢迎”字符串内容。

8. 创建一个单文档视图的程序，尝试如何去掉程序中已有的工具栏。

9. 创建一个单文档视图的程序，尝试如何去掉程序中已有的菜单。

10. 通过“文件”菜单选择读入一个 UNICODE 格式的文本文件，将文件中的所有小写字母改成大写字母后，可以通过“文件”菜单选择路径保存转换后的文件。

11. 尝试不用向导，手工建立一个单文档视图的程序。

第5章 绘图输出

应用程序通常在视图窗口内进行输出。Windows 系统在某个窗口需要刷新其显示内容时，向其发送 WM_PAINT 消息，CView 类封装的视图窗口在接到 WM_PAINT 消息后会调用虚拟成员函数 OnDraw()，MFC 应用程序通常通过重载该成员函数来实现自己的输出。本章通过视图窗口来讲述在 MFC 程序的窗口内进行输出的方法。

5.1 GDI 与 MFC

5.1.1 概述

在 Windows 系统中包含一个图形设备界面 Graphics Device Interface，简称 GDI，它管理 Windows 环境下的所有图形输出，是 Windows 操作系统的重要组成部分。在 Windows 操作系统中，绝大多数具备图形界面的应用程序都离不开 GDI，通过使用 GDI 所提供的众多函数就可以方便地在屏幕、打印机及其他输出设备上输出图形、文本等。GDI 的出现使程序员无须关心硬件设备及设备驱动，就可以将应用程序的输出转化为硬件设备上的输出，实现了程序开发者与硬件设备的隔离，极大地方便了程序开发工作。

通过 GDI，可控制并管理实现绘图所需要的三大要素。

- 画布：指图形要绘制在什么地方。GDI 提供的画布可以是屏幕上的窗口、打印机甚至是内存。
- 绘图工具：指使用什么东西进行绘制。GDI 提供了多种绘图工具，每种绘图工具可以设定多种属性。
- 绘图动作：指怎样绘制。GDI 提供了多种绘图函数，如直线、曲线及文本输出等绘图函数。

在 Windows 系统中，GDI 将画布和绘图工具合在一起称为“设备描述表”或“设备上下文”，简称为 DC。DC 实际上是一组数据，该组数据描述了画布和绘图工具的各种属性信息，而 GDI 中的绘图动作由一系列 Windows API 中的绘图函数来实现，这些绘图函数使用 DC 中的信息以一定的算法绘制图形。

MFC 对 Windows 的 GDI 进行了封装，将 GDI 中的绘图工具封装到 CGdiObject 类中，称为 GDI 对象类。将画布、绘图动作和 GDI 对象封装到 CDC 类中，称为设备环境类。在 MFC 程序中的绘图方法如下。

1）根据绘图目标（如窗口）取得 CDC 对象。

2）选择绘图使用的 CGdiObject 对象。

3）将 CGdiObject 对象附加到 CDC 对象。

4）使用该 CDC 对象的绘图成员函数在目标（如窗口）上绘制图形。

5.1.2 设备环境类

设备环境类的基类是 CDC，它定义了 CDC 类族的基本功能，其包含的大量数据成员和近 200 个成员函数提供了在目标设备上绘图的基本方法。

CDC 有以下几个重要的子类。

1）CPaintDC，该类以窗口内的用户区为目标，可以在窗口内绘制图形。该类的对象在构造函数中自动调用 BeginPaint 取得目标设备环境，在析构函数中自动调用 EndPaint 释放设备环境。CPaintDC 适用于在接到 WM_PAINT 消息时进行绘图操作，方法如下。

```
void CMyWnd::OnPaint()
{
        CPaintDC dc(this);
        ...                                    //开始绘图操作
}
```

2）CClientDC，该类以窗口内的用户区为目标，可以在窗口内绘制图形，该类的对象在构造函数中自动调用 GetDC()函数取得目标设备环境，在析构函数中自动调用 ReleaseDC()函数释放设备环境。CClientDC 适用于在未接到 WM_PAINT 消息时“主动”进行绘图操作，方法如下。

```
void CMyWnd::MyFun()
{
        CClientDC dc(this);
        ...                                    //开始绘图操作
}
```

3）CWindowDC，该类以整个窗口为目标，可以在整个窗口（含边框）上绘制图形，该类的对象在构造函数中自动调用 GetDC()函数取得设备环境，在析构函数中自动调用 ReleaseDC()函数释放设备环境。CWindowDC 的用法与 CClientDC 相同，只是绘制范围更大，方法如下。

```
void CMyWnd::MyFun()
{
        CWindowDC dc(this);
        ...                                    //开始绘图操作
}
```

4）CMetaFileDC，可用于创建 Windows 图元文件，具体方法请参考 MSDN。

5.1.3 GDI 对象类

GDI 对象类用来封装 GDI 中的各种绘图工具，GDI 对象类的基类是 CGdiObject，在 MFC 中由 CGdiObject 的派生类封装具体的绘图工具。下面为几种常用的 CGdiObject 派生类。

1）CPen 类，该类封装一个 Win32 画笔对象。画笔对象可用于画线及绘制有形边框，并可以指定它的颜色、粗细和虚实等属性，详见“5.2.2 更改画笔”一节的介绍。

2）CBrush 类，该类封装一个 Win32 画刷对象。画刷对象定义了一种位图形式的画笔，可用于对区域内进行填充等操作，详见“5.2.3 使用画刷”一节的介绍。

3）CBitmap 类，该类封装一个 Windows 位图对象，位图对象可以用来进行显示图像和创建画刷等操作，详见“5.2.4 使用位图”一节的介绍。

4）CPalette 类，该类封装一个 Windows 调色板对象。调色板对象提供了一个从应用程序到颜色输出设备的接口，在某些场合使用它可以改善颜色显示效果。

5）CRgn 类，该类封装一个 Windows 区域对象。一个区域一般是窗口中的一个椭圆形的或者多边形的区域。区域对象可用于剪裁、填充及判断等操作。

5.2 绘制图形

通常，在程序窗口内绘制图形的标准方法是：在 CView 派生类中重载类的虚拟成员函数 OnDraw(CDC *pDC)，由函数中的 CDC 对象绘制图形。下面讲解使用 CDC 进行绘图的方法。

5.2.1 开始绘图

在绘图中经常用到 CPoint 类和 CRect 类，使用它们的对象描述一个点的坐标和一个矩形的位置。下面通过修改文档视图框架程序中视图类的 OnDraw()函数进行绘图。

1．画一条直线

可以先用 CDC::MoveTo(POINT point)移动当前点到指定位置，再用 CDC::LineTo (POINT point)向指定点画线，代码如下。

```
pDC->MoveTo(CPoint(10,10));
pDC->LineTo(CPoint(75,70));                    //画一条直线
```

2．绘制一个矩形

可以使用 CDC::Rectangle(LPCRECT lpRect) 绘制一个矩形，代码如下。

```
pDC->Rectangle(CRect(10,80,75,130));           //绘制一个矩形
```

3．绘制弧

可以使用 CDC::Arc(LPCRECT lpRect, POINT ptStart, POINT ptEnd) 绘制弧，该函数画的弧是由指定矩形定义的一段椭圆。弧的实际起点是从绑定矩形中心通过指定开始点的线与椭圆的交点。弧的实际终点是从绑定矩形中心通过指定终点的线与椭圆的相交点，以逆时针方向画弧。由于弧不是闭合图形，所以并不填充。矩形的宽度和长度要大于 2，小于 32767，代码如下。

```
pDC->Arc(CRect(10,160,75,210),                 //绘制圆弧外接矩形
      CPoint(10,120),                          //用来计算实际起点
      CPoint(75,140));                         //用来计算实际终点
```

4．绘制椭圆或圆

可以使用 CDC::Rectangle(LPCRECT lpRect)绘制椭圆或圆。lpRect 为椭圆的外接矩形，其宽度和高度都必须大于 2 且小于 32767，代码如下。

```
pDC->Ellipse(CRect(255,10,330,50));            //绘制椭圆或圆
```

5．绘制饼图

可以使用 CDC::Pie(LPRECT lpRect,POINT ptStart ,POINT ptEnd)绘制饼图，该函数的用法与 Arc 相似，只是增加了两条中心点向椭圆起止点的连线，代码如下。

```
pDC->Pie(CRect(255,80,330,130),             //绘制饼图
    CPoint(255,60),CPoint(310,60));
```

6．绘制指定风格的矩形

可以使用 DrawEdge(LPRECT lpRect,UNIT nEdge,UNIT nFlags) 绘制指定风格的矩形。参数 lpRect 用来指定矩形的大小和位置，nEdge 用来指定矩形内外边界的类型，nFlags 用来指定绘制边界的类型。

nEdge 参数必须是内边界标识和外边界标识的组合。内外边界标识的定义如下。

（1）内边界标识。

BDR_RAISEDINNER：内边界凸出。

BDR_SUNKENINNER：内边界凹下。

（2）外边界标识。

BDR_RAISEDOUTER：外边界凸出；

BDR_SUNKENOUTER：外边界凹下。

另外，在 WinUser.h 中有如下宏定义。

```
#define EDGE_RAISED       (BDR_RAISEDOUTER | BDR_RAISEDINNER)
#define EDGE_SUNKEN       (BDR_SUNKENOUTER | BDR_SUNKENINNER)
#define EDGE_ETCHED       (BDR_SUNKENOUTER | BDR_RAISEDINNER)
#define EDGE_BUMP         (BDR_RAISEDOUTER | BDR_SUNKENINNER)
```

通常使用 EDGE_RAISED、EDGE_SUNKEN、EDGE_ETCHED 和 EDGE_BUMP 来指定边框边界风格，nFlags 用于指定绘制边界的类型。

举例如下。

```
pDC->DrawEdge(CRect(255,160,330,210),       //绘制指定风格的矩形
    EDGE_BUMP,BF_RECT);
```

表 5-1 所示为绘制边界的类型。

表 5-1　绘制边界的类型

类　型	说　明
BF_RECT	矩形的四周边界
BF_LEFT	矩形的左边界
BF_BOTTOM	矩形的底部边界
BF_RIGHT	矩形的右边界
BF_TOP	矩形的顶部边界
BF_TOPLEFT	矩形的左、顶部边界
BF_TOPRIGHT	矩形的右、顶部边界
BF_BOTTOMLEFT	矩形的左、底部边界
BF_BOTTOMRIGHT	矩形的右、底部边界
BF_DIAGONAL_ENDBOTTOMLEFT	对角线边界。矩形的右上角到左下角
BF_DIAGONAL_ENDBOTTOMRIGHT	对角线边界。矩形的左下角到右下角
BF_DIAGONAL_ENDTOPLEFT	对角线边界。矩形的右下角到左上角
BF_DIAGONAL_ENDTOPRIGHT	对角线边界。矩形的左下角到右上角

7. 绘制折线

可以使用 CDC::PolyLine(LPPOINT lpPoints ,int nCount)绘制连接 lpPoints 指定点的一组线段。该函数与 LineTo 不同，PolyLine()函数不使用也不更改当前点，代码如下。

```
CPoint pt[8];
pt[0]=CPoint(500,10);
pt[1]=CPoint(535,45);
pt[2]=CPoint(520,20);
pt[3]=CPoint(570,50);
pDC->Polyline(pt,4);                          //绘制折线
```

8. 绘制一个封闭多边形

可以使用 CDC::Polygon(LPPOINT lpPoints,int nCount)绘制一个封闭多边形，用法与 PolyLine 相似。代码如下。

```
pt[0]=CPoint(500,80);
pt[1]=CPoint(555,80);
pt[2]=CPoint(535,90);
pt[3]=CPoint(575,130);
pt[4]=CPoint(525,95);
pt[5]=CPoint(500,110);
pt[6]=CPoint(515,90);
pt[7]=CPoint(500,80);
pDC->Polygon(pt,8);                           //绘制一个封闭多边形
```

9. 绘制圆角矩形

可以使用 CDC::RoundRect(LPCRECT lpRect,POINT point)绘制圆角矩形，其中 point 的 x 值表示绘制圆角使用椭圆的宽度，point 的 y 值表示绘制圆角使用椭圆的高度。代码如下。

```
pDC->RoundRect(CRect(500,160,570,210),      //绘制圆角矩形
     CPoint(25,25));
```

将以上程序示例内容添加到 OnDraw()函数后，程序运行结果如图 5-1 所示。

5.2.2 更改画笔

GDI 提供的绘图工具中有一种称为画笔，可用于绘制线条、曲线，以及勾勒形状轮廓。通过修改画笔的属性可以更改线条的外观和颜色，MFC 类 CPen 封装了 GDI 中的画笔。

使用画笔的过程是，首先创建画笔对象，可以在创建画笔对象时或创建后指定画笔的属性，然后将画笔附加到 CDC 对象中，就可以使用新的画笔绘制图形了。

图 5-1　例 0501 使用 CDC 绘图

CPen 类有多个构造函数，可以使用 CPen(int nPenStyle, int nWidth, COLORREF crColor)在创建画笔对象时建立画笔属性，其中 nPenStyle 用于指定画笔的风格；nWidth 用于指定画笔的宽度；crColor 用来设定画笔的颜色。nPenStyle 的取值如表 5-2 所示。

表 5-2　画笔风格

风　格	说　明
PS_SOLID	创建一支实线画笔
PS_DASH	创建一支虚线画笔（画笔宽度<=1 有效）
PS_DOT	创建一支点线画笔（画笔宽度<=1 有效）
PS_DASHDOT	创建一支虚线和点交替的画笔（画笔宽度<=1 有效）
PS_DASHDOTDOT	创建一支虚线和两点交替的画笔（画笔宽度<=1 有效）
PS_NULL	创建一支空画笔
PS_INSIDEFRAME	创建一支画笔，该画笔在封闭形状的框架内画线

表 5-2 中的 PS_NULL 风格画笔可用于在绘制填充图形时不显示边框，绘制填充图形需要指定画刷，具体方法参见“5.2.3 使用画刷”一节的相关内容。

在 Windows 应用程序中，COLORREF 用于指定颜色，其值可以使用 RGB 宏设定，RGB 宏的定义如下。

```
RGB(BYTEnRed,BYTEnGreen,BYTEnBlue)
```

nRed、nGreen 和 nBlue 代表颜色强度，它们的范围为 0～255。例如要指定红色可以使用 RGB（255，0，0），灰色为 RGB（127，127，127），黑色为（0，0，0）。

建立好画笔之后，还需要将它附加到 CDC 对象。函数 CDC::SelectObject (CPen* pPen)可以将一个 CPen 对象附加到 CDC 对象。一个 CDC 对象在同一时间只能使用一个画笔对象，因此，在将一个 CPen 对象附加到 CDC 对象时，通常需要保存 CDC 内原来的 CPen 对象，以便在必要的时候进行恢复。方法如下。

```
CPen *pOldPen;
CPen NewPen(PS_DASHDOTDOT,1,RGB(255,0,0));          //创建新画笔
pOldPen=pDC->SelectObject(&NewPen);                  //选择新画笔，保存旧画笔
…                                                    //绘图
pDC->SelectObject(pOldPen);                          //恢复旧画笔
```

将上述代码添加到前例 OnDraw 成员函数内，程序运行结果如图 5-2 所示。

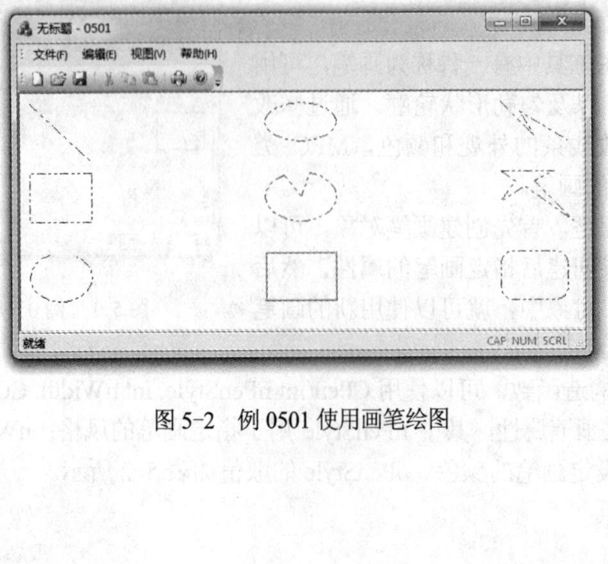

图 5-2　例 0501 使用画笔绘图

5.2.3 使用画刷

GDI 提供的绘图工具中的另一种常用工具称为画刷。画刷在封闭图形内以指定风格进行填充，Windows 中有 3 种主要类型的画刷：原色画刷、阴影画刷和位图画刷。MFC 类 CBrush 封装了 Windows 图形设备接口（GDI）中的画刷。

使用画刷的过程是，首先创建画刷对象，可以在创建画刷对象时或创建后指定画刷的属性，然后将画刷附加到 CDC 对象中，就可以使用新的画刷绘制图形了。

CPen 类有多个构造函数，使用 CBrush(COLORREF crColor)可以创建原色画刷，其中参数 crColor 用来设定画刷的颜色，使用 CBrush(int nIndex, COLORREF crColor)可以创建阴影画刷，参数 nIndex 用来设定画刷的阴影类型。表 5-3 给出了阴影类型的定义。

表 5-3 画刷阴影类型

类　型	说　明
HS_BDIAGONAL	45°的向下阴影线（从左到右）
HS_CROSS	水平和垂直方向以网格线做出阴影
HS_DIAGCROSS	45°的网格线阴影
HS_FDIAGONAL	45°的向上阴影线（从左到右）
HS_HORIZONTAL	水平的阴影线
HS_VERTICAL	垂直的阴影线

使用 CBrush(CBitmap* pBitmap) 可以创建位图画刷，PBitmap 指向 CBitmap 对象的指针，该对象指定了画刷要绘制的位图，位图画刷的使用参见“5.2.4 使用位图”一节的介绍。

建立好画刷之后，还需要将它附加到 CDC 对象，函数 CDC::SelectObject (CBrush* pBrush) 可以将一个 CBrush 对象附加到 CDC 对象。一个 CDC 对象在同一时间只能使用一个画刷对象，因此，在将一个 CBrush 对象附加到 CDC 对象时，通常需要保存 CDC 内原来的 CBrush 对象，以便在必要的时候进行恢复。方法如下。

```
CBrush *pOldBrush;
CBrush NewBrush(RGB(0,100,255));              //创建新画刷
pOldBrush=pDC->SelectObject(&NewBrush);       //选择新画刷，保存旧画刷
…                                             //绘图
pDC->SelectObject(pOldBrush);                 //恢复旧画刷
```

将上述代码添加到前例 OnDraw 成员函数内，程序运行结果如图 5-3 所示。

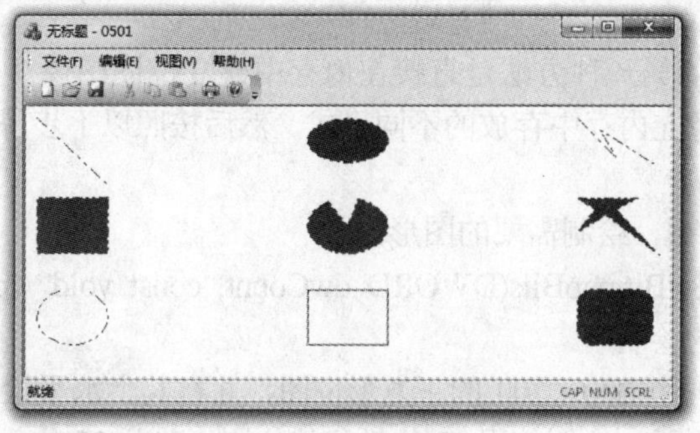

图 5-3 例 0501 使用画刷绘图

5.2.4 使用位图

GDI 中的位图对象也是一种绘图工具，它可以处理图像数据。类 CBitmap 封装了 GDI 中的位图，并提供了操纵位图的成员函数。使用 CBitmap 对象之前要先构造 CBitmap 对象，然后调用一个初始化成员函数对位图对象进行初始化。位图对象初始化成功后就可以调用其他成员函数来操作位图了。

1. 创建位图对象

创建位图对象的过程很简单，方法如下。

```
CBitmap    Bitmap;
```

但 CBitmap 被实例化时内部是空的，Bitmap 对象内并不包含位图，必须使用初始化函数才能创建位图。

2. 通过程序编码创建位图

初始化位图对象的方法有很多种，下面仅介绍两种。

第一种方法是使用 CBitmap::CreateBitmap(int nWidth,int nHeight,UINT nPlanes, UINTnBitcount, const void* lpBits)，其中参数 nWidth 用于指定创建位图的宽度（以像素为单位）；nHeight 用于指定创建位图的高度（以像素为单位）；nPlanes 用于指定位图中的彩色位面数，一般为 1；nBitCount 用于指定位图中每个像素颜色的位数，即每一个像素占用几位内存，如一个真彩色的位图每个像素要占用 24 位或 32 位内存；lpBits 用于指向一个数组，数组包含位图的初始值，如果为 NULL，则位图内容没有初始化。

```
Bitmap.CreateBitmap(200,200,1,32,NULL);
```

上例表示建立一个长 200 像素，宽 200 像素，1 个彩色位面，32 位颜色并且没有被初始化的位图。采用本方法建立的位图不一定能在屏幕上显示，因为建立的位图颜色数不一定能跟当前显示设备环境兼容，若不兼容，位图将无法显示。

第二种方法是使用 CBitmap::CreateCompatibleBitmap(CDC *pDC,int nWidth,int nHeight)建立位图。该种方法建立一个彩色位面数和位图颜色数与 pDC 对应设备环境一致的位图，使用该方法可以确保建立的位图在当前屏幕上准确显示，方法如下。

```
Bitmap.CreateCompatibleBitmap(pDC,200,200);
```

通过前面的两个步骤，位图已经建立起来了，但位图的图像内容还未确定。设置位图图像内容的方法有很多种。

设置位图图像内容的第一种方法是直接在内存中建立位图图像。使用该种方法需要了解不同颜色深度的位图图像在内存中存放的不同格式，然后按照以下步骤建立位图。

1）建立内存缓冲区。

2）在内存中修改数据，绘制需要的图形。

3）使用 CBitmap:::SetBitmapBits(DWORD dwCount, const void* lpBits)将图像传送到位图对象中，从而实现位图的绘制。

下面的实例是建立一个 200×200 的正方形位图，并在其上水平绘制 5 像素宽的红黑相间的线条，图像如图 5-4 所示。本例使用 32 位颜色的位图。对于 32 位颜色的位图数据格式定义为：每个像素占有 32 位内存，其值为 0 代表黑色，其值为 0x00FFFFFF 代表白色，从低位到高位每个字节依次代表蓝、绿、红 3 种颜色的亮度值。要建立一个二维数组存储位图数据，由于位图一共 200 行，故数组的第一维由 200 个元素组成；位图每行有 200 个点，其中每个点占 32 位，即 4 个字节，故一行需要 200×4 个字节，建立的图像数组如下。

```
BYTE BmpData[200][200][4];
```

赋值方法如下。

```
for(int i=0;i<200;i++)
    for(int j=0;j<200;j++)
        if(i%10<5)
        {
            BmpData[i][j][2]=0xff; //设置为红色
        }
```

将图像数据传送到位图对象中，代码如下。

```
Bitmap.SetBitmapBits(200*200*4,BmpData);
```

位图创建好后即可进行显示，具体的显示方法将在本节后面讲述。

3．通过资源取得位图

使用该程序编码创建位图的操作比较复杂，很难处理复杂的图像。为了更直观地处理图形和图像，可以借助一些更专业的绘图工具绘制好并存储起来，然后加入到本程序中。

设置位图图像内容的第二种方法是使用其他绘图工具事先绘制好的图形，然后使用位图对象进行显示，方法如下。

首先打开“资源视图”窗口，在窗口中右击，弹出快捷菜单，如图 5-5 所示。

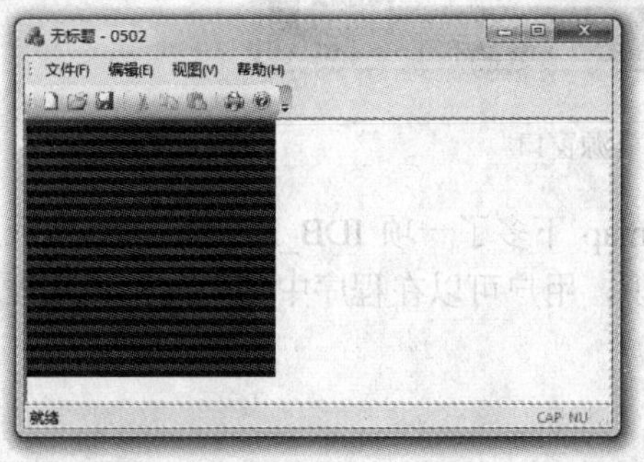

图 5-4　例 0502 使用位图绘图

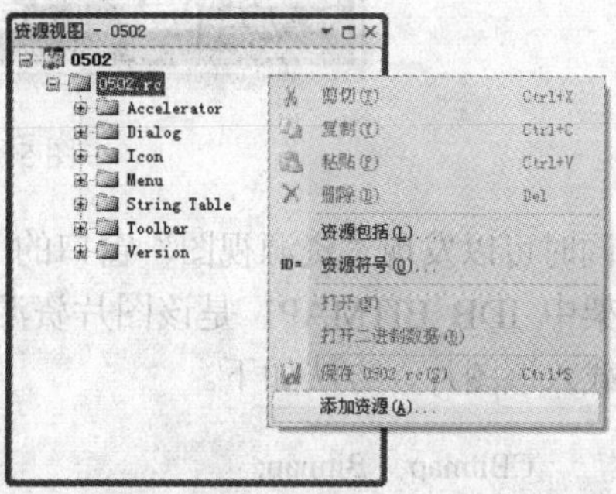

图 5-5　例 0502 使用资源视图添加资源

选择“添加资源”命令，弹出如图 5-6 所示的“添加资源”对话框，在“资源类型”列表框中选择 Bitmap 选项，然后用户可以在该对话框中选择新建位图或导入其他已有图片。

这里单击“导入”按钮，弹出如图 5-7 所示的对话框，在“查找范围”下拉列表框选择 Windows 目录，窗口可以显示该目录下的图片缩略图，可任意选择一张 BMP 格式的图片，本例事先选好一张 BMP 格式图片复制在程序所在目录的 res 目录下，选择该目录并选择 mi.bmp 图片文件，然后单击“打开”按钮，即可导入该图片。

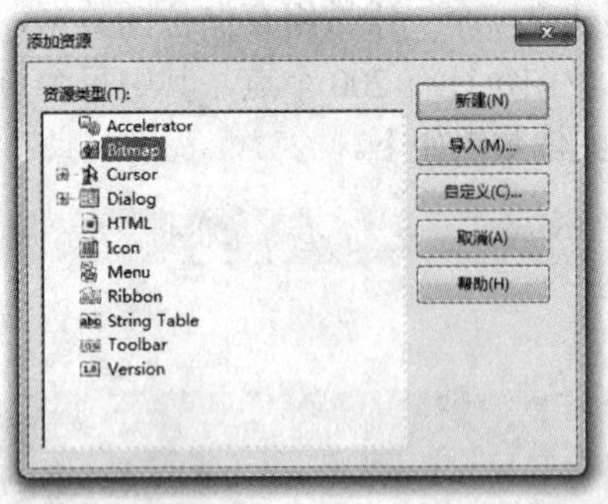

图 5-6 “添加资源”对话框

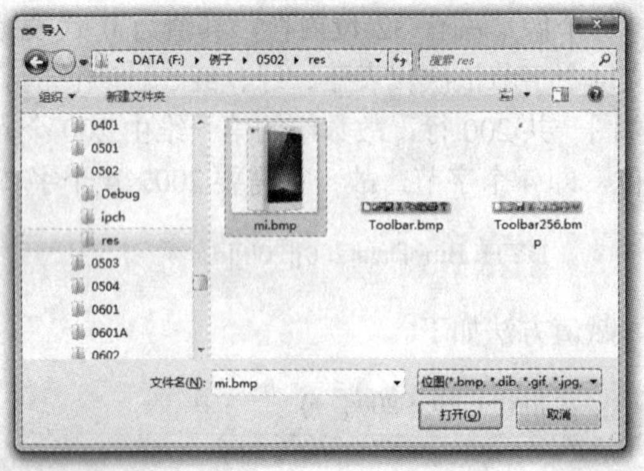

图 5-7 “导入”对话框

导入图片后，开发环境进入位图编辑状态，如图 5-8 所示，用户可以在此编辑图片。

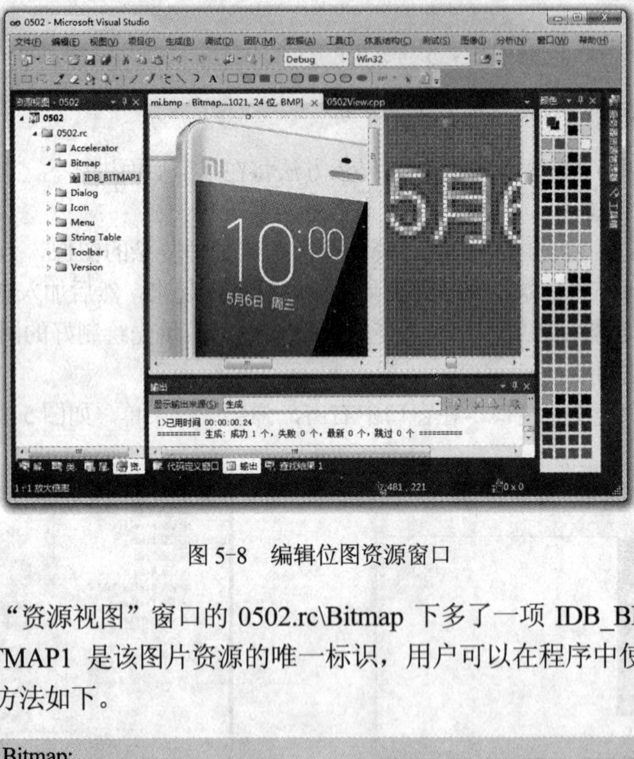

图 5-8 编辑位图资源窗口

同时可以发现“资源视图”窗口的 0502.rc\Bitmap 下多了一项 IDB_BITMAP1，在应用程序框架中 IDB_BITMAP1 是该图片资源的唯一标识，用户可以在程序中使用此标识从程序资源中载入该图片，方法如下。

```
CBitmap    Bitmap;
Bitmap.LoadBitmap(IDB_BITMAP1);
```

CBitmap 类的成员函数 LoadBitmap(UINT nIDResource)使用位图资源初始化位图对象，参数 nIDResource 为位图资源的标识。加载资源后的位图被附在 CBitmap 对象上。位图被附在 CBitmap 对象后即可进行显示。

4. 显示位图

显示位图前需要先取得位图的详细信息。若要在程序中取得已经加载的位图详细信息，可以使用 CGdiObject::GetObject(int nCount,LPVOID lpObject)取得图片的宽度、高度和颜色格式等信息，使用方法如下。

```
BITMAP bm;
Bitmap.GetObject(sizeof(BITMAP),&bm);
```

BITMAP 为位图信息结构，详细内容参见附录 C。

显示位图的方法比较特殊，通常位图并不直接显示，而是首先建立一个 CDC 对象，然后将要显示的位图附加到该 CDC 对象，最后使用 CDC 的成员函数 BitBlt 将位图从该 CDC 对象复制到当前显示的 CDC 对象，从而实现位图的显示。

BitBlt()函数定义如下。

```
BitBlt(int x,int y, int nWidth, int nHeight, CDC* pSrcDC, int xSrc, intySrc, DWORD dwRop)
```

x：指定目标左上角的 X 坐标。

y：指定目标左上角的 Y 坐标。

nWidth：指定目标矩形和源位图的宽度。

nHeight：指定目标矩形和源位图的高度。

pSrcDC：指向 CDC 对象的指针，标识待复制位图的 CDC 对象。

xSrc：指定源位图左上角的逻辑 X 坐标。

ySrc：指定源位图左上角的逻辑 Y 坐标。

DwRop：指定要执行的图像光栅操作。光栅操作代码定义了如何输出图像。表 5-4 对 DwRop 列出了光栅操作代码及其意义。

表 5-4 显示位图的光栅操作种类

标　识	功　能
BLACKNESS	所有输出变黑
DSTINVERT	反转目标位图
MERGECOPY	使用布尔 AND 操作符合并特征与源位图
MERGEPAINT	使用布尔 OR 操作符合并特征与源位图
NOTSRCCOPY	复制反转源位图到目标
NOTSRCERASE	反转使用布尔 OR 操作符合并源和目标位图的结果
PATCOPY	复制特征到目标位图
PATINVERT	使用布尔 XOR 操作符合并目标位图和特征
PATPAINT	使用布尔 OR 操作符合并反转源位图和特征。用布尔 OR 操作符合并这项操作结果与目标位图
SRCAND	使用布尔 AND 操作符合并目标像素和源位图
SRCCOPY	复制源位图到目标位图
SRCERASE	反转目标位图并用布尔 AND 操作符合并这个结果和源位图
SRCINVERT	使用布尔 XOR 操作符合并目标像素和源位图
SRCPAINT	使用布尔 OR 操作符合并目标像素和源位图
WHITENESS	所有输出变白

从资源载入图片并显示的完整代码如下。

```
#01. void CMyTextView::OnDraw(CDC* pDC)
#02. {
#03.         CMy0402Doc* pDoc = GetDocument();
#04.         ASSERT_VALID(pDoc);
#05.         // TODO: 在此处为本机数据添加绘制代码
```

```
#06.        CBitmap    Bitmap;
```

位图对象创建好之后，可以创建位图内容，#07 行为以加载资源的方式创建位图内容。

```
#07.        Bitmap.LoadBitmap(IDB_BITMAP1);
#08.        BITMAP bm;
#09.        Bitmap.GetObject(sizeof(BITMAP),&bm);        //取得图片信息
#10.        CDC MemDC;
#11.        MemDC.CreateCompatibleDC(pDC);
#12.        CBitmap    *pOldBitmap=MemDC.SelectObject(&Bitmap);
#13.        pDC->BitBlt(0,0,bm.bmWidth,bm.bmHeight,&MemDC,0,0,SRCCOPY);
#14.        // bm.bmWidth 为图片的宽度，bm.bmHeight 为图片的高度
#15.        MemDC.SelectObject(pOldBitmap);
}
```

以上代码将 Bitmap1 对象内的位图在窗口的左上角进行显示，程序运行结果如图 5-9 所示。

图 5-9　例 0502 修改后的程序运行结果

5.3　输出文本

下面说明使用 CDC 对象在程序窗口内绘制输出文本的方法。

5.3.1　文本输出函数

CDC 的对象提供了多种文字输出成员函数，下面分别进行说明。

1. 在指定位置写字符串

可以使用 CDC::TextOut(int x ,int y ,const CString& str) 在指定位置写字符串。参数 x 指定文本起点的 X 逻辑坐标，参数 y 指定文本起点的 Y 逻辑坐标，参数 str 为要绘制的字符串的指针。使用实例如下。

```
pDC->TextOut(10,10,L"使用 TextOut 输出");
```

2. 在指定矩形区域内输出字符串

可以使用 CDC::ExtTextOut(int x,int y,UNIT nOptions,LPCRECT lpRect,const CString & str LPINT lpDxWidths) 在指定矩形区域内输出字符串。参数 x 指定字符串首字符单元的 X 逻辑坐标；参数 y 指定字符串首字符单元的 Y 逻辑坐标；参数 nOptions 指定矩形类型，其值可为下列值之一。

- ETO_CLIPPED：指定将文本剪切置入矩形。
- ETO_OPAQUE：由背景色填充矩形。

参数 str 为要绘制的字符的 CString 对象；参数 lpRect 指向决定矩形尺寸信息的 RECT 结构的指针，可设置为 NULL；参数 LpDxWidths 表示初始字符与相邻字符单元距离的数组的指针。例如 lpDxWidths [i]表示 i 字符与 i+1 字符单元的分隔距离。如果 lpDxWidths 为 NULL，ExtTextOut 使用默认值。

使用实例如下。

```
int x[]={50,45,40,35,30,25,20,15,15,15,15,15,15,15,15,15};
pDC->ExtTextOut(10,50,ETO_CLIPPED,CRect(0,40,600,62),L"使用 ExtTextOut 输出",x);
```

CDC 提供的文字输出函数还有 TabbedTextOut、DrawText 和 DrawTextEx 等，感兴趣的读者可以参考 MSDN 进行试用，前面 TextOut 和 ExtTextOut 的输出代码示例运行结果如图 5-10 所示。

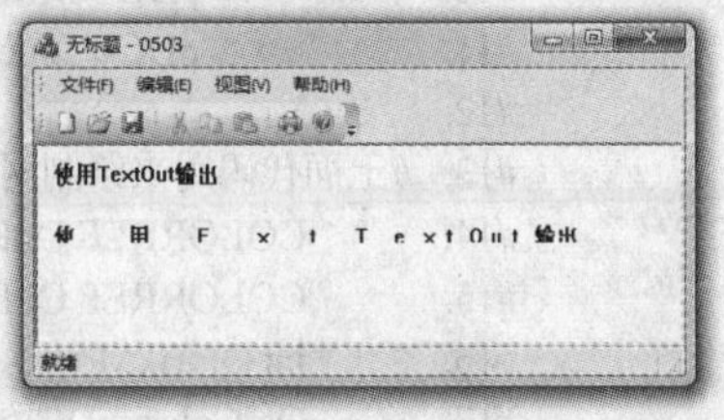

图 5-10　例 0503 运行结果

5.3.2　更改文本颜色

1. 设置文本颜色

可以使用 CDC::COLORREF SetTextColor(COLORREF crColor) 设置文本颜色，以下示例代码用于将其后输出的文本颜色设置为红色。

```
COLORREF OldColor,NewColor=RGB(255,0,0);
OldColor=pDC->SetTextColor(NewColor);
//使用 CDC::GetTextColor()可获得当前文本颜色
…                                             //输出文本
pDC->SetTextColor(OldColor);                  //恢复原文本颜色
```

2. 设置文本背景颜色

可以使用 CDC::SetBkColor(COLORREF crColor) 设置文本背景颜色，把当前背景色设置为指定的颜色。如果背景模式是 OPAQUE（不透明），系统使用背景色填充行间和字符单元的背景。当位图在彩色和黑白设备上下文间转换时，系统使用背景色。如果设备不能显示指定颜色，系统将背景色设置成与之最相近的物理色。

```
COLORREF OldBkColor,NewBkColor=RGB(0,0,255);
OldBkColor=pDC->SetBkColor(NewBkColor);
//使用 CDC::GetBkColor()可获得当前背景颜色
…                                             //输出文本
pDC->SetBkColor(OldColor);                    //恢复原文本颜色
```

3. 设置背景模式

可以使用 CDC::SetBkMode(int nBkMode) 设置背景模式。背景模式决定了在绘制文本、阴影画刷及带风格的直线时是否将视图上已存在的内容覆盖。参数 nBkMode 用于指定要设置的模式，可为下列值之一。

- OPAQUE：缺省模式。背景在文本、阴影画刷及笔绘制之前用当前背景色填充。
- TRANSPARENT：背景在绘图之前不改变。

下面通过修改视图类的 OnDraw()函数来演示文字输出时如何设置颜色和背景。

```
void CMyTextView::OnDraw(CDC* pDC)
{
        CMy0402Doc* pDoc = GetDocument();
        ASSERT_VALID(pDoc);
                // TODO: 在此处为本机数据添加绘制代码
        for(int i=-500;i<500;i+=10)
        {
```

```
            pDC->MoveTo(i,0);
            pDC->LineTo(i+500,500);
            pDC->MoveTo(i,500);
            pDC->LineTo(i+500,0);
        }
//上面代码用来绘制网格状背景
        COLORREF OldColor,NewColor=RGB(255,0,0);
        COLORREF OldBkColor,NewBkColor=RGB(0,255,255);
        int OldBkMode;
        OldColor=pDC->SetTextColor(NewColor);
        OldBkColor=pDC->SetBkColor(NewBkColor);
        OldBkMode=pDC->SetBkMode(OPAQUE);                          //背景设置为不透明
        pDC->TextOut(10,10,L"使用 TextOut 输出");
        int x[]={50,45,40,35,30,25,20,15,15,15,15,15,15,15,15};
        pDC->ExtTextOut(10,50,ETO_CLIPPED,CRect(0,0,800,60),L"使用 ExtTextOut 输出",x);
        pDC->ExtTextOut(10,70,ETO_OPAQUE|ETO_CLIPPED,CRect(0,65,800,80),
        L"使用 ExtTextOut 输出",x);
        pDC->SetBkMode(TRANSPARENT);                               //背景设置为透明
        pDC->TextOut(10,110,L"使用 TextOut 输出");
        pDC->ExtTextOut(10,150,ETO_CLIPPED,CRect(0,0,800,160),
        L"使用 ExtTextOut 输出",x);
        pDC->ExtTextOut(10,170,ETO_OPAQUE|ETO_CLIPPED,CRect(0,165,800,180),
        L"使用 ExtTextOut 输出",x);
        pDC->SetTextColor(OldColor);
        pDC->SetBkColor(OldBkColor);
        pDC->SetBkMode(OldBkMode);
}
```

程序运行结果如图 5-11 所示。

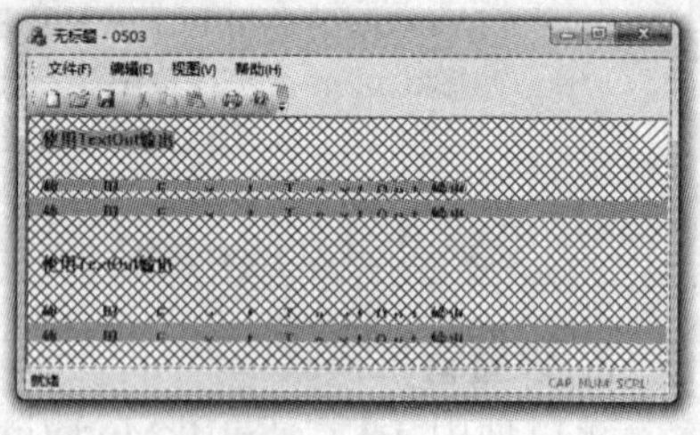

图 5-11　例 0503 修改后的运行结果

5.3.3　更改字形和字体

前面使用的都是系统默认的字形和字体，MFC 使用 CFont 类封装了 GDI 中的字体对象。字体对象决定文本输出的字符样式。使用字体的方法如下。

1）一般先创建 CFont 对象。

2）对字体对象进行初始化。

3）附加到 CDC 对象。

4）使用文本输出函数输出文字。

下面给出详细的使用方法。

1. 创建和使用简单字体

创建字体对象的最方便的方法是使用 CreatePointFont()函数，CreatePointFont()函数仅需 3 个参数，其原型如下。

```
BOOL CreatePointFont( int nPointSize, LPCTSTR lpszFaceName, CDC* pDC = NULL );
```

第一个参数 nPointSize 以 1/10 磅为单位设置字体的大小，磅是印刷行业中的常用度量单位，1 磅=1/72 英寸≈0.03528 厘米。磅这个单位在涉及图形和文本输出的 Windows 应用程序中被大量使用，因此读者应该熟知它与其他常用度量单位之间的换算关系。在后面的有关章节中将会讨论在 Windows 编程中会使用到的其他度量单位，以及它们之间的换算关系。参数 lpszFaceName 指定了创建字体对象所使用的字体名；pDC 指向一个设备环境对象。

字体建立好之后，还需要将它附加到 CDC 对象，函数 CDC::SelectObject (CFont* pFont) 可以将一个 CFont 对象附加到 CDC 对象。一个 CDC 对象在同一时间只能使用一个字体对象，因此，在将一个 CFont 对象附加到 CDC 对象时，通常需要保存 CDC 内原来的 CFont 对象，以便在必要时进行恢复。示例代码如下。

```
// CMyTextView 绘制
void CMyTextView::OnDraw(CDC* pDC)
{
        CMy0402Doc* pDoc = GetDocument();
        ASSERT_VALID(pDoc);
        // TODO: 在此处为本机数据添加绘制代码
        CFont MyFont1,MyFont2,*pOldFont;
        MyFont1.CreatePointFont(300,L"隶书",pDC);
        MyFont2.CreatePointFont(350,L"黑体",pDC);
        pDC->TextOut(10,20,L"使用系统默认字体、默认输出尺寸输出");
        pOldFont=pDC->SelectObject(&MyFont1);
        pDC->TextOut(10,50,L"使用隶书输出，尺寸=30 磅");
        pDC->SelectObject(&MyFont2);
        pDC->TextOut(10,120,L"使用黑体输出，尺寸=35 磅");
        pDC->SelectObject(pOldFont);
}
```

程序运行结果如图 5-12 所示。

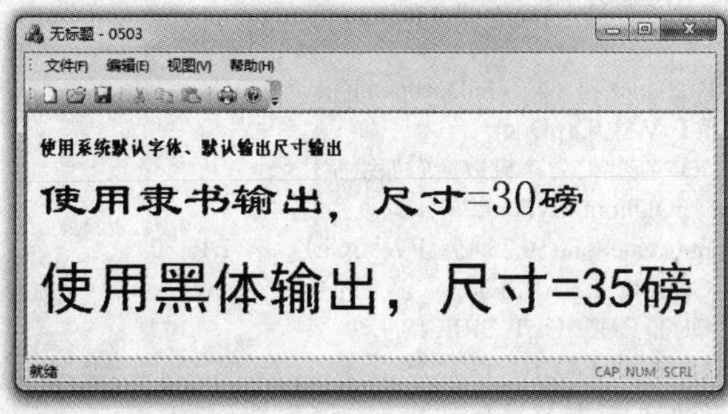

图 5-12　例 0503 修改后的运行结果

2. 创建并使用复杂字体方法 1

为了创建复杂字体可以使用下列代码。

```
CFont:: CreateFont(int nHeight , int nWidth , int nEscapenment , int nOrientation , int nWeight , BYTE bItalic , BYTE bUnderline , BYTE cStrikeOut , BYTE nCharset , BYTE nOutPrecision , BYTE nClipPrecision , BYTE nQuality, BYTE nPitchAndFamily, LPCTSTR lpszFacename)。
```

下面对各参数进行说明。

● nHeight：指定字体中字符的高度，0 代表使用系统默认值。

- nWidth：指定字体中字符的平均宽度，若为 0，则系统根据字库和字体的高度选择合适的宽度。
- nEscapement：设置文本输出字符串的走向，0 为水平，角度单位为 0.1。
- nOrientation：指定字符输出走向，0 为水平，角度单位为 0.1。
- nWeight：指定字体磅数，可以为 0～1000 中的任意整数值，但实际显示效果依赖字库。
- bItalic：指定字体是否为斜体。
- bUnderline：指定字体是否带下画线。
- bStrikeOut：指定字体是否是字符突出。如果设置为非零，则突出。
- nCharSet：指定字体的字符集，该字符需要与实际字体使用的字符集一致，如简体中文字体通常采用 GB2312_CHARSET 国标码。
- nOutPrecision：指定所需的输出精度。输出精度定义输出字体与需要的字体在高度、宽度、字符方向、走格和间距之间的接近程度等，默认为 OUT_DEFAULT_PRECIS。
- nClipPrecision：指定所需的剪贴精度。剪贴精度定义了如何处理剪贴部分超过剪贴范围的字符，CLIP_DEFAULT_PRECIS 为默认精度。
- nQuality：指定字体的输出质量，定义了 GDI 必须使逻辑字体特性和物理字体特性匹配的程度。DEFAULT_QUALITY 为默认质量。
- nPitchAndFamily：指定字体的间距和家族，DEFAULT_PITCH 为默认间距。
- lpszFacenameCString：指向一个以 NULL 结束字符串的指针，字符串指定字体字样的名称。此字符串的长度不能大于 30 个字符。

使用实例如下。

```
void CMyTextView::OnDraw(CDC* pDC)
{
        CMy0402Doc* pDoc = GetDocument();
        ASSERT_VALID(pDoc);
        // TODO: 在此处为本机数据添加绘制代码
        CFont *pOldFont,MyFont;
        MyFont.CreateFont(50,25,45,0,FW_BOLD,      1,1,   0,
               GB2312_CHARSET,
               OUT_DEFAULT_PRECIS,
               CLIP_DEFAULT_PRECIS,
               DRAFT_QUALITY,
               DEFAULT_PITCH|FF_SCRIPT,
               L"隶书"    );
        pOldFont=pDC->SelectObject(&MyFont);
        pDC->TextOut(10,70,L"使用 CreateFont 建立字体输出");
        pDC->SelectObject(pOldFont);
}
```

程序运行结果如图 5-13 所示。

3. 创建并使用复杂字体方法 2

采用 CreateFont 的方法比较复杂，用户需要填写大量的参数。另一种创建并使用复杂字体的方法是根据需要先填写用来定义字体和字形风格 LOGFONT 的数据结构，然后使用

CFont::CreateFontIndirect (const LOGFONT* lpLogFont)创建字体。LOGFONT 的数据结构的详细说明参见附录 C。

图 5-13　例 0503 修改后的运行结果

使用实例如下。

```
void CMyTextView::OnDraw(CDC* pDC)
{
    CMy0402Doc* pDoc = GetDocument();
    ASSERT_VALID(pDoc);
    // TODO: 在此处为本机数据添加绘制代码
    pDC->TextOut(10,20,L"字体修改前的输出");
    CFont *pOldFont,MyFont;
    LOGFONT lf;
    pOldFont=pDC->GetCurrentFont();
    ::GetObject(::GetStockObject(SYSTEM_FONT),sizeof(LOGFONT),&lf);
    lf.lfItalic=1;
    lf.lfWidth=20;
    MyFont.CreateFontIndirect(&lf);
    pOldFont=pDC->SelectObject(&MyFont);
    pDC->TextOut(10,70,L"字体修改后的输出");
    pDC->SelectObject(pOldFont);
}
```

程序运行结果如图 5-14 所示。

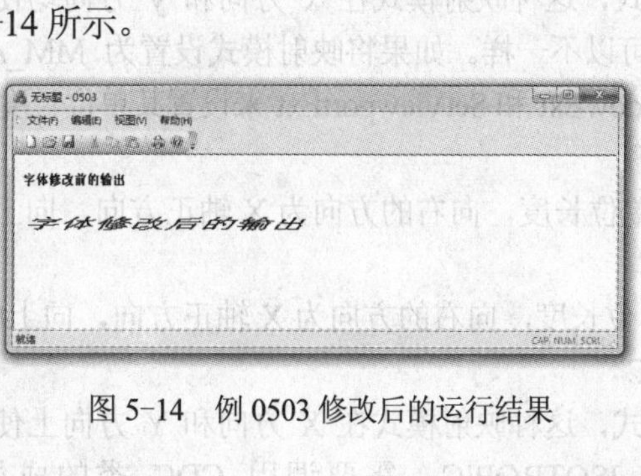

图 5-14　例 0503 修改后的运行结果

5.4　坐标与坐标模式

在前面讲述的屏幕输出程序中，一直以程序窗口内的左上角为原点，向右为 X 轴正方向，向下为 Y 轴正方向，距离的单位是像素点。其实，在 Windows 系统中，这些都是可以改变的。

在 Windows 系统中，可以使用不同的坐标模式来建立不同的画面尺寸和位置映射关系。

本书前面的程序中使用的都是系统在屏幕显示中默认的 MM_TEXT 映射模式。在这样的坐标系统中，向右的方向为 X 轴的正方向，向下的方向为 Y 轴的正方向。无论是 X 方向还是 Y 方向，每一个单位长度都代表设备上的一个像素。

MM_TEXT 映射模式对于很多绘制操作都是合理的，由于它以像素为单位，所以可以很直观地控制图形在屏幕上输出的大小。但是，在某些情况下，其缺陷也是明显的。当使用不同的设备，如打印机等输出设备，不同的打印机打印分辨率可能是不同的，那么所对应的像素的大小也就不相同。因此，在不同的设备上输出的相同像素大小的图形，其实际呈现的大小可能有很大的差异。

为了解决这个问题，Windows 提供了一些设备无关的映射模式。在设备无关的映射模式下，同时使用了两种描述输出位置的单位，即逻辑单位和设备单位。逻辑单位是传递给 Windows 绘图函数使用的 x 值和 y 值，它们表示的单位距离可以由用户设定；而设备单位的 x 值和 y 值表示的单位距离是实际显示设备上的像素或打印机上的点。

应用程序中使用的诸如 1/1000 英寸、1/100 毫米之类的单位长度是逻辑值。在不同的设备上进行输出时，对应的像素点可能不同，Windows 自动将逻辑单位换算成合适的设备单位。这样，在两种不同分辨率的打印机上输出 1cm 的正方形，它们的实际大小是一样的，但由于设备在分辨率上的差异，它们所包括的像素的数目可能不一样。

5.4.1 坐标模式

对坐标模式的操作是在设备环境 DC 中进行的，因此 MFC 在 CDC 类中提供了成员函数用来改变当前所使用的映射模式。

```
CDC::SetMapModee(int nMapMode)
```

函数 SetMapMode()使用一个整型量作为其参数，不同的值代表不同坐标映射模式，该参数可以取以下的常量之一。

1．MM_ANISOTROPIC

使用自定义的映射模式，这种映射模式在 x 方向和 y 方向均使用自定义的单位长度，并且两个方向上的单位长度可以不一样。如果将映射模式设置为 MM_ANISOTROPIC，需要调用 CDC 类的成员函数 SetWindowExt 和 SetViewportExt 来设置其单位长度、坐标轴的方向等。

2．MM_HIENGLISH

以 0.001 英寸为逻辑单位长度，向右的方向为 X 轴正方向，向上的方向为 Y 轴正方向。

3．MM_HIMETRIC

以 0.01 毫米为逻辑单位长度，向右的方向为 X 轴正方向，向上的方向为 Y 轴正方向。

4．MM_ISOTROPIC

使用自定义的映射模式，这种映射模式在 X 方向和 Y 方向上使用相同的单位长度。如果将映射模式设置为 MM_ISOTROPIC，需要调用 CDC 类的成员函数 SetWindowExt 和 SetViewportExt 来设置其单位长度、坐标轴的方向等。

5．MM_LOENGLISH

以 0.01 英寸为逻辑单位长度，向右的方向为 X 轴正方向，向上的方向为 Y 轴正方向。

6．MM_LOMETRIC

以 0.1 毫米为逻辑单位长度，向右的方向为 X 轴正方向，向上的方向为 Y 轴正方向。

7. MM_TEXT

以 1 设备像素为逻辑单位长度，向右的方向为 X 轴正方向，向下的方向为 Y 轴正方向。在本坐标模式下，逻辑单位和设备单位是一致的。

8. MM_TWIPS

以 1/20 磅为逻辑单位长度，向右的方向为 X 轴正方向，向上的方向为 Y 轴正方向。

在上面的映射模式中，除了 MM_ANISOTROPIC、MM_ISOTROPIC 和 MM_TEXT 以外，其他映射模式都使用向上的方向为 Y 轴的正方向，而设备上下文的默认映射模式为 MM_TEXT，它以向下的方向为 Y 轴的正方向。因此，如果在程序中将映射模式更改为其他的映射模式，需要注意应该随 Y 轴的正方向的不同而更改图形输出函数所使用的坐标值的正负。

MM_ANISOTROPIC 和 MM_ISOTROPIC 两种映像模式可以设置逻辑单位和设备单位间的对应（比例）关系。设置方法是定义两个矩形，第一个矩形以逻辑单位表示进行绘制的范围大小，第二个矩形以设备单位（即像素）表示第一个矩形范围代表的设备范围大小，这样就确定了逻辑单位和设备单位间的转换关系。在 Windows 系统中，第一个矩形一般称为窗口，而第二个矩形则称为视口。设置窗口和视口位置及范围的 CDC 成员如下。

```
SetWindowOrg((POINT point)        //设置窗口左上角值（坐标原点偏移值）
SetWindowExt(SIZE size )          //设置窗口的大小
SetViewportOrg((POINT point )     //设置视口左上角值（坐标原点偏移值）
SetViewportExt(SIZE size )        //设置视口的大小
```

5.4.2 MM_ANISOTROPIC 坐标模式

MM_ANISOTROPIC 坐标模式不同于系统默认的 MM_TEXT。MM_TEXT 坐标模式下逻辑坐标与设备坐标是相同的，而 MM_ANISOTROPIC 模式可以建立逻辑坐标与设备坐标不同的映射关系，在物理坐标上实现对 CDC 绘制函数绘制的图形在纵横比上进行任意的缩放，缩放公式如下。

```
X 方向比例=X 方向视口范围/ X 方向窗口范围
Y 方向比例=Y 方向视口范围/ Y 方向窗口范围
```

下面将通过一个实际的例子来演示 MM_ANISOTROPIC 坐标模式的使用方法和特点。在本例中，程序首先在窗口内绘制若干图形，图形可以随着程序窗口的缩放而缩放，并始终充满整个窗口，其运行结果如图 5-15 所示。

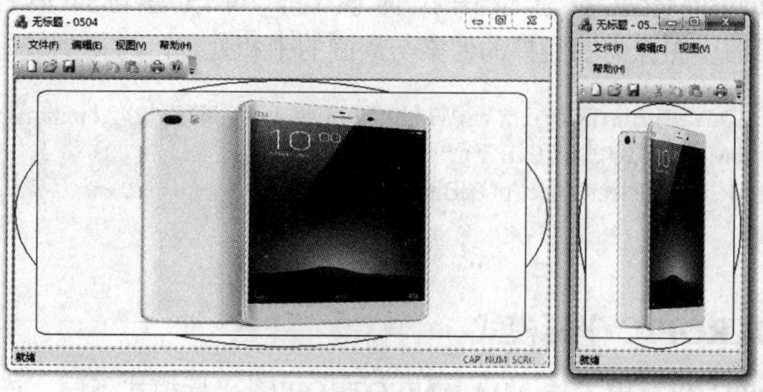

图 5-15　例 0504 运行结果

由于 MM_ANISOTROPIC 坐标模式可以改变逻辑坐标与设备坐标间的比例关系，所以在应用程序中可以先为窗口假定一个长、宽尺寸，即设定逻辑尺寸，然后根据该尺寸绘制好图形。当窗口尺寸被改变即窗口物理尺寸发生变化时，只要改变逻辑坐标与设备坐标间的比例关系，就可以使得窗口的逻辑尺寸依然不变，使得采用逻辑坐标绘制的图形在窗口内的相对位置不变。

在本例中，先约定窗口的逻辑尺寸宽为 500、高为 500，为了建立逻辑坐标与设备坐标间的比例关系，需取得当前视窗口的物理尺寸，即长和宽各多少像素。CWnd::GetClientRect(LPRECT lpRect)成员函数可以取得所属窗口的物理坐标，通过该坐标可取得窗口的物理尺寸。然后使用 SetMapMode()设定坐标映射模式，使用 SetWindowOrg()、SetWindowExt()、SetViewportOrg()和 SetViewportExt()设定逻辑坐标和物理坐标的比例，最后绘图。

程序代码如下所示。

```
void CMyTextView::OnDraw(CDC* pDC)
{
    CMy0402Doc* pDoc = GetDocument();
    ASSERT_VALID(pDoc);
    // TODO: 在此处为本机数据添加绘制代码
    const int iSize=1200;   //窗口范围

    CRect clientRect;
    GetClientRect(clientRect);
    pDC->SetMapMode(MM_ANISOTROPIC);
    pDC->SetWindowOrg(0,0);
    pDC->SetWindowExt(iSize, iSize);
    pDC->SetViewportOrg(0,0);
    pDC->SetViewportExt(clientRect.right,clientRect.bottom);
    pDC->Ellipse(CRect(0,0, iSize, iSize));
    pDC->RoundRect(CRect(50,50, iSize-50, iSize-50),CPoint(50,50));
    CBitmap    Bitmap;
    Bitmap.LoadBitmap(IDB_BITMAP1);
    BITMAP bm;
    Bitmap.GetObject(sizeof(BITMAP),&bm);    //取得图片信息
    CDC MemDC;
    MemDC.CreateCompatibleDC(pDC);
    CBitmap    *pOldBitmap=MemDC.SelectObject(&Bitmap);
    pDC->SetStretchBltMode(HALFTONE);
```

CDC::SetSTretchBltMode 设置位图拉伸模式，可改善拉伸后图像显示质量。HALFTONE：将要缩小图像需要删掉的像素与周围的中和处理，可得到较好的拉伸后画质。

```
    pDC->BitBlt((iSize -bm.bmWidth)/2,( iSize -bm.bmHeight)/2,bm.bmWidth,bm.bmHeight,
    &MemDC,0,0,SRCCOPY);
    MemDC.SelectObject(pOldBitmap);
}
```

5.4.3 MM_ISOTROPIC 坐标模式

MM_ISOTROPIC 坐标模式与 MM_ANISOTROPIC 坐标模式不同，该坐标模式也可以建

立逻辑坐标与设备坐标不同的映射关系，实现对 CDC 绘制函数绘制的图形进行比例缩放，但不会改变图形的纵横比。为了演示 MM_ISOTROPIC 坐标模式的使用方法和特点，需要对前面程序的实例进行修改，修改方法如下。

将

```
pDC->SetMapMode(MM_ANISOTROPIC);
```

更改为：

```
pDC->SetMapMode(MM_ISOTROPIC);
```

然后重新编译、运行程序，可以发现窗口内绘制的图形可以随着程序窗口的缩放而缩放，但图形的纵横比不变，其运行结果如图 5-16 所示。

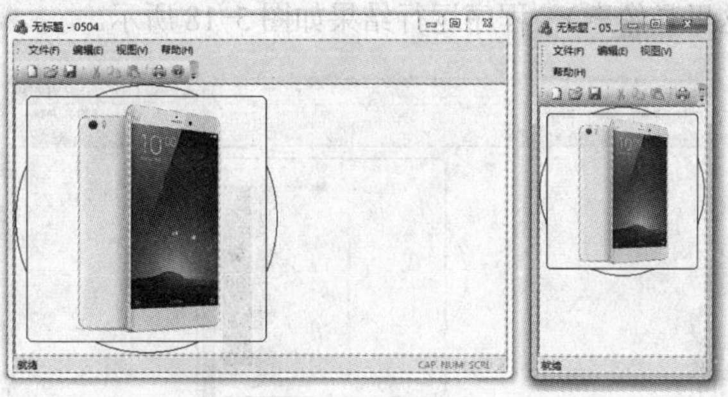

图 5-16　例 0504 修改后的运行结果

5.4.4　平移坐标

通过修改窗口坐标原点的偏移值，可以平移逻辑坐标，使绘制的图形发生平移。如将 5.4.2 节中实例中的代码

```
pDC->SetWindowOrg(0,0);
```

修改为：

```
pDC->SetWindowOrg(iSize/2,0);
```

使得窗口的左上角坐标变为(iSize/2,0)，用户绘制的坐标小于 iSize/2 的部分图形将出现在窗口左侧，在本程序中无法显示。程序运行结果如图 5-17 所示。

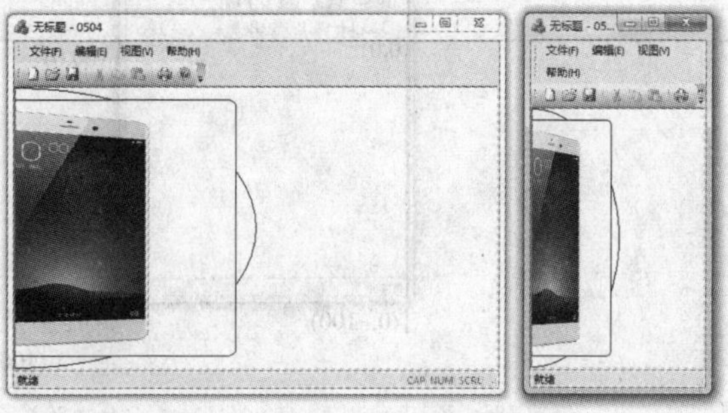

图 5-17　例 0504 修改后的运行结果

通过修改视口坐标原点的偏移值，也可以平移逻辑坐标，使绘制的图形发生平移。平移后的设备坐标的计算公式如下。

设备坐标 x=逻辑坐标 x×x 方向比例+坐标原点 x 方向偏移值

设备坐标 y=逻辑坐标 y×y 方向比例+坐标原点 y 方向偏移值

如将 5.4.2 节实例中的代码

```
pDC->SetViewportOrg(0,0);
```

修改为：

```
pDC->SetViewportOrg(iSize/4,0);
```

使得视口的左上角在窗口中的位置为设备坐标的(iSize/4,0)，用户绘制的图形将向右平移 iSize/4 个设备单位（这里是像素），程序运行结果如图 5-18 所示。

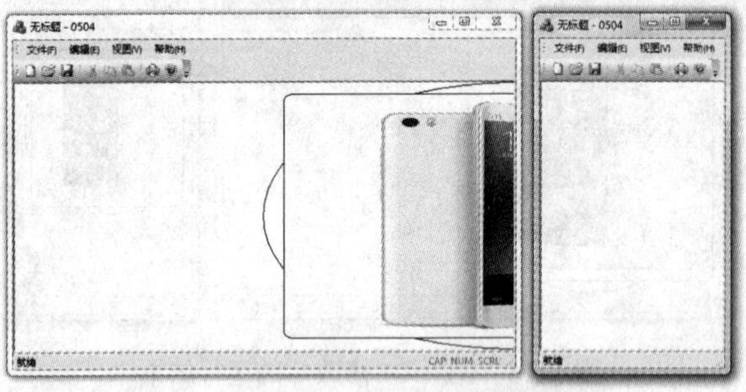

图 5-18　例 0504 修改后的运行结果

5.4.5　修改坐标方向

通过修改窗口范围的描述，可以修改坐标的方向。如建立一个视口，左上角的坐标为(0,0)，右下角的坐标为(cx,cy)，建立一个窗口描述同样的区域，左上角的坐标为(0,0)，右下角的坐标为(100,-100)，这样产生的逻辑坐标系统的原点位于设备的左上角，X 轴正方向水平向右，Y 轴正方向垂直向上，如图 5-19 所示。

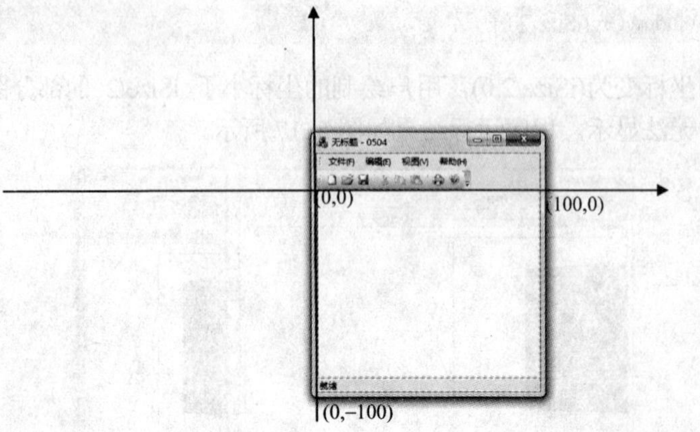

图 5-19　修改坐标方向

下面的实例先修改程序坐标：将 Y 轴正方向改为垂直向上，坐标原点移到窗口左下角，每个逻辑单位为一个像素。然后绘制一条折线并输出起点、折点和终点的坐标。

```
void CMyTextView::OnDraw(CDC* pDC)
{
        CMy0402Doc* pDoc = GetDocument();
        ASSERT_VALID(pDoc);
        // TODO: 在此处为本机数据添加绘制代码
        CRect clientRect;
        GetClientRect(clientRect);
        pDC->SetMapMode(MM_ANISOTROPIC);
        pDC->SetWindowOrg(0,0);
        pDC->SetWindowExt(clientRect.right,-clientRect.bottom);
        pDC->SetViewportOrg(0,clientRect.bottom);
        pDC->SetViewportExt(clientRect.right,clientRect.bottom);
        pDC->MoveTo(0,0);
        pDC->TextOut(0,16,L"(0,0)");
        pDC->LineTo(300,200);
        pDC->TextOut(300,200,L"(300,200)");
        pDC->LineTo(600,120);
        pDC->TextOut(600,120,L"(600,120)");
}
```

程序运行结果如图 5-20 所示。

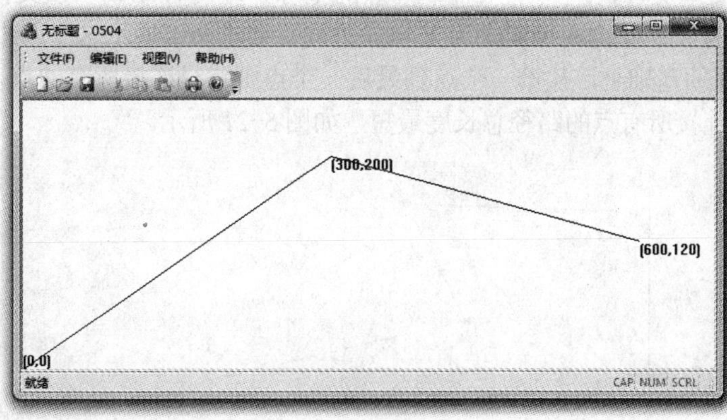

图 5-20　例 0504 修改后的运行结果

5.5　小结

本章主要讲述了以下几个方面的内容。

- GDI 的组成。
- CDC 类族的组成及功能区别。
- CDC 常用的绘图函数及用法。
- 画笔对象的使用方法。

- 画刷对象的使用方法。
- 位图对象的使用方法。
- 文本的输出方法。
- 字体的使用方法。
- Windows 坐标模式的分类和用法。

5.6 习题

1．GDI 绘图有哪几大要素?

2．有哪几种设备环境类，各有什么用处?

3．GDI 有哪几类绘图工具?

4．有哪几种坐标模式，各有什么特点?

5．简述使用绘图工具类对象的步骤。

6．有哪几种显示文字的函数，各有什么功能?

7．编写一个程序显示一个象棋棋盘，棋盘上有棋子，棋盘两侧有对弈者的头像和名字（名字自取）。要求只有棋子和对弈者头像可以使用图片，画面要美观。

8．2014 年美国 GDP 为 16 万亿美元，中国 GDP 为 9 万亿美元，假设未来一段时间内，美国 GDP 每年以 2.5%速度增长，中国 GDP 每年以 7%速度增长，绘制从 2014 年到 2049 年两国 GDP 增长曲线。要求设置视图左下角为坐标原点，并绘制坐标轴。

9．创建一个文本文件，编辑录入若干个点的坐标，编写程序读入该文件中这些点的坐标，设置窗口向右为 X 轴正方向，向上为 Y 轴正方向。要求全部显示这些点并绘制坐标轴。

10．在第 9 题的基础上，从第一个点到最后一个点画路径连接所有的点，使得从第一个点到最后一个点且连接所有点的路径总长度最短，如图 5-21 所示。

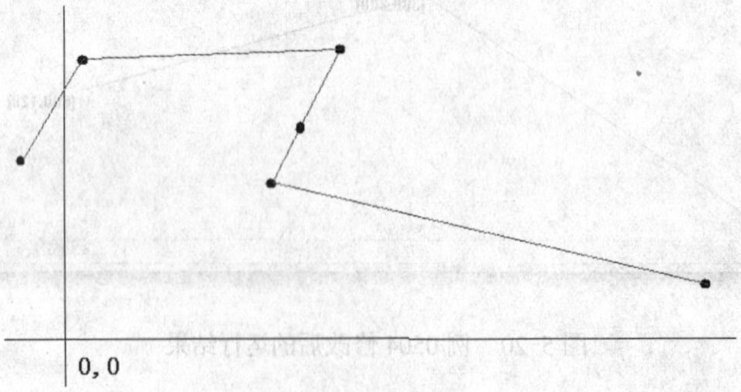

图 5-21　绘制路径

第6章　用户输入

Windows 系统和 Windows 应用程序的运行是依靠消息来推动的，每一种 Windows 消息都被定义为一个唯一的整数值。当用户针对某一程序输入时，系统将输入信息以消息的形式发送给该应用程序。

6.1　鼠标和键盘

当用户按下键盘或移动、单击鼠标时，Windows 将发送相应消息给应用程序。在基于 Windows API 的应用程序中，窗口过程可以接收并处理这些消息，MFC 应用程序则使用相应窗口对象的消息处理成员函数来处理这些消息。

6.1.1　鼠标消息

当鼠标光标在应用程序窗口移动或操作时，系统连续生成鼠标消息并向窗口发送，用户程序可以选择接收和处理这些消息。在 MFC 程序中，CWnd 及其子类负责管理程序窗口，所以鼠标消息由 CWnd 或其子类的成员函数处理。为了连接鼠标消息和消息处理成员函数，需要使用 MFC 为鼠标消息预定义的消息映射宏。

MFC 为每一种鼠标消息定义了一个消息映射宏和处理该鼠标消息的成员函数，用户程序若要处理某个鼠标消息，需要重载相应消息处理成员函数，并使用相应消息映射宏建立成员函数与消息间的关联。表 6-1 给出了常用的鼠标消息映射宏和相应的消息处理成员函数。

表 6-1　鼠标消息映射宏和相应的消息处理成员函数

消息映射宏	含　义	处 理 函 数
ON_WM_MOUSEMOVE	用户移动了鼠标	void OnMouseMove(UINT nFlags,CPoint point)
ON_WM_LBUTTONDBLCLK	用户双击鼠标左键	void OnLButtonDblClk(UINT nFlags,CPoint point)
ON_WM_LBUTTONDOWN	用户按下鼠标左键	void OnLButtonDown(UINT nFlags,CPoint point)
ON_WM_LBUTTONUP	用户放开鼠标左键	void OnLButtonUp(UINT nFlags,CPoint point)
ON_WM_MBUTTONDBLCLK	用户双击鼠标中键	void OnMButtonDblClk(UINT nFlags,CPoint point)
ON_WM_MBUTTONDOWN	用户按下鼠标中键	void OnMButtonDown(UINT nFlags,CPoint point)
ON_WM_MBUTTONUP	用户放开鼠标中键	void OnMButtonUp(UINT nFlags,CPoint point)
ON_WM_RBUTTONDBLCLK	用户双击鼠标右键	void OnRButtonDblClk(UINT nFlags,CPoint point)
ON_WM_RBUTTONUP	用户放开鼠标右键	void OnRButtonUp(UINT nFlags,CPoint point)
ON_WM_RBUTTONDOWN	用户按下鼠标右键	void OnRButtonDown(UINT nFlags,CPoint point)

通过表 6-1 可以看出，所有的鼠标消息处理成员函数都有两个参数：UINT nFlags 和 CPoint point，其中 point 传入当前鼠标光标的位置，nFlags 传入当前虚拟键的状态，虚拟键的取值和意义在系统中的定义如表 6-2 所示。

表 6-2　鼠标虚拟键及意义

虚 拟 键	意　义
MK_CONTROL	Ctrl 键被按下
MK_LBUTTON	鼠标左键被按下
MK_MBUTTON	鼠标中键被按下
MK_RBUTTON	鼠标右键被按下
MK_SHIFT	Shift 键被按下

下面通过一个实例来说明在应用程序中处理鼠标消息的方法。该实例在运行时，若用户在程序窗口内按下鼠标左键，程序弹出信息框，显示当前鼠标位置和按键情况。

1. 手动添加鼠标消息映射

下面通过修改第 2 章的实例程序来手工添加代码实现以上功能。

（1）向 MFC 应用程序添加处理消息的成员函数。

程序有两个类，其中 C0201Window 类对象实现对程序窗口的管理，所以处理消息的成员函数应该添加在该类下面。根据表 6-1，处理鼠标左键按键的成员函数应定义为：

```
afx_msg    void OnLButtonDown(UINT nFlags,CPoint point);
```

将上行添加到原程序处理重绘的 void OnPaint();下方。

（2）添加消息映射。

由于窗口类中 DECLARE_MESSAGE_MAP()已经存在，无须重复添加。只要在消息映射中添加 ON_WM_LBUTTONDOWN 映射宏即可，下面代码中的粗体内容为所添加的内容。

```
BEGIN_MESSAGE_MAP(C0201Window, CFrameWnd)
    ON_WM_PAINT()
    ON_WM_LBUTTONDOWN()
END_MESSAGE_MAP()
```

（3）编写鼠标消息处理成员函数。

```
void CMy0601View::OnLButtonDown(UINT nFlags,CPoint point)
{
        CString cs;
        cs.Format(L"(X=%d,Y=%d)用户按下鼠标左键",point.x,point.y);
        if(nFlags&MK_CONTROL)
                cs+=L"+<CTRL>键";
        if(nFlags&MK_MBUTTON)
                cs+=L"+中键";
        if(nFlags&MK_RBUTTON)
                cs+=L"+右键";
        if(nFlags&MK_SHIFT)
                cs+=L"+<SHIFT>键";
        ::AfxMessageBox(cs);
}
```

程序编译、运行，移动鼠标到窗口内任意位置，按下 Ctrl+Shift+鼠标左键，程序显示如图 6-1 所示的对话框。

2. 工具添加鼠标消息映射

上例展示了手动添加鼠标消息处理的方法，但更常用的方法是用 VC 集成开发环境提供的工具自动添加。下面的实例使用 VC 集成开发环境提供的工具为“新建项目向导”生成的单文档程序添加右击消息处理功能。

1）重新建立单文档程序项目。

2）打开“类视图”窗口，显示该程序中定义的所有类名，如图 6-2 所示。

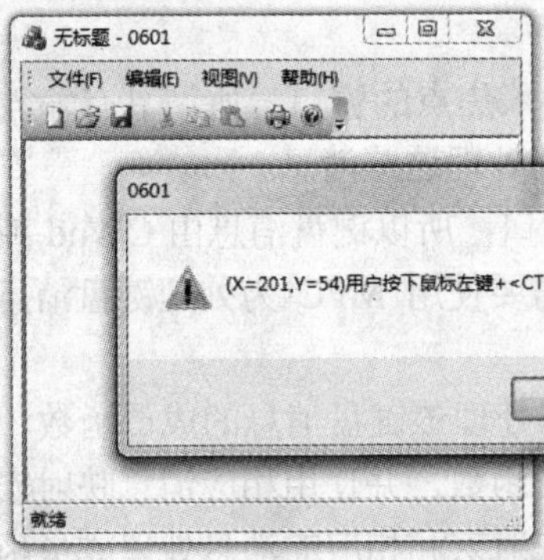

图 6-1　例 0601 接到鼠标消息弹出信息框

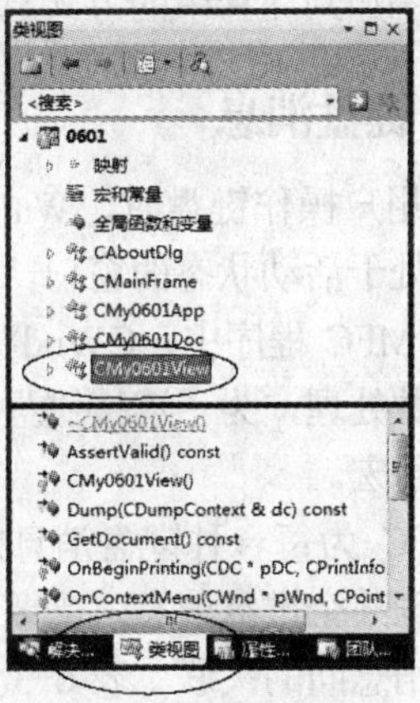

图 6-2　例 0601 类视图窗口

3）选择“类视图”窗口中的视图类 CMy0601View 并右击，在弹出的快捷菜单中选择“属性”命令，打开“属性”窗口，如图 6-3 所示。

4）在类的“属性”窗口中显示视图类的属性，单击“消息”按钮，显示如图 6-3 所示。

5）滚动属性窗口，找到 WM_LBUTTONDOWN 消息，单击该消息右面的窗格，选择<Add>OnLButtonDwon 选项，添加右击消息处理函数，如图 6-3 所示。

6）打开视图类 CMy0601View 的定义文件，可以发现增加了 OnLButtonDown()函数的声明。

7）打开视图类 CMy0601View 的程序文件，可以发现消息映射宏与成员函数 OnLButtonDown(UINT nFlags, CPoint point)已经被自动添加，但在该函数中只是简单地调用父类的消息处理程序，并没有其他功能。

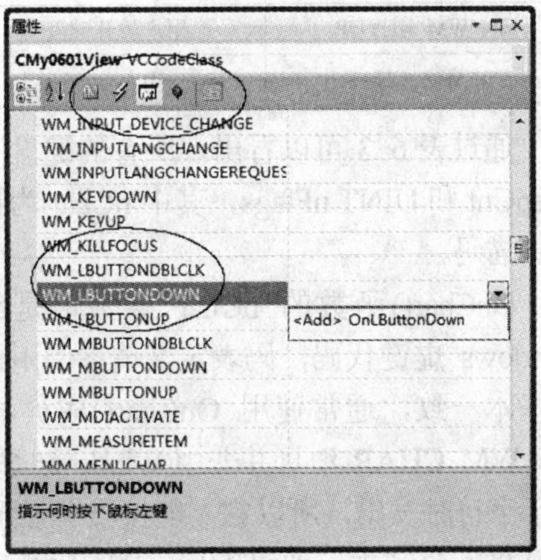

图 6-3　通过视图类属性窗口为视图类添加消息映射

下面的代码是修改后的消息处理函数，用户可以在#4 行的位置自行添加程序代码，实现自定义功能。

```
#01.  void CMy0601View::OnLButtonDown(UINT nFlags, CPoint point)
#02.  {
#03.          // TODO: 在此添加消息处理程序代码和/或调用默认值
```

```
#04.
#05.          CView::OnLButtonDown(nFlags, point);
#06. }
```

3. 工具删除消息处理函数及消息映射

通过类的属性窗口，选中已经添加的消息处理函数，通过下拉式菜单，可以一次性删除该消息处理函数，以及相应的消息映射和成员函数声明。通过类的属性窗口删除的消息处理函数是以添加到注释中的方式删除的。

6.1.2 键盘消息

当用户操作键盘时，Windows 发送消息给具有输入焦点的窗口。所谓具有输入焦点，是指当前处于活动状态的窗口。用户程序可以选择接收并处理这些消息。

在 MFC 程序中，CWnd 及其子类负责管理程序窗口，所以键盘消息由 CWnd 或其子类的成员函数处理，为了连接键盘消息和消息处理程序，需要使用 MFC 为处理键盘消息预定义的消息映射宏。

MFC 为每一种键盘消息定义了一个消息映射宏和处理该键盘消息的成员函数，用户程序若要处理某个键盘消息，需要重载相应消息的处理成员函数，并使用相应消息映射宏建立成员函数与消息间的关联。表 6-3 给出了常用的键盘消息映射宏和相应的消息处理成员函数。

表 6-3 键盘消息映射宏和相应的消息处理成员函数

消息映射宏	含 义	处 理 函 数
ON_WM_KEYDOWN	用户按下键盘	void OnKeyDown(UINT nChar,UINT nRepCnt,UINT nFlags)
ON_WM_KEYUP	用户放开键盘	void OnKeyUp(UINT nChar, UINT nRepCnt, UINT nFlags)
ON_WM_CHAR	用户输入一个字符	void OnChar(UINT nChar, UINT nRepCnt, UINT nFlags)

通过表 6-3 可以看出，所有的键盘消息处理成员函数都有 3 个参数：UINT nChar、UINT nRepCnt 和 UINT nFlags，其中 nChar 为按键的字符代码值；nRepCnt 为按键次数；nFlags 为按键扫描码。

OnChar()函数的 nChar 参数值是经过::TranslateMessage()转换过的字符代码，其值为 Windows 虚键代码，码表定义请参阅附录 B 中的相关内容。对于显示字符，其编码与 ASCII 码基本一致，通常使用 OnChar()成员函数来处理用户的输入。但该函数有一个局限，由于 ON_WM_CHAR 消息并非由 Windows 系统产生，而是由 TranslateMessage(MSG *)在接收到可显示字符时发出，所以它不能接收非显示字符的输入，如用户按下 Ctrl 键时，ON_WM_CHAR 消息将不会产生，通过响应 ON_WM_KEYDOWN 消息可以处理按下非显示字符的消息。OnKeyDown()接收的 nChar 参数中的字符代码是 Windows 虚键代码，其定义请参阅附录 B 中的相关内容。

下面的实例演示了处理用户按键的一般方法。

1. 添加键盘消息处理函数

打开例 0601 项目，参照使用“工具添加鼠标消息映射”的方法，通过视图类 CMy0601View 的属性窗口为该类添加 WM_CHAR 和 ON_WM_KEYDOWN 消息的处理函数。

在视图类 CMy0601View 的定义文件中，由向导工具自动添加了以下两个消息处理函数的声明。

```
afx_msg void OnChar(UINT nChar, UINT nRepCnt, UINT nFlags);
afx_msg void OnKeyDown(UINT nChar, UINT nRepCnt, UINT nFlags);
```

在视图类 CMy0601View 的实现文件中，由向导工具自动添加了以下两个消息到消息处理函数的映射。

```
ON_WM_CHAR()
ON_WM_KEYDOWN()
```

在视图类 CMy0601View 的实现文件中，由向导工具自动添加了以下两个消息处理函数的定义。

```
void CMy0601View::OnChar(UINT nChar, UINT nRepCnt, UINT nFlags)
{
        // TODO: 在此添加消息处理程序代码和/或调用默认值

        CView::OnChar(nChar, nRepCnt, nFlags);
}
void CMy0601View::OnKeyDown(UINT nChar, UINT nRepCnt, UINT nFlags)
{
        // TODO: 在此添加消息处理程序代码和/或调用默认值

        CView::OnKeyDown(nChar, nRepCnt, nFlags);
}
```

2. 修改新添加的 OnChar()成员函数

以下粗体内容为手工添加。

```
void CMy0403View::OnChar(UINT nChar, UINT nRepCnt, UINT nFlags)
{
        // TODO: 在此添加消息处理程序代码和/或调用默认值
        CString cs;
        cs.Format(L"用户按下一个\'%c\'键",nChar);
        ::AfxMessageBox(cs);
        CView::OnChar(nChar, nRepCnt, nFlags);
}
```

3. 修改 OnKeyDown()成员函数

以下粗体内容为手工添加。

```
void CMy0403View::OnKeyDown(UINT nChar, UINT nRepCnt, UINT nFlags)
{
        // TODO: 在此添加消息处理程序代码和/或调用默认值
        CString cs;
        cs=L"用户按下";
        switch(nChar)
        {
        case VK_SHIFT:
                cs+=L"<Shift>";
                ::AfxMessageBox(cs);
```

```
            break;
        case VK_CAPITAL:
            cs+=L"<Caps Lock>";
            ::AfxMessageBox(cs);
            break;
        case VK_F1:
            cs+=L"<F1>";
            ::AfxMessageBox(cs);
            break;
        }
        if((nChar>=L'A')&&(nChar<=L'Z'))
        {
            CString cs;
            cs.Format(L"用户按\'%c\'键",nChar);
            ::AfxMessageBox(cs);
        }
        CView::OnKeyDown(nChar, nRepCnt, nFlags);
}
```

程序编译、运行，按 G 键和 Shift 键后，程序分别显示如图 6-4 所示的对话框。

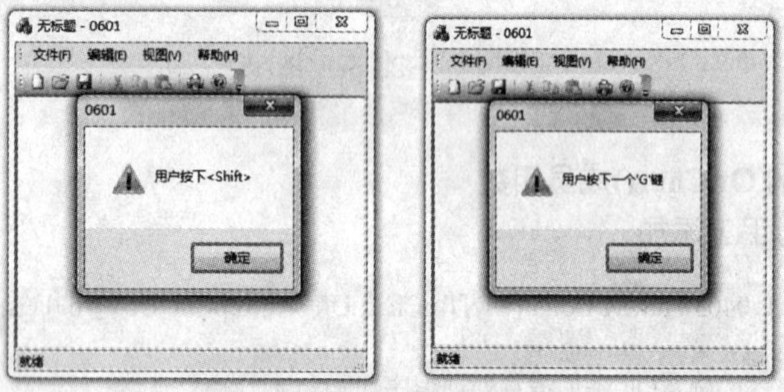

图 6-4 例 0601 处理键盘消息

6.2 使用菜单

在 Windows 应用程序中，用户除了使用鼠标和键盘直接对窗口进行输入外，还有一种重要方式，即使用菜单。

6.2.1 编辑菜单

使用“新建项目向导”建立的标准 MFC 应用程序框架已经包含了一个程序菜单，但该菜单显然不能满足用户的各种需求。使用 VC 开发环境自带的“资源编辑器”可以很方便地编辑和修改程序菜单。

1. 打开资源视图

选择“视图”→“资源视图”命令，可以打开资源视图。可以显示该程序中包含的各种资源，如图 6-5 所示。

图 6-5 例 0602 资源视图

2. 进入菜单编辑窗口

展开 Menu 选项，可以看到一个菜单资源的标识 IDR_MAINFRAME，双击该标识，显示如图 6-6 所示的菜单编辑窗口。

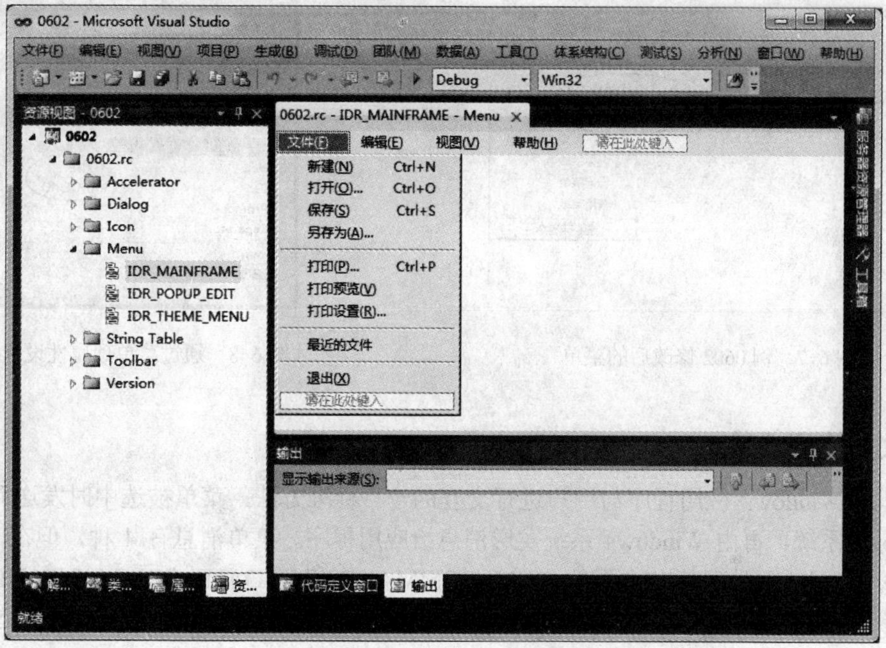

图 6-6　资源编辑器的菜单编辑窗口

3. 删除菜单项

首先删除“文件”菜单和“编辑”菜单，方法是用鼠标在要删除的菜单项上右击，在弹出的快捷菜单中选择“删除”命令即可。

4. 添加菜单项

在主菜单右侧的“请在此处键入”文本框内输入“演示”字符串，即可增加“演示”菜单分组。在菜单分组下面可以添加菜单项。

在新增加的“演示”菜单分组下面的“请在此处键入”文本框内依次输入“演示菜单”、“显示英文”、“选中菜单”、“标记菜单”和“禁用菜单”5 个字符串，添加 5 个新的菜单项，如图 6-7 所示。

5. 设置菜单项 ID

在新添加的菜单项上右击，在弹出的快捷菜单中选择“属性”命令，或者在新添加的菜单项上双击，都可以打开该菜单项的“属性”窗口，如图 6-8 所示。在“属性”窗口中可以为每个菜单项设置 ID 标识，该 ID 会被定义成宏添加到程序的头文件 Resource.h 中，成为相应菜单项命令消息的消息 ID。

下面为新增加的 5 个菜单项依次设置 ID 为 ID_DEMO、ID_DEMO_SETCHEK、ID_DEMO_SETRADIO、ID_DEMO_SETEN 和 ID_DEMO_DISABLE。图 6-8 所示为将菜单项“演示菜单”的 ID 设置为 ID_DEMO。

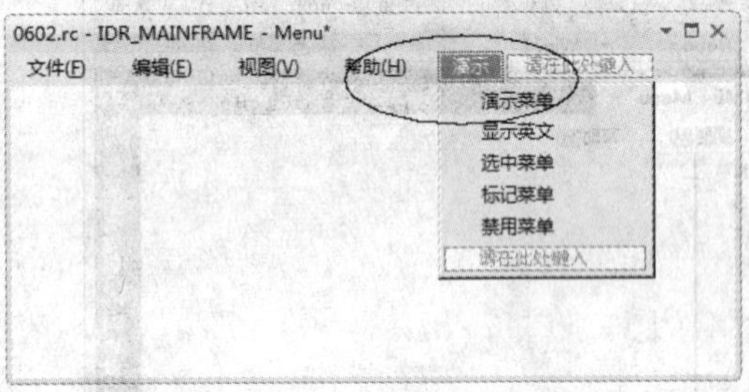

图 6-7 例 0602 修改后的菜单

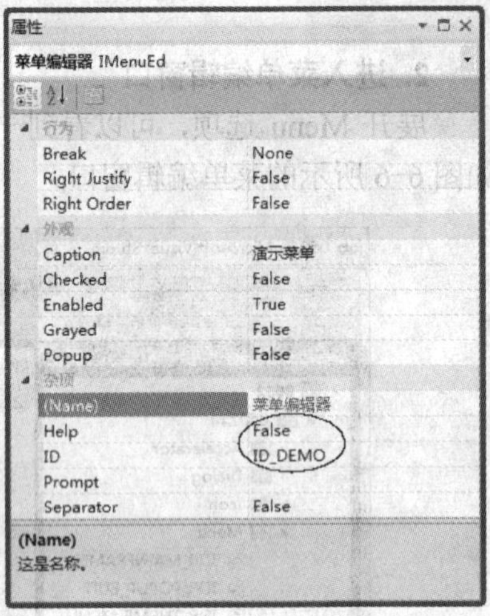

图 6-8 通过菜单项属性设置菜单 ID

6.2.2 处理菜单命令

菜单是 Windows 应用程序与用户进行交互的一种标准方法，菜单被选中时发送命令消息给 Windows 系统，再由 Windows 系统发送消息给应用程序。菜单消息有 4 种，但在 MFC 应用程序中用户只需要处理其中的两个：WM_COMMAND 和 UPDATE_COMMAND_UI。

WM_COMMAND 消息在用户选中一个菜单项后被发送，Windows 应用程序通过响应该消息来执行用户的相应菜单命令。使用 ON_COMMAND 宏可建立 WM_COMMAND 消息与消息处理程序间的映射关系，使用方法如下。

```
ON_COMMAND(MenuID,ClassMethod)
```

其中 MenuID 是菜单项的 ID 标识，ClassMethod 是一个成员函数名称，该函数用来处理 MenuID 标识对应的菜单项被选中的消息。没有使用 ON_COMMAND 宏建立消息映射的菜单项在程序运行时将显示为灰色。

用户可手动为应用程序添加 WM_COMMAND 消息处理函数，方法与手动添加鼠标消息处理功能相同，但更常用的是使用“事件处理程序向导”添加，有以下两种方法。

1. 通过菜单资源添加命令处理函数

1）选择资源中的“演示”→“演示菜单”命令，右击，在弹出的快捷菜单中选择“添加事件处理程序”命令，弹出图 6-9 所示的“事件处理程序向导”对话框。

2）选中消息处理的类型 COMMAND 和处理本消息的类 CMainFram，然后单击“添加编辑”按钮，处理该命令消息的成员函数及消息映射被自动添加到 CMainFram 类（所有从 CCmdTarget 类派生的子类都可以处理菜单消息），用户可以在该消息处理成员函数中加入代码来实现相应的命令处理功能。

2. 通过类属性添加命令处理函数

1）选择应用程序中处理菜单消息的类，在本例中选择主框架窗口对象处理菜单命令。打开类视图选择 CMainFram 类，打开 CMainFram 类“属性”窗口。

2）在类的属性窗口中单击“事件”按钮。

3）滚动类“属性”窗口中的列表，找到 ID_DEMO 菜单命令，展开命令左侧的‘+’，单击 COMMAND 右面的窗格，选择<Add>OnDemo 选项，添加文件新建消息处理函数，如图 6-10 所示。

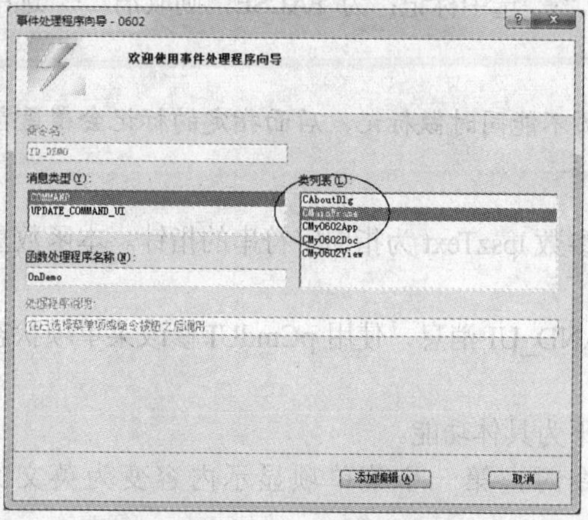

图 6-9 例 0602 通过类属性窗口添加菜单消息

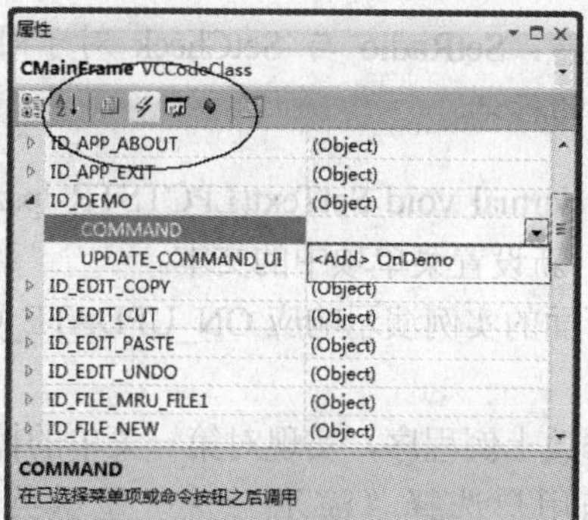

图 6-10 例 0602 通过类“属性”窗口添加菜单消息

修改新添加的 OnDemo()成员函数，以下粗体内容为手动添加。

```
void CMainFrame::OnDemo()
{
    // TODO: 在此添加命令处理程序代码
    ::AfxMessageBox(L"用户选择了\"演示/演示菜单\"菜单命令");
}
```

程序编译、运行，选择“演示”→“演示菜单”命令后，程序运行结果如图 6-11 所示。

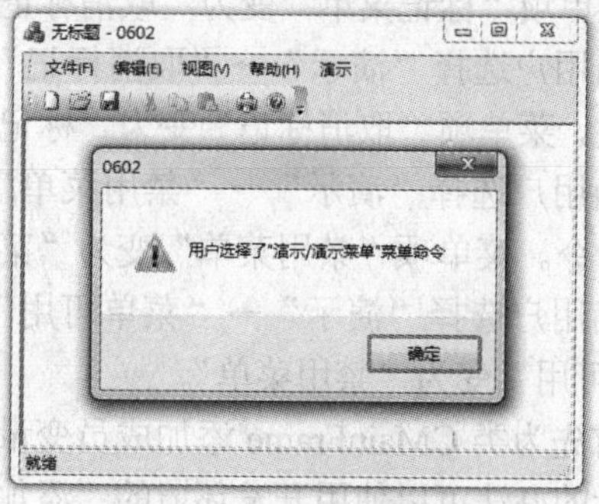

图 6-11 例 0602 运行结果

6.2.3 修改菜单状态

UPDATE_COMMAND_UI 消息在菜单项被显示前发送给应用程序，通过响应该消息程序可更改菜单相应项的显示状态。MFC 程序使用 ON_UPDATE_COMMAND_UI 宏可建立 UPDATE_COMMAND_UI 消息与消息处理程序间的映射关系，使用方法如下。

```
ON_UPDATE_COMMAND_UI (CommandID,ClassMethod)
```

其中 CommandID 是命令标识符，ClassMethod 是一个成员函数名称，该函数有一个参数 CCmdUI *pCmdUI，pCmdUI 指向当前菜单项，通过它可修改当前菜单项的状态；CCmdUI 没有基类，它仅在 CCmdTarget 派生类中处理 ON_UPDATE_COMMAND_UI 消息时被使用，它通过以下几个窗口类的成员函数来修改菜单状态。

- virtual void Enable(BOOL bOn = TRUE)：参数 bOn 如果为 TRUE，则把该菜单项设置为允许操作；为 FALSE，则设置为禁止操作（变灰）。

● virtula void SetCheck(int nCheck = 1)：参数 nCheck 指定要设置菜单项的选中状态。0 表示设置为未选中状态，1 表示选中状态，在菜单项左侧显示“√”标记。

● virtual void SetRadio(BOOL bOn =TRUE)：参数 bOn 指定要设置菜单项的标记状态。参数 bOn 如果为 TRUE，则在菜单项右侧显示“·”选中标记；为 FALSE，则取消“·”选中标记。

注意：SetRadio 与 SetCheck 对于同一菜单项不能同时做标记，后面指定的标记会覆盖前面指定的标记。

● virtual void SetText(LPCTSTR lpszText)：参数 lpszText 为指向字符串的指针。本函数重新设置菜单项中的文本。

下面的实例演示响应 ON_UPDATE_COMMAND_UI 消息，使用 pCmdUI 修改菜单项状态的方法。

修改上例程序，实现对第一菜单的控制，以下为具体功能。

当用户选择“演示”→“显示英文”命令时，第一个菜单项显示内容变为英文的 DEMO，菜单项“显示英文”变为“显示中文”。

当用户选择“演示”→“显示中文”命令时，第一个菜单项显示内容变为中文的“演示菜单”，菜单项“显示中文”变为“显示英文”。

当用户选择“演示”→“选中菜单”命令时，第一个菜单项在菜单项左侧显示“√”标记。菜单项“选中菜单”变为“取消选中”，“标记菜单”菜单项变灰，无法选中操作。

当用户选择“演示”→“取消选中”命令时，第一个菜单项在菜单项左侧显示的“√”标记消失。菜单项“取消选中”变为“选中菜单”，“标记菜单”菜单项恢复正常功能。

当用户选择“演示”→“标记菜单”命令时，第一个菜单项在菜单项左侧显示“·”标记。菜单项“标记菜单”变为“取消标记”，“选中菜单”菜单项变灰，无法进行选中操作。

当用户选择“演示”→“取消标记”命令时，第一个菜单项在菜单项左侧显示的“·”标记消失。菜单项“取消标记”变为“标记菜单”，“选中菜单”菜单项恢复正常功能。

当用户选择“演示”→“禁用菜单”命令时，第一个菜单项的菜单项变灰，无法选中该菜单命令。菜单项“禁用菜单”变为“菜单可用”。

当用户选择“演示”→“菜单可用”命令时，第一个菜单项恢复正常菜单功能。菜单项“菜单可用”变为“禁用菜单”。

首先为类 CMainFrame 添加成员变量，记录用户对第一个菜单项的选择状态。为类添加成员变量的办法可以使用开发环境的“添加成员变量向导”实现，但操作比较复杂，下面采用手动方式添加。

1）首先在文件 MainFrame.h 中 CMainFrame 类的定义中添加以下内容，粗体为所添加的内容。

```
#01.  // MainFrm.h : CMainFrame  类的接口
#02.  //
#03.  #pragma once
#04.  class CMainFrame : public CFrameWnd
#05.  {
#06.  …
#07.  public:
```

```
    bool  m_bSetTextEn;        //设置第一菜单项为英文
    bool  m_bSetCheck;         //设置第一菜单项为选中状态
    bool  m_bSetRadio;         //设置第一菜单项为标记状态
    bool  m_bSetDisable;       //设置第一菜单项为禁用状态

};
```

然后在文件 MainFrame.cpp 中 CMainFrame 类的构造函数中添加以下内容。

```
CMainFrame::CMainFrame()
{
    // TODO: 在此添加成员初始化代码
theApp.m_nAppLook=theApp.GetInt(_T("ApplicationLook"), ID_VIEW_APPLOOK_VS_2008);
    m_bSetTextEn=false;        //默认为未设置
    m_bSetCheck=false;         //默认为未设置
    m_bSetRadio=false;         //默认为未设置
    m_bSetDisable=false;       //默认为未设置
}
```

2）打开 CMainFrame 类的属性窗口，单击“事件”按钮，为 4 个菜单项 ID_DEMO_SETCHEK、ID_DEMO_SETRADIO、ID_DEMO_SETEN 和 ID_DEMO_DISABLE 依次添加 WM_COMMAND 消息添加处理函数，并修改代码，粗体为所添加的代码。

```
void CMainFrame::OnDemoSeten()
{
    // TODO: 在此添加命令处理程序代码
    m_bSetTextEn=!m_bSetTextEn;
}
void CMainFrame::OnDemoSetchek()
{
    // TODO: 在此添加命令处理程序代码
    m_bSetCheck=!m_bSetCheck;
}
void CMainFrame::OnDemoSetradio()
{
    // TODO: 在此添加命令处理程序代码
    m_bSetRadio=!m_bSetRadio;
}
void CMainFrame::OnDemoDisable()
{
    // TODO: 在此添加命令处理程序代码
    m_bSetDisable=!m_bSetDisable;
}
```

3）打开 CMainFrame 类的属性窗口，单击“事件”按钮，为 5 个菜单项 ID_DEMO、ID_DEMO_SETCHEK、ID_DEMO_SETRADIO、ID_DEMO_SETEN 和 ID_DEMO_DISABLE 依次添加 UPDATE_COMMAND_UI 消息添加处理函数，并修改代码，函数内的粗体部分为所添加的内容。

```
void CMainFrame::OnUpdateDemo(CCmdUI *pCmdUI)
```

```
{
    // TODO: 在此添加命令更新用户界面处理程序代码
    if(m_bSetTextEn)
        pCmdUI->SetText(L"DEMO");
    else
        pCmdUI->SetText(L"演示菜单");
    if(m_bSetCheck)
        pCmdUI->SetCheck(true);
    else
    {
        pCmdUI->SetCheck(false);
        if(m_bSetRadio)
            pCmdUI->SetRadio(true);
        else
            pCmdUI->SetRadio(false);
    }
    if(m_bSetDisable)
        pCmdUI->Enable(false);
    else
        pCmdUI->Enable(true);
}
void CMainFrame::OnUpdateDemoSeten(CCmdUI *pCmdUI)
{
    // TODO: 在此添加命令更新用户界面处理程序代码
    if(m_bSetTextEn)
        pCmdUI->SetText(L"显示中文");
    else
        pCmdUI->SetText(L"显示英文");
}
void CMainFrame::OnUpdateDemoSetchek(CCmdUI *pCmdUI)
{
    // TODO: 在此添加命令更新用户界面处理程序代码
    if(m_bSetCheck)
        pCmdUI->SetText(L"取消选中");
    else
        pCmdUI->SetText(L"选中菜单");
    if(m_bSetRadio)
        pCmdUI->Enable(false);
    else
        pCmdUI->Enable(true);
}
void CMainFrame::OnUpdateDemoSetradio(CCmdUI *pCmdUI)
{
    // TODO: 在此添加命令更新用户界面处理程序代码
    if(m_bSetRadio)
        pCmdUI->SetText(L"取消标记");
    else
        pCmdUI->SetText(L"标记菜单");
    if(m_bSetCheck)
        pCmdUI->Enable(false);
```

```
        else
                pCmdUI->Enable(true);
}
void CMainFrame::OnUpdateDemoDisable(CCmdUI *pCmdUI)
{
        // TODO: 在此添加命令更新用户界面处理程序代码
        if(m_bSetDisable)
                pCmdUI->SetText(L"菜单可用");
        else
                pCmdUI->SetText(L"禁用菜单");
}
```

程序运行结果如图 6-12 所示。

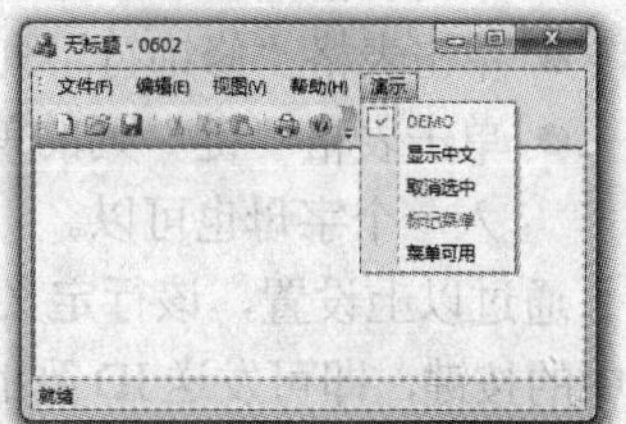

图 6-12　例 0602 修改后的运行结果

6.2.4 使用菜单快捷键

可以设置打开菜单或执行菜单命令的快捷键，方法是在菜单名称后面加入“(&字符)”，用户在运行程序时按“Alt+字符”组合键，可打开相应菜单组，然后按相应菜单项加入的“(&字符)”中的“字符”，可执行相应菜单项命令。

例如修改菜单组名称为“演示(&D)”，即可在程序运行时按 Alt+D 组合键，打开“演示”菜单，如图 6-13 所示。

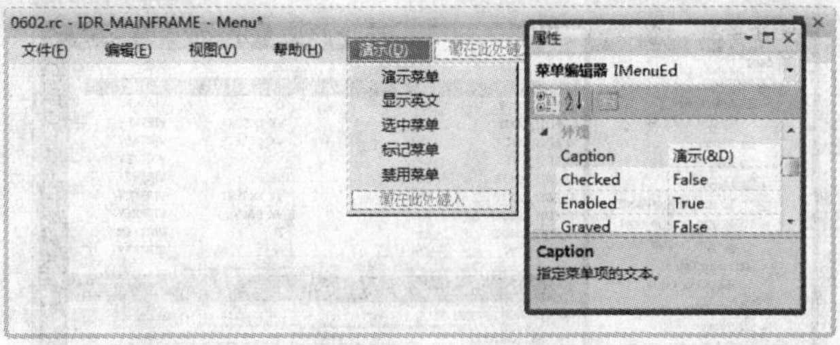

图 6-13　例 0602 通过菜单项属性设置菜单快捷键

按照上面的方法也可以设置菜单项的快捷键，但必须先打开菜单，菜单项的快捷键才能执行。

注意：VS2010 ~ VS2015 有一个 Bug，通过资源编辑视图修改资源后，重新编译、运行程序有时并不能显示更新后的资源。这是因为 VS2010 ~ VS2015 生成的程序默认把一些资源信息保存在注册表中，在用户修改程序资源时，注册表中保存的资源信息并没有更新所致。方法是在注册表中找到相应的资源信息删除即可。用户使用 VS 应用程序向导生成的程序默认将资源信息保存在注册表“[HKEY_CURRENT_USER\Software\应用程序向导生成的本地应用程序”文件夹下，在该文件夹下找到用户程序的名称删除下面各项即可。

使用 pCmdUI->SetText 也可以设置菜单命令的快捷键，例如使用下面的代码可设置菜单命令快捷键 V，且该快捷键设置不受注册表影响。

```
pCmdUI->SetText(L"显示英文(&V)");
```

用以上方法为菜单命令设置的快捷键，只有在菜单打开状态下才能使用。如果希望在不打开菜单的状态下通过键盘发送菜单命令，需要使用加速键。

6.2.5 使用菜单加速键

加速键即用户通过键盘组合按键发送 WM_COMMAND 命令消息给接受该命令消息的窗口，其用法如下。

1. 添加 Accelerator 资源

打开“添加资源”对话框，选择 Accelerator 选项，打开资源 IDR_MAINFRAME，可以发现这是一个加速键定义表格，每一行代表一项命令和对应的加速键组合。

- 单击表格 ID 列的单元格，可以在打开的列表框中选择要添加的命令 ID。
- 单击表格“修饰符”列的单元格，可以在打开的列表框中选择要使用的按键组合。
- 单击表格“键”列的单元格，可以在打开的列表框中选择要使用的按键，或者直接输入一个字母也可以。

通过以上设置，该行定义了用户使用“修饰符”列单元格中的组合按键+“键”列的单元格中的按键，即可发送 ID 列的单元格中的命令。

图 6-14 添加了 ID_DEMO 命令的加速键设置，即当用户同时按下 Ctrl+D 组合键时，系统发送 ID_DEMO 命令消息。

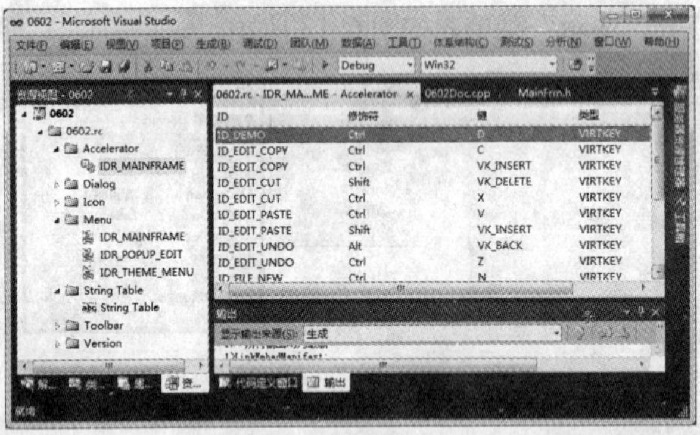

图 6-14 例 0602 添加命令加速键资源

2. 加载加速键资源

为了使用加速键资源，必须在处理加速键的对象中加载该加速键资源，本例将在 CMainFrame 类中处理该加速键消息，所以在 CMainFrame 类中添加一个成员变量，用来保存加载的加速键资源句柄。

```
class CMainFrame : public CFrameWndEx
{
...
public:
        HACCEL    m_hAccel;
...
}
```

加载加速键资源的函数定义如下。

```
HACCEL LoadAccelerators（HINSTANCE hInstance，LPCTSTR lpTableName）;
```

函数参数的含义如下。

HInstance：是进程实例的句柄，可以通过 MFC 全局函数 AfxGetInstanceHandle()获得。

lpTableName：是字符串类型的加速键资源的名称。MAKEINTRESOURCE 是一个资源名转换的宏，该宏可以把资源 ID 转换为字符串类型。

函数返还值：函数执行失败则返还 0，执行成功则返还非 0 值。

下面代码在重载的 PreCreateWindow()函数中加载加速键资源，以下粗体内容为手动添加的加载加速键资源代码。

```
BOOL CMainFrame::PreCreateWindow(CREATESTRUCT& cs)
{
	if( !CFrameWndEx::PreCreateWindow(cs) )
		return FALSE;
	// TODO: 在此处通过修改 CREATESTRUCT cs 来修改窗口类或样式
	m_hAccel=
::LoadAccelerators(AfxGetInstanceHandle(),MAKEINTRESOURCE(IDR_MAINFRAME));
	return TRUE;
}
```

3. 发送加速键命令消息

为了在用户按加速键后发出相应的命令消息，需要重载窗口类 CWnd 的虚拟函数 PreTranslateMessage()，该函数在有消息到达本窗口时会被框架程序自动调用。当需要赶在 MFC 框架程序之前处理某些消息时，通常通过重载该函数实现。

添加 MFC 类中重载函数的方法与添加 MFC 类的消息处理函数的方法相似。方法如下。

1）打开 CMainFrame 类的属性窗口，在类的“属性”窗口中显示 CMainFrame 类的属性，单击“消息”按钮，显示如图 6-15 所示。

2）滚动属性窗口列表框，找到 PreTranslate Message，单击该消息右面的窗格，选择<Add>PreTranslate Message 函数选项，添加 PreTranslate Message 的重载函数，如图 6-15 所示。

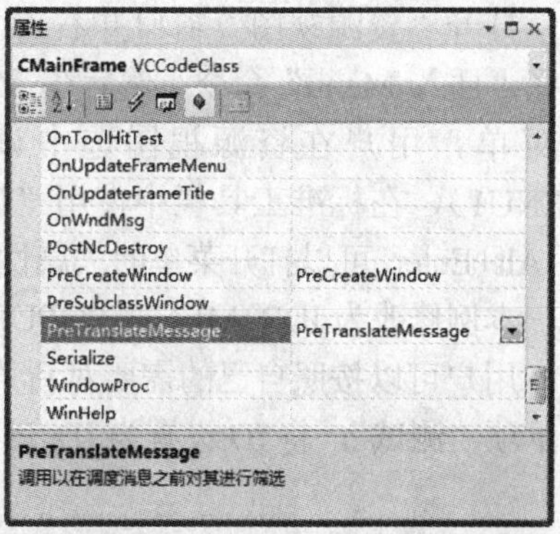

图 6-15　例 0602 添加命令加速键资源

下面在重载的 PreTranslateMessage()函数中添加代码处理加速键消息，以下粗体内容为手动添加的代码。

```
BOOL CMainFrame::PreTranslateMessage(MSG* pMsg)
{
	// TODO: 在此添加专用代码和/或调用基类
	if (::TranslateAccelerator(GetSafeHwnd(), m_hAccel, pMsg))
		return true;
	return CFrameWndEx::PreTranslateMessage(pMsg);
}
```

TranslateAccelerator()函数用来判断消息中是否有加速键按键，如果有，则向指定窗口发送命令消息。

TranslateAccelerator()函数定义如下。

```
int TranslateAccelerator（HWND hWnd,HACCEL hAccTable，LPMSG IpMsg）;
```

函数参数的含义如下。

hWnd：窗口句柄，接收消息的窗口。

hAccTable：加速键资源句柄，用来处理加速键消息的依据。

LpMsg：接到的消息内容。

函数返回值：若函数调用成功，则返回非零值；若函数调用失败，则返回值为零。

GetSafeHwnd()函数可获得当前窗口的句柄。当 TranslateAccelerator 在消息中发现加速键，即向当前窗口发送加速键资源中该组合键对应的命令消息。

编译、运行程序，按 Ctrl+D 组合键，可发送 ID_DEMO 命令消息，执行相应消息处理函数。

6.2.6 使用弹出式菜单

使用弹出式菜单可以改善应用程序用户接口，使程序的操作更直观、有效。在 MFC 类库中，CMenu 类封装了菜单的各项操作。使用弹出式菜单的方法如下。

1. 建立菜单资源

通过本节前面讲述的内容可知，使用 VS 开发环境自带的“资源编辑器”可以很方便地编辑和修改程序菜单。下面将使用“资源编辑器”建立新的菜单。

打开“资源视图”窗口并右击，在弹出的快捷菜单中选择“插入 Menu”命令，然后在 Menu 选项下将增加一个新菜单，用户在资源视图选中该菜单（通常是 IDR_MENU1），在标准工具栏中使用“属性窗口”按钮或快捷键 Alt+Enter 可以打开菜单的“属性”窗口，修改菜单资源 ID，本例修改为 IDR_MENU_POPUP，如图 6-16 所示。

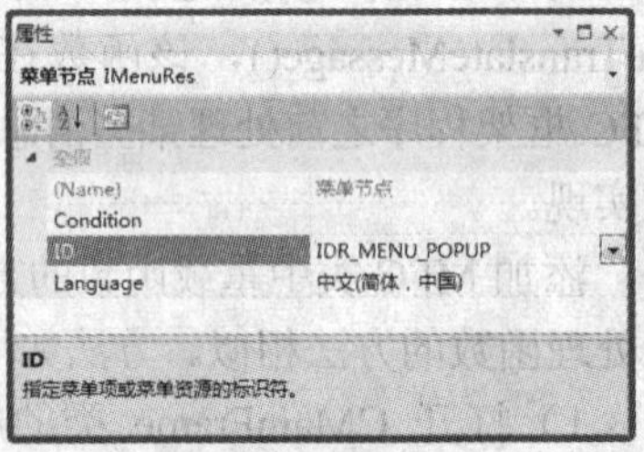

图 6-16　例 0602 修改菜单 ID

用户可以按照自己的需要对新菜单进行编辑修改。本例将菜单名称改为 POPUP，并添加菜单项“测试”，将 ID 设置为 ID_POPUP_TEST，如图 6-17 所示。

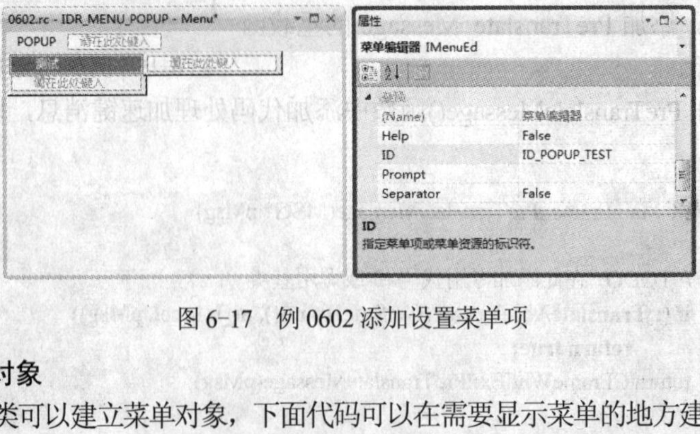

图 6-17　例 0602 添加设置菜单项

2. 建立菜单对象

使用 CMenu 类可以建立菜单对象，下面代码可以在需要显示菜单的地方建立一个菜单对象。

```
CMenu menu;
```

3. 取得菜单资源

菜单对象建立好后，还没有定义菜单内容，菜单内容需要菜单对象从菜单资源中加载。CMenu::LoadMenu(UINT nIDResource)可以载入菜单资源，并将其附加给 CMenu 对象，参数 nIDResource 就是菜单标识。下面代码为菜单对象取得菜单资源 IDR_POPMENU。

```
menu.LoadMenu(IDR_MENU_POPUP);
```

4. 获取弹出菜单对象

菜单对象建立并初始化完成后，并不能直接弹出，还要从该对象中取得能弹出的 CMenu 对象。CMenu::GetSubMenu(int nPos)可以从一个菜单对象中取得弹出菜单对象，参数 nPos 指定包含在菜单对象中的弹出菜单在菜单中的位置。对于第一个菜单项，位置值开始为 0。下面代码演示取得一个弹出式菜单对象的指针。

```
CMenu      *pPopMenu=menu.GetSubMenu(0);
```

5. 显示弹出式菜单

使用 CMenu::TrackPopupMenu(UINT nFlags, int x, int y, CWnd* pWnd,LPCRECT lpRect = NULL)可以在指定位置显示弹出菜单。该函数的各参数定义如下。

参数 nFlags 为菜单屏幕位置标识及使用鼠标键标识，屏幕位置标识可取下列值之一。

TPM_CENTERALIGN：使弹出菜单在水平方向相对于 x 指定的坐标居中。

TPM_LEFTALIGN：使弹出菜单在水平方向位于 x 右侧。

TPM_RIGHTALIGN：使弹出菜单在水平方向位于 x 左侧。

鼠标键标识可取下列值之一。

TPM_LEFTBUTTON：用鼠标左键选择菜单。

TPM_RIGHTBUTTON：用鼠标右键选择菜单。

参数 x、y 为弹出菜单屏幕的 x、y 坐标。

参数 pWnd 标识拥有弹出菜单的窗口。该窗口接收来自菜单的所有 WM_COMMAND 消息。该窗口直到 TrackPopupMenu()函数返回后才能接收到 WM_COMMAND 消息。

参数 lpRect 指向 RECT 结构或包含矩形的屏幕坐标 CRect 对象，用户在该矩形区域内部单击不会关闭弹出菜单。若该参数为 NULL，当用户在弹出菜单外部单击时，弹出菜单将关闭。下面代码在屏幕（100,100）位置显示一个弹出式菜单，创建菜单的窗口可接收菜单命令消息。

```
pPopMenu->TrackPopupMenu(TPM_LEFTALIGN | TPM_LEFTBUTTON,100,100,this);
```

下面的程序代码演示了建立一个弹出式菜单的完整方法，修改鼠标右键放开的消息处理函数 CMy0602View::OnRButtonUp 如下，粗体部分为所添加的代码。

```
#01.  void CMy0602View::OnRButtonUp(UINT /* nFlags */, CPoint point)
#02.  {
#03.        ClientToScreen(&point);
#04.        CMenu menu;
#05.        menu.LoadMenu(IDR_MENU_POPUP);
#06.        CMenu *pPopMenu=menu.GetSubMenu(0);
#07.        pPopMenu->TrackPopupMenu(TPM_LEFTALIGN,point.x,point.y,this);
#08.        CView::OnRButtonDown(nFlags, point);
```

```
#09. }
```

上例中，CWnd::OnRButtonDown(UINT nFlags, CPoint point) 函数参数 point 返回鼠标在窗口内的相对坐标，CWnd::ClientToScreen 函数将窗口内的相对坐标转换为屏幕坐标。

通过菜单资源视图为弹出式菜单中的菜单项 ID_POPUP_TEST 添加消息处理函数，因为菜单在视图窗口内显示，所以消息处理函数添加在 CMy0602View 类，如下所示。

```
#01. void CMy0602View::OnPopupTest()
#02. {
#03.         // TODO: 在此添加命令处理程序代码
#04.         AfxMessageBox(L"测试弹出式菜单！");
#05. }
```

编译、运行程序，在窗口内右击，可弹出快捷菜单。选择“测试”命令，可弹出显示“测试弹出式菜单！”内容的消息对话框。

6.3 小结

本章主要讲述了以下几个方面的内容。

- 在程序窗口中接受用户鼠标输入的方法。
- 在程序窗口中接受用户键盘输入的方法。
- 编辑菜单资源的方法。
- 使用程序主窗口菜单的方法。
- 运行时修改菜单状态的方法。
- 菜单快捷键的添加方法。
- 菜单加速键的添加方法。
- 使用弹出式菜单的方法。

6.4 习题

1．有哪几种鼠标消息？各用于什么场合？

2．有哪几种键盘消息？各用于什么场合？

3．菜单有哪几种状态？如何设置菜单的状态？

4．编写一个程序，鼠标左键按下一次就改变一下鼠标的形状。

5．用键盘和鼠标消息来编写一个简单的文本编辑器，可实现英文打开、编辑和存储等功能。

6．在第 5 题中加入鼠标拖动选中文字功能。

7．在第 5 题中加入右键弹出菜单，使程序具有复制、粘贴和剪切功能。

8．编写一个画笔程序。

9．编写一个程序，在窗口中显示一幅图像，用鼠标可以拖动该图像。

10．编写一个程序，在窗口中显示一段文字，可以通过菜单来选择显示使用的字体。

第 7 章　工具栏与状态栏

使用 VS 开发环境的“新建项目”向导生成 MFC 应用程序，“用户界面功能”选项使用默认设置，项目名称为 0701，生成的文档视图框架程序包含一个工具栏和状态栏。

在默认工具栏中为一些菜单选项提供了相应的图形按钮，方便用户快速进行操作。默认状态栏可以显示菜单命令的提示信息和 CapsLock、NumLock、Scroll 这 3 个键的状态。本章将介绍在程序中使用控制工具栏和状态栏的方法。

7.1　工具栏

工具栏也被称为工具条。用户可以将工具栏停靠在窗口的边缘，或将它们“浮动”在应用程序窗口的任何位置。当鼠标移动到工具栏按钮上时，工具栏可在该按钮位置弹出一个小窗口提示该按钮的用途。同时，状态栏中可出现一个状态字符串，显示该按钮功能的提示信息。

工具栏为程序提供了除菜单之外的另一种命令输入方法。MFC 使用类 CToolBar 来封装工具栏的操作。工具栏包含若干个图形按钮，这些按钮的图形被存储在一个位图中，该位图可以使用开发环境的“资源编辑器”进行编辑修改。像菜单一样，当工具栏的按钮被按下时，与之对应的命令消息将被发送给应用程序。

通常，采用以下方法创建一个工具栏。

1）创建一个工具栏资源。

2）构造 CMFCToolBar 对象。

3）调用 CMFCToolBar::CreateEx 函数来创建 Windows 工具栏。

4）给工具栏命名。

5）调用 LoadToolBar 来装入工具栏资源。

6）设定工具栏停靠方式。

整个工具栏的各按钮共用一个位图图片，每个按钮使用图片的一部分，默认情况下每个按钮包含的图片大小是 15 个像素高、16 个像素宽。应用程序在运行时依次为工具栏的每个按钮截取图片进行显示并绘制按钮边框，工具栏可以通过按钮图片的颜色和边框形状来反映当前按钮的状态。下面讲述工具栏的编辑方法。

首先打开应用程序的资源视图，然后展开 Toolbar 子项，可以发现有两个工具栏的标识，分别为 IDR_MAINFRAME 和 IDR_MAINFRAME__256，前者为 16 色的位图，后者为真彩色位图，根据全局应用程序对象 theApp.m_bHiColorIcons 的值用于在不同显示情况下工具栏的显示。双击 IDR_MAINFRAME__256 标识，开发环境的编辑窗口显示工具栏编辑窗口，如图 7-1 所示。

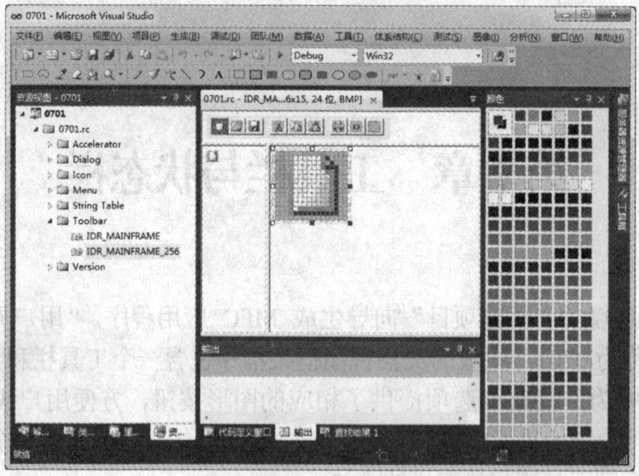

图 7-1　例 0701 的编辑工具栏窗口

在该编辑窗口下，用户可以方便地编辑工具栏，如使用绘图工具修改按钮图形，添加删除按钮等。另外，通过按钮的属性窗口还可以设定按钮的各项属性。选择一个工具栏按钮，双击可以激活其“属性”窗口，如图 7-2 所示。

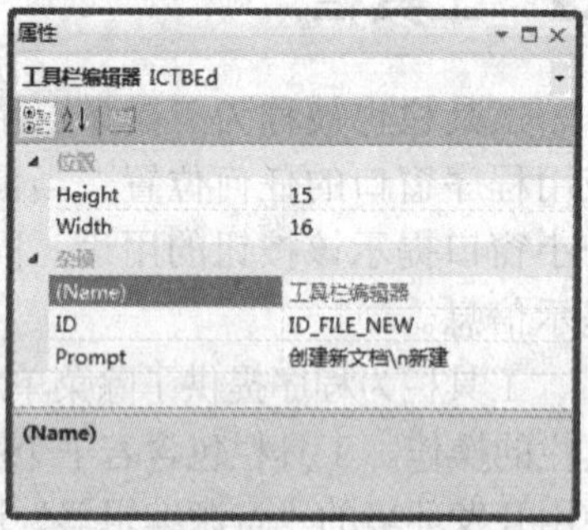

图 7-2　修改工具栏按钮的“属性”窗口

在该“属性”窗口中，用户可以通过“位置”选项组的 Height 和 Width 选项修改默认工具栏按钮的大小；通过“杂项”选项组的 ID 选项选择该按钮对应的命令消息；通过“杂项”选项组的 Prompt 选项设定该按钮的提示信息，提示信息在鼠标移动到按钮上时被显示，\n 前的提示信息将显示在状态栏中，\n 后的提示信息将显示在工具栏按钮旁。

7.2　处理工具栏命令

1. 使用菜单项工具栏按钮

工具栏的按钮类似于菜单项。这两种用户界面对象都生成命令消息，当用户按下某个工具栏按钮时，与用户选择菜单一样，系统就会向应用程序窗口发送该按钮对应的命令消息，用户程序可以用响应菜单命令消息一样的方法响应工具栏按钮的命令消息。

一般情况下，一个工具栏按钮命令有一个相应的菜单项与之对应，代表同样的命令，只不过是该工具栏按钮为相应的菜单项提供了一种快速操作方法。在以上这种情况下，工具栏按钮和对应的菜单项在被选择时发出同样的命令消息，所以它们共同使用一个消息映射，由同一个函数来执行相应的命令。

下面的实例是在工具栏中添加一个按钮，用来退出程序。

打开实例 0701 项目的“资源视图”，打开 ToolBar\IDR_MAINFRAME_256 工具栏编辑窗口，准备添加新的命令按钮。

用鼠标选择工具栏编辑窗口内工具栏最右侧的空白按钮，使用绘图工具对其进行编辑，绘制图案如图 7-3 所示。

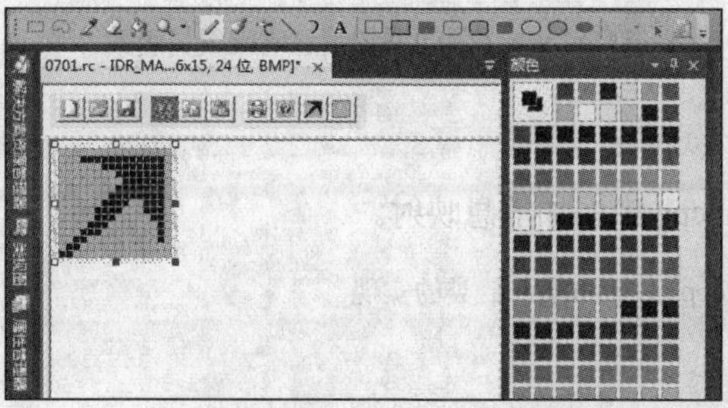

图 7-3　为例 0701 添加工具栏按钮

通过上面的操作，新的按钮已经被添加了，程序可以编译、运行，但该按钮还没有与“退出程序”命令建立关联，在程序运行时显示为灰色。为了使该按钮与“退出程序”命令建立关联，需要先确定退出程序的命令 ID 的值，该 ID 通过在“资源管理器”的“菜单编辑窗口”中查找“文件”→“退出”菜单项的属性可知为 ID_APP_EXIT。然后打开新建按钮的“属性”窗口，将其 ID 选项设置为 ID_APP_EXIT，程序运行结果如图 7-4 所示。单击该按钮，程序将被关闭。

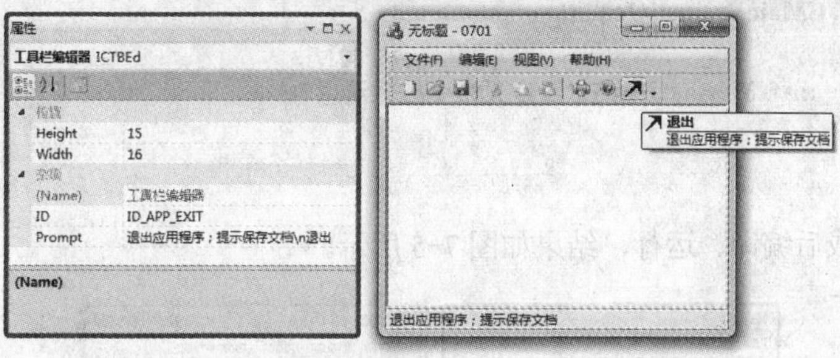

图 7-4　工具栏设置及例 0701 运行结果

2. 使用非菜单项工具栏按钮

工具栏按钮也可以不与菜单命令相对应，用户需要单独为该按钮添加命令消息映射。下面的实例为程序添加一个按钮，该按钮实现一个与菜单相独立的命令，当用户按下该按钮时程序显示一个信息对话框，步骤如下。

为例 0701 添加工具栏按钮，将按钮“属性”窗口中的 ID 选项设置为 ID_EX。通过上面的操作，新的按钮及相应的命令消息已经被添加了，程序可以编译、运行，但该按钮的命令消息还没有进行处理，所以在程序运行时显示为灰色。下面手动为该命令消息添加消息响应功能，其中粗体部分为手动添加的代码。

1）在文件 MainFrm.h 中为类 CMainFrame 添加消息响应成员函数。

```
// MainFrm.h : CMainFrame 类的接口
//
#pragma once
class CMainFrame : public CFrameWnd
{
```

```
...
protected:
        afx_msg void OnEx(); //手动添加消息响应成员函数
...
};
```

2）在文件 MainFrm.cpp 中添加消息映射。

```
// MainFrm.cpp : CMainFrame 类的实现
//
...
BEGIN_MESSAGE_MAP(CMainFrame, CFrameWnd)
        ON_WM_CREATE()
        ON_COMMAND(ID_EX,OnEx) //手动添加消息映射
END_MESSAGE_MAP()
...
```

3）在文件 MainFrm.cpp 中定义消息响应成员函数。

```
// MainFrm.cpp : CMainFrame 类的实现
//
...
void CMainFrame::OnEx()
{
        ::AfxMessageBox(L"自定义命令按钮消息");
}
...
```

程序修改完成后编译、运行，结果如图 7-5 所示。

图 7-5　例 0701 添加自定义工具栏命令按钮及消息响应后的运行效果

7.2.1　工具栏按钮状态

在“6.2 使用菜单”一节已经介绍过响应 UPDATE_COMMAND_UI 消息可以修改菜单项的状态，该消息的处理函数同样也能修改工具栏按钮的状态。

采用与处理菜单 UPDATE_COMMAND_UI 消息同样的方法，使用窗口类的属性窗口添加 UPDATE_COMMAND_UI 消息处理函数，在该消息处理函数中即可设置工具栏按钮的状态，方法及效果如下。

1）对于工具栏按钮来说，CCmdUI::SetCheck 和 CCmdUI::SetRadio 可以使按钮在选中和

未选中两种状态间进行切换，选中的效果如图 7-6 所示。

2）对于工具栏按钮来说，CCmdUI::Enable 可以使工具栏按钮在有效和无效两种状态间进行切换，无效的效果如图 7-7 所示。

图 7-6　工具栏中 ID_APP_ABOUT 按钮 SetCheck（true）

图 7-7　工具栏中 ID_APP_ABOUT 按钮 Enable（FALSE）

7.2.2　自定义工具栏

在某些场合需要用户自行创建和添加工具栏。工具栏的创建可分为 5 个步骤，下面通过为上例程序添加一个新工具栏来演示自行创建和添加工具栏的方法。

1. 创建工具栏资源

使用 VC 开发环境自带的“资源编辑器”可以很方便地编辑修改程序工具栏。下面将使用“资源编辑器”建立新的工具栏。打开例 0701 的“资源视图”并展开子项内容，在 Toolbar 选项上右击，并在弹出的快捷菜单中选择“插入 Toolbar”命令，在 Toolbar 选项下将增加一个新工具栏，如图 7-8 所示，添加 3 个按钮，通过“属性”窗口将前两个红色和绿色按钮使用已有菜单的 ID，依次设置为 ID_FILE_PRINT_PREVIEW、ID_FILE_PRINT_SETUP，将黄色按钮设置为 ID_EX。

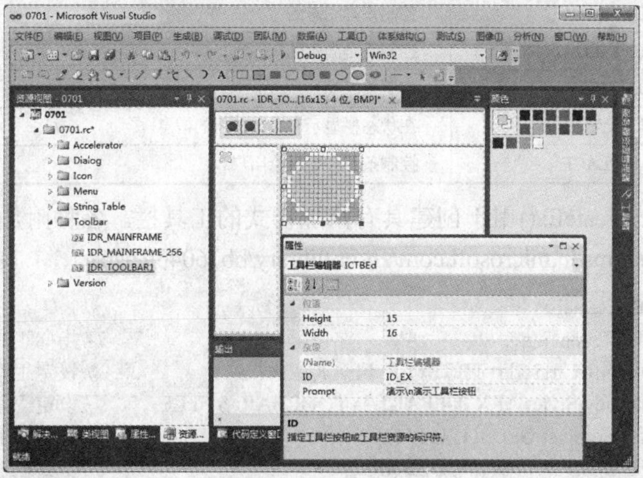

图 7-8　创建新工具栏资源

2. 建立工具栏对象

使用 CToolBar 类可以建立工具栏对象，下面代码为 CMainFrame 类添加一个新的工具栏对象。

```
#01.  // MainFrm.h : CMainFrame 类的接口
#02.  //
#03.  #pragma once
#04.  class CMainFrame : public CFrameWnd
#05.  {
#06.  …
#07.  protected:   // 控件条嵌入成员
```

```
#08. CMFCToolBar m_wndToolBar2;        //手动添加
#09. };
```

3. 创建工具栏窗口

CMFCToolBar::Create()创建 TBSTYLE_FLAT 样式的工具栏。

```
virtual BOOL Create(
    CWnd *pParentWnd,                              //指向工具栏的父窗口的指针
    DWORD dwStyle=AFX_DEFAULT_TOOLBAR_STYLE,       //设定工具栏的风格
    UINT nID=AFX_IDW_TOOLBAR                       //工具栏窗口的标识
);
```

工具栏可以指定的风格种类比较多，既可以指定窗口显示风格，也可以指定控制风格，部分控制风格样式如表 7-1 所示。

表 7-1 工具栏的部分样式

标　识	功　能
CBRS_TOP	控件条在框架窗口的顶部
CBRS_BOTTOM	控制条在底部框架窗口
CBRS_NOALIGN	在父窗口尺寸变化时，控制条不会重新定位
CBRS_TOOLTIPS	控制条显示工具提示
CBRS_SIZE_DYNAMIC	控制条是动态的
CBRS_SIZE_FIXED	控制条是固定的
CBRS_FLOATING	控制条浮动
CBRS_FLYBY	在状态栏显示有关该按钮的信息
CBRS_HIDE_INPLACE	控制条不会显示给用户

CMFCToolBar::CreateEx()用于创建具有附加样式的工具栏。各种附加样式的定义参考微软 MSDN 文档 https://msdn.microsoft.com/zh-cn/library/bb760439.aspx。

```
virtual BOOL CreateEx(
    CWnd *pParentWnd,                              //指向工具栏的父窗口的指针
    DWORD dwCtrlStyle=TBSTYLE_FLAT,                //设定工具栏的附加风格
    DWORD dwStyle=AFX_DEFAULT_TOOLBAR_STYLE,       //设定工具栏的风格
    CRect rcBorders=CRect(1, 1, 1, 1),             //窗口边框的宽度
    UINT nID=AFX_IDW_TOOLBAR                       //工具栏窗口的标识
);
```

4. 加载工具栏资源

工具栏窗口建立完成后，还需要加载工具栏资源以建立工具栏按钮。使用 CMFCToolBar::LoadToolBar(UINT nIDResource)可装入由 nIDResource 指定的工具栏资源，加载成功后返回 TRUE。成员函数定义如下。

```
virtual BOOL LoadToolBar(
    UINT uiResID,                    //工具栏的资源 ID
    UINT uiColdResID=0,              //Cold 状态下工具栏位图图像的资源 ID
    UINT uiMenuResID=0,              //常规状态下菜单图像位图的资源 ID
    BOOL bLocked=FALSE,              //是否将工具栏锁定，TRUE 表示锁定
    UINT uiDisabledResID=0,          //Disabled 状态下工具栏位图图像的资源 ID
```

```
    UINT uiMenuDisabledResID=0,            //Disabled 状态下菜单图像位图的资源 ID
    UINT uiHotResID=0                      //快捷工具栏位图图像的资源 ID
);
```

5. 工具栏的停靠与浮动

通过前面的 4 个步骤，工具栏已经可以工作但不能在程序的框架窗口内进行移动。为了使工具栏可以在窗口内移动，必须对工具栏和框架窗口进行设置。使用 CMFCToolBar::EnableDocking(DWORD dwStyle) 函数设定工具栏是否可以停靠，函数定义如下。

```
virtual void EnableDocking(
    DWORD dwAlignment                      //指定停靠对齐启用
);
```

该函数可以设定是否允许控件条处于停靠状态和它在父窗口中的停靠位置，参数 dwAlignment 的取值和功能定义见表 7-2。

表 7-2　工具栏的停靠风格

标　识	功　能
CBRS_ALIGN_TOP	允许停靠在客户区的上方
CBRS_ALIGN_BOTTOM	允许停靠在客户区的下方
CBRS_ALIGN_LEFT	允许停靠在客户区的左边
CBRS_ALIGN_RIGHT	允许停靠在客户区的右边
CBRS_ALIGN_ANY	允许停靠在客户区的任意一边
CBRS_FLOAT_MULTI	允许在一个小的框架窗口中浮动有多个控件条
0	不允许停靠控件条

使用 CFrameWnd::EnableDocking (DWORD dwDockStyle)函数设定框架窗口是否接受控件条的停靠。函数定义如下。

```
void EnableDocking(
    DWORD dwDockStyle                      //指定框架窗口的哪边可以停靠控件条
);
```

参数 dwDockStyle 的取值和功能定义与 CMFCToolBar::EnableDocking()函数中的参数 dwAlignment 相同。

使用 CFrameWnd* FloatControlBar(CBasePane* pBar,UINT nDockBarID=0,LPCRECT lpRect=NULL) 成员函数可以设置框架窗口中的指定控件条浮动到指定位置。函数定义如下。

```
void FloatControlBar(
    CControlBar * pBar,                    //指向控件条对象
    CPoint point,                          //指向以屏幕坐标表示的控件条的左上角位置
    DWORD dwStyle = CBRS_ALIGN_TOP         //指定控件条的框架窗口中如何排列
);
```

参数 dwStyle 指定控件条排列方式有：CBRS_ALIGN_LEFT、CBRS_ALIGN_RIGHT 代表垂直排列，CBRS_ALIGN_TOP、CBRS_ALIGN_BOTTOM 代表水平排列。

使用 CFrameWndEx:: DockPane (CBasePane* pBar,UINTnDockBarID=0,LPCRECT lpRect = NULL) 函数可以将一个控件条停靠在框架窗口内的指定位置。函数定义如下。

```
void DockPane(
    CBasePane* pBar,                    //要停靠的控件条的指针
    UINT nDockBarID=0,                  //停靠的位置
    LPCRECT lpRect=NULL                 //以屏幕坐标表示框架窗口中停靠的位置
);
```

参数 nDockBarID 取值参见表 7-3 所示的工具栏停靠位置。

表 7-3　工具栏停靠位置

标　识	功　能
AFX_IDW_DOCKBAR_TOP	停靠到框架窗口的顶部
AFX_IDW_DOCKBAR_BOTTOM	停靠到框架窗口的底部
AFX_IDW_DOCKBAR_LEFT	停靠到框架窗口的左边
AFX_IDW_DOCKBAR_RIGHT	停靠到框架窗口的右边
0	可以在目标框架窗口中任意可停靠的地方停靠

将创建工具栏窗口、加载工具栏资源和设定工具栏的停靠功能的程序代码添加到 CMainFrame::OnCreate(LPCREATESTRUCT lpCreateStruct)成员函数中，如下所示，粗体内容为手动添加的代码。

```
int CMainFrame::OnCreate(LPCREATESTRUCT lpCreateStruct)
{
        if (CFrameWnd::OnCreate(lpCreateStruct) == -1)
                return -1;
...
if (!m_wndToolBar2.CreateEx(this, TBSTYLE_FLAT, WS_CHILD | WS_VISIBLE |
CBRS_TOP | CBRS_GRIPPER | CBRS_TOOLTIPS | CBRS_FLYBY | CBRS_SIZE_
DYNAMIC ,CRect(1,1,1,1),IDR_TOOLBAR1) ||
!m_wndToolBar2.LoadToolBar(IDR_TOOLBAR1))
        {
                TRACE0("Failed to create toolbar\n");
                return -1;          // fail to create
        }
        m_wndToolBar2.SetWindowText(L"工具栏 2");              //设置工具栏标题
        m_wndToolBar2.EnableDocking(CBRS_ALIGN_ANY); //设置工具栏可停靠
        DockPane(&m_wndToolBar2);                     //将工具栏停靠在框架顶部
        ...
}
```

工具栏建立完成后，用户可参照本章前面的内容为新的工具栏按钮添加命令消息处理功能，程序运行结果如图 7-9 所示。

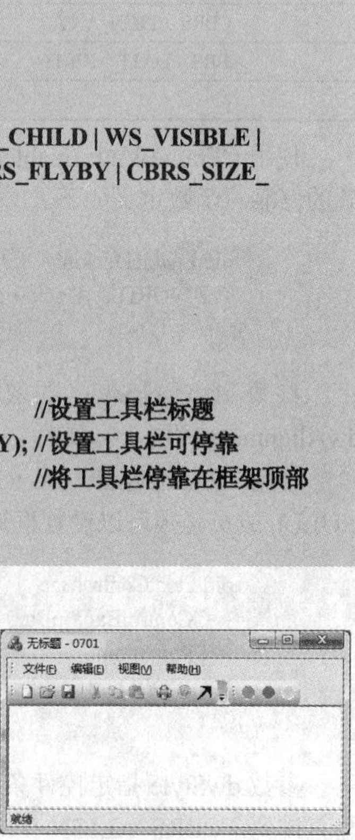

图 7-9　例 0701 修改后的运行结果

6. 工具栏的显示与隐藏

使用前面讲述的方法，用户已经可以初步建立并使用新的工具栏。下面将讲述利用工具栏类 CMFCToolBar 的父类 CBasePane 中的虚拟成员函数 ShowPane 来实现工具栏的显示和隐藏，该函数定义如下。

```
virtual void ShowPane(
        BOOL bShow,             //指定是否显示（TRUE）或隐藏（FALSE）窗格
        BOOL bDelay,            //TRUE 表示停靠延迟
        BOOL bActivate          //TRUE 表示该窗格处于活动状态，并且显示
);
```

另外，可以通过 CMFCToolBar 的父类 CBasePane 中的虚拟成员函数 BOOL CBasePane::IsVisible 来判断当前工具栏的显示或隐藏状态。

下面修改例 0701 为该程序的默认工具栏添加一个按钮，通过该按钮可以控制新加入的工具栏的显示与隐藏，要求该按钮有两种显示状态，选中状态下工具栏显示，非选中状态下工具栏不显示。

1）修改工具栏资源，添加按钮，如图 7-10 所示。

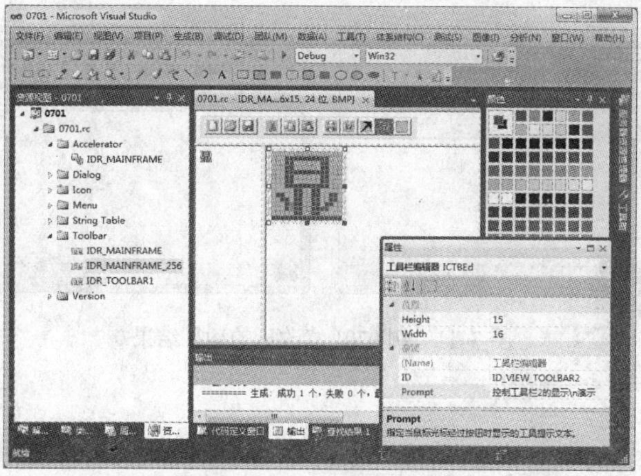

图 7-10　例 0701 添加工具栏按钮

2）打开按钮属性窗口，并设定其 ID 为 ID_VIEW_TOOLBAR2。设置 Prompt 提示信息，该信息在用户将鼠标移动到按钮上时，可以在按钮位置和状态栏显示。

3）在 CMainFrame 类中为按钮命令 ID_VIEW_TOOLBAR2 添加 WM_COMMAND 消息响应成员函数 OnViewToolbar2()的声明及消息映射。

```
ON_COMMAND(ID_VIEW_TOOLBAR2,OnViewToolbar2)
```

当用户选中该命令时，检查工具栏 m_wndToolBar2 是否显示，若显示则隐藏它，若隐藏则显示它，程序实现代码如下所示。

```
void CMainFrame::OnViewToolbar2()
{
        if(m_wndToolBar2.IsVisible())
                m_wndToolBar2.ShowPane(FALSE,FALSE,TRUE);
        else
                m_wndToolBar2.ShowPane(TRUE,FALSE,TRUE);
}
```

4）在 CMainFrame 类中为按钮命令 ID_VIEW_TOOLBAR2 添加 WM_COMMAND_UI 消息响应成员函数 OnViewToolbar2UI(CCmdUI* pCmdUI) 的声明及消息映射。

```
ON_UPDATE_COMMAND_UI(ID_VIEW_TOOLBAR2,OnViewToolbar2UI)
```

当用户选中该按钮时，检查工具栏 m_wndToolBar2 是否显示，若显示则取消对按钮的选中，若隐藏则设置选中按钮，程序实现代码如下所示。

```
void CMainFrame::OnViewToolbar2UI(CCmdUI* pCmdUI)
{
        if(m_wndToolBar2.IsVisible())
                pCmdUI->SetCheck(true);
        else
                pCmdUI->SetCheck(false);
}
```

程序运行结果如图 7-11 所示。

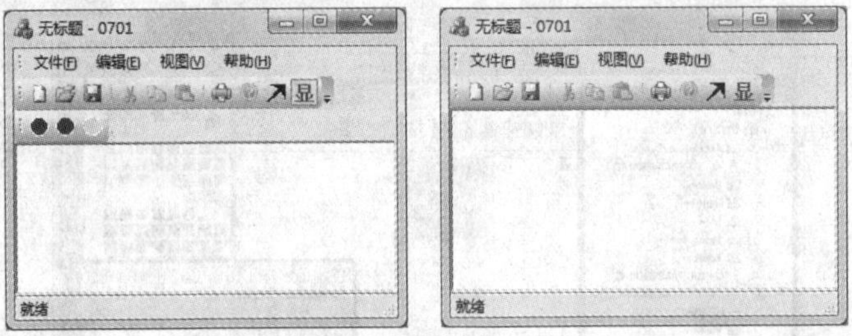

图 7-11　例 0701 修改后的运行结果

7.3　状态栏

状态栏也被称为状态条。状态栏一般位于应用程序主窗口的底部，可显示文本信息。状态栏为程序提供了除视图窗口之外的另一种输出方法，Winodows 应用程序一般使用状态栏来显示操作提示信息和当前程序的运行状态信息等。

在使用开发环境所提供的“新建项目”向导建立文档视图结构的 MFC 程序框架的过程中，只要按照开发环境的默认设置，在“新建项目”向导中的“用户界面功能”对话框中选择“初始状态栏”选项，生成的程序就会包含一个基本的状态栏，该状态栏在程序运行时显示菜单命令的提示信息，以及 CapsLock、NumLock 和 ScrollLock 这 3 个键的状态信息。

7.3.1　默认状态栏

在 MFC 类库中，CMFCStatusBar 类封装了状态栏的操作，状态栏对象一般在程序主框架窗口 CMainFrame 类中被定义为一个成员对象，由 AppWizard 生成的状态栏对象在文档视图结构程序中的定义方法如下。

```
// MainFrm.h : CMainFrame 类的接口
//
#pragma once
class CMainFrame : public CFrameWnd
{
...
```

```
protected:  // 控件条嵌入成员
        CMFCStatusBar m_wndStatusBar;
}
```

状态栏窗口的创建和初始化工作一般在框架窗口的 OnCreate()成员函数中进行。由 AppWizard 生成的状态栏窗口的建立和初始化方法如下。

```
int CMainFrame::OnCreate(LPCREATESTRUCT lpCreateStruct)
{
        if (CFrameWnd::OnCreate(lpCreateStruct) == -1)
                return -1;
...
        if (!m_wndStatusBar.Create(this))
        {
                TRACE0("未能创建状态栏\n");
                return -1;        // 未能创建
        }
        m_wndStatusBar.SetIndicators(indicators,sizeof(indicators)/sizeof(UINT));
...
}
```

以上粗体字部分的代码用来实现创建状态栏窗口并建立状态栏的信息显示区域。CMFCStatusBar 类成员函数 CMFCStatusBar::Create 用来创建一个状态栏窗口。该函数定义如下。

```
BOOL Create(
    CWnd* pParentWnd,                                          //指向状态栏父窗口的指针
    DWORD dwStyle = WS_CHILD | WS_VISIBLE | CBRS_BOTTOM,   //状态栏的风格
    UINT nID = AFX_IDW_STATUS_BAR                            //状态栏窗口的标识
);
```

状态栏有多种风格。除标准的 Windows 风格之外，状态栏还支持表 7-4 中的位置风格。参数 nID 为状态栏窗口的标识，一般不需要改变。

表 7-4　状态栏位置

标　识	功　能
CBRS_TOP	控制条在框架窗口的顶部
CBRS_BOTTOM	控制条在框架窗口的底部
CBRS_NOALIGN	当父窗口的尺寸发生变化时，不重新定位控制条

成员函数 CMFCStatusBar::SetIndicators(const UINT* lpIDArray, int nIDCount)用来设定状态栏显示信息的内容和方式，状态栏实际上是一个由几个窗格组成的窗口，每个窗格可以显示不同的信息。该函数定义如下。

```
BOOL SetIndicators(
    const UINT* lpIDArray,              //窗格资源 ID 数组
    int nIDCount                        //窗格资源 ID 数组元素个数
);
```

参数 lpIDArray 指向一个数组，该数组的每一个元素对应状态栏的一个窗格，元素的值用来标识对应的窗格及一个用来显示的字符串信息。AppWizard 自动生成的 lpIDArray 数组在文

件 CMainFrm.cpp 中被定义为一个全局的静态数组，定义方法如下。

```
#01. static UINT indicators[] =
#02. {
#03.         ID_SEPARATOR,              // 状态行指示器
#04.         ID_INDICATOR_CAPS,
#05.         ID_INDICATOR_NUM,
#06.         ID_INDICATOR_SCRL,
#07. };
```

从上面可以看出，该数组包含 4 个元素，说明状态栏中将包含 4 个窗格。数组中第一元素的值为 ID_SEPARATOR，该值在 MFC 中定义，对应的字符串内容为空，其标识的窗格显示内容需要用户在程序运行时指定，默认情况下显示菜单命令的提示信息。其他 3 个元素的值依次为 ID_INDICATOR_CAPS、ID_INDICATOR_NUM 和 ID_INDICATOR_SCRL，它们在用户程序的资源文件中定义，分别对应 3 个字符串资源 CAP、NUM 和 SCRL，向导生成的标准 MFC 程序用它们分别显示 CapsLock、NumLock 和 ScrollLock 这 3 个键的当前状态。

7.3.2 操作状态栏

AppWizard 提供的默认工具栏一般并不能满足用户的需求，下面将讲述修改默认状态栏以显示自定义信息的方法。

1. 删除窗格

通过前一节内容可以看出，通过修改 indicators 数组就可以修改状态栏中包含的窗格个数和每个窗格中显示信息的内容。下面将例 0701 的 indicators 数组更改为以下内容。

```
#08. static UINT indicators[] =
#09. {
#10.         ID_SEPARATOR,              // 状态行指示器
#11.         ID_INDICATOR_CAPS,
#12. };
```

重新编译、运行例 0701，程序运行结果如图 7-12 所示。

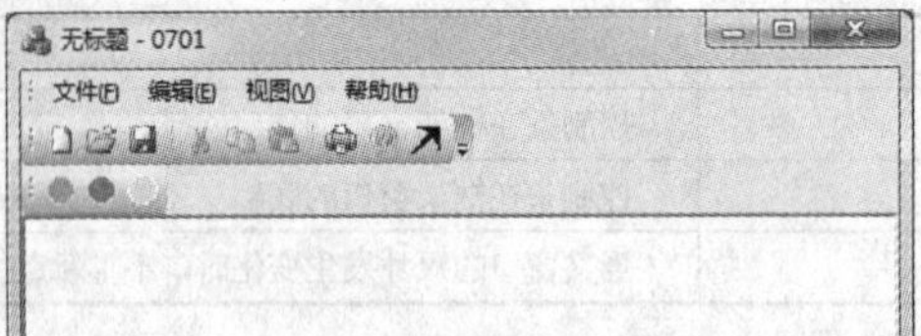

图 7-12　例 0701 状态栏删除两个窗格后的运行结果

从运行结果可以看出，状态栏中的 ID_INDICATOR_NUM 和 ID_INDICATOR_SCRL 窗格已经消失，只剩下两个窗格。

2. 添加窗格

添加窗格需要使用“资源管理器”添加新的资源符号 ID，该值将用来标识一个窗格和一个用来显示的字符串两项内容，然后将该 ID 添加到 indicators 数组中即可。

（1）添加新的资源符号 ID

打开例 0701 的“资源视图”并展开，在窗口内右击，在弹出的快捷菜单中选择“资源符号”命令，弹出“资源符号”对话框，单击“新建”按钮，输入一个资源 ID 名称，如 ID_INDICATOR_EX。用户可以为 ID 指定值，或接受“资源符号”对话框建议的值，如图 7-13 所示。单击“确定”按钮，关闭“资源符号”对话框，一个新的资源 ID 添加完成。

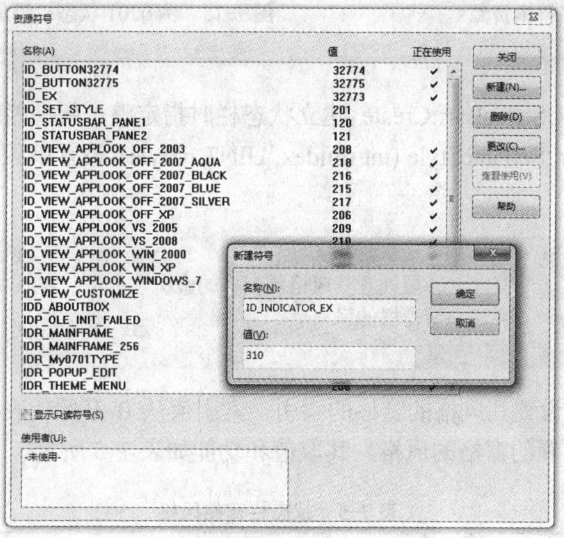

图 7-13　添加新的资源 ID 添加

（2）定义窗格中要显示的字符串。

打开例 0701 的“资源视图”并展开其中的 String Table/String Table 选项，双击该项。打开“字符串表”编辑窗口后，在窗口内右击，在弹出的快捷菜单中选择“新建字符串”命令。在“字符串属性”窗口中，在空白行的 ID 列选择上一步建立的资源符号 ID，即 ID_INDICATOR_EX，然后键入字符串标题“演示”，如图 7-14 所示。关闭字符串编辑器，字符串添加完成。

（3）将该窗格添加到 indicators 数组。

在例 0701 的文件 CMainFrm.cpp 中找到 indicators 数组。该数组按从左向右的顺序为状态栏的所有窗格列出了资源符号 ID。在数组中的适当位置加入窗格的资源符号 ID，如下面粗体部分所显示的内容。

```
#01. static UINT indicators[] =
#02. {
#03.         ID_SEPARATOR,            // 状态行指示器
#04.         ID_INDICATOR_CAPS,
#05.         ID_INDICATOR_EX
#06. };
```

重新编译、运行例 0701，程序运行结果如图 7-15 所示。

从运行结果可以看出，状态栏中包含了 3 个窗格，新建 ID_INDICATOR_EX 窗格内显示字符串为“演示”。

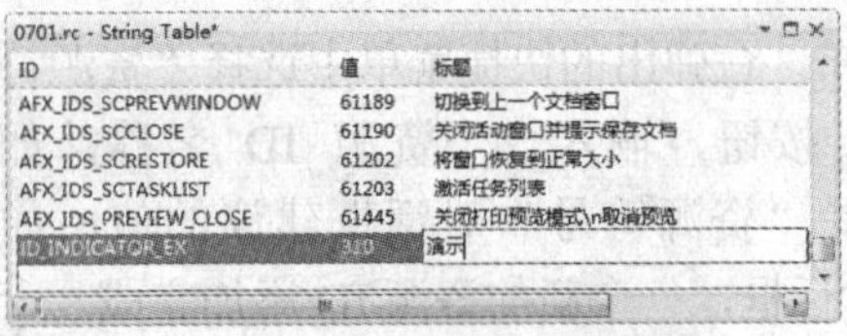

图 7-14　添加新的字符串资源

图 7-15　例 0701 状态栏添加窗格后的程序运行结果

3. 更改窗格风格

除了在使用 CMFCStatusBar::Create 建立状态栏时指定整个状态栏的风格之外，用户还可以使用 CMFCStatusBar::SetPaneStyle (int nIndex, UINT nStyle) 设置单独一个窗格的风格。该函数定义如下。

```
void SetPaneStyle(
    int nIndex,                 //要设置其风格的窗格的索引
    UINT nStyle                 //窗格的风格
);
```

参数 nIndex 为要设置其风格的窗格的索引，索引值从 0 开始代表状态栏内从左到右的窗格序号。nStyle 为要设置的窗格的风格，其取值和功能如表 7-5 所示。

表 7-5　状态栏窗格风格

标　识	功　能
SBPS_NOBORDERS	窗格周围不显示边框
SBPS_POPOUT	凸出显示窗格
SBPS_DISABLED	禁用的窗格，不绘制文本
SBPS_STRETCH	扩大窗格以填充不用的空白空间
SBPS_NORMAL	凹进显示的窗格

使用 CMFCStatusBar::SetPaneInfo(int nIndex,UINT nID,UINT nStyle,int cxWidth) 设置每个窗格的资源 ID、风格和宽度（单位为 1/4 英文字母）。该函数定义如下。

```
void SetPaneInfo(
    int nIndex,         //要设置其风格的窗格的索引
    UINT nID,           //资源 ID
    UINT nStyle,        //窗格的风格，同 SetPaneStyle
    int cxWidth         //窗格的宽度
);
```

4. 动态更新窗格信息

为了在程序运行时动态更新状态栏显示的信息内容，可以使用 CMFCStatusBar::SetPaneText (int nIndex, LPCTSTR lpszNewText, BOOL bUpdate = TRUE)重新设置窗格内的字符串，该函数定义如下。

```
virtual BOOL SetPaneText(
    int nIndex,                           //窗格索引
```

```
    LPCTSTR lpszNewText,            //创格新文本
    BOOL bUpdate = TRUE             //是否立即更新
);
```

参数 nIndex 为要更新内容的窗格索引，索引值从 0 开始代表状态栏内从左到右的窗格排列序号；参数 lpszNewText 为指向新的窗格字符串的指针；bUpdate 如果为 TRUE，则在文本被设置之后，窗格窗口被要求立即更新，否则不发送更新窗口的消息。以下语句使控制栏中的第 2 个窗格的字符串内容被更新为“更新窗格”。

```
m_wndStatusBar.SetPaneText(2,L"更新窗格");
```

更新状态栏窗格内字符串最常用的一种方法是在窗格接到 UPDATE_COMMAND_UI 消息时，使用 CCmdUI:: SetText(LPCTSTR lpszText)函数来更新当前窗格内的字符串内容，有关 CCmdUI 类的详细说明可参见 6.2.3 节。为了响应 UPDATE_COMMAND_UI 消息，需要用户手动建立消息映射。

下面通过一个实例来演示以上两种动态更新状态栏窗格的方法，该程序运行后通过状态栏来显示鼠标的当前状态，包括鼠标位置及左键按键情况。为了实现以上功能，程序需要在状态栏中建立 3 个窗格，依次显示鼠标左键状态、鼠标 x 坐标、y 坐标信息，并且使用 CMFCStatusBar:: SetPaneText 更新鼠标左键状态，CCmdUI:: SetText 更新鼠标坐标信息。

（1）新建单文档界面 MFC 应用程序。

使用“新建项目”向导建立单文档界面 MFC 应用程序，将项目名称命名为 0702。

（2）在状态栏中建立信息窗格。

使用“资源管理器”新建 3 个资源符号。

```
IDR_INDICATOR_MOUSE_X           //对应鼠标 x 坐标信息
IDR_INDICATOR_MOUSE_Y           //对应鼠标 y 坐标信息
IDR_INDICATOR_MOUSE_LEFT        //对应鼠标左键信息
```

使用“资源管理器”打开 String Table 为 3 个资源符号添加字符串资源。

```
IDR_INDICATOR_MOUSE_X               //x 坐标
IDR_INDICATOR_MOUSE_Y               //y 坐标
IDR_INDICATOR_MOUSE_LEFT            //左键信息
```

在文件 CMainFrm.cpp 中找到 indicators 数组，并更改为以下内容。

```
#01. static UINT indicators[] =
#02. {
#03.        ID_SEPARATOR,               // 状态行指示器
#04.        IDR_INDICATOR_MOUSE_LEFT,
#05.        IDR_INDICATOR_MOUSE_X,
#06.        IDR_INDICATOR_MOUSE_Y,
#07. };
```

（3）添加鼠标左键消息响应。

用户在按下和放开鼠标左键时，系统分别向目标窗口发送 WM_LBUTTONDOWN 和 WM_LBUTTONUP 消息。为了在程序客户区响应鼠标左键消息，需要在管理程序客户区的视

图类中建立相应的消息映射。用户可在视图类的“属性”窗口中选择消息并添加相应消息处理成员函数，即 OnLButtonDown(UINT nFlags, CPoint point)和 OnLButtonUp(UINT nFlags, CPoint point)。

（4）使用 CStatusBar::SetPaneText 更新状态栏。

为了在视图类的成员函数中操作框架窗口的工具栏成员，必须先获得框架窗口对象的指针，由于视图窗口是框架窗口的子窗口，所以可使用 CWnd::GetParent()取得父窗口的指针，然后使用 CStatusBar::SetPaneText 更新指定窗格信息，实际修改代码如下。

```
void CMy0702View::OnLButtonUp(UINT nFlags, CPoint point)
{
        // TODO: 在此添加消息处理程序代码和/或调用默认值

        CMainFrame *pMainFram=(CMainFrame *)GetParent();
        pMainFram->m_wndStatusBar.SetPaneText(1,L" 放开左键");
        CView::OnLButtonUp(nFlags, point);
}

void CMy0702View::OnLButtonDown(UINT nFlags, CPoint point)
{
        // TODO: 在此添加消息处理程序代码和/或调用默认值
        CMainFrame *pMainFram=(CMainFrame *)GetParent();
        pMainFram->m_wndStatusBar.SetPaneText(1,L"按下左键");
        CView::OnLButtonDown(nFlags, point);
}
```

两个消息处理函数修改完成后，程序编译会有两个错误：一个是 CMainFrame 没有定义，一个是企图在视图类中操作框架类的 protected 成员。解决第一个问题的方法是在视图类的实现文件 0702View.cpp 中包含框架类的头文件。

```
#include "MainFrm.h"
```

解决第二个问题的方法是将视图类说明为框架类的友员，在 CMainFrame 类的定义中添加以下一行代码。

```
friend class CMy0702View;
```

（5）添加鼠标移动消息响应。

用户在移动鼠标时，系统分别向目标窗口发送 WM_MOUSEMOVE 消息。为在程序客户区响应该消息，需要在管理程序客户区的视图类中建立相应的消息映射。用户可以在视图类的属性窗口中选择消息并添加相应消息处理成员函数 OnMouseMove(UINT nFlags, CPoint point)。为了存储当前鼠标位置，需要在视图类中添加成员对象。

```
class CMy0702View : public CView
{
...
        CPoint m_Point;
...
};
```

并修改 OnMouseMove 保存当前鼠标位置。

```
void CMy0702View::OnMouseMove(UINT nFlags, CPoint point)
{
        // TODO: 在此添加消息处理程序代码和/或调用默认值
        m_Point=point;
        CView::OnMouseMove(nFlags, point);
}
```

（6）使用 CCmdUI:: SetText 更新状态栏。

为了使用 CCmdUI:: SetText，需要响应 UPDATE_COMMAND_UI 命令消息。由于命令消息在视图窗口和框架窗口中都可以接收，为了简便，本例在视图窗口中响应该消息。下面手动添加该消息的映射和消息处理成员函数。

首先修改程序文件 0702View.h，在视图窗口类 CMy0702View 中添加两个消息处理成员函数的声明。

```
class CMy0702View : public CView
{
...
        afx_msg void OnMouseX(CCmdUI *pCmdUI);
        afx_msg void OnMouseY(CCmdUI *pCmdUI);
...
}
```

然后修改程序文件 0702View.cpp，使用 ON_UPDATE_COMMAND_UI (CommandID, ClassMethod) 宏建立 UPDATE_COMMAND_UI 命令的消息映射，以下代码中的粗体内容为手动添加的代码。

```
BEGIN_MESSAGE_MAP(CMy0702View, CView)
        ...
        ON_UPDATE_COMMAND_UI(IDR_INDICATOR_MOUSE_X,OnMouseX)
        ON_UPDATE_COMMAND_UI(IDR_INDICATOR_MOUSE_Y,OnMouseY)
END_MESSAGE_MAP()
```

最后编写消息处理函数，实现状态栏的更新。

```
void CMy0702View::OnMouseX(CCmdUI *pCmdUI)
{
        CString cs;
        cs.Format(L"x=%d", m_Point.x);
        pCmdUI->SetText(cs);
}
void CMy0702View::OnMouseY(CCmdUI *pCmdUI)
{
        CString cs;
        cs.Format(L"y=%d", m_Point.y);
        pCmdUI->SetText(cs);
}
```

程序运行结果如图 7-16 所示。

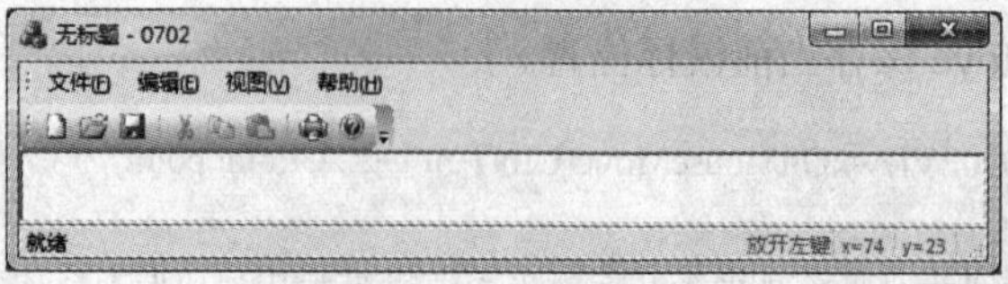

图 7-16　例 0702 运行结果

7.4　小结

本章主要讲述了以下几个方面的内容。

- 工具栏的编辑方法。
- 工具栏的使用方法。
- 修改工具栏的状态。
- 添加新工具栏的方法。
- 工具栏窗格的添加和删除。
- 动态更新工具栏窗格内容。

7.5　习题

1. 简述创建一个自定义工具栏的步骤。
2. 工具栏有几种停靠方式？
3. 状态栏窗格有哪几种类型？
4. 状态栏窗格有哪几种风格？
5. 如何在状态栏中增加窗格？
6. 创建一个程序，双击时在状态栏中显示当前系统时间。
7. 创建一个不能拖动的工具栏，并使工具栏停靠在程序最右边。
8. 创建一个程序，可以在状态栏中显示鼠标的位置。

第8章 使用文件

在应用程序中，一般通过文件对数据进行长期保存，在 MFC 应用程序中提供了多种操作文件的方法，如使用序列化（也称为串行化）、使用 CFile 或其派生类对象、使用标准 C/C++ 文件功能，以及使用 Win32 API 的文件操作函数等。

8.1 CFile 类

在本书第 4 章介绍过一种在文档类中操作文件的简单方法，本章将详细介绍使用 MFC 类操作文件的方法。

MFC 文件操作类 CFile 建立在 Win32 的文件操作体系的基础上，它从 CObject 派生并封装了大部分常用的 Win32 文件操作函数，以二进制的方式读写文件。MFC 类库中的 CFile 类除了对文件操作提供基本的支持外，其子类还提供了一些额外的文件操作功能，如从 CFile 类派生的 CMemFile 类提供了使用内存做文件的方法，从 CFile 类派生的 CSocketFile 类提供了用文件的方式访问网络数据的方法，本节主要讲解 CFile 类操作本地磁盘的方法。

8.1.1 文件的建立、打开和关闭

文件的建立和打开在需要时可以同时完成。文件可以使用成员函数进行关闭，也可以在文件对象被删除时自动关闭，下面进行详细的介绍。

1. 可以使用的成员函数

表 8-1 所示为打开和关闭文件成员函数列表。

表 8-1 打开和关闭文件成员函数列表

类 的 方 法	功 能 说 明
CFile	从一个路径或文件句柄构造一个 CFile 对象
Abort	忽略任何警告和错误，关闭一个文件
Duplicate	构造一个基于该文件的副本
Open	带错误检验选项，安全打开一个文件
Close	关闭文件，删除对象

2. 建立或打开已有文件

（1）在建立文件对象时建立和打开文件。

CFile 的构造函数有多个，其中 CFile (LPCTSTR lpszFileName, UINT nOpenFlags) 构造一个 CFile 对象并打开给定路径的文件，若打开成功则把文件句柄保存到 Cfile::m_hFile，当打开文件出错时抛出一个文件异常。参数 lpszFileName 为文件路径和文件名，参数 nOpenFlags 为文件打开方式。可以使用的打开方式在 CFile 类中以枚举方式定义，如表 8-2 所示。

表 8-2　文件打开方式

标　识	说　明
CFile::modeCreate	调用构造函数构造一个新文件，如果文件已存在，则长度变成 0
CFile::modeNoTruncate	此值与 modeCreate 组合使用。如果所创建的文件已存在，则其长度不变，仍为 0
CFile::modeRead	打开文件仅供读
CFile::modeReadWrite	打开文件供读写
CFile::modeWrite	打开文件仅供写
CFile::modeNoInherit	阻止文件被子进程继承
CFile::ShareDenyRead	打开文件仅供读
CFile::ShareDenyWrite	打开文件，禁止其他进程写此文件
CFile::ShareExclusive	以独占模式打开文件，禁止其他进程对文件的读写
CFile::typeText	对回车换行设置特殊进程（仅用于派生类）
CFile::typeBinary	设置二进制模式（仅用于派生类）

代码示例如下，若存在 c:\\ex.dat 文件，则打开它并清除原内容，若不存在则建立并打开它。

```
char pFileName[] = L"c:\\ex.dat"
try
{
CFile MyFile (pFileName,CFile::modeCreate | CFile::modeWrite);
}
catch(CFileException *e)                          //捕获文件打开异常
{
        e->ReportError();                         //通过信息框报告异常
        e->Delete();                              //删除异常
}
```

（2）使用 CFile::Open 打开文件。

构造 CFile 对象时不指定参数，可调用 Open 创建或打开文件，如果成功地建立或打开文件，则 Open()函数返回非零值，如果未能打开指定的文件，则返回 0 并可通过函数参数传回一个文件异常对象。Open 成员函数的定义如下。

```
virtual BOOL Open(
      LPCTSTR lpszFileName,                  //文件路径
      UINT nOpenFlags,                       //文件打开方式
      CFileException* pError = NULL          //文件异常对象
);
```

下面的实例演示如何创建或打开具有读/写权限的文件：

```
CString csFileName[] = L"c:\\ex.dat";
CFile MyFile;
CFileException e;
if ( !myFile.Open(csFileName, CFile::modeCreate | CFile::modeReadWrite,&e) )
      {
              e.ReportError();
```

```
    }
```

3. 关闭文件

在 CFile 对象被销毁时，默认情况下，即 CFile 类成员变量 m_bCloseOnDelete 为真且 m_hFile 非空，析构函数会自动关闭文件。

另外，使用类成员函数 Close() 也可以立即关闭文件，此函数关闭文件系统文件并在必要时刷新缓冲区。

8.1.2 文件的读与写

1. 可以使用的成员函数

表 8-3 所示为读写文件成员函数列表。

表 8-3 读写文件成员函数列表

类 的 方 法	功 能 说 明
Read	从文件的当前位置读数据
ReadHuge	从文件的当前位置读数据，同 Read
Write	将文件数据写入当前文件位置
WriteHuage	将文件数据写入当前文件位置，同 Write
Flush	将文件缓冲区的数据写入文件

2. 读文件

CFile::Read (void* lpBuf,UINT nCount)成员函数实现文件内容的读取，参数 lpBuf 为指向存放读取内容的缓冲区的指针，参数 nCount 为要读取的字节数。函数执行完成后返回所读取的实际字节数。如果发生任何读取错误，则抛出一个文件异常。以下示例代码期望从打开的文件中读入 100 个字节内容，实际读入的字符个数存储在 nBytesRead 中。

```
char Buf[100];
try
{
int nBytesRead = MyFile.Read(Buf,100);
}
catch(CFileException *e)                    //捕获文件读取异常
{
        e->ReportError();                   //通过信息框报告异常
        e->Delete();                        //删除异常
}
```

3. 写文件

Write(const void* lpBuf,UINT nCount)与 Read 相似，但不返回写入的字节数。如果发生写入错误（包括不能写入全部指定字节），则引发异常。以下示例代码期望在打开的文件中写入 100 个字节内容。

```
char Buf[100];
try
{
MyFile. Write (Buf,100);
```

```
}
catch(CFileException *e)                    //捕获文件写入异常
{
        e->ReportError();                   //通过信息框报告异常
        e->Delete();                        //删除异常
}
```

8.1.3 文件内容的定位与锁定

1. 可以使用的成员函数

表 8-4 所示为文件定位成员函数列表。

表 8-4 文件定位成员函数列表

类 的 方 法	功 能 说 明
Seek	定位当前文件指针
SeekToBegin	定位当前文件指针到文件开头
SeekToEnd	定位当前文件指针到文件尾
GetPosition	获取当前文件指针
GetLength	获取文件长度
SetLength	改变文件长度
LockRange	在文件中封锁一定范围内的字节
UnlockRange	在文件中解锁一定范围内的字节

2. 定位文件指针

CFile::Seek(LONG lOff,UINT nFrom)可用于在文件内移动读写指针。如果要求的位置合法，则 Seek 返回从文件开始起的新字节偏移量，否则抛出一个文件异常。参数 lOff 为指针移动的偏移量，指针的移动可为绝对或相对。

nFrom 为指针移动的模式，可为以下值之一，参见表 8-5。

表 8-5 文件指针移动模式

类 的 方 法	功 能 说 明
CFile::begin	从文件开始，把指针向后移动 lOff 字节
CFile::current	从当前位置开始，把指针向后移动 lOff 字节。当文件打开时，文件指针为偏移量 0 处，即文件开始处
CFile::end	从文件尾开始，把指针向前移动 lOff 字节。注意必须移动到存在的文件中，因而 lOff 应为负。如果为正值，则超出文件尾

下例代码将文件指针移动到距开始 100 个字节的位置。

```
try
{
        myFile.Seek( 100, CFile::begin );   //从文件开始向后移动 100 字节
}
catch(CFileException *e)                    //捕获文件指针移动异常
{
        e->ReportError();                   //通过信息框报告异常
        e->Delete();                        //删除异常
```

```
#09. }
```

8.1.4 获取并设置文件状态

1. 可以使用的成员函数

表 8-6 所示为文件状态程序函数。

表 8-6 文件状态程序函数

类的方法	功能说明
GetStatus	获取指定文件的状态（静态，虚函数）
SetStatus	设置指定文件的状态（静态，虚函数）

2. 获取文件状态

GetStatus(LPCSTRlpszFileName,CFileStatus&rStatus)如果成功获取指定文件的状态信息，则返回值为 TRUE，否则为 FALSE。参数 rStatus 为用户提供的 CFileStatus 结构的参考，用来接收状态信息。CFileStatus 结构有以下字段，参见表 8-7。

表 8-7 文件状态信息

类型	元素	功能说明
CTime	m_ctime	文件创建的时间
CTime	mtime	文件最后一次修改的时间
CTime	m_atime	最后一次访问文件并读取的时间
LONG	m_size	文件逻辑长度
BYTE	m_attribute	文件属性 enum Attribute{ normal=0x00, readOnly=0x01, hidden=0x02, system=0x04, volume=0x08, directory=0x10,archive=0x20};
Char	_szFullName[_MAX_PATH]	全文件名

函数 GetStatus() 从文件目录获取文件状态而不打开文件，这对于测试文件是否存在和访问权限十分有用，下面代码为 GetStatus() 函数的使用实例。

```
#01. CString csFileName=L"c:\\ex.dat";
#02. CFileStatus status;
#03. if(!CFile::GetStatus(csFileName,status))
#04. {
#05.         AfxMessageBox("获取文件信息失败！");
#06. }
#07. AfxMessageBox("获取文件信息成功！");
```

3. 设置文件状态

SetStatus(LPCTSTR lpszFileName,const CFileStatus&status)设置与此文件有关的状态，如果发生设置错误，则抛出文件异常。

下面的代码演示将 c:\\ex.dat 文件的建立时间修改为 1990 年 1 月 1 日。

```
#01.        CString csFileName=L"c:\\ex.dat";
#02.        CFileStatus status;
```

```
if(!CFile::GetStatus(csFileName,status))  //取得文件原来状态
{
    AfxMessageBox(L"获取文件信息失败！");
}
COleDateTime oTime(1990,1,1,0,0,0);       //建立 1990 年 1 月 1 日 COleDateTime 对象
SYSTEMTIME Systime;                       //建立 SYSTEMTIME 类型时间变量
oTime.GetAsSystemTime(Systime);           //COleDateTime 对象取得 SYSTEMTIME 类型时间
CTime cTime(Systime);                     //根据 SYSTEMTIME 值构造 CTime 对象
status.m_ctime= cTime;                    //文件状态的建立文件时间改为 1990 年 1 月 1 日
try
{
    CFile::SetStatus(csFileName,status);//修改文件状态
}
catch(CFileException *e)                  //捕获文件指针移动异常
{
    e->ReportError();                     //通过信息框报告异常
    e->Delete();                          //删除异常
}
```

8.2 序列化

8.2.1 序列化的概念

所谓序列化，即将对象进行持久保存，并能够进行恢复的方法和过程。在 MFC 类库中，许多类都包含一个 Serialize 成员函数，该函数的目的就是用来实现对象的序列化，即存储和恢复功能。Serialize 成员函数中一般使用一个称为 CArchive 类的对象实现磁盘操作。CArchive 类对 MFC 中的文件类 CFile 进行了进一步的封装，通过使用 CArchive 对象（一般称为归档对象）可以比使用 CFile 更方便地保存和读取数据。

8.2.2 Serialize()函数

在标准 MFC 文档视图程序中，文档对象负责对应用程序中使用的数据进行管理，使用文档类中的 Serialize 成员函数可以方便地实现程序数据的序列化。

当用户选择“文件”→“打开”命令并通过“文件”对话框选择文件打开时，应用程序框架会自动创建 CArchive 对象并将它与用户选择的文件相关联，然后调用 Serialize()函数，用户可在该函数中使用 CArchive 对象进行文件的读取。当用户选择“文件”→“保存”命令并通过“文件”对话框选择文件保存时，应用程序框架也会自动创建 CArchive 对象并将它与用户选择的文件相关联，然后调用 Serialize()函数，用户可在该函数中使用 CArchive 对象将数据保存到文件。

8.2.3 CArchive 类

CArchive 没有父类，一个 CArchive 对象关联一个 CFile 对象，用于将可序列化对象写入 CFile 对象或从中读取可序列化对象。CArchive 类重载了析取运算符>>和插入运算符<<进行文件输入和输出，使用 CArchive 对象读取和保存数据的方法与标准 C++中的输入输出流相

似。需要注意的是，CArchive 对象要么存储数据（即写入数据或将数据序列化），要么加载数据（即读取数据或将数据反序列化），但不能同时进行。

使用 CArchive 对象存储时，CArchive 对象积累数据，直到其缓冲区被填满为止。然后，将其缓冲区写入其指向的 CFile 对象。同样，当用户从 CArchive 对象中读取数据时，CArchive 对象会将数据从文件读取到它的缓冲区，然后从缓冲区读取。这种缓冲减少了物理读取硬盘的次数，从而提高了应用程序的性能。

1. 类的成员函数

表 8-8 所示为 CArchive 成员函数。

表 8-8　CArchive 成员函数

类 的 方 法	功 能 说 明
CArchive	创建一个 CArhcive 对象
Abort	在没有异常的情况下，关闭归档文件
Close	冲掉未写入数据并且释放与 CFile 的连接
Flush	从归档文件缓冲区中冲掉未写入数据
>>	装载对象和归档文件的主要类型
<<	存储对象和归档文件的主要类型
Read	读入原始类型
Write	写入原始类型
WriteString	写一行文本
ReadString	读一行文本
GetFile	获得此归档文件的 CFile 对象指针
GetObjectSchema	由 Serialize()函数调用来确定被非串行化的对象的版本
SetObjectSchema	在归档文件中存储对象概要
IsLoading	确定归档文件是否被装载
IsStoring	确定归档文件是否被存储
IsBufferEmpty	确定在一个 Windows Socket 接收过程中缓冲区是否被清空
ReadObject	调用一个用于装载的 Serialize()函数
WriteObect	调用一个用于装载的 Serialize()函数
SetObjectSchema	在归档文件中存储对象概要
MapObject	在没有对文件串行化的映射中放置对象，但是此映射对参考的子对象有效
SetStoreParams	设置散列表的大小和映射的块的大小，在串行化的过程中识别唯一的对象
LoadParams	设置装载数组扩展的大小。必须在被装载对象之前或调用 MapObject 或 ReadObject 之前
ReadClass	读入一个原先存储在 WriteClass 中的类的参考
WriteClass	把对 CRuntime 的参考写入 Carchive
SerializeClass	根据 CArchive 方向，读入或写入对 CArchive 对象的类的参考

2. 使用框架自动创建的 CArchive 对象

使用“文件”菜单进行文件操作，框架自动为文档创建 CArchive 对象。例如，以下是用户从“文件”菜单上发出“另存为”命令时，框架所执行的操作。

1）显示“另存为”对话框并从用户处获取文件名。

2）打开用户命名的文件作为 CFile 对象。

3）创建指向该 CFile 对象的 CArchive 对象。在创建 CArchive 对象时，框架将模式设置为“存储”（即写入或序列化），而不是“加载”（即读取或反序列化）。

4）调用在 CDocument 派生类中定义的 Serialize() 函数，将 CArchive 对象的引用传递给该函数。

5）文档的 Serialize() 函数将数据写入 CArchive 对象（需要用户编写代码选择写入的内容和方式）。

6）从 Serialize() 函数返回时，框架先删除 CArchive 对象，再删除 CFile 对象。

因此，如果让框架为文档创建 CArchive 对象，用户所要做的就是实现选择需要保存的数据，以需要的顺序传递给 CArchive 对象或以适当的顺序从 CArchive 对象获取数据。

使用“新建项目”向导建立单文档界面 MFC 应用程序，将项目名称命名为 0801。为文档类 CMy0801Doc 添加成员变量 int m_x[10]，下列代码使用 CMy0801Doc::Serialize 的函数参数 CArchive 对象对 CMy0801Doc::m_x 数组进行读写操作。

```
void CMy0801Doc::Serialize(CArchive& ar)
{
        if (ar.IsStoring())
        {
                // TODO：在此添加存储代码
                for(int i=0;i<10;i++)
                        ar<<x[i];
        }
        else
        {
                // TODO：在此添加加载代码
                for(int i=0;i<10;i++)
                        ar>>x;
        }
}
```

3. 通过 CFile 创建的 CArchive 对象

除了在文档类中使用框架自动创建的 CArchive 对象之外，在其他场合也可能需要使用 CArchive 对象。例如，要使用用户界面来保存与框架提供的文件不同的文件，在这种情况下，可以手动创建 CArchive 对象。

1）构造 CFile 对象或 CFile 导出类的对象。

```
CFile theFile;
theFile.Open(..., CFile::modeWrite);
```

2）将 CFile 对象传递到 CArchive 的构造函数。

```
CArchive archive(&theFile, CArchive::store);
```

CArchive 构造函数的第二个参数指定 CArchive 对象将用于向文件中写数据还是用于从文件中读数据的枚举值：CArchive::load 代表读数据，CArchive::store 代表写数据。函数通过调用 CArchive 对象的 IsStoring() 函数可检查该状态。

3）使用 CArchive 对象读取或存储数据。

4）当完成向 CArchive 对象存储数据或从该对象中加载数据时，应该关闭该对象。虽然 CArchive 对象（和 CFile 对象）会自动关闭存档（和文件），但建议显式执行关闭。以下代码演示了如何关闭 CArchive 对象。

```
archive.Close();
theFile.Close();
```

4. 通过 CArchive 获得 CFile 对象指针

可以通过 CArchive 类的成员函数 GetFile()从 CArchive 对象获得 CFile 对象指针，使用 CFile 对象操作文件。GetFile()定义如下。

```
CFile* GetFile( ) const;
```

修改例 0801 中的 CMy0801Doc::Serialize(CArchive& ar)成员函数，使用 CFile 对象对 CMy0801Doc::m_x 成员进行读写操作。

```
void CMy0801Doc::Serialize(CArchive& ar)
{
	if (ar.IsStoring())
	{
		// TODO：在此添加存储代码
		CFile *pFile=ar.GetFile();
		pFile->Write(m_x,sizeof(m_x));
	}
	else
	{
		// TODO：在此添加加载代码
		CFile *pFile=ar.GetFile();
		pFile->Read (m_x,sizeof(m_x));
	}
}
```

8.2.4 序列化应用实例

编写一个绘图程序，根据用户鼠标左键的单击操作，在窗口客户区内绘制曲线，程序能保存绘制的图形并重新打开。

1）打开例 0801 项目。

2）修改 CMy0801Doc 文档类，添加列表类对象，保存绘制内容。

```
// 0801Doc.h :  CMy0801Doc 类的接口
//
#pragma once
class CMy0801Doc : public CDocument
{
...
public:
	CList<CPoint,CPoint> m_List;
}
```

3）为 CMy0801View 类添加响应鼠标消息，准备绘图。

```
void CMy0801View::OnLButtonDown(UINT nFlags, CPoint point)
{
        // TODO: 在此添加消息处理程序代码和/或调用默认值
        CMy0801Doc* pDoc = GetDocument();
        pDoc->m_List.AddTail(point);
        Invalidate();           //重画窗口
        CView::OnLButtonDown(nFlags, point);
}
```

4）为 CMy0801View 类添加绘图功能。

```
void CMy0801View::OnDraw(CDC* pDC)
{
        CMy0801Doc* pDoc = GetDocument();
        ASSERT_VALID(pDoc);
        // TODO: 在此处为本机数据添加绘制代码
                bool bFirst=true;
                POSITION ps=pDoc->m_List.GetHeadPosition();
                CPoint pt;
                while(ps)
                {
                        pt=pDoc->m_List.GetNext(ps);
                        if(bFirst)
                        {       pDC->MoveTo(pt);
                                bFirst=false;
                        }
                        else
                                pDC->LineTo(pt);
                }
}
```

5）添加新建文档功能。

```
BOOL CMy0801Doc::OnNewDocument()
{
        if (!CDocument::OnNewDocument())
                return FALSE;
        // TODO：在此添加重新初始化代码
        // （SDI 文档将重用该文档）
        m_List.RemoveAll();
        return TRUE;
}
```

6）添加保存文档功能。

```
void CMy0801Doc::Serialize(CArchive& ar)
{
        if (ar.IsStoring())
        {
                // TODO：在此添加存储代码
                POSITION ps=m_List.GetHeadPosition();
```

```
            CPoint pt;
            while(ps)
            {
                  pt=m_List.GetNext(ps);
                  ar<<pt;
            }
            pt=CPoint(-1,-1);
            ar<<pt;
      }
      else
      {
            // TODO：在此添加加载代码
      }
}
```

7）添加打开文档功能。

```
void CMy0801Doc::Serialize(CArchive& ar)
{
...
      else
      {
            // TODO：在此添加加载代码
            POSITION ps=NULL;
            CPoint pt;
            while(ar>>pt,pt!=CPoint(-1,-1))
            {
                  m_List.AddTail(pt);
            }
      }
}
```

编译、运行程序，用鼠标绘制如图 8-1 所示的图形，选择“文件”→“保存”命令，在弹出的对话框中选择路径并输入文件名 ex.dat，然后选择新建文档，窗口内容被清除，再选择“文件”→“打开”命令，在弹出的对话框中选择刚才保存文件的路径并重新输入文件名 ex.dat，文件打开后重新恢复显示上次绘制的图形，如图 8-1 所示。

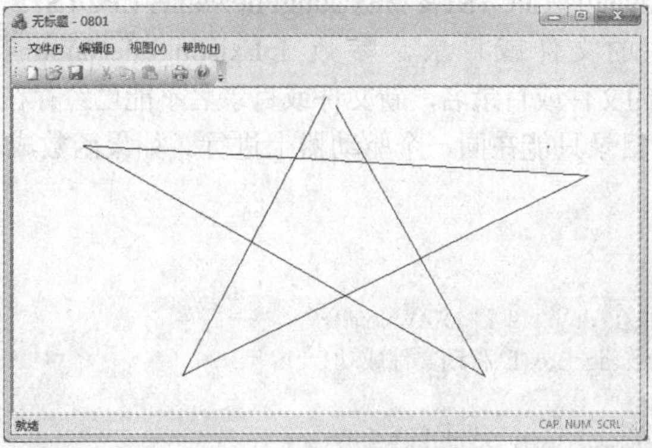

图 8-1　例 0801 运行结果

8.3 文件管理

本节将讲述如何使用 Windows API 对文件进行管理。

8.3.1 文件操作

1. 复制文件

Win32 API 函数 CopyFile(LPCTSTR lpExistingFileName,LPCTSTR lpNewFileName, BOOL bFailIf Exists)可以将一个已存在的文件复制到一个新的文件上。参数 lpExistingFileName 为原文件名，参数 lpNewFileName 为目标文件名，参数 bFailIfExists 设定当存在与目标文件同名的文件时，系统将如何处理，是否进行覆盖，TRUE 代表不覆盖，FALSE 代表覆盖。

如果操作成功，将返回非零值。否则，将返回 0。

代码示例如下。

```
#01. if(::CopyFile(L"d:\\a.txt",L"d:\\a.dat",FALSE))
#02.         AfxMessageBox(L"文件被成功复制！");
#03. else
#04.         AfxMessageBox(L"文件复制失败！");
```

2. 删除文件

Win32 API 函数 DeleteFile(LPCTSTR lpFileName) 删除指定的文件。参数 lpFileName 指定要删除的文件。如果函数成功，将返回非零值；如果函数失败，将返回 0。

本函数在 Windows NT 下不能删除正在进行 I/O 操作的文件或者内存映像文件。

代码示例如下。

```
#01. if(:: DeleteFile (L"d:\\a.txt"))
#02.         AfxMessageBox(L"文件被成功删除！");
#03. else
#04.         AfxMessageBox(L"文件删除失败！");
```

3. 移动文件

Win32 API 函数 MoveFile(LPCTSTR lpExistingFileName, LPCTSTR lpNewFileName)重新命名或移动一个已存在的文件或目录。参数 lpExistingFileName 指定要移动的对象；lpNewFileName 指定新的文件或目录名，新文件或目录名不能已经存在。移动文件可以在不同的驱动器上进行，移动目录只能在同一个驱动器上进行。如果函数成功，将返回非零值；否则，将返回 0。

代码示例如下。

```
#01. if(::MoveFile(L"d:\\b.txt",L"d:\\A\\b.txt"))
#02.         AfxMessageBox(L"移动文件成功！");
#03. else
#04.         AfxMessageBox(L"移动文件失败！");
```

8.3.2 目录操作

1. 创建目录

Win32 API 函数 CreateDirectory(LPCTSTR lpPathName, LPSECURITY_ATTRIBUTES lpSecurityAttributes)创建一个新的目录，并可在 Windows NT 下为新的目录指定安全属性。参数 lpPathName 指定要创建的目录的路径；参数 lpSecurityAttributes 为指向目录安全属性结构的指针。如果 lpSecurityAttributes 为 NULL，新的目录将获得一个缺省的安全属性。如果函数操作成功，将返回非零值；否则，将返回 0。

代码示例如下。

```
#01. if(::CreateDirectory (L"d:\\B",NULL))
#02.         AfxMessageBox(L"目录建立成功！");
#03. else
#04.         AfxMessageBox(L"目录建立失败！");
```

2. 删除目录

Win32 API 函数 RemoveDirectory(LPCTSTR lpPathName)将删除一个已存在的空目录。参数 lpPathName 指定要删除的目录路径。如果函数操作成功，返回非零值；否则返回 0。

代码示例如下。

```
#01. if(::RemoveDirectory (L"d:\\B"))
#02.         AfxMessageBox(L"目录删除成功！");
#03. else
#04.         AfxMessageBox(L"目录删除失败！");
```

8.4 小结

本章主要讲述了以下几个方面的内容。

- CFile 类操作文件的方法。
- CArchive 类的使用方法。
- 在 MFC 文档视图程序中使用序列化的方法。
- 使用 Windows API 操作文件的方法。
- 使用 Windows API 操作目录的方法。

8.5 习题

1．使用 CFile 类建立一个名为 myfile 的文件，并向文件中写入 Hello World!字符串，用记事本打开并查看其效果。

2．用记事本编辑一个文件，在文件内输入一段文章，保存为 Word.dat。编写一段程序，打开该文件，并统计文件内的单词个数。

3．编写一段程序，在不打开文件的情况下获得第 1 题建立的文件的各种属性。

4．编写一段程序，在不打开文件的情况下将文件的建立文件时间改为 2000 年 1 月 1 日。

5．简述文件序列化的概念。

6．编写一个绘制圆形的程序，将绘制的圆的各种数据用序列化的方法保存，并且下次打开文件时可以重现该图形。

7．编写一个复制 myfile 文件的程序。

8．编写一个删除 myfile 文件的程序。

9．编写一段程序，用来实现在 D:盘上创建一个名为 TEST 的目录。

10．编写一个程序，删除第 9 题建立的目录。

第9章 常用消息

本章主要介绍在 MFC 框架程序中经常需要用户进行处理的消息，以及如何定义和使用自己的消息。

9.1 消息的分类

消息是发送方传给接收方的信息，它以 WM_开头，含义是 Windows Message，Windows 消息大致可以分为三大类。

1. 命令消息

命令消息是程序使用者向程序发出的操作命令。这类消息通常来自用户界面对象，如菜单项、工具栏按钮等，统称为 WM_COMMAND 消息。由 CCmdTarget 派生的类都可以处理命令消息，如文档类、应用程序对象类和各种窗口类等。

2. 窗口消息

该类消息产生的原因多种多样，可以来自系统，也可以来自用户输入，除 WM_COMMAND 以外，所有以 WM_开头的消息都属于这一类。从 CWnd 派生的类都可以处理窗口消息，来自系统的窗口消息在 CWnd 中都定义了默认的处理函数。

3. 控件通知消息（Control Notification）

该类消息由控件产生，为的是向其父窗口通知控件的状态改变等情况。这类消息有 WM_COMMAND 和 WM_NOTIFY 两种。

消息处理函数的名称都以 On 开始，比如菜单命令消息 ID_FILENEW 的消息处理函数为 OnFileNew，窗口消息鼠标左键单击的处理函数为 OnLButtonDown，控件通知消息 BN_CLICKED 的处理函数为 OnBnClicked 等。用户可以根据需要通过这些函数实现自己的消息处理。

9.2 系统消息

在 Windows 编程中经常处理的系统消息有鼠标消息、键盘消息和一些常用的窗口消息。鼠标消息和键盘消息在第 6 章已介绍过，下面介绍几个常用的窗口消息。

9.2.1 WM_CREATE

WM_CREATE 消息是 Windows 系统发送给窗口的第一个消息，窗口使用 OnCreate 消息处理函数处理该消息。

当程序调用窗口的 Create()函数创建窗口时，系统在 Create()函数结束前发出此消息。通过响应这个消息可以做一些窗口内的初始化工作，如建立子窗口等。但是由于发出 WM_CREATE 消息时窗口尚未完成创建，因此，在 OnCreate()函数内不能调用那些依赖于窗口处于完全激活状态下的 Windows 函数，否则会出现非法操作。

在视图类中，MFC 的 CView 类提供了一个虚拟函数 OnInitialUpdate()，该函数在窗口建立完成后被自动调用，通过重载这个函数可以调用那些必须依赖于窗口处于完全激活状态下的函数进行窗口的一些初始化设置工作。需要注意的是，对于 SDI 框架程序，当用户选择“文件”→“新建”命令时，该函数会被重复调用。

9.2.2 WM_CLOSE

当用户试图关闭一个窗口时，Windows 会向该窗口发送 WM_CLOSE 消息，窗口使用 OnClose 消息处理函数处理该消息。

如果在派生窗口类中重载 OnClose 消息处理函数，就可以控制窗口的关闭过程，甚至取消用户的关闭操作。比如在用记事本或 Word 等文本编辑程序时，如果修改了文档的内容而未保存，当关闭窗口时，应用程序需要提醒用户保存文档或取消退出操作，此类情况可以在 OnClose()函数中处理。

使用 VS2010 的“新建项目”向导建立一个文档、MFC 标准框架、Windows 默认样式和颜色的程序项目，设置项目名称为 0901。

在文档视图程序框架的 CMainFrame 类中添加 WM_CLOSE 消息的处理函数，并添加以下代码，当关闭窗口时，程序提示用户是否确定退出，如果单击“确定”按钮则退出程序，如果单击“取消”按钮则返回程序。

```
void CMainFrame::OnClose()
{
        // TODO: 在此添加消息处理程序代码和/或调用默认值
        int iRet=AfxMessageBox(L"要退出程序吗?单击“确定”按钮退出，单击“取消”按钮继
        续运行！",
        MB_OKCANCEL|MB_ICONQUESTION);
        if(iRet==IDOK)
              CFrameWndEx::OnClose();
}
```

运行结果如图 9-1 所示。

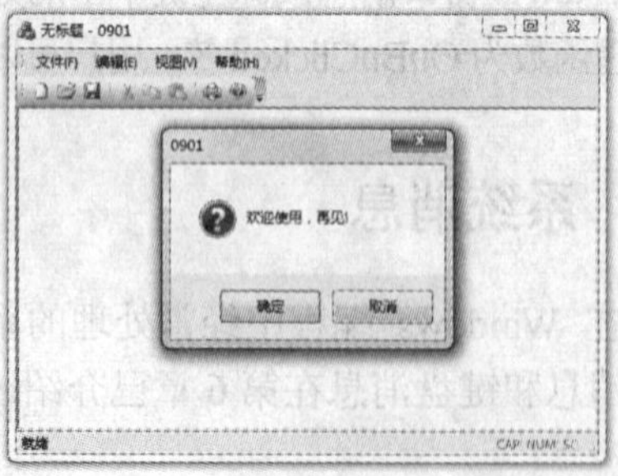

图 9-1　例 0901 运行结果

9.2.3 WM_QUERYENDSEESSION

当用户退出 Windows 时，系统会发送 WM_QUERYENDSEESSION 消息给每一个正在运行的程序，该消息由 OnQueryEndSession()函数处理。

为了确保一些操作在程序退出前被执行，用户除了重载 OnClose 之外，还要在派生窗口类中重载 OnQueryEndSession 消息处理函数。

OnQueryEndSession()函数返回 TRUE 则系统继续注销，返回 FALSE 则系统注销暂停。

9.2.4 WM_DESTROY

当用户关闭窗口时，Windows 会在向该窗口发送 WM_CLOSE 消息之后，再向该窗口发

送 WM_DESTROY 消息，该消息由 OnDestroy()函数处理。

当用户接到该消息时，窗口已经从屏幕消失，但仍处于活动状态，用户在派生类中可以重载该函数做最后的处理。但在重载的 OnDestroy()函数中，必须先调用父类的 OnDestroy()函数，再做自己的处理。

9.2.5 WM_NCDESTROY

Windows 向窗口发送的最后一个消息就是 WM_NCDESTROY，该消息由 OnNcDestroy()函数处理。

基类的 OnNcDestroy 执行一些默认的清除工作，如释放基类内部为窗口分配的内存等，然后调用虚成员函数()PostNcDestroy。

如果用户希望执行自己的清除操作，例如删除，则应重载 PostNcDestroy。

9.2.6 WM_TIMER

WM_TIMER 是一个计时器消息，该消息由 OnTimer()函数处理。

用户建立一个计时器后，相应窗口就会持续地定时收到 WM_TIMER 消息，直到用户取消该定时器。与其他 Windows 消息一样，计时器消息也可能被程序的其他控制函数阻塞，但如果消息队列里已经有了计时器消息的话，Windows 就不会把同样的计时器消息放到队列里。计时器使用方法如下。

1. 建立计时器

可以通过 SetTimer()函数来开启一个计时器，该函数原型如下。

```
CWnd::SetTimer(
    UINT nIDEvent,                          //计时器 ID
    UINT nElapse,                           //间隔时间，单位毫秒
    void(CALLBACK EXPORT* lpfnTimer)()      //回调函数
)
```

nIDEvent 是计时器在本窗口内的唯一标识，如果有必要，用户可以在一个窗口内同时使用几个定时器，通过 nIDEvent 就可以识别这些计时器。

nElapse 是计时器发出 WM_TIMER 消息的时间间隔，它以毫秒为单位。这里需要注意的是，该计时器有小于 100ms 的误差。如果需要精确计时的话，可使用多媒体计时器。

LpfnTimer 是回调函数指针，若设定该值，WM_TIMER 消息会使系统自动调用该指针指向的函数。通常该值设为 NULL，通过覆盖 OnTimer()函数来处理 WM_TIMER 消息。

下面的代码为建立一个间隔为 1000ms 的编号为 1 的计时器。

```
SetTimer(1,1000,NULL);
```

2. 处理计时消息

使用窗口类的属性窗口，采用添加处理其他窗口消息同样的方法添加 WM_TIMER 消息处理函数，添加后的代码如下所示。

```
#01.  void CMainFrame::OnTimer(UINT nIDEvent)
#02.  {
#03.          // TODO: 在此添加消息处理程序代码和/或调用默认值
```

```
        if(nIDEvent == 1)
        {
            //加入代码
        }
        else if (nIDEvent == 2)
        {
            //加入代码
        }
    . . .
    CFrameWnd::OnTimer(nIDEvent);
}
```

从上面的代码可以看出，由于不同的计时器共享同一个消息处理函数，所以编写 OnTimer()函数的第一步就应该判断当前的计时器消息是由哪一个计数器发出的。为了程序的完整性，即使只有一个计时器，也应先判断 nIDEvent 的值。如果计时器比较多，也可以使用 switch 语句。

3. 取消计时器

可以通过 KillTimer()函数来取消一个计时器。

```
BOOL KillTimer(int nIDEvent)
```

nIDEvent 是计时器在本窗口内的唯一标识，用于指示取消哪个计数器。

下面的代码表示取消一个编号为 1 的计时器。

```
KillTimer(1);
```

9.2.7 WM_PAINT

窗口在很多时候会接到系统发来的 WM_PAINT 消息，如窗口被改变时或在程序中调用窗口类的成员函数 UpdateWindow 或 RedrawWindow 时，应用程序都会收到 WM_PAINT 消息。由于用户在操作计算机时经常切换窗口和修改文档内容，所以 WM_PAINT 是程序运行过程中收到的最多的窗口消息。

大部分 Windows 消息都是以先进先出的方式在消息队列中传送的，但 WM_PAINT 消息在消息队列中被特殊处理，如果若干个 WM_PAINT 消息被连续发出，应用程序消息队列的某一段将全部是 WM_PAINT 消息，这将导致窗口毫无意义地重画若干遍，从而降低了程序的运行速度。因此，Windows 系统将这些连续的 WM_PAINT 消息合成为一个，使窗口只被重画一次。

对 WM_PAINT 消息的处理都应在 OnPaint 内完成。但在 MFC 程序的视图类中很少发现 OnPaint()函数，应用程序框架设计了一个虚函数 OnDraw()来处理视图区的重画问题，而 OnPaint 通过调用 OnDraw()函数来处理 WM_PAINT 消息。

OnDraw 有一个 CDC 类的对象作为参数，在第 5 章中曾介绍过 CDC 是设备环境类的基类，它定义了 CDC 类族的基本功能，提供了在显示器、打印机或 Windows 窗口上绘图的基本方法。用于屏幕输出的 OnPaint 和用于打印输出的 OnPrint()函数都调用 OnDraw，区别只不过是 OnPaint 传给 OnDraw 的是屏幕设备环境 CDC，而 OnPrint 传给 OnDraw 的是打印机设备环境 CDC，于是 OnDraw 中的图代码既可以用于屏幕输出，又可以用于打印机输出，从而不但提高了编码效率，而且保持了屏幕输出与打印输出的一致性。

由于 OnDraw()函数的重要性，使用“新建项目”向导生成的 MFC 框架程序在视图类中自动生成 OnDraw()函数，并在函数中添加了取得文档对象指针的程序代码，使 OnDraw()函数可以方便地获得文档对象的内容并进行显示。

当文档内容发生改变，通知 Windows 发出 WM_PAINT 消息可以使用视图类的 UpdateWindow 和 RedrawWindow 成员函数，但这两个函数开销太大。UpdateWindow 一般用于创建完窗口后绘制客户区，而 RedrawWindow 不仅重画客户区，也重画非客户区，更常用的方法是使用窗口类中的另外两个成员函数。

```
void Invalidate( BOOL bErase = TRUE )
void InvalidateRect( LPCRECT lpRect, BOOL bErase = TRUE )
```

其中：bErase 指示是否重画背景；lpRect 指示重画的区域。

Invalidate 的意思是“使无效”，也就是要求重画。前一个函数使整个客户区无效，由 OnDraw()函数的操作来决定显示的内容；InvalidateRect()函数使客户区中 lpRect 的区域无效，只有在此区域内的内容才被重绘，在 OnDraw()函数内所有在 lpRect 指定的区外的绘制都是无效的，不会被重绘。由于绘制范围越小，绘制速度越快，所以使用 InvalidateRect()函数效果更好。另外，除非有必要，一般不要重绘背景，因为重绘背景会使屏幕闪烁。

9.2.8 程序实例

下面对项目“0901”进行修改，通过对本节前面讲述的多种系统消息进行处理，在程序中绘制一个秒表。

1）为视图类 CMy0901View 添加成员变量，存储秒表信息。

```
class CMy0901View : public CView
{
protected:
        double m_a;                    //指针角度
        CPoint m_point;                //指针端点位置
        CPoint m_pointCenter;          //秒表中心
        CRect  m_Rect;                 //秒表外接矩形
...
};
```

2）在视图类 CMy0901View 的构造函数中对成员变量初始化。

```
CMy0901View::CMy0901View()
{
    // TODO: 在此处添加构造代码
    m_a=0;                                 //秒表初始角度
    m_point=CPoint(170,100);               //秒表指针初始端点位置
    m_pointCenter=CPoint(170,100);         //秒表中心位置
    m_Rect=CRect(90,20,250,180);           //秒表外接矩形坐标
}
```

3）为视图类 CMy0901View 添加消息 WM_CREATE 处理函数，并修改如下。

```
int CMy0901View::OnCreate(LPCREATESTRUCT lpCreateStruct)
{
	if (CView::OnCreate(lpCreateStruct) == -1)
		return -1;

	// TODO:  在此添加专用的创建代码
	SetTimer(1,1000,NULL);                    //建立计时器，每隔一秒发送一次消息
	return 0;
}
```

4）为视图类 CMy0901View 添加消息 WM_TIMER 处理函数 OnTimer()，因为该成员函数要用到三角函数，需要添加头文件 math.h。

```
#include "math.h"
```

消息处理函数 OnTimer()修改如下。

```
void CMy0901View::OnTimer(UINT nIDEvent)
{
	// TODO: 在此添加消息处理程序代码和/或调用默认值
	if(nIDEvent==1)
	{
		m_a+=0.10471;                                  //每秒旋转角度
		m_point.x=m_pointCenter.x+80*sin(m_a);         //旋转后指针端点 x 坐标
		m_point.y=m_pointCenter.y-80*cos(m_a);         //旋转后指针端点 y 坐标
		InvalidateRect(m_Rect);;                       //使原秒表无效，发出 WM_PAINT 消息
	}
	CView::OnTimer(nIDEvent);
}
```

5）为视图类 CMy0901View 添加消息 WM_DESTROY 处理函数，并修改如下。

```
void CMy0901View::OnDestroy()
{
	CView::OnDestroy();
	// TODO: 在此添加消息处理程序代码
	KillTimer(1);                                      //取消计时器
}
```

6）找到视图类 CMy0901View 的虚函数 OnDraw()，并修改如下。

```
void CMy0901View::OnDraw(CDC* pDC)
{
	CMy0901Doc* pDoc = GetDocument();
	ASSERT_VALID(pDoc);
	// TODO: 在此处为本机数据添加绘制代码
	pDC->Ellipse(m_Rect);                          //绘制秒表边框
	pDC->MoveTo(m_pointCenter);                    //移动当前点
	pDC->LineTo(m_point);                          //绘制秒表指针
}
```

程序运行结果如图 9-2 所示。

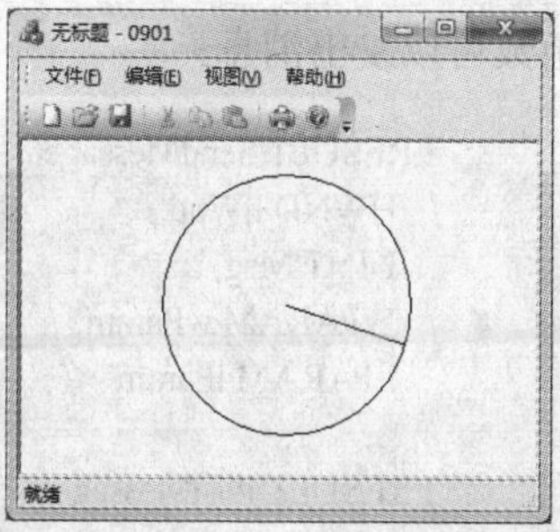

图 9-2　例 0901 修改后的运行结果

9.3　用户自定义消息

在 Windows 应用程序中，除了使用 Windows 中已经定义的消息外，还可以使用用户自己定义的消息。有了自定义消息，只要获得窗口的句柄，就可以方便地与该窗口进行通信。使用自定义消息可以使用户的程序变得更加灵活和易于控制。

9.3.1　消息标识

Windows 消息实际上是一个无符号整数，因此要定义一个消息，只需为该消息分配一个无符号整数即可。但是，该整数值并不是任意数，因为 Windows 将整数划分为以下几个范围，每个范围的整数适用于不同类型的消息。

1）0x0000～0x03FF：用于系统消息。

2）0x0400～0x07FF：用于定义程序内部消息。

3）0x8000～0xBFFF：用于系统消息。

4）0xC000～0xFFFF：用于定义程序外部消息。由于是外部消息，程序间的消息可能会发生冲突，为了避免错误，可以使用下面的函数来获取一个当前系统中唯一的外部消息标识。

```
UINT RegisterWindowMessage(LPCTSTR lpString)
```

9.3.2　消息映射宏

在 MFC 框架程序中使用消息，最重要的是建立消息映射，即把消息标识和处理函数联系起来。建立消息映射需要使用 MFC 中的消息映射宏。建立不同类型的消息映射需要使用不同的消息映射宏，如表 9-1 所示。

表 9-1　常用消息映射宏分类

消 息 类 型	宏 格 式	宏 参 数
标准 Windows 消息	ON_WM_XXXX	无参数
命令消息	ON_COMMAND	命令 ID，处理函数名
更新命令消息	ON_UPDATE_COMMAND_UI	命令 ID，处理函数名
控件通知消息	ON_XXXX	控件 ID，处理函数名
用户自定义消息	ON_MESSAGE	自定义消息 ID，处理函数名
已注册的 Windows 消息	ON_REGISTERED_MESSAGE	消息 ID，处理函数名

9.3.3　消息发送

在处理系统消息时，用户只需覆盖原消息处理函数即可，系统会自动发送消息来调用这些处理函数。比如需要处理鼠标移动消息时，只需覆盖 OnMouseMove()函数，只要移动鼠标就会有消息放入消息队列。与系统消息不同，用户自定义消息必须由用户自己发出，有以下两个函数可以发出消息。

```
LRESULT SendMessage(
  HWND hWnd,              //目标窗口的句柄
  UINT Msg,               // 消息标识
  WPARAM wParam,          // 参数 1
  LPARAM lParam           //参数 2
);
LRESULT PostMessage(
  HWND hWnd,              //目标窗口的句柄
  UINT Msg,               // 消息标识
  WPARAM wParam,          // 参数 1
  LPARAM lParam           //参数 2
);
```

这两个函数的区别是：SendMessage 通知窗口过程立即执行任务，只有消息被窗口函数处理完后才返回；而 PostMessage 把消息放入消息队列后立即返回，当消息队列满的时候 PostMessage 并不发送消息，应用程序需要检查 PostMessage()函数的返回值来确定消息是否被发送，或者是否需要重发。SendMessage 通常用于父窗口和子窗口互相通信，PostMessage 通常用于通知指定窗口执行任务。

9.3.4 消息接收

1. 定义消息

在相应类的源文件或头文件中定义消息标识。

```
#ifndef   WM_MYMESSAGE
#define   WM_MYMESSAGE   WM_USER +1
#endif
```

上例定义了 WM_MYMESSAGE 消息，应确保 WM_USER +1 不与窗口内自定义的其他消息冲突。

2. 建立消息映射

如果使用用户自定义的消息标识，在相应类的源文件中加入以下代码。

```
BEGIN_MESSAGE_MAP(TheClass,CBaseClass)
     ON_MESSAGE(WM_MYMESSAGE,OnMymessage)
END_MESSAGE_MAP()
```

3. 声明消息处理函数

在处理消息的窗口类的声明中加入消息处理函数的声明。

```
afx_msg LRESULT OnMymessage(WPARAM wParam,LPARAM lParam);
DECLARE_MESSAGE_MAP()
```

4. 定义消息处理函数

在相应类的定义中加入消息处理函数的定义。

```
LRESULT  TheClass::OnMymessage(WPARAM wParam,LPARAM lParam)
```

```
{
        ……
}
```

9.3.5 使用系统热键消息

系统热键通常是几个控制键的组合，或控制键和字符键的组合。当用户同时按下这几个键的组合时，系统向预定的程序窗口发送预定的消息，该程序无论是前台还是后台都可以接收并处理该消息。

WM_HOTKEY 是标准系统热键消息，OnHotKey 是窗口类系统热键消息的处理函数。使用系统热键消息的方法如下。

1. 在系统内注册一个热键

在使用系统热键前，需要先向系统注册。注册热键的 Windows API 函数定义如下。

```
BOOL RegisterHotKey(HWND hWnd,int id, UINT fsModifiers,UINT vk);
```

参数 hWnd 为接收该热键消息的窗口的句柄。

参数 id 是定义的热键消息，取值为 0x0000～0xBFFF 之间的整数。由于一个窗口可能注册多个热键，窗口对象根据该值区分不同的热键消息。

参数 fsModifiers 的取值可以是如表 9-2 所示的键值的组合，代表用户需要同时按下的几个控制键。

参数 vk 为热键组合键中使用的按键虚拟键码，取值可参见附录 B。

表 9-2 热键键值表

值	含 义
MOD_ALT	Alt 键被按下
MOD_CONTROL	Ctrl 键被按下
MOD_SHIFT	Shift 键被按下
MOD_WIN	Windows 键被按下

下面的程序代码向系统注册了两个热键 Ctrl+Alt+ F3 和 Ctrl+Alt+ F4。

```
RegisterHotKey(GetSafeHwnd(),1000,MOD_ALT|MOD_CONTROL,VK_F3);
RegisterHotKey(GetSafeHwnd(),1001,MOD_ALT|MOD_CONTROL,VK_F4);
```

2. 接收热键消息

为了接收热键消息，需要编写消息处理函数，下面的代码在准备接收热键消息的窗口类中添加 OnHotKey 成员函数的声明。

```
afx_msg LRESULT OnHotKey(WPARAM wParam,LPARAM lParam)
```

为了接收消息，需要添加消息映射建立消息与窗口函数之间的连接。

```
BEGIN_MESSAGE_MAP(CHKDemo1View, CView)
        ON_MESSAGE(WM_HOTKEY,OnHotKey)
END_MESSAGE_MAP()
```

编写消息处理成员函数 OnHotKey()。OnHotKey 的参数 wParam 就是注册该热键消息时使用的 ID。可以通过判断 wParam 的值来确定用户按下的是哪一组热键。下面的代码用于接收前面注册的两个热键消息。

```
LRESULT CHKDemo1View::OnHotKey(WPARAM wParam,LPARAM lParam)
{
        if(wParam == (UINT)m_HKID1)
                AfxMessageBox("Hello ALT+CTRL+F3!");
        else if(wParam == (UINT)m_HKID2)
                AfxMessageBox("Hello ALT+CTRL+F4！ ");
        return 1;
}
```

3. 取消热键

当热键不再需要使用，应释放该热键，可通过下面的 Windows API 函数释放已经注册的热键。

```
BOOL UnregisterHotKey(
  HWND hWnd,              // 热键相关窗口
  int id                  //热键 ID
)
```

下面的代码用于取消前面向系统注册的两个热键。

```
UnregisterHotKey(GetSafeHwnd(),m_HKID1);
UnregisterHotKey(GetSafeHwnd(),m_HKID2);
```

4. 程序实例

下面的实例利用本节前面讲述的方法，为程序在系统中注册两个热键消息，在程序启动后，当用户按下 Ctrl+Alt+F3 或 Ctrl+Alt+F4 组合键时，程序会自动弹出消息框显示用户按键信息。

使用 VS2010 的“新建项目”向导建立一个文档、MFC 标准框架、Windows 默认样式和颜色的程序项目，设置项目名称为 0904。

1）为视图类 CMy0904View 添加成员变量，保存热键消息的辅助标识值，添加消息处理函数 OnHotKey()。

```
class CMy0904View : public CView
{
protected:
        UINT m_HKID1;
        UINT m_HKID2;
...
        LRESULT CMy0904View::OnHotKey(WPARAM wParam,LPARAM lParam);

};
```

2）在视图类 CMy0904View 的构造函数中对成员变量初始化。

```
CMy0904View::CMy0904View()
```

```
{
        // TODO: 在此处添加构造代码
        m_HKID1=2000;
        m_HKID2=2001;
}
```

3）为视图类 CMy0904View 添加消息 WM_CREATE 处理函数，并修改如下。

```
int CMy0904View::OnCreate(LPCREATESTRUCT lpCreateStruct)
{
        if (CView::OnCreate(lpCreateStruct) == -1)
                return -1;

        // TODO:   在此添加专用的创建代码
        RegisterHotKey(GetSafeHwnd(),m_HKID1,MOD_ALT|MOD_CONTROL,VK_F3);
        RegisterHotKey(GetSafeHwnd(),m_HKID2,MOD_ALT|MOD_CONTROL,VK_F4);
        return 0;
}
```

4）为视图类 CMy0904View 添加消息映射，并修改如下。

```
BEGIN_MESSAGE_MAP(CMy0904View, CView)
...
        ON_MESSAGE(WM_HOTKEY,OnHotKey)
END_MESSAGE_MAP()
```

5）为视图类 CMy0904View 添加热键消息处理函数，使用 SetForegroundWindow()函数可以使程序在系统后台接到热键消息后能切换到前台运行，函数内容如下。

```
LRESULT CMy0904View::OnHotKey(WPARAM wParam,LPARAM lParam)
{
        SetForegroundWindow();
        if(wParam == (UINT)m_HKID1)
                AfxMessageBox(L"Hello ALT+CTRL+F3!");
        else if(wParam == (UINT)m_HKID2)
                AfxMessageBox(L"Hello ALT+CTRL+F4！");
        return 1;
}
```

6）为视图类 CMy0904View 添加消息 WM_DESTROY 处理函数，并修改如下。

```
void CMy0904View::OnDestroy()
{
        CView::OnDestroy();
        // TODO: 在此添加消息处理程序代码
        UnregisterHotKey(GetSafeHwnd(),m_HKID1);
        UnregisterHotKey(GetSafeHwnd(),m_HKID2);
}
```

程序运行后切换到后台，按 Ctrl+Alt+F3 组合键，将弹出如图 9-3 左侧所示的对话框，按 Ctrl+Alt+F4 组合键，将弹出如图 9-3 右侧所示的对话框。

图 9-3　例 0904 运行结果

9.3.6　使用进程间消息

进程间消息可以在不同应用程序之间传递信息。

1. 取得全局消息标识

进程间消息的消息标识在 Windows 系统中必须是唯一的，使用 Windows API 函数 UINT RegisterWindowMessage(LPCTSTR lpString)可以从系统中取得。方法如下。

```
UINT  m_MsgID;
m_MsgID = RegisterWindowMessage("Common String");
```

变量 m_MsgID 为取得的消息标识，Common String 为消息名称，所有使用该消息的程序都需要采用以上方法，使用同样的消息名称取得相同的消息标识。

2. 查找窗口句柄

发送消息前必须取得接收消息的目标窗口句柄，使用以下 Windows API 函数可以查找系统内存在的窗口并取得句柄。

```
HWND FindWindow(LPCTSTR lpClassName , LPCTSTR lpWindowName)
HWND FindWindowEx(HWND hwndParent , HWND hwndChildAfter , LPCTSTR lpClass Name ,
            LPCTSTR lpWindowName)
```

函数参数定义如下。

lpClassName 为查找窗口的窗口类名称，NULL 代表所有的窗口类。

lpWindowName 为查找窗口的窗口名称（窗口标题），NULL 代表所有窗口。

hwndParent 为查找窗口父窗口的句柄，NULL 代表桌面窗口。

hwndChildAfter 为窗口句柄，查找从该窗口的下一窗口开始。

下面的程序代码使用 FindWindow 查找系统内是否有窗口名称为 AAA 的程序，若找到则返回其窗口句柄。

```
HWND hWnd=FindWindow(NULL,L"AAA");
```

下面的程序代码使用 FindWindowEx 取得系统内所有顶层窗口的句柄和名称，并保存在列表中。

```
#01.        CList<char *>szList;
#02.        char *pStr;
#03.        HWND hWnd=NULL;
#04.        while(hWnd=::FindWindowEx(NULL,hWnd,NULL,NULL))
```

```
#05.    {
#06.            pStr=new char[80];
#07.            ::GetWindowText(hWnd,pStr,80);          //根据句柄取得窗口名称
#08.            szList.AddTail(pStr);
#09.    }
```

3. 发送进程消息

发送进程消息的方法与发送自定义消息的方法相同，使用 Windows API 函数 SendMessage()或 PostMessage()即可发送进程消息。

```
#01. DWORD wParam,lParam;
#02.        ::SendMessage(hWnd,m_MsgID,wParam,lParam);
#03.        ::PostMessage(hWnd,m_MsgID,wParam,lParam);
```

另外，使用 HWND_BROADCAST 可以取代目标窗口句柄，该标识代表向系统内所有顶层窗口广播该消息。

4. 接收进程消息

1）首先，接收消息的应用程序应使用与发送消息程序同样的消息名称字符串作为参数，调用 RegisterWindowMessage()函数取得消息标识。

2）使用消息映射宏 ON__REGISTERED_MESSAGE 建立消息映射。

```
BEGIN_MESSAGE_MAP(TheClass,CBaseClass)
    ON_REGISTERED_MESSAGE(m_MsgID,OnMyMsg)
END_MESSAGE_MAP()
```

3）在窗口类中声明并编写消息处理函数。

5. 程序实例

下面的实例由两个程序组成，其中一个用来发送消息，另一个在接到消息后，显示一个信息框提示已经接到消息。

（1）建立消息发送方程序。

使用 VS2010 的“新建项目”向导建立一个文档、MFC 标准框架、Windows 默认样式和颜色的程序项目，设置项目名称为 0905。

为视图类 CMy0905View 添加成员变量。

```
#01. class CMy0905View : public CView
#02. {
#03.        UINTm_MsgID;
#04. ...
#05. }
```

添加菜单资源：使用资源管理器，在“文件”子菜单下添加“发送进程消息”命令，并设定命令 ID 为 ID_SENDMESG。

为视图类 CMy0904View 添加 ID_SENDMESG 命令消息处理函数，并修改如下。

```
#01. void CMy0905View::OnSendmesg()
#02. {
#03.        // TODO: 在此添加命令处理程序代码
```

```
    m_MsgID = RegisterWindowMessage(L"Common String");
    HWND hWnd=::FindWindow(NULL,L"接收方");
    if(hWnd)
    {
        ::PostMessage(HWND_BROADCAST,m_MsgID,0,0);
    }
}
```

运行结果如图 9-4 所示。

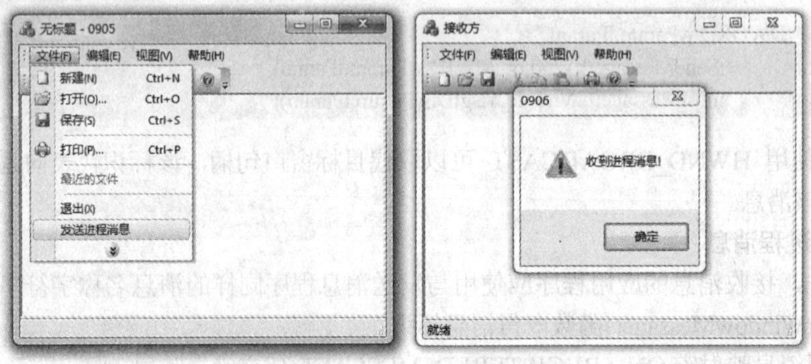

图 9-4　例 0905 和例 0906 运行结果

（2）建立消息接收方程序。

使用 VS2010 的“新建项目”向导建立一个文档、MFC 标准框架、Windows 默认样式和颜色的程序项目，设置项目名称为 0906。

修改 CMy0906App 类的 InitInstance()成员函数，在函数末尾添加以下语句，将程序主窗口的名称修改为“接收方”。

```
m_pMainWnd->SetWindowText(L"接收方");
```

为 CMainFrame 类添加消息处理函数的声明。

```
class CMainFrame : public CFrameWndEx
{
...
        LRESULT    OnMyMsg(WPARAM wParam,LPARAM lParam);
...
}
```

在 MainFrm.cpp 文件中添加全局变量 m_MsgID，使用 RegisterWindowMessage()函数获得消息 ID 并保存在该变量中。

```
const UINT m_MsgID=::RegisterWindowMessage(L"Common String");
```

为 CMainFrame 类添加消息映射，代码如下。

```
BEGIN_MESSAGE_MAP(CMainFrame, CFrameWnd)
        ...
```

```
        ON_REGISTERED_MESSAGE(m_MsgID,OnMyMsg)
END_MESSAGE_MAP()
```

为 CMainFrame 类添加消息处理函数的定义，代码如下。

```
LRESULT    CMainFrame::OnMyMsg(WPARAM wParam,LPARAM lParam)
{
        AfxMessageBox(L"收到进程消息!");
        return 0;
}
```

将前面所示的代码添加到视图类中，程序运行结果如图 9-4 所示。

9.4 小结

本章主要讲述了以下几个方面的内容。

- 消息的分类。
- WM_CREATE 等系统消息的使用方法。
- 用户自定义消息的使用方法。
- 系统热键消息的使用方法。
- Windows 窗口的查找方法。
- 进程消息的使用方法。

通过本章的学习，读者应能熟练地处理应用程序中出现的各种消息，并能用自定义消息创建出简便、灵活、易于控制的应用程序。

9.5 习题

1．Windows 消息分为哪几类？各有什么特点？

2．SendMessage 和 PostMessage 有什么区别？

3．有哪些消息映射宏？它们分别用于什么消息的映射？

4．编写一个程序，当用户退出该程序时，提示用户是否要退出，如果用户回答“是”则退出程序，否则不退出程序。

5．编写一个文本左右滚动的程序。在该程序中，当文本的左端到达客户区左端时文本向右移动，当文本的右端到达客户区右端时文本向左移动。

6．编写一个时钟报时程序。在新的一小时到来时，弹出一个对话框提示当前是什么时候。在编写过程中运用自定义消息，每一小时发出一个自定义的消息，然后通过处理该消息来报时。

7．编写一个程序，运用系统热键来最小化、最大化、恢复和关闭窗口。

8．编写一个程序，运用进程间消息最小化桌面上所有的窗口。

9．将本章 9.3.6 节中程序实例发送消息的函数换成 SendMessage，比较 PostMessage 和 SendMessage 两个函数的区别。

10．编写一个程序，列举出当前系统中的所有主窗口，用户可以选择一个关闭。

第10章 对 话 框

使用对话框是 Windows 应用程序与用户进行交互的重要方式，如获取用户输入和显示提示信息等。对话框既可以只简单地显示一条提示信息，也可以提供各种复杂的输入功能。对话框的各种功能主要是由对话框内包含的各种类型的控件，如按钮、列表框和编辑框等实现的。本章将讲述对话框的使用方法。

10.1 概述

对话框是一个窗口，它不但可以接收消息，而且还可以在其客户区中进行绘图操作。但对话框又不同于一般的窗口，它包含一些特殊的子窗口，这些子窗口被称为对话框的控件。对话框的主要功能要通过这些控件来实现。

在 MFC 程序中，一个对话框由两部分组成：对话框模板资源与对话框类。

这里所讲述的对话框模板资源中的模板既不同于 MFC 中的模板类，也与 C++中的模板没有关系，它实际上相当于一个窗口布局设计图。该模板定义了对话框的外观，对话框内有哪些控件，以及它们的位置、尺寸及风格等。由于该模板以资源的形式包含在程序中，所以被称为对话框模板资源。对话框模板资源可以在 VC 开发环境提供的“对话框编辑器”中设计完成。

在 MFC 中，CDialogEx 类是对话框类，也是 CWnd 类的派生类。它用来封装对话框的各种功能，完成对话框的各种操作。CDialogEx 可以依据一个对话框模板资源建立一个实际的对话框。

10.2 对话框模板资源

使用对话框前必须先创建对话框模板资源。创建对话框模板资源最简单的方法是使用 VC 开发环境中的“对话框编辑器”。下面就对该编辑器的主要功能进行讲解。

10.2.1 创建对话框模板资源

使用“对话框编辑器”创建一个新的对话框模板资源的操作非常容易，具体方法如下。

先创建一个 MFC 单文档程序并命名为 1001，打开案例例程序 1001 的“资源视图”窗口，在窗口中右击，如图 10-1 所示，在弹出的快捷菜单中选择“插入 Dialog”命令，打开如图 10-2 所示的窗口。

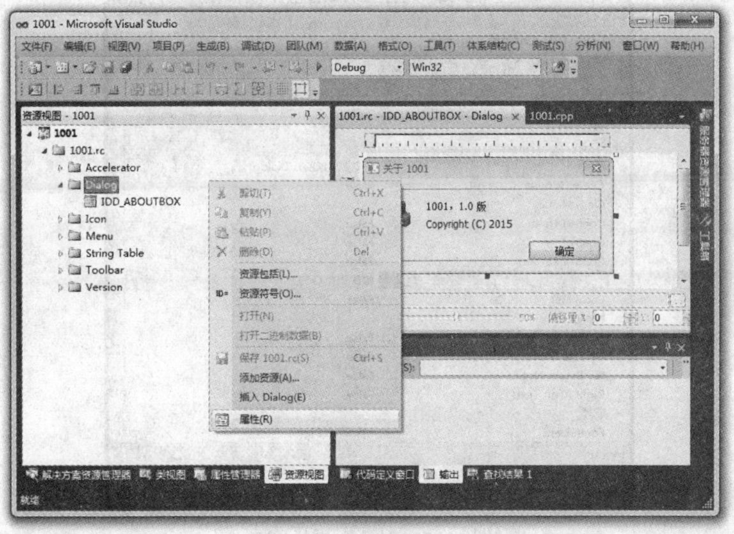

图 10-1　使用资源视图添加对话框模板资源

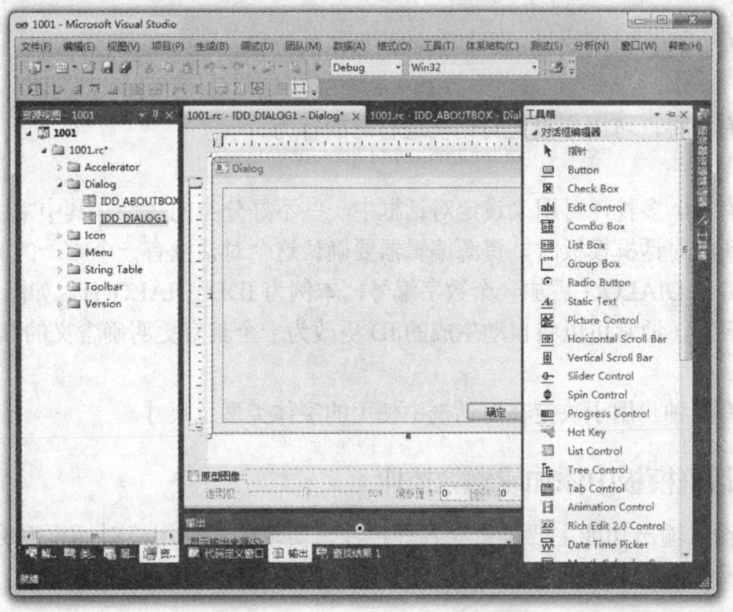

图 10-2　添加的对话框模板资源

10.2.2　编辑对话框模板属性

对话框的属性有很多，可以通过对话框的“属性”窗口进行编辑修改。右击对话框模板上的标题栏，在弹出的快捷菜单中选择“属性”命令，即可以打开对话框的“属性”窗口，如图 10-3 所示。

对话框的属性可以分为五大类：

1. 外观

外观属性有 20 多种，可用来设定对话框的显示效果，其中常用的有对话框标题等，通过修改“属性”窗口“外观”选项组中 Caption 对应的字符串可以修改对话框标题。

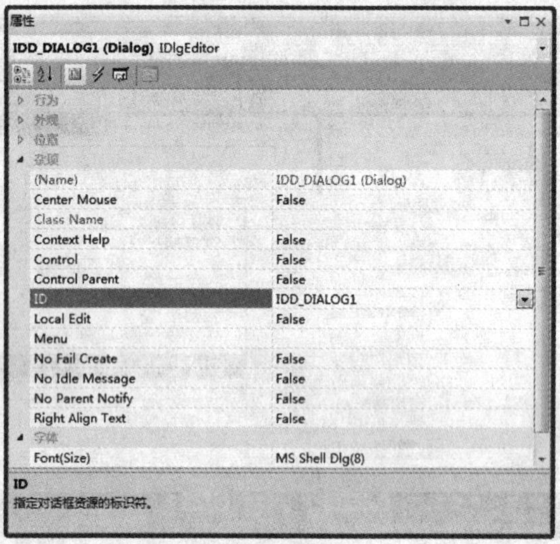

图 10-3　对话框属性窗口

2. 位置

位置属性有 3 种，可用来设定对话框初始显示的位置。

3. 行为

行为属性有 8 种，可用来设定对话框运行时的行为。

4. 杂项

杂项属性有 10 多种，可用来设定对话框中一些不好分类的属性，其中常用的有对话框的标识。在插入新的对话框模板时，资源编辑器要确认这个对话框有一个唯一的标识，系统自动生成的 ID 为 IDD_DIALOG 后加一个数字编号，本例为 IDD_DIALOG1，如图 10-3 所示。在插入对话框模板后，通常可以将自动生成的 ID 更改为一个具有更明确含义的 ID。

5. 字体

字体属性有两种，用于决定在对话框中使用的字体类型及尺寸。

10.2.3　在对话框模板中添加或删除控件

对话框的输入输出功能主要是依靠各种控件来实现的，使用“对话框编辑器”可以方便地在对话框模板中添加或删除控件。

1. 工具箱

在开发环境主菜单中选择“视图”→“工具箱”命令，可以打开工具箱，在不同的编辑状态“工具箱”显示的工具是不同的，在“对话框编辑器”状态下，“工具箱”显示各种在对话框内可用的控件，如图 10-2 所示。

2. 添加控件

首先在工具箱内单击选择好要添加的控件，将鼠标指针移动到对话框面板上，可以发现鼠标光标已经被改变成与控件图标相同的样子，用鼠标左键在对话框面板上单击，刚才选择的控件被添加到对话框面板上。

3. 删除控件

在对话框面板上选择好要删除的控件，控件被 8 个色块包围，说明该控件处于选取状态，直接按 Delete 键可删除所选取的控件。

10.2.4 在对话框模板上调整控件

1. 移动控件

用鼠标左键可以在对话框面板上拖动控件进行移动，也可以选择好控件，用键盘方向键移动控件。

2. 修改控件尺寸

选择好控件后，控件被 8 个色块包围，可以用鼠标左键拖动色块来修改控件的尺寸。

3. 精确调整控件

在开发环境主菜单中选择“视图”“→工具栏”→“对话框编辑器”命令，可以打开“对话框编辑器”工具栏，使用该工具栏中的工具可以精确调整控件的大小和位置。

10.2.5 修改控件的属性

由于每个控件也都是一个窗口，所以可以通过控件的“属性”窗口来调整控件的属性。每个控件一般都有“外观”“行为”和“杂项”3 个属性，其意义和功能与对话框模板的相应属性类似。其中比较重要的是“杂项”中的 ID，它是该控件的唯一标识，对话框要使用该标识与控件进行通信。

在插入新的控件时，资源编辑器要确认这个控件有一个唯一的标识。因为系统自动生成的 ID 只能反映控件类型和数字编号，所以在插入控件后，通常需要将自动生成的 ID 更改为一个具有更明确含义的 ID，如图 10-4 所示。

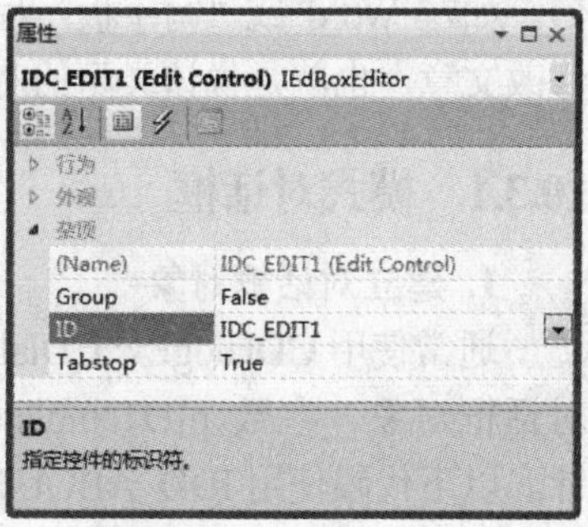

图 10-4 修改控件属性

10.2.6 设定控件跳格次序

对话框中的控件可以按照一定顺序跳格，这个顺序就是跳格顺序。在对话框运行过程中，可以设定哪一个控件是被默认选择的，以及使用键盘上的 Tab 键从一个控件跳格至另一个控件的顺序关系，如果按 Shift+Tab 组合键，则可以按反向的顺序跳格。当跳至某个控件时，此控件就会接收当前的输入焦点。例如，当跳格至某按钮控件时，此时按钮周围就会出现边框为点划线的矩形，这表示焦点已经被移至该按钮了。下面是对话框中跳格顺序的设定方法。

1）在开发环境主菜单中选择“格式”→“Tab 键跳格顺序”命令，对话框模板此时会显示出每一个控件的默认跳格顺序，如图 10-5 所示。

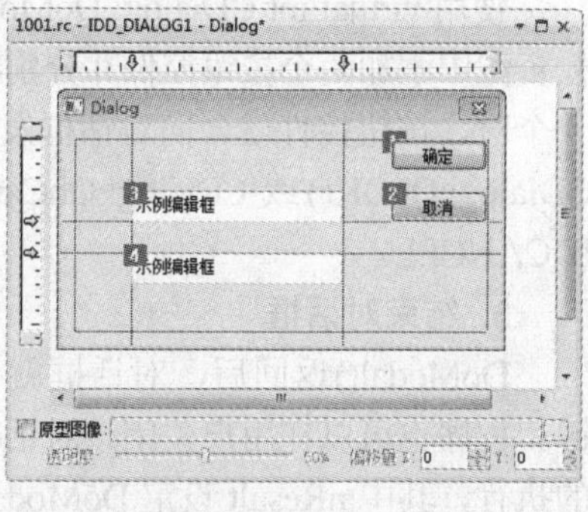

图 10-5 设定跳格顺序

2）在希望成为第一个按钮的控件单击，它的边上就会出现数字 1。

3）按希望的顺序逐一单击各个控件，每个控件顺次出现一个数字，直到全部设置完成。

10.2.7 测试对话框模板资源

当对话框模板编辑完成后，不用运行程序也可以检查对话框运行效果，只要在开发环境主菜单中选择“格式”→“测试对话框”命令即可。

10.3 对话框类

对话框类的基类是 CDialog，CDialog 封装了两类对话框的功能：模式对话框和非模式对话框。CDialogEx 是 CDialog 的派生类，增加了一些显示方面的功能，目前通常使用 CDialogEx 创建对话框。

当一个模式对话框运行时，系统禁止了对该对话框父窗口的通信。例如，在程序中选择"文件"→"打开"命令，打开一个文件对话框后，再用鼠标去选择菜单时计算机只会发出嘟嘟的声音。这是因为文件对话框是一个模式对话框，模式对话框垄断了用户的信息输入，当一个模式对话框打开时，用户只能与该对话框进行交互，而其他用户界面对象收不到任何输入信息，直至关闭该模式对话框。

当一个非模式对话框运行时，系统允许用户同时对该对话框和该对话框的父窗口进行通信。如在 Word 或"写字板"程序中，打开"搜索"对话框，该对话框允许用户一边搜索一边修改文章，也就是说该类型的对话框对用户的输入信息是不进行垄断的。

10.3.1 模式对话框

1. 建立对话框对象

通常使用 CDialogEx::CDialogEx(UINT nIDTemplate,CWnd*pParentWnd = NULL)建立模式对话框对象。参数 nIDTemplate 为对话框模板资源的标识；pParentWnd 为指向父窗口的指针。以下代码使用 IDD_ABOUTBOX 对话框模板资源建立一个对话框对象。

```
CDialogEx dlg(IDD_ABOUTBOX);
```

对于未指定父窗口的对话框，系统将以程序的主窗口为其父窗口。

2. 使用对话框

使用 virtual int CDialog::DoModal()可以建立一个模式对话框并进行显示。通常在对话框模板资源中添加两个按钮控件并分别标识为 IDOK 和 IDCANCEL。当用户按下这两个按钮中的一个时，按钮控件就会向对话框发出 IDOK 或 IDCANCEL 的命令消息，并分别调用 virtual CDialog::OnOK() 或 CDialog::OnCancel() 成员函数退出对话框，DoModal() 返回 IDOK 或 IDCANCEL。

3. 结束对话框

DoModal()返回后，对话框就已经结束了，程序可以根据返回值判断用户按下了哪一个键。程序也可以在用户关闭该对话框前，使用 CDialog::EndDialog(int nResult)来终止 DoModal()的执行，其中 nResult 设定 DoModal()的返回值。

模式对话框对象通常为局部对象，并不采用动态分配，当对象超出作用域范围时，对话框对象的析构函数将被调用。

10.3.2 模式对话框实例

下面的代码演示建立一个模式对话框的方法。

```
#01.  CDialogEx    dlg(IDD_ABOUTBOX);
#02.         CString str;
```

```
#03.    int nResult=dlg.DoModal();
#04.    switch(nResult)
#05.    {
#06.    case IDOK:
#07.        str=L"OK";
#08.        break;
#09.    case IDCANCEL:
#10.        str= L"CANCEL";
#11.        break;
#12.    default:
#13.        str= L"其他值";
#14.        break;
#15.    }
#16.    AfxMessageBox(str);
```

10.3.3 非模式对话框

1. 建立对话框对象

通常使用 CDialog:: CDialog()建立非模式对话框对象。格式如下。

```
CDialogEx dlg;
```

2. 使用对话框

使用 BOOL CDialog::Create(UINT nIDTemplate,CWnd* pParentWnd = NULL) 可以建立一个非模式对话，并进行显示。参数 nIDTemplate 为对话框模板资源的标识；参数 pParentWnd 为指向父窗口的指针。以下代码使用 IDD_ABOUTBOX 对话框模板资源建立一个非模式对话框。

```
dlg.Create(IDD_ABOUTBOX);
```

对于未指定父窗口的对话框，系统将以程序的主窗口为其父窗口。

CDialog::Create()与 CDialog::DoModal()不同，Create 在建立对话框完成后立刻返回，若成功则返回 TRUE，若失败则返回 FALSE。

如果对话框资源具有 WS_VISIBLE 属性，对话框在 Create 之后将立即显示。如果没有，则必须调用它的 ShowWindow 成员函数来显示。

3. 结束对话框

除了在非模式对话框对象被销毁时，对话框可以被结束之外，调用成员函数 CDialog::DestroyWindow()也可以结束对话框，但对象并没有被销毁。

10.3.4 非模式对话框实例

下面的代码演示建立一个非模式对话框的方法。程序运行后，通过程序菜单命令可以创建非模式对话框，删除该对话框。

1）打开实例项目 1001，修改程序主菜单添加两个菜单命令，并在视图类添加相应的命令处理函数，一个是创建对话框，一个是删除对话框。

2）为视图类添加成员对象。

```
class CMy1001AView : public CView
{
        CDialogEx    *m_pDlg;
...
};
```

3）在视图类构造函数中初始化。

```
CMy1001AView::CMy1001AView()
{
        // TODO: 在此处添加构造代码
        m_pDlg=NULL;
}
```

4）在视图类析构函数中删除对话框。

```
CMy1001View::~CMy1001View()
{
        if(m_pDlg)
        {
                m_pDlg->DestroyWindow();
                delete m_pDlg;
                m_pDlg=NULL;
        }
}
```

5）在视图类添加创建对话框命令处理函数。

```
void CMy1001View::OnDlgNew()
{
        // TODO: 在此添加命令处理程序代码
        if(!m_pDlg)
        {
                m_pDlg=new CDialogEx;
                m_pDlg->Create(IDD_ABOUTBOX);
                m_pDlg->ShowWindow(SW_SHOW);
        }
        else
        {
                m_pDlg->ShowWindow(SW_SHOW);
        }
}
```

6）在视图类添加删除对话框命令处理函数。

```
void CMy1001View::OnDlgDel()
{
        // TODO: 在此添加命令处理程序代码
        delete m_pDlg;
        m_pDlg=NULL;
```

```
#39. }
```

程序运行结果如图 10-6 所示。

图 10-6　例 1001 创建并显示非模式对话框

10.4　自定义对话框

为了在对话框中使用对话框模板资源中的控件，需要从 CDialog 或 CDialogEx 中派生子类，在子类中添加对这些控件的处理功能。不同的控件使用方法不同，下面将通过修改例 1001 来讲述在对话框中添加控件的基本方法。修改后的实例程序 1001 显示一个对话框，可以将用户输入的字符串进行反序再输出。

10.4.1　建立模板资源

1. 新建对话框模板

进入项目 1001 的“对话框编辑器”，新建一个对话框模板资源，在新建的对话框模板上右击，在弹出的快捷菜单中选择“属性”命令，将对话框的 ID 修改为 IDD_MYDLG，将对话框标题 Caption 修改为“字符串反序”。

2. 添加静态文本（Static Text）控件

静态文本控件主要是用来在对话框中显示提示信息。使用“工具箱”向对话框模板添加 Aa 控件，并修改其属性，将其标题 Caption 修改为“请输入字符串：”

3. 添加文本编辑框（Edit）控件

文本编辑框控件主要用来接收用户的数据输入。使用“工具箱”向对话框模板添加 abl 控件，并修改其属性，并将其 ID 修改为 IDC_STR。

通过以上步骤，新建对话框模板资源如图 10-7 所示。

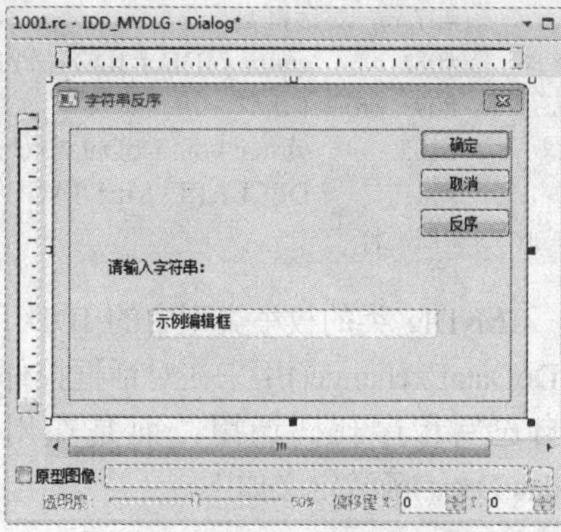

图 10-7　新建对话框模板资源

4. 添加按钮（Button）控件

按钮控件主要是用来接收用户的命令输入，与菜单的作用相似。使用“工具箱”向对话框模板添加 控件，并修改其属性，将其标题修改为“反序”，并将其 ID 修改为 IDC_REVERSE。

10.4.2 建立 CDialogEx 派生类

为了使用对话框，需要建立对话框类。建立对话框类最简便的方法是直接从对话框模板资源的快捷菜单上建立。右击对话框模板上的标题栏或空白区域，在弹出的快捷菜单中选择“添加类”命令，弹出如图 10-8 所示“MFC 添加类向导”对话框。

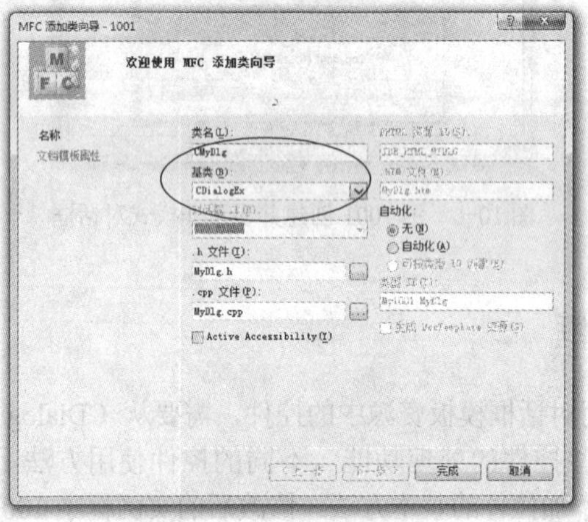

图 10-8 “MFC 添加类向导”对话框

在该对话框中修改“类名“为 CMyDlg，修改“基类”为 CDialogEx，然后单击“完成”按钮，以 IDD_MYDLG 为模板的 CDialogEx 派生类 CMyDlg 被建立，并被自动添加到当前项目中。新建立的 CMyDlg 类定义如下。

```
class CMyDlg : public CDialogEx
{
        DECLARE_DYNAMIC(CMyDlg)
public:
        CMyDlg(CWnd* pParent = NULL);                    // 标准构造函数
        virtual ~CMyDlg();
// 对话框数据
        enum { IDD = IDD_MYDLG };
protected:
        virtual void DoDataExchange(CDataExchange* pDX);     // DDX/DDV 支持
        DECLARE_MESSAGE_MAP()
};
```

CMyDlg 类的枚举类型中的 IDD 用来指定该对话框使用的对话框模板的 ID，虚拟成员函数 DoDataExchange()用来在对话框控件和对话框对象中的成员间传递数据。该函数并不需要用户自己写程序代码调用，而是在用户程序调用 UpdateData()函数时被框架程序调用。UpdateData()函数定义如下。

```
BOOL UpdateData(
        BOOL bSaveAndValidate = TRUE   //指示数据传输的方向
```

```
        )
```

bSaveAndValidate 值为 TRUE 表示从控件传给变量，为 FALSE 表示从变量传给控件。函数的返回值表示操作是否成功，成功则返回 TRUE，否则返回 FALSE。

10.4.3 在对话框上绘图

CDialogEx 继承于 CWnd 窗口类，具有 CWnd 窗口类的绘图功能。在对话框窗口中接收并处理 WM_PAINT 消息，即可在对话框窗口绘图。在对话框窗口绘图也是使用设备环境类 CDC 或它的派生类对象进行绘图。

本例为 CMyDlg 类添加 WM_PAINT 消息处理函数 OnPaint()，并修改如下，粗体部分为绘图代码。

```
#01. void CMyDlg::OnPaint()
#02. {
#03.        CPaintDC dc(this); // device context for painting
#04.        // TODO: 在此处添加消息处理程序代码
#05.        // 不为绘图消息调用 CDialogEx::OnPaint()
#06.        CRect r;
#07.        GetClientRect(&r);
#08.        dc.MoveTo(0,0);
#09.        dc.LineTo(r.right,r.bottom);
#10.        dc.DrawEdge(CRect(r.left+5,r.top+5,r.right-5,r.bottom-5),EDGE_BUMP,BF_RECT);
#11.        dc.TextOut(100,50,L"用 TextOut 输出的文字");
#12. }
```

如果在没有接到 WM_PAINT 消息的情况下需要在对话框上进行绘图，可以在对话框的成员函数中使用 CClientDC dc(this)取得 DC 对象，然后进行绘图即可。

如果希望改变对话框背景，通常在对话框类中添加 WM_ERASEBKGND 消息处理函 OnEraseBkgnd(CDC* pDC)，实现个性化的背景绘制。

10.4.4 为控件添加成员变量

有些控件只是为了与用户之间进行简单的数据交互，对于这些控件用户可以通过建立一个成员变量，然后将该变量与指定的控件相关联，使用该变量即可以取得用户通过控件的输入，也可以通过该变量更改控件的输出。本例中使用的文本编辑框就是一个这样的控件。

为控件添加相关联的成员变量，这一过程可以使用“添加成员变量向导”完成。在对话框模板资源上右击选择的控件，在弹出的快捷菜单中选择“添加变量”命令，即可弹出如图 10-9 所示的“添加成员变量向导”对话框。可以在“类别”下拉列表框中选择是添加值（Value）还是控件对象（Control），然后选择变量类型并输入变量名即可。

本例在对话框模板上选择添加的“文本编辑框”控件，并通过右键快捷菜单打开“添加成员变量向导”对话框，在“类别”下拉列表框中选择 Value 选项，在“变量类型”下拉列表框中选择 CString 选项，在“变量名”文本框中输入 m_csStr，然后单击“完成”按钮，相应的变量，以及变量与控件中的关联即被添加到对话框类中。

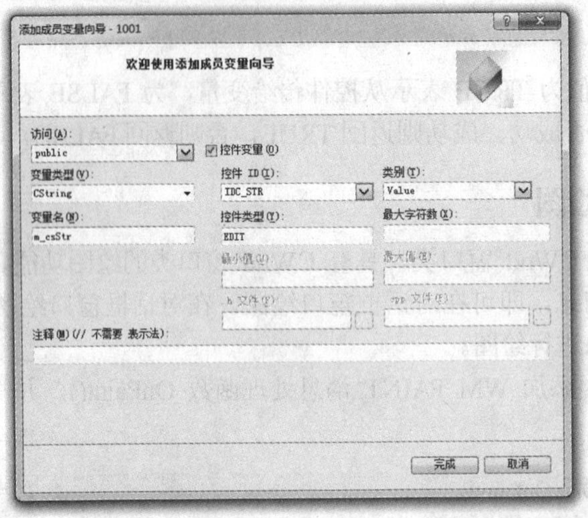

图 10-9 “添加成员变量向导”对话框

10.4.5 为控件添加消息映射

为了接收控件的消息，需要为控件添加消息映射和消息处理函数。接收控件消息的方法与接受菜单消息的方法相似，该消息处理函数可以使用事件处理向导自动添加。

在对话框模板上右击要接收消息的控件，在弹出的快捷菜单中选择“添加事件处理程序”命令，弹出如图 10-10 所示的对话框，在该对话框中可以选择需要处理的消息类型和用来处理该消息的类。

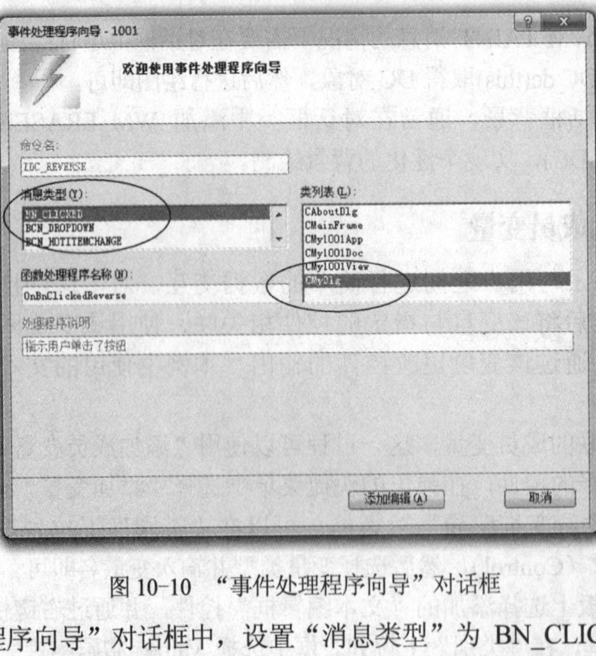

图 10-10 “事件处理程序向导”对话框

在“事件处理程序向导”对话框中，设置“消息类型”为 BN_CLICKED，代表鼠标在控件上单击消息，设置“类列表”为 CMyDlg，然后单击“添加编辑”按钮，相应的消息映射和消息处理成员函数被自动生成，并进入该消息处理成员函数的编辑状态。

除了以上方法，还可以使用对话框类的属性窗口，采用为该对话框类添加事件的方法添加消息映射和消息处理成员函数。

修改上例中“反序”按钮的消息处理函数。当用户单击“反序”按钮时，从“文本编辑框”取得字符串 m_csStr，并在 m_csStr 内进行反序操作，然后将反序的结果传回“文本编辑框”进行显示。

```
#01.  void CMyDlg::OnBnClickedReverse()
#02.  {
#03.      // TODO: 在此添加控件通知处理程序代码
#04.      UpdateData();                    //从控件取数据到对应的对话框对象成员
#05.      m_csStr.MakeReverse();           //字符串反序
#06.      UpdateData(FALSE);               //从对话框对象成员到对应的控件
#07.  }
```

10.4.6 使用 CDialog 派生类对象

通过以上步骤，一个可以实现对输入字符串进行反序的 CDialog 派生类已经完成，下面在一个 SDI 程序中测试该对话框类。

1）使用“新建项目向导”建立一个 SDI 程序框架。

2）为程序添加菜单项“文件”→“测试对话框”，并设定菜单项 ID 为 ID_DLG;

3）在视图类的实现文件 1001AView.cpp 中包含对话框的头文件。

```
#01.  #include "MyDlg.h"
```

4）在视图类中为菜单项“文件”→“测试对话框”添加菜单命令处理函数，并编辑该函数，内容如下。

```
#01.  void CMy1001AView::OnDlg()
#02.  {
#03.      // TODO: 在此添加命令处理程序代码
#04.      CMyDlg dlg;
#05.      dlg.DoModal();           //创建并显示模式对话框
#06.  }
```

运行该程序，如图 10-11 所示。

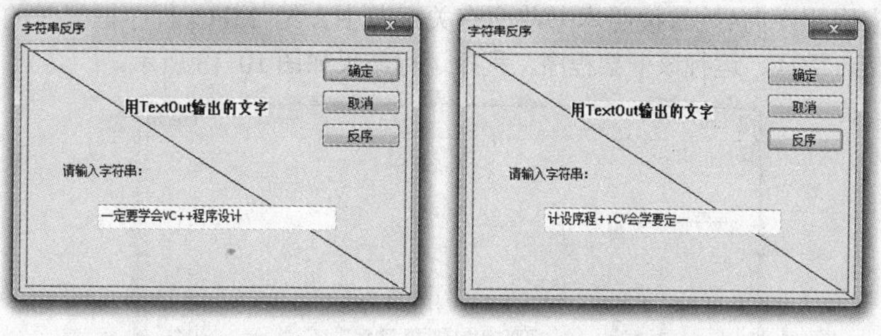

图 10-11 例 1001 中实现字符串反序的对话框

10.5 基于对话框的 MFC 程序

除了本书前面讲述的基于文档视图结构的 MFC 程序框架，还有另一种常用的 MFC 程序框架，即基于对话框的程序框架。基于对话框的程序框架比文档视图结构的程序框架简单，所有程序的主要操作通常都在一个对话框内完成，适用于编写一些功能比较简单的程序。

使用 VS 提供的“新建项目向导”工具可以自动生成对话框的程序框架。下面将讲解如何使用“新建项目向导”生成标准文档视图程序框架。

10.5.1 建立项目

采用“应用程序向导”生成标准的对话框程序框架，然后修改成用户所需要的程序，是创建基于对话框程序的常用方法。

进入 VS 的新建项目对话框，在对话框中选择“项目类型”中的“Visual C++项目”选项，在对话框的“模板”选项组中选择“MFC 应用程序”选项，然后在“名称”文本框中输入要建立项目的名称 1002，并单击“确定”按钮，进入“MFC 应用程序向导”对话框。

在“MFC 应用程序向导”中选择“应用程序类型”选项，设置“应用程序类型”为“基于对话框”，该方式下建立的程序框架将以对话框为基础，而不是文档视图结构，如图 10-12 所示。

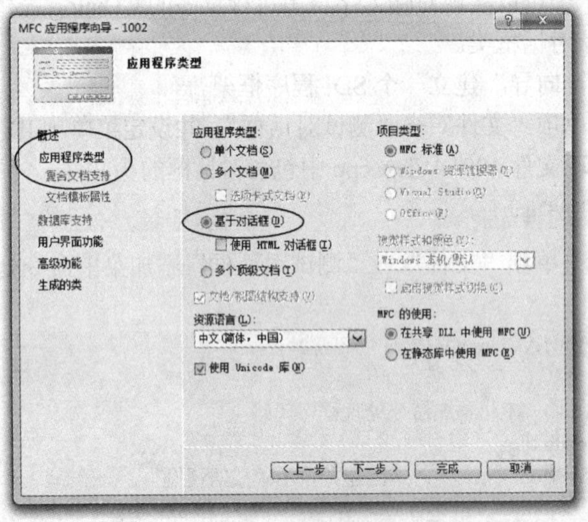

图 10-12　设置应用程序类型

“MFC 应用程序向导 ”按照本书前面有关章节中介绍 MFC 程序框架时的设置来生成 MFC 程序框架，编译、运行该框架程序，程序运行结果如图 10-13 所示。

图 10-13　例 1002 运行结果

10.5.2 应用程序类

使用“应用程序向导”生成的对话框框架程序比文档视图控件程序简单很多，主要功能由一个应用程序对象和一个窗口对象完成。应用程序对象与文档视图程序中的程序对象相同，是一个 CWinApp 类的派生类对象，在派生类中通过重载父类的成员函数，实现管理程序的启动、创建程序窗口、运行及终止等功能。

1. 类的声明

应用程序对象类在“项目名称.h”文件中定义，该文件是程序的主包含文件，其功能与文档视图程序框架中的主包含文件一样，是说明全局函数和变量的理想位置。它定义了从 CWinApp 导出的程序对象派生类，并将程序对象 theApp 说明为全局外部对象，由于本文件将被框架生成的各程序文件所包含，所以在程序的其他程序文件中也可以调用对象 theApp。

```
class CMy1002App : public CWinApp
{
public:
        CMy1002App();
// 重写
public:
        virtual BOOL InitInstance();
// 实现
        DECLARE_MESSAGE_MAP()
};
```

将本文件中定义的应用程序对象类与 SDI 框架中定义的应用程序对象类进行比较可以发现，两个类都重载了负担程序初始化任务的 InitInstance()函数，而在对话框程序框架中应用程序对象类的消息响应成员函数 OnAppAbout()被取消了，说明程序的“关于”消息不再在该应用程序对象类中处理。

2. 重要成员函数

```
BOOL CMy1002App::InitInstance()
{
        CWinApp::InitInstance();
        AfxEnableControlContainer();
        CMy1002Dlg dlg;
        m_pMainWnd = &dlg;
        INT_PTR nResponse = dlg.DoModal();
        if (nResponse == IDOK)
        {
                // TODO: 在此放置处理何时用
                //  “确定”来关闭对话框的代码
        }
        else if (nResponse == IDCANCEL)
        {
                // TODO: 在此放置处理何时用
                //  “取消”来关闭对话框的代码
        }
        return FALSE;
}
```

从 CMy1001App::InitInstance 程序初始化函数可以看出，在对话框的框架程序中，文档模板对象、文档对象和视图对象都已经不再使用，而是使用一个局部的对话框对象取代了程序的主窗口框架，该程序框架只包括一个应用程序对象和一个对话框窗口。

继续分析可以发现，当对话框的 DoModal()成员函数返回，则 InitInstance()函数结束。由于该函数返回 FALSE，使 WinMain 认为程序初始化失败，导致整个程序在进入消息循环前结束。

通过上面的分析可以确认，对话框程序的主要执行过程为对话框类的 DoModal()成员函数，而不是传统的应用程序对象中的消息循环。DoModal()成员函数可以创建对话框窗口及窗口内的控件，并处理与用户的交互。如果用户单击了对话框中的按钮，如 OK 或 Cancel，那么消息处理函数如 OnOK()或 OnCancel()被调用，从而关闭对话框。

10.5.3 对话框窗口类

对话框窗口类是一个从 CWnd 类多次派生后的窗口类，在该类中通过重载父类的成员函数实现对程序主窗口的管理功能。

1. 类的声明

对话框窗口类在“项目名称 Dlg.h”文件中定义。例如项目的名称为 1002，定义程序的对话框类为 CMy1002Dlg。该类是 CDialogEx 的派生类。

```
#01. class CMy1002Dlg : public CDialogEx
#02. {
#03. …
#04.         enum { IDD = IDD_MY1002_DIALOG };
#05.         virtual void DoDataExchange(CDataExchange* pDX);// DDX/DDV 支持
#06.         HICON m_hIcon
#07.         virtual BOOL OnInitDialog();
#08.         afx_msg void OnPaint();
#09. };
```

#04 行，IDD_MY1002_DIALOG 为对话框模板资源的标识，该值通过对话框的构造函数传给父类，在父类中的代码将使用该 ID 对应的模板资源创建对话框。

#05 行，DoDataExchange 成员函数负责在对话框成员变量和对应的对话框中的控件间传送值。

#06 行，m_hIcon 成员用来保存窗口的图标句柄。

#07 行，在对话框类中，MFC 的 CDialog 类提供了一个虚拟函数 OnInitDialog()，该函数在对话框窗口建立完成、窗口内控件建立完成后被自动调用，通过重载这个函数可以调用那些必须依赖于窗口处于完全激活状态下的函数进行一些初始设置工作，如对一些控件进行初始化等。

#08 行，OnPaint 是 WM_PAINT 消息的处理函数，可在该函数中添加绘图代码实现在对话框窗体上的绘图操作。

2. 重要成员函数

```
#01. CMy1002Dlg::CMy1002Dlg(CWnd* pParent /*=NULL*/)
#02.         : CDialog(CMy1002Dlg::IDD, pParent)
#03. {
#04.         m_hIcon = AfxGetApp()->LoadIcon(IDR_MAINFRAME);
#05. }
```

以上代码为 CMy1002Dlg 对话框的构造函数，构造函数的参数为对话框窗口的父窗口的指针，本例为 NULL，代表对话框为顶层窗口。该构造函数调用父类 CDialog 的构造函数进行构造，并将对话框模板资源和父窗口指针上传。在该类的构造函数中唯一的工作是取得程序的图标。

```
#01.  BOOL CMy1002Dlg::OnInitDialog()
#02.  {
#03.          CDialog::OnInitDialog();
#04.          // TODO：在此添加额外的初始化代码
#05.  ..
#06.          return TRUE;   // 除非设置了控件的焦点，否则返回 TRUE
#07.  }
```

OnInitDialog()在对话框创建之后、显示之前被框架程序自动调用，用户可以在这里添加初始化代码。

#02 行，调用父类同名函数，实现父类对象的初始化功能。

#05 行，用户可以在这里添加初始化代码。

```
#08.  void CMy1002Dlg::OnPaint()
#09.  {
#10.          if (IsIconic())   //判断窗口是否是最小化
#11.          ...
#12.          else
#13.          {
#14.                  CDialog::OnPaint();
#15.          }
#16.  }
```

OnPaint 成员函数是对话框窗口的 WP_PAINT 消息处理函数，用户可以在 13 行之后开始添加自己的绘图代码，实现在对话框的绘图。

为了绘图，通常使用 CPaintDC dc(this)获得设备环境类 CDC 的派生类 CPaintDC 对象，然后使用该对象进行绘图，绘图方法与第 5 章所述相同。

10.6 通用对话框

除了使用 CDialog 和 CDialogEx 类之外，MFC 还使用类封装了 Windows 中的一些通用对话框，这些类都从 CCommanDialog 派生，称为通用对话框类。

类 CCommonDialog 从 CDialog 派生，只定义了一个构造函数 CCommonDialog (CWnd * pParentWnd)，参数 pParentWnd 为对话框父窗口的指针。CCommonDialog 的 6 个派生类提供了 6 种通用对话框，如表 10-1 所示

表 10-1 通用对话框类

对话类型	描述
CFileDialog	允许用户指明可被打开文件的位置和名称
CFontDialog	允许用户从列出的可用字体中选择一种
CColorDialog	允许用户选择颜色并创建用户颜色
CPageSetupDialog	允许用户输入页面参数
CPrintDialog	允许用户来设置打印工作参数（包括打印质量、打印范围和复制数）并打印
CFindReplaceDialog	允许用户指明字符串用于查找和替换操作中
COleDialog	为 OLE 对话框基类，提供了 OLE 对话框通用的基本功能

10.6.1 CFileDialog

CFileDialog 类封装 Windows 通用文件对话框，文件对话框如图 10-14 所示，该对话框可

以支持文件的打开和保存操作。用“新建项目向导”建立的文档视图框架程序自动加入了该对话框，只要在“文件”菜单中选择“打开”或“另存为”命令，都会启动该对话框。

1. 类的成员函数

表 10-2 所示为 CFileDialog 类成员函数说明表。

表 10-2　CFileDialog 类成员函数说明表

成 员 函 数	描　述
CFileDialog	构造一个 CFileDialog 对象
DoModal	显示对话框，并允许用户进行选择
GetPathName	返回所选文件的全路径
GetFileName	返回所选文件的文件名
GetFileExt	返回所选文件的文件扩展符
GetFileTitle	返回所选文件的标题
GetReadOnlyPref	返回所选文件的只读状态
OnShareViolatiom	在发生共享冲突时调用
OnFileNameOK	用于验证对话框中输入的文件名
OnLBSelChangedNotify	在列表框选择改变时调用

2. 使用方法

文件对话框的使用方法与一般的模式对话框相同。

1）建立 CFileDialog 对象，文件对话框的构造函数定义如下。

```
CFileDialog(BOOL bOpenFileDialog,LPCTSTR lpszDefExt=NULL,LPCTSTR lpszFileName
=NULL,DWORD dwFlags=OFN_HIDEREADONLY|OFN_OVERWRITEPROMPT,LPCTSTR lpszFilter=NULL,
CWnd* pParentWnd = NULL );
```

各参数的含义如下。

bOpenFileDialog 如果为 TRUE，则创建文件打开对话框；如果为 FALSE，则构造一个 File Save As（另存为）对话框。

lpszDefExt 为默认文件扩展名，如果用户在文件名编辑框中不包含扩展名，则 lpszDefExt 定义的扩展名自动加到文件名后。如果为 NULL，则不添加扩展名。

lpszFileName 为初始显示于文件名编辑框中的文件名，如果为 NULL，则不显示初始文件名。

dwFlags 指明一些特定风格，通过这些风格可定制对话框。

pParentWnd 为指向父窗口或拥有者窗口的指针。

lpszFilter 指向一个过滤字符串，它指明可供选择的文件类型和相应的扩展名，过滤字符串的使用方法如下。

- 过滤字符串由多个子串组成，每个子串由两部分组成，第一部分是文件类型的文字说明，如 Text file (*.txt)，第二部分是用于过滤的匹配字符串，如*.txt。
- 子串的两部分用竖线字符“|”分隔开，各子串之间也要用“|”分隔，整个串的最后两个字符必须是两个连续的竖线字符“||”。

一个典型的过滤字符串如下所示。

```
char szFilter[]= “DATA files (*.DAT)|*.dat|Text files(*.txt)|*.txt||”;
```

2）使用 CFileDialog::DoModal()显示文件对话框，若 DoModal 返回的是 IDOK，那么可以

用表 10-2 列出的 CFileDialog 类的成员函数来获取与所选文件有关的信息。

3）使用实例。

修改实例 1002，添加按钮“打开文件”，指定 ID 为 IDC_FILE_OPEN，添加命令消息映射，并编辑消息处理函数，代码如下。

```
void CMy1002Dlg::OnFileOpen()
{
        // TODO: 在此添加控件通知处理程序代码
        WCHAR szFilter[]=L"Data files (*.DAT)|*.dat|Text files(*.txt)|*.txt||";
        CFileDialogdlg(TRUE,NULL,NULL,OFN_HIDEREADONLY|OFN_OVERWRITEPROMPT,
        szFilter);
        if(dlg.DoModal()==IDOK)
        {;
                CClientDC dc(this);
                dc.TextOut(80,150,dlg.GetPathName());
        }
}
```

运行程序，单击“打开文件”按钮，程序弹出“打开”对话框。在对话框中选择文件后单击“打开”按钮，在对话框中输出文件名及路径，如图 10-14 所示。

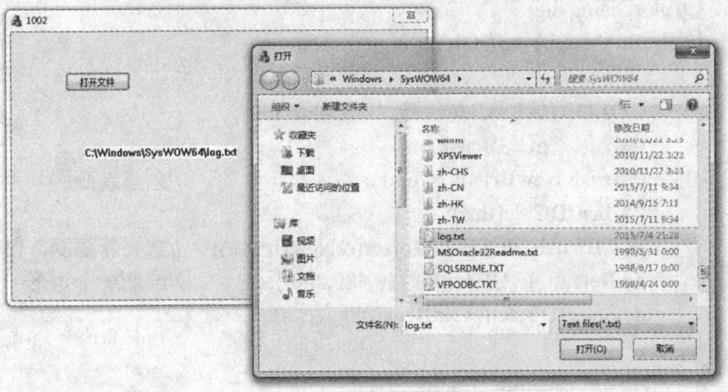

图 10-14　例 1002 演示文件“打开”对话框

10.6.2　CColorDialog

CColorDialog 类封装了用于实现颜色选择的公用对话框。CColorDialog 对话框如图 10-15 所示，在 Windows 的画板程序中，如果用户在颜色面板的某种颜色上双击，就会显示一个 CColorDialog 对话框来让用户选择颜色。

1. 类的成员函数

表 10-3 所示为 CColorDialog 类成员函数说明表。

表 10-3　CColorDialog 类成员函数说明表

成 员 函 数	描　　述
DoModal()	显示一个 Color 对话框，允许用户选择颜色
GetColor()	返回用户选择的颜色，得到一个 COLORREF 值
GetSavedCustomColors()	得到由用户创建的自定义色彩
OnColorOK()	一个虚拟方法，使输入对话框的色彩有效
SetCurrentColor()	设置目前的色彩选择

2. 使用方法

颜色对话框的使用方法与一般的模式对话框相同。

1）建立 CColorDialog 对象，颜色对话框的构造函数定义如下。

```
CColorDialog( COLORREF clrInit = 0, DWORD dwFlags = 0, CWnd* pParentWnd = NULL );
```

各参数的含义如下。

clrInit 用来指定初始的颜色选择，如果没有设置，默认为 RGB（0，0，0）（黑色）。

dwFlags 用来设置对话框外观的一组标识。

pParentWnd 用于指定对话框的父窗口或拥有者窗口指针。

2）调用 DoModal 成员函数显示对话框，并允许用户选择颜色，如果 DoModal()返回 IDOK，可以调用 CColorDialog 的成员函数获取用户选择的颜色信息。

修改例 1002，添加按钮“取得颜色”，指定 ID 为 ID_GETCOLOR，添加命令消息映射函数，并编辑消息处理函数，代码如下。

```
void CMy1002Dlg::OnGetColor()
{
    // TODO: 在此添加控件通知处理程序代码
    CColorDialog dlg;
    if(dlg.DoModal()==IDOK)
    {
        COLORREF rColor=dlg.GetColor();
        CBrush *pOldBrush;
        CBrush NewBrush(rColor);                    //创建新画刷
        CClientDC dc(this);
        pOldBrush=dc.SelectObject(&NewBrush);   //选择新画刷，保存旧画刷
        dc.Rectangle(CRect(80,110,480,280));      //绘制一个矩形
        dc.SelectObject(pOldBrush);
    }
}
```

运行程序，单击“取得颜色”按钮，程序弹出“颜色”对话框，选中颜色后单击“确定”按钮，对话框中将用选中颜色填充绘制一个矩形，如图 10-15 所示。

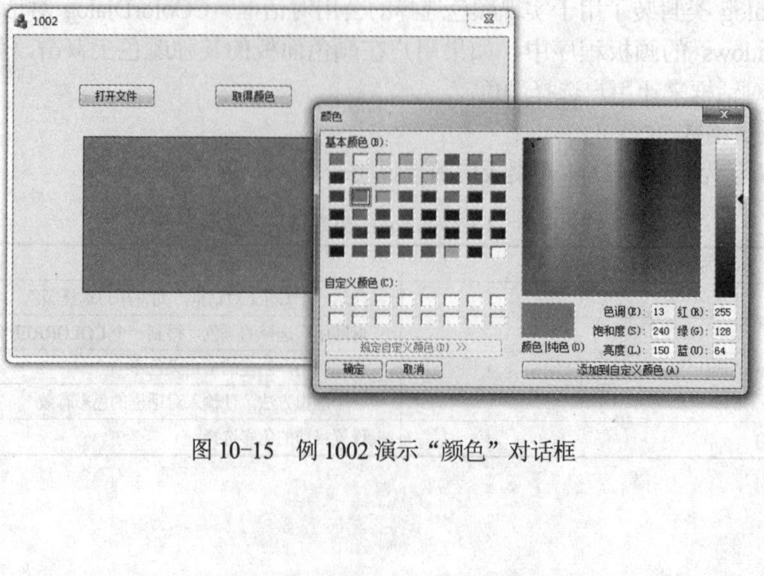

图 10-15 例 1002 演示“颜色”对话框

10.6.3 CFontDialog

CFontDialog 类封装了字体对话框，该对话框可以显示当前系统中安装的字体列表，通过该对话框用户可以选择字体。CFontDialog 对话框如图 10-16 所示。

1. 类的成员函数

表 10-4 所示为 CFontDialog 类的成员函数说明表。

表 10-4 CFontDialog 类的成员函数说明表

类 成 员	描 述
DoModal	显示对话框并允许用户做出选择
GetCurrentFont	得到当前选定字体的名称
GetFaceName()	得到已选定字体的名称
GetStyleName()	得到已选定字体的样式名称
GetSize()	得到已选定字体的点尺寸
GetColor()	得到已选定字体的颜色
GetWeight()	得到选定字体的权值
IsStrikeOut()	确定字体是否使用了删除线
IsUnderline()	确定字体是否使用了下画线
IsBold()	确定字体是否为黑体
IsItalic()	确定字体是否为斜体

2. 使用方法

字体对话框的使用方法与一般模式对话框相同。

1）建立 CFontDialog 对象，字体对话框的构造函数定义如下。

```
CFontDialog (LPLOGFONT lplfInitial = NULL , DWORD dwFlags = CF_EFFECTS | CF_SCREENFONTS,CDC* pdcPrinter = NULL, CWnd* pParentWnd = NULL);
```

各参数的含义如下。

lplfInitial 指向一个 LOGFONG 结构，用来初始化对话框中的字体设置。

dwFlags 用于设置对话框。

pdcPrinter 指向一个代表打印机的 CDC 对象，若设置该参数，则选择的字体就为打印机所用。

pParentWnd 用于指定对话框的父窗口或拥有者窗口。

2）在初始化对话框的控制之后，应用程序可以调用 DoModal 成员函数显示此对话框并允许选择字体。如果 DoModal 返回 IDOK，那么可以调用 CFontDialog 的成员函数来获得所选字体的信息。

修改实例 1002，添加按钮“选择字体”，指定 ID 为 ID_GETFONT，添加命令消息映射，并编辑消息处理函数，代码如下。

```
void CMy1002Dlg::OnGetFont()
{
    // TODO: 在此添加控件通知处理程序代码
    CFontDialog   dlg;
    if(dlg.DoModal()==IDOK)
    {
        dlg.GetCurrentFont(&lf);
```

```
        HFONT hfont = ::CreateFontIndirect(&lf);
        CFont* pfont = CFont::FromHandle(hfont);//将 HFONT 转换为 CFont*
        CClientDC dc(this);
        int OldBkMode=dc.SetBkMode(TRANSPARENT);
        CFont* def_font = dc.SelectObject(pfont);
        COLORREF OldColor,CurColor=dlg.GetColor();
        OldColor=dc.SetTextColor(CurColor);
        dc.TextOut(100, 120, L"字体演示");
        dc.SelectObject(def_font);
        ::DeleteObject(hfont);                          //释放 hfont
        dc.SetBkMode(OldBkMode);
        dc.SetTextColor(OldColor);
    }
}
```

运行程序，在对话框中单击“选择字体”按钮，程序弹出“字体”对话框，用户在对话框中选中字体和颜色后单击“确定”按钮，在对话框中将用选中的颜色和字体输出“字体演示”4 个字，如图 10-16 所示。

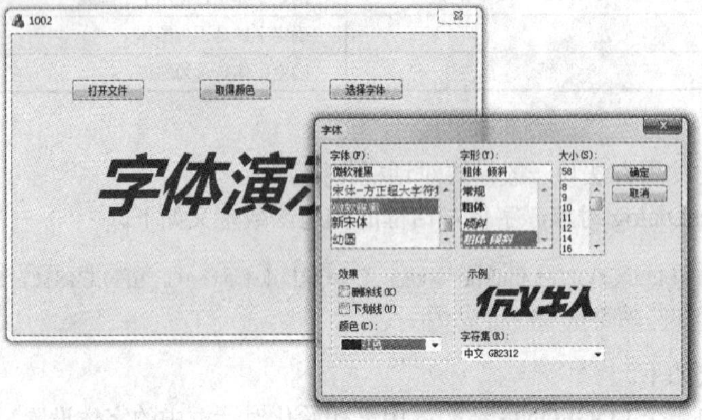

图 10-16　例 1002 演示 Font 对话框

10.7　小结

本章讲述了对话框的有关基本概念，如何使用对话框模板编辑对话框资源，以及对话框类的应用，同时简要介绍了按钮与编辑框控件的使用。本章要求读者熟练掌握使用对话框模板编辑对话框资源的方法，并掌握如何向对话框添加控件及控件的组织，为下一章学习各类控件的深入应用打下基础。

通过本章的学习，读者应该掌握以下几点内容。

- 在程序中使用模式对话框。
- 在程序中使用非模式对话框。
- 编写基于对话框的程序。
- 在程序中使用通用对话框：CFileDialog 类、CColorDialog 类和 CFontDialog 类。

10.8 习题

1. 什么是对话框？什么是控件？简述对话框与控件的关系。

2. 新建一个基于对话框的工程，设置对话框 ID 为 ExpDlgl，设置 Caption 为 NewDlg，字体为 12 号，位置居中，并设置为不可见。

3. 创建一个基于对话框的 MFC 程序，运行显示结果如图 10-17 所示。

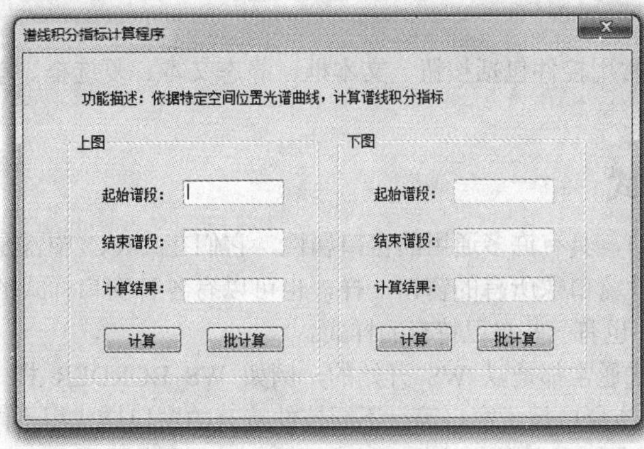

图 10-17　运行结果

4. 简述模式对话框和非模式对话框的概念及它们的区别。

5. 什么是通用对话框？最常用的通用对话框有哪几种？

6. 创建一个简单的计算器程序，可以实现加、减、乘、除运算功能。

7. 编写一个文档视图程序，要求其能实现以下功能。

1）可以用来打开及显示文本文件内容。

2）可以通过对话框设置所显示的文本的字体及其颜色。

第11章　常 用 控 件

11.1　概述

Windows 内置的常用控件包括按钮、文本框、静态文本、复选框、单选按钮、进程条、滑动条、微调和组合框等。

11.1.1　控件窗口样式

控件作为一个窗口，具有许多通用的窗口属性，它们在 MFC 中都是由同一个类 CWnd 继承下来的，所以控件窗口像所有的窗口一样，也可以有各种窗口样式的组合。除了 CWnd 的窗口样式，按钮往往也有一些自己特有的样式。

CWnd 的窗口样式通常都是以 WS_开始的，例如 WS_BORDER 样式说明窗口有边框，WS_CHILD 样式说明该窗口是子窗口等。不同控件特有的窗口样式用不同的字母开头，例如同样是文字居中显示，按钮控件的样式为 BS_CENTER，编辑框控件的样式是 ES_CENTER。

控件窗口的样式可以在使用资源管理拖放控件时通过控件的属性窗口设定，也可以在程序代码中使用控件类的成员函数指定或修改。

11.1.2　控件的通知消息

当控件的状态发生变化时（例如用户在控件上进行输入操作），控件就会向其父窗口发送相应的通知消息。在 MFC 中，有专门的消息映射宏可以将这些消息与相应的消息处理函数关联起来，使程序能够方便及时地响应控件状态的变化，并对用户的输入进行处理。

控件的通知消息有 WM_COMMAND 和 WM_NOTIFY 两种。通常简单的通知使用 WM_COMMAND 消息，如鼠标在按钮控件上单击，控件向父窗口发送 WM_COMMAND 消息 BN_CLICKED。复杂的通知使用 WM_NOTIFY 消息，如树控件中选项的改变，控件向父窗口发送 WM_NOTIFY 消息 TCN_SELCHANGE。

若控件的父窗口对象没有处理控件发出的某项通知消息，该消息也可以被控件自己的消息处理函数接收处理。

11.1.3　控件类的成员函数

在应用程序创建控件后，需要向控件发送消息让控件完成特定的任务。MFC 在控件类中定义的成员函数封装了向控件发送控制消息的过程，用户通常通过调用控件类的成员函数即可完成对控件的各种控制。

例如在 Windows 应用程序中，更改控件上的文本内容需要向该控件发送 WM_SETTEXT 消息进行设置。在 MFC 框架程序中，MFC 的控件类使用 SetDlgItemText()及 SetDlgItemInt()成员函数封装了 WM_SETTEXT 消息的发送过程，用户可以在程序中直接使用 SetDlgItemText() 或 SetDlgItemInt()函数，即可实现对控件上的文本内容的设置。

11.1.4 控件的创建方式

控件的创建方式主要有以下两种。

一种是在资源编辑器的工具箱中直接将控件拖放到对话框的资源模板上，在这种方式下控件是以资源的形式保存在可执行文件中的，当用户程序启动对话框时，应用程序就会自动为对话框创建控件。在第 10 章中就是用这种方式来创建按钮、静态文本等控件的。

另一种方式是在程序运行时动态地创建控件，在这种方式下，创建控件的步骤如下。

1）建立控件类的对象。

2）使用控件类的 Create()函数创建控件，创建的控件窗口风格中要包含 WS_CHILD 属性。

3）使用控件对象的 MoveWindow()函数将控件放置于窗口的指定位置。

11.2 按钮控件（BUTTON）

MFC 从 CWnd 派生的 CButton 类封装了按钮的操作，按钮在工具箱中的图标为 □，通常显示为一个突起的矩形窗口。每一个按钮可代表一个单独的命令，单击按钮就会激发该命令所要执行的动作。

11.2.1 按钮控件的样式

表 11-1 所示为按钮控件的常用特有样式。

表 11-1 按钮控件的常用特有样式

样　式	说　明
BS_PUSHBUTTON	普通按钮
BS_DEFPUSHBUTTON	默认按钮
BS_RADIOBUTTON	单选按钮（参见“11.7 单选按钮控件”一节）
BS_CHECKBOX	复选框（参见“11.6 复选框控件”一节）
BS_OWERDRAW	自绘按钮（允许在 CButton 的派生类中绘制按钮样式）
BS_TEXT	按钮上存在文本
BS_ICON	按钮上存在图标
BS_BITMAP	按钮上存在位图
BS_CENTER	按钮上的文本居中
BS_LEFT	按钮上的文本左对齐
BS_RIGHT	按钮上的文本居中
BS_USERBUTTON	用户自定义按钮

11.2.2 按钮控件的通知消息

表 11-2 所示为按钮控件的常用通知消息。

表 11-2 按钮控件的常用通知消息

消　息	说　明
BN_CLICKED	按钮的单击消息
BN_DOUBLECLICKED	按钮的双击消息
BN_SETFOCUS	按钮获得焦点
BN_KILLFOCUS	按钮失去焦点

11.2.3 按钮控件类的成员函数

表 11-3 所示为 CButton 部分常用成员函数。

表 11-3 CButton 部分常用成员函数

成员函数	说明
Create	创建一个 CButton 对象
GetState	取得按钮控件的状态
SetState	设置按钮控件的状态
GetCheck	取得按钮控件的选中状态
SetCheck	设置按钮控件的选中状态
GetButtonStyle	取得按钮控件的风格
SetButtonStyle	设置按钮控件的风格
GetIcon	取得此前调用 SetIcon 设置的图标句柄
SetIcon	指定一个在按钮上显示的图标
GetBitmap	取得此前调用 SetBitmap 设置的位图的句柄
SetBitmap	设置在按钮上显示的位图
GetCursor	取得此前调用 SetCursor 设置的光标图像的句柄
SetCursor	设置在按钮上显示的光标图像

11.2.4 按钮控件使用实例

程序运行结果如图 11-1 所示，左边 3 个按钮可更改对话框标题栏的文字，“隐藏”按钮可控制左边 3 个按钮的隐藏或显示，“禁用”按钮可控制左边 3 个按钮的无效或有效。

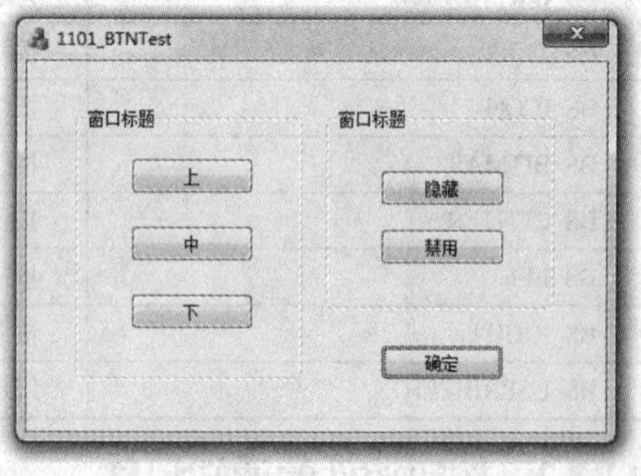

图 11-1 例 1101_BTNTest 运行结果

1. 建立框架程序

1）使用“新建项目向导”建立基于对话框的框架程序，设置项目名称为 1101_BTNTest。

2）在资源编辑器中编辑对话框模板，删除向导生成的控件，添加 5 个按钮控件并依次命名，如图 11-1 所示。

3）依次为新建的 5 个按钮设置 ID，左面 3 个自上而下分别设置为 ID_TOP、ID_CENTER 和 ID_BOTTOM，右面两个自上而下分别设置为 ID_HIDESHOW 和 ID_ENABLE。

4）为 5 个按钮控件添加相关成员对象，添加方法与添加成员变量相同，只是在“添加成员变量向导”对话框的“类别”下拉列表框中选择 Control 选项，在“变量类型”下拉列表框中选择 CButton 选项，如图 11-2 所示。

控件的成员对象和成员变量的区别是，成员变量是一个值，而成员对象可以发送和接收消息，完成各种动作。依次为 5 个控件添加成员对象并命名为 m_ctlTop、m_ctlCenter、 m_ctlBottom、m_ctlHideShow 和 m_ctlEnable。

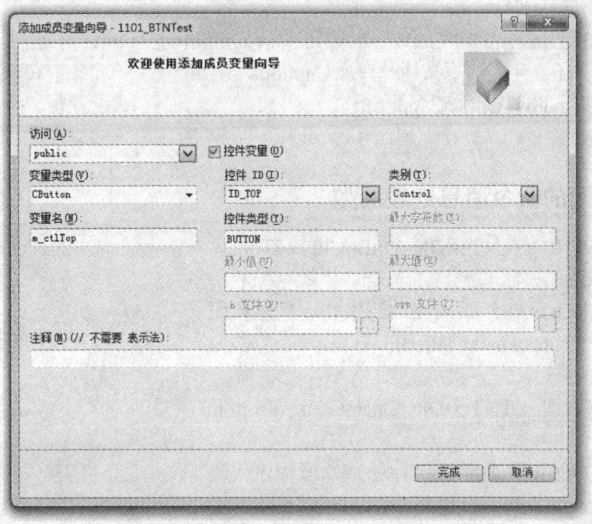

图 11-2　为控件添加成员对象

5）为 5 个按钮控件分别添加 BN_CLICKED 事件处理程序。

2. 控制按钮的显示和隐藏以及修改按钮标题

```
void CMy1101_BTNTestDlg::OnBnClickedHideShow()
{
	// TODO:  在此添加控件通知处理程序代码
	BOOL bVisible=m_ctlTop.IsWindowVisible();                  //判断按钮是否可见
	m_ctlTop.ShowWindow(bVisible?SW_HIDE:SW_SHOW);             //控制按钮是否显示
	m_ctlCenter.ShowWindow(bVisible?SW_HIDE:SW_SHOW);          //控制按钮是否显示
	m_ctlBottom.ShowWindow(bVisible?SW_HIDE:SW_SHOW);          //控制按钮是否显示
	m_ctlHideShow.SetWindowText(bVisible?L"显示":L"隐藏");       //修改按钮文字
}
```

3. 按钮功能的禁止和恢复

```
void CMy1101_BTNTestDlg::OnBnClickedEnable()
{
	// TODO:  在此添加控件通知处理程序代码
	                                                 //判断按钮是否有效
	BOOL bState=m_ctlTop.IsWindowEnabled();          //判断按钮是否可用
	m_ctlTop.EnableWindow(!bState);                  //控制按钮是否可用
	m_ctlCenter.EnableWindow(!bState);               //控制按钮是否可用
	m_ctlBottom.EnableWindow(!bState);               //控制按钮是否可用
	m_ctlEnable.SetWindowText(bState?L"可用":L"禁用");//修改按钮文字
}
```

4. 取得按钮上的文本及更改对话框标题

为对话框类添加成员函数 ChangeDialogTitle()。该函数取得指定 ID 的按钮上的文本，并使用该文本更改对话框标题。为类添加成员函数可以通过直接编辑源程序文件实现，也可以使用类的快捷菜单中的 “添加成员函数向导” 命令实现。成员函数代码如下。

```
void CMy1101_BTNTestDlg::ChangeDialogTitle(UINT nID)
{
        CString strCaption;
        GetDlgItem(nID)->GetWindowText(strCaption);         //取得按钮上的文本
        strCaption= L"按下按钮："+strCaption;                  //准备窗口标题
        SetWindowText(strCaption);                          //设置窗口标题
}
```

5. 更改对话框标题的命令消息处理函数

```
void CMy1101_BTNTestDlg::OnBnClickedTop()
{
        // TODO: 在此添加控件通知处理程序代码
            ChangeDialogTitle(ID_TOP);                      //设置窗口标题
}
void CMy1101_BTNTestDlg::OnBnClickedBottom()
{
        // TODO: 在此添加控件通知处理程序代码
        ChangeDialogTitle(ID_BOTTOM);                       //设置窗口标题
}
void CMy1101_BTNTestDlg::OnBnClickedCenter()
{
        // TODO: 在此添加控件通知处理程序代码
        ChangeDialogTitle(ID_CENTER);                       //设置窗口标题
}
```

11.3 编辑框控件（EDITBOX）

MFC 从 CWnd 派生的 CEdit 类封装了编辑控件的功能，编辑控件也称为编辑框，在工具箱中的图标为 abl 。编辑框是一个矩形子窗口，允许用户输入或改变文本，它是对话框中用户进行输入的常用工具。

11.3.1 编辑框控件的样式

表 11-4 所示为 CEdit 编辑框控件的常用特有样式。

表 11-4 CEdit 编辑框控件的常用特有样式

样 式	说 明
ES_AUTOHSCROLL	当用户输入超出窗口时，窗口自动水平滚动
ES_AUTOVSCROLL	当用户输入超出窗口时，窗口自动垂直滚动
ES_CENTER	文本居中显示
ES_LEFT	文本左对齐显示
ES_RIGHT	文本右对齐显示
ES_READONLY	只读编辑框
ES_UPPERCASE	自动将输入以大写显示
ES_LOWERCASE	自动将输入以小写显示
ES_PASSWORD	密码输入框，用户的输入以*显示
ES_MULTILINE	多行编辑框

11.3.2 编辑框控件的通知消息

表 11-5 所示为编辑框控件的常用通知消息。

表 11-5 编辑框控件的常用通知消息

消　息	说　明
EN_SETFOCUS	编辑框获取输入焦点
EN_KILLFOCUS	编辑框失去输入焦点
EN_CHANGE	编辑框的内容发生变化
EN_UPDATE	编辑框的内容被更新
EN_MAXTEXT	编辑框的用户输入已达到允许的最大字节数
EN_HSCROLL	编辑框中的内容水平滚动
EN_VSCROLL	编辑框中的内容垂直滚动

11.3.3 编辑框控件类的成员函数

表 11-6 所示为 CEdit 部分常用成员函数

表 11-6 CEdit 部分常用成员函数

成 员 函 数	说　明
Create	创建一个 CEdit 对象
EmptyUndoBuffer	重新设置（清除）编辑控件的撤销标记
FmtLines	设置在多行编辑控件中的软回车打开或关闭
LimitText	用户在输入文本时的文本长度限制
LineFromChar	获得包含指定字符索引的行的数目
LineIndex	获得在多行编辑控件中的某行的字符索引
LineLength	获得编辑控件中的行的长度
LineScroll	在多行编辑控件中滚动文本
ReplaceSel	用指定文本覆盖编辑控件中当前被选中的文本
SetPasswordChar	设置或清除当用户输入文本时在编辑控件中显示的口令
SetRect	设置多行编辑控件的带格式的矩形，并更新该控件
GetCursor	取得此前调用 SetCursor 设置的光标图像的句柄
SetRectNP	设置多行编辑控件的带格式的矩形，而不必重新绘制
SetSel	在编辑控件中选定文本
SetTabStops	设置多行编辑控件的制表键停顿位
SetReadOnly	为编辑控件设置只读状态
Undo	撤销上一次的编辑控件操作
Clear	删除（清除）编辑控件中当前选中的文本
Copy	将编辑控件中的当前选中文本以 CF_TEXT 格式复制到剪贴板中
Cut	删除编辑控件中当前选中的文本，然后执行 Copy
Paste	在当前光标位置插入剪贴板内 CF_TEXT 格式的文本

11.3.4 编辑框控件使用实例

程序运行结果如图 11-3 所示，两个“显示”按钮分别控制两个编辑框中文字的显示，两个“清除”按钮分别用于清除两个编辑框的文字，“>>”按钮可将第一个文本框的内容复制到系统剪贴板和第二个文本框。

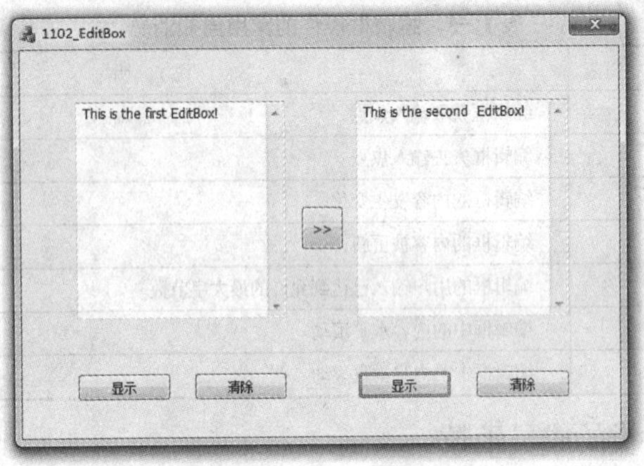

图 11-3 例 1102_EditBox 运行结果

1. 建立框架程序

1）使用“新建项目向导”建立基于对话框的框架程序，设置项目名称为 1102_EditBox。

2）在资源编辑器中为对话框模板添加 5 个按钮控件和两个编辑框控件。打开编辑框属性窗口，修改“行为\Multiline”为 True，使得编辑框可以输入多行文本，修改“行为\Want Return”为 True，使得编辑框可以输入<Enter>；修改“外观\Vertical Scroll”为 True，为编辑框加上垂直卷滚条。最好为按钮控件命名，效果如图 11-3 所示。

3）依次为新建的 7 个控件设置 ID，编辑框控件从左到右依次为 IDC_EDIT1 和 IDC_EDIT2，上面的一个按钮为 IDC_COPY，下面的 4 个按钮从左到右依次为 ID_SHOW1、ID_CLEAR1、ID_SHOW2 和 ID_CLEAR2。

4）为两个编辑框控件添加 CEdit 变量类型的成员对象，并依次命名为 m_ctlEdit1 和 m_ctlEdit2。

5）为 5 个按钮控件添加 BN_CLICKED 事件处理程序。

2. 选取更改编辑框的内容

```
void CTestAppDlg::OnShow1()
{
        // TODO: Add your control notification handler code here
        m_ctlEdit1.SetSel(0,-1);                              //选中编辑框中的所有文字
        m_ctlEdit1.ReplaceSel(L"This is the first EditBox!"); //用新文本代替选中内容
}
void CTestAppDlg::OnClear1()
{
        // TODO: Add your control notification handler code here
        m_ctlEdit1.SetSel(0,-1);                              //选中编辑框中的所有文字
        m_ctlEdit1.ReplaceSel(L"");                           //用空代替选中内容
}
void CTestAppDlg::OnShow2()
{
        // TODO: Add your control notification handler code here
        m_ctlEdit2.SetSel(0,-1);                              //选中编辑框中的所有文字
```

```
        m_ctlEdit2.ReplaceSel(L"This is the second EditBox!");      //用新文本代替选中内容
}
void CTestAppDlg::OnClear2()
{
        // TODO: Add your control notification handler code here
        m_ctlEdit1.SetSel(0,-1);                                    //选中编辑框中的所有文字
        m_ctlEdit1.ReplaceSel(L"");                                 //用空代替选中内容
}
```

3. 复制并粘贴编辑框的内容

CEdit 编辑框控件支持剪贴板功能，使用〈Ctrl+C〉组合键可以复制选中的控件文本到剪贴板，在控件窗口使用〈Ctrl+V〉组合键可以复制剪贴板中的文本到控件窗口。另外使用 CEdit 类的成员函数也可以实现复制和粘贴功能。

```
void CTestAppDlg::OnCopyButton()
{
        // TODO: Add your control notification handler code here
        m_ctlEdit1.SetSel(0,-1);                 //选中编辑框中的所有文字
        m_ctlEdit1.Copy();                       //将 Edit1 中的内容复制到剪贴板
        m_ctlEdit2.SetSel(0,-1);                 //选中编辑框中的所有文字
        m_ctlEdit2.ReplaceSel(L"");              //用空代替选中内容
        m_ctlEdit2.Paste();                      //将剪贴板上的内容粘贴到 Edit2 编辑框中
}
```

11.4 静态控件（STATIC）

MFC 从 CWnd 派生的 CStatic 类封装了静态控件的功能，静态控件在工具箱中的图标为 。静态控件可用来向用户显示文本、图标、指针 cursor 和位图等，用户通常不能改变这些内容或者与控件交互，静态控件是只读控件。然而，在需要的时候也可以通过程序改变静态控件所显示的内容。

11.4.1 静态控件的样式

表 11-7 所示为 CStatic 静态控件的常用特有样式

表 11-7　CStatic 静态控件的常用特有样式

样　式	说　明
SS_LEFT	文本左对齐
SS_CENTER	文本居中对齐
SS_RIGHT	文本右对齐
SS_LEFTNOWORDWRAP	文本左对齐，不换行
SS_BITMAP	此风格用于位图
SS_ICON	此风格用于光标和图标
SS_ENHMETAFILE	此风格用于增强的图元文件
SS_CENTERIMAGE	用来使静态控件中的图像居中
SS_NOTIFY	可向父窗口发出鼠标单击消息

11.4.2 静态控件的通知消息

表 11-8 所示为静态控件的常用通知消息

表 11-8 静态控件的常用通知消息

消　息	说　明
STN_ENABLE	控件被起用
STN_DISABLE	控件被禁止
STN_CLICKED	控件被单击
STN_DBLCLK	控件被双击

11.4.3 静态控件类的成员函数

表 11-9 所示为 CStatic 常用成员函数

表 11-9 CStatic 常用成员函数

消　息	说　明
Create	创建一个 CEdit 对象
GetBitmap	获取先前用 SetBitmap 设置的与 CStatic 关联的位图句柄
GetCursor	返回一个当前图标句柄。如果没有设置图标则返回 NULL
GetEnhMetaFile	返回一个当前增强图元文件句柄。如果没有则返回 NULL
GetIcon	返回一个当前图标句柄。如果没有则返回 NULL
SetBitmap	将一个新的位图与此静态控件关联
SetCursor	将一个新的光标与此静态控件关联
SetEnhMetaFile	将一个新的增强图元文件与此静态控件关联
SetIcon	将一个新的图标与此静态控件关联

11.4.4 静态控件使用实例

程序运行结果如图 11-4 所示，使用静态控件显示当前计算机名称和内存使用情况。单击“刷新”按钮，可实时更新显示信息。

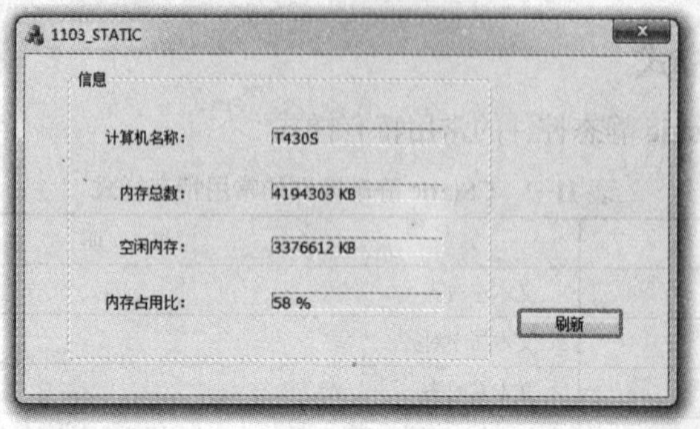

图 11-4 例 1103_STATIC 运行结果

1. 建立程序框架

1）使用“新建项目向导”建立基于对话框的框架程序，设置项目名称为 1103_STATIC。

2）在资源编辑器中为对话框模板添加 8 个静态控件和一个按钮控件，并为左侧的 4 个静态控件和按钮控件命名，效果如图 11-4 所示。

3）将按钮控件的 ID 设置为 ID_REFRESH，为右侧的 4 个静态控件从上到下依次设置 ID 为 IDC_COMPUTERNAME、IDC_TOTALMEMORY、IDC_FREEMEMORY 和 IDC_MEMORYLOAD。

4）为右侧的 4 个静态控件添加相关成员变量（CString 类型，注意将“添加成员变量向导”中的“类别”设置为 Value），并依次命名为 m_strComputerName、m_strTotalMemory、m_strFreeMemory 和 m_strMemoryLoad。

5）为 ID_REFRESH 按钮控件添加 BN_CLICKED 事件处理程序。

2. 更新静态控件内容

```
void CMy1103_STATICDlg::OnRefresh()
{
        // TODO: Add your control notification handler code here
        WCHAR szBuffer[256];
        DWORD dwSize=256;

        GetComputerName(szBuffer,&dwSize); // 得到计算机的名称并保存在 szBuffer 中
        m_strComputerName=szBuffer;
        MEMORYSTATUS mem_stat;                    //此结构包含了物理内存和虚拟内存的细节
        GlobalMemoryStatus(&mem_stat);            //取得内存状态
        m_strTotalMemory.Format("%ld KB",mem_stat.dwTotalPhys/1024);
        m_strFreeMemory.Format("%ld KB",mem_stat.dwAvailPhys/1024);
        m_strMemoryLoad.Format("%d %%",mem_stat.dwMemoryLoad);
        UpdateData(FALSE);                        //更新静态控件内容
}
```

11.5 修改控件的字体和颜色

通过对话框资源模板的属性对话框，可以更改对话框的字体。这种更改对话框字体的方法是针对整个对话框及对话框上所有控件的。本节介绍单独更改对话框上某个控件的字体和颜色的方法。

11.5.1 修改控件的字体

1. 更改字体的方法

可以通过控件的 ID 在对话框初始化函数中设定指定控件的字体，控件字体的函数 CWnd::SetFont 定义如下。

```
void SetFont(
    CFont* pFont,                //设置的新字体指针
    BOOL bRedraw = TRUE          //是否更新重画窗口
);
```

首先在对话框主窗口中通过调用 CWnd::GetDlgItem 函数取得窗口内指定控件的窗口指针，然后通过该窗口指针调用 SetFont 设置控件的字体。

修改项目 1103_STATIC，更改控件字体，运行程序后的显示效果如图 11-5 所示。

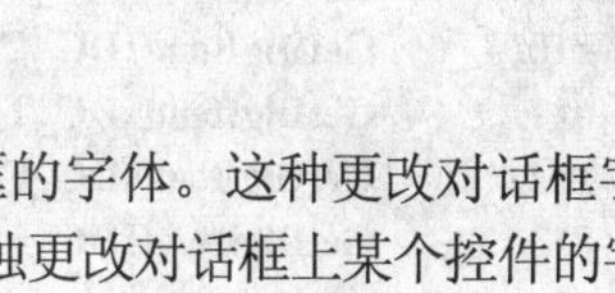

图 11-5 例 1103_STATIC 修改后的运行结果

2. 实例

1）更改对话框资源模板中每个控件占用的空间大小，使其可以容纳更改字体大小后的文本内容。为了显示的美观，使放大后的控件占用空间右侧对齐。

2）将对话框左侧一列的 STATIC 控件的 ID 依次改为 IDC_STATIC1、IDC_STATIC2、IDC_STATIC3 和 IDC_STATIC4。通过控件的属性窗口，将这一组 4 个控件的"外观/Align Text"改为 Right，使文本显示时靠右侧对齐。

3）为对话框类 CMy1103_STATICDlg 添加两个字体 CFont 类对象成员 m_Font1 和 m_Font2;

4）修改对话框类初始化函数 OnInitDialog()，实现控件字体的设置。下面程序代码中的粗体部分用于实现控件字体的设置。

```
BOOL CMy1103_STATICDlg::OnInitDialog()
{
…
        m_Font1.CreateFont(25,12,0,0,FW_BOLD,0,0,0,GB2312_CHARSET,OUT_DEFAULT_
    PRECIS,CLIP_DEFAULT_PRECIS,DRAFT_QUALITY,DEFAULT_PITCH|FF_
    SCRIPT,L"黑体");
        m_Font2.CreateFont(20,10,0,0,FW_BOLD,0,0,0,GB2312_CHARSET,OUT_DEFAULT_
    PRECIS,CLIP_DEFAULT_PRECIS,DRAFT_QUALITY,DEFAULT_PITCH|FF_
    SCRIPT,L"宋体");
        GetDlgItem(IDC_STATIC1)->SetFont(&m_Font1);
        GetDlgItem(IDC_STATIC2)->SetFont(&m_Font2);
        GetDlgItem(IDC_STATIC3)->SetFont(&m_Font2);
        GetDlgItem(IDC_STATIC4)->SetFont(&m_Font2);
        GetDlgItem(IDC_COMPUTERNAME)->SetFont(&m_Font2);
        GetDlgItem(IDC_TOTALMEMORY)->SetFont(&m_Font2);
        GetDlgItem(IDC_FREEMEMORY)->SetFont(&m_Font2);
        GetDlgItem(IDC_MEMORYLOAD)->SetFont(&m_Font2);
…
}
```

11.5.2 修改控件的颜色

1. 更改颜色的方法

在控件需要指定颜色时，MFC 框架程序向对话框主窗口发送 WM_CTLCOLOR 消息，对话框类 CDialogEx 的消息处理函数 OnCrtlColor 可处理该消息，用户在 CDialogEx 派生类中添加 WM_CTLCOLOR 消息处理成员函数可以设定控件的颜色。CDialogEx::OnCrtlColor() 定义如下。

```
afx_msg HBRUSH OnCtlColor(
    CDC* pDC,          //控件窗口的 CDC
    CWnd* pWnd,        //控件窗口指针
    UINT nCtlColor     //控件类型
);
```

函数应该返回用于绘制控件背景的画笔。函数参数 nCtlColor 的控件类型定义如表 11-10 所示

表 11-10 控件类型定义

消 息	说 明
CTLCOLOR_BTN	按钮控件
CTLCOLOR_DLG	对话框
CTLCOLOR_EDIT	编辑控件
CTLCOLOR_LISTBOX	列表框控件
CTLCOLOR_MSGBOX	消息框
CTLCOLOR_SCROLLBAR	滚动条控件
CTLCOLOR_STATIC	静态控件

首先在对话框主窗口中声明响应 WM_CTLCOLOR 消息的消息处理函数，并使用 ON_WM_CTLCOLOR 宏建立消息映射，然后在消息处理函数中使用 SetTextColor 设定控件文本的颜色，使用 SetBkColor 设定控件文本的背景颜色。

修改项目 1103_STATIC，更改控件文本颜色，运行程序后的显示效果如图 11-6 所示。

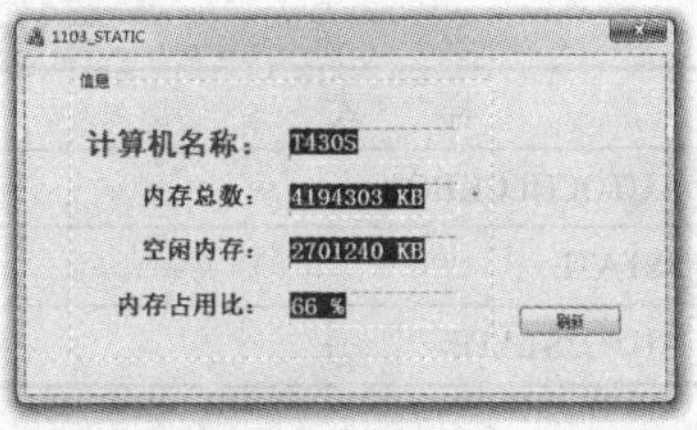

图 11-6 例“1103_STATIC”修改后运行结果

2. 实例

1）为 CMy1103_STATICDlg 类添加 WM_CTLCOLOR 消息处理函数 OnCtlColor。

2）修改对话框消息处理函数 OnCtlColor()，实现控件文本颜色的设置。下面程序代码中的粗体部分用于实现文本颜色的设置。

```
HBRUSH CMy1103_STATICDlg::OnCtlColor(CDC* pDC, CWnd* pWnd, UINT nCtlColor)
{
        HBRUSH hbr = CDialogEx::OnCtlColor(pDC, pWnd, nCtlColor);
        // TODO:  在此更改 DC 的任何特性
        switch(pWnd-> GetDlgCtrlID())
        {
        case IDC_STATIC1:
                pDC->SetTextColor(RGB(255,0,0));          //将控件 IDC_STATIC1 设置为红色
                break;
        case IDC_COMPUTERNAME:
        case IDC_TOTALMEMORY:
        case IDC_FREEMEMORY:
        case IDC_MEMORYLOAD:
                pDC->SetTextColor(RGB(255,255,255));     //将控件文字设置为白色
                pDC->SetBkColor(RGB(0,0,0));             //将控件背景设置为黑色
                break;
        }
        // TODO:  如果默认的不是所需画笔，则返回另一个画笔
        return hbr;
}
```

11.6 复选框控件（CHECKBUTTON）

复选框在 MFC 中对应的类也是 CButton，它在工具箱中的图标为☑，复选框实质是一种具有 BS_CHECKBOX 风格的按钮。

标准的复选框形式是在标签旁边有一个小框，当该选项被选中后，小框内会出现一个小的对勾，当该选项未被选中时，选框为空白，复选框还可以有第三种状态，即选框为暗色，表示该选项是不可以由用户选择的。

11.6.1 复选框控件的样式

表 11-11 所示为复选框控件的常用特有样式

表 11-11　复选框控件的常用特有样式

样　式	说　明
BS_AUTOCHECKBOX	自动复选框
BS_3STATE	三态复选框
BS_AUTO3STATE	自动三态复选框

11.6.2 复选框控件的通知消息

复选框的常用通知消息参见表 11-2。

11.6.3 复选框类成员函数

复选框的常用类成员函数参见表 11-3。

11.6.4 复选框控件使用实例

使用复选框的实例参见 11.7 单选按钮一节。

11.7 单选按扭控件（RADIOBUTTON）

单选按钮在 MFC 中对应的类也是 CButton，它在工具箱中的图标为◉，单选按钮实质是一种具有 BS_RADIOBUTTON 风格的按钮。单选按钮与复选框相似，不过单选按钮每次只能从两个或多个值中选中一个为打开状态。通常单选按钮都是用组框分组，每组单选按钮相互独立，这样每次每组中只有一个单选按钮可处于打开状态。

11.7.1 单选按钮控件的样式

表 11-12 所示为单选按钮控件的常用特有样式。

表 11-12　单选按钮控件的常用特有样式

样　式	说　明
BS_AUTORADIOBUTTON	自动单选按钮

11.7.2 单选按钮控件的通知消息

单选按钮的常用通知消息参见表 11-2。

11.7.3 单选按钮类的成员函数

单选按钮的类成员函数参见表 11-3。

11.7.4 复选框控件和单选按钮控件使用实例

程序运行结果如图 11-7 所示，用户输入姓名，并通过单选按钮输入性别，通过复选框输入爱好等信息，单击“提交”按钮后，弹出用户输入的各项信息。

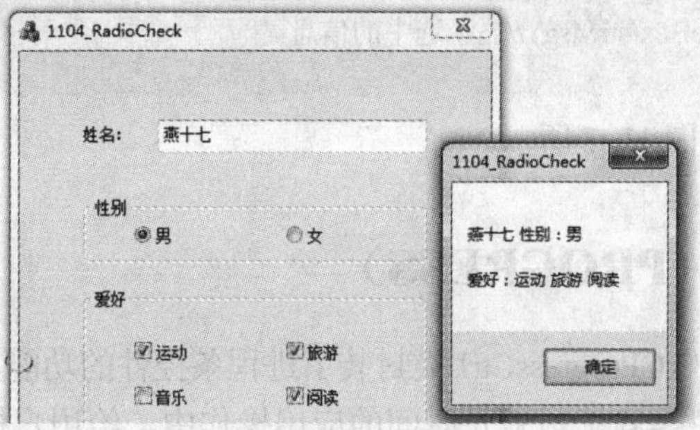

图 11-7 例 1104_RadioCheck 运行结果

1. 建立框架程序

1）使用“新建项目向导”建立基于对话框的框架程序，设置项目名称为 1104_RadioCheck。

2）在资源编辑器中为对话框模板添加 CEdit 控件，将 ID 指定为 IDC_NAME，并在对话框类 CMy1104_RadioCheckDlg 中为 IDC_NAME 添加 CSring 类型成员变量 m_strName。

3）在资源编辑器中为对话框模板添加 4 个复选框、两个单选按钮和一个标准按钮（Button）共 7 个控件。将标准按钮 ID 指定为 ID_UPLOAD，其他 6 个控件的 ID 可自行设定。7 个控件命名如图 11-7 所示。

4）通过选择“格式”→“Tab 键顺序”命令，设置两个单选按钮的顺序号是连续的。

5）将 Tab 顺序号在前的单选按钮中的 Group 属性设置为 True，并且为该单选按钮添加数据类型变量 m_bMale，设置类型为 BOOL 型。为 4 个复选框分别添加数据变量 m_bSports、m_bTravel、m_bMusic 和 m_bReading。如果单选按钮有多组，可为每组单选按钮的第一个设置 Group 属性，并让每组单选按钮保持 Tab 顺序号连续。

6）在对话框类 CMy1104_RadioCheckDlg 中为按钮控件添加 BN_CLICKED 事件处理程序。

2. 取得并显示用户输入

修改按钮命令消息处理函数，取得用户在复选框和单选按钮的输入并显示。下面程序代码中的粗体部分用于实现修改功能。

```
void CRadioCheckDlg::OnBnClickedShowmsg()
{
        // TODO：在此添加控件通知处理程序代码
        UpdateData(TRUE);  //将控件中的数据传入对应成员变量
        CString strMsg=m_strName;
        m_bMale==0?strMsg+=L" 性别：男":strMsg+=L" 性别：女";
```

```
        strMsg+=L" \n\n 爱好：";
        if(m_bSports)
              strMsg+=L"运动  ";
        if(m_bMusic)
              strMsg+=L"音乐  ";
        if(m_bTravel)
              strMsg+=L"旅游  ";
        if(m_bReading)
              strMsg+=L"阅读";
        MessageBox(strMsg);//显示选中的信息
    }
```

编译、运行，结果如图 11-7 所示。

11.8 进程条控件（PROGRESS）

MFC 从 CWnd 派生的 CProgressCtrl 类封装了进程条控件的功能，进程条控件在工具箱中的图标为。进程条控件是在一段较长时间的应用操作中，给用户提供一个可视的反馈的窗口。由于进程条控件只是不断地向用户通报操作的进展情况，因此进程条一般只用于输出。

进程条有一个取值范围及当前位置。范围指明某些操作的长度，当前位置指明该操作此时已进行多久。用这两个值可以自动确定控件的填入百分比。

11.8.1 进程条控件的样式

表 11-13 所示为进程条控件的常用特有样式。

表 11-13 进程条控件的常用特有样式

样　式	说　明
PBS_VERTICAL	进程条垂直显示，否则默认为水平显示
PBS_SMOOTH	平滑显示进程条，否则默认为按块显示

11.8.2 进程条控件的通知消息

表 11-14 所示为进程条控件的常用通知消息。

表 11-14 进程条控件的常用通知消息

消　息	说　明
NM_CUSTOMDRAW	已经完成重画
NM_OUTOFMEMORY	内存不足
NM_RELEASEDCAPTURE	拖动后释放鼠标
NM_THEMECHANGED	主题更改

11.8.3 进程条类的成员函数

表 11-15 所示为 CProgress 部分常用成员函数。

表 11-15　CProgress 部分常用成员函数

成员函数	设　置
SetRange()	设置进程条控件的最小值和最大值
GetRange()	获得进程条的取值范围
SetPos()	设置进程条的当前位置
GetPos()	获得进程条的当前位置
OffsetPos()	通过指定的增量设定进程条的当前位置
StepIt()	通过步进增量改变进程条的当前位置
SetStep()	指定进程条的步长

11.8.4　进程条控件使用实例

创建一个对话框程序，包括一个进程条控件和两个按钮。单击“开始”按钮可启动进程条，单击“停止”按钮可停止进程条。程序运行结果如图 11-8 所示。

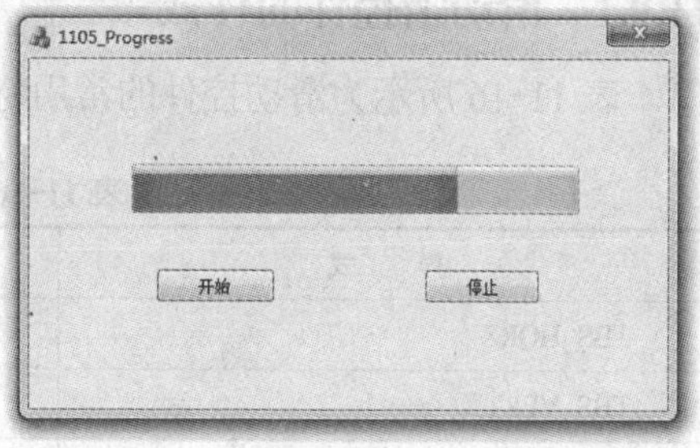

图 11-8　例 1105_Progress 运行结果

1）使用“新建项目向导”建立基于对话框的框架程序，设置项目名称为 1105_Progress。

2）在资源编辑器中删除对话框模板上默认的控件，添加两个按钮控件，将其 ID 依次设置为 IDC_BEGIN 和 IDC_STOP，并为按钮控件依次命名为“开始”和“停止”。

3）在对话框模板上添加一个进程条控件，将其 ID 设置为 IDC_PROGRESS，并为进程条控件添加成员对象，命名为 m_ctlProgress，效果如图 11-8 所示。

4）在 OnInitDialog() 函数中添加以下代码。

```
m_ctlProgress.SetRange(0,500);        //设置进程条控件行进范围为 0～499
m_ctlProgress.SetStep(1);             //设置进程条控件步进单位为 1
```

5）为“开始”按钮添加 BN_CLICKED 消息处理函数，在该函数中启动一个定时器。

```
void CMy1105_ProgressDlg::OnBnClickedStart()
{
        // TODO: 在此添加控件通知处理程序代码
        SetTimer(100,20,NULL);                      //设置 100 定时器，发出消息间隔 20ms
}
```

6）添加 OnTimer()消息处理函数，在该函数中启动进程条。当进度条走到头时，关闭定时器，停止进度条。

```
void CMy1105_ProgressDlg::OnTimer(UINT nIDEvent)
{
        // TODO: 在此添加消息处理程序代码和/或调用默认值
        if (m_ctlProgress.GetPos() == 499)          //判断是否走到末尾
            KillTimer(100);                         //取消步进定时器
        m_ctlProgress.StepIt();                     //进程条控件向前步进一步
        CDialogEx::OnTimer(nIDEvent);
```

```
}
```

7）为“停止”按钮添加 BN_CLICKED 消息处理函数，在该函数中取消定时器。

```
void CMy1105_ProgressDlg::OnBnClickedStop()
{
        // TODO: 在此添加控件通知处理程序代码
        KillTimer(100);//删除 100 定时器
}
```

11.9 滑动条控件（SLIDER）

MFC 从 CWnd 派生的 CSliderCtrl 类封装了滑动条控件的功能，滑动条控件在工具箱中的图标为。滑动条控件允许用户拖动控件上的指示块来设定数值。

11.9.1 滑动条控件的样式

表 11-16 所示为滑动控件的常用特有样式。

表 11-16 滑动控件的常用特有样式

样　式	说　明
TBS_HORZ	水平样式
TBS_VERT	垂直样式
TBS_AUTOTICKS	根据设定的单位长度标上刻度
TBS_NOTICKS	禁止显示刻度
TBS_BOTTOM	滑块的箭头朝下，且刻度在下方
TBS_TOP	滑块的箭头朝上，且刻度在上方
TBS_RIGHT	滑块的箭头朝右，且刻度在右方
TBS_LEFT	滑块的箭头朝左，且刻度在左方
TBS_BOTH	滑块的两边都有刻度
TBS_ENABLESELRANGE	使滑动条显示一个可供选择的范围

11.9.2 滑动条控件的通知消息

表 11-17 所示为滑动条控件的常用通知信息。

表 11-17 滑动条控件的常用通知消息

消　息	说　明
NM_CUSTOMDRAW	已经完成重画
NM_OUTOFMEMORY	内存不足
NM_RELEASEDCAPTURE	拖动后释放鼠标
NM_THEMECHANGED	主题更改
TRBN_THUMBPOSCHANGING	滑动条位置更改

（续）

消 息	说 明
WM_HSCROLL	水平拖动控件上的指示块时发送此消息
WM_VSCROLL	垂直拖动控件上的指示块时发送此消息

11.9.3 滑动条控件类的成员函数

表 11-18 所示为 CSlider 部分常用成员函数

表 11-18 CSlider 部分常用成员函数

成员函数	说 明
GetLineSize	获取一个滑动块控件的行大小
SetLineSize	设置一个滑动块控件的行大小
GetRangeMax	获取一个滑动块的位置的最大值
GetRangeMin	获取一个滑动块的位置的最小值
GetRange	获取一个滑动块的位置的最大值和最小值
SetRangeMin	设置一个滑动块的位置的最小值
SetRangeMax	设置一个滑动块的位置的最大值
SetRange	设置一个滑动块的位置的最小值和最大值
GetPos	获取滑动块的当前位置
SetPos	设置滑动块的当前位置
SetTic	设置指定刻度线的位置
GetTic	获取指定刻度线的位置
ClearTics	将当前刻度线从滑动块控件中移走

11.9.4 滑动条控件使用实例

建立一对话框程序，包括一个滑动条控件、一个进程条控件和一个文本框。当用户拖动滑动条的指示块时，进程条控件的进程条和文本框的数值随之变化。

1） 使用“新建项目向导”建立基于对话框的框架程序，设置项目名称为 1106_SLIDE R。

2） 在资源编辑器中为对话框模板添加一个滑动条控件指定 ID 为 IDC_SLIDER，添加一个进程条控件并指定 ID 为 IDC_PROGRESS，添加一个静态控件并指定 ID 为 IDC_NUM，并通过“属性”对话框为静态控件设定“外观/Sunken”属性，效果如图 11-9 所示。

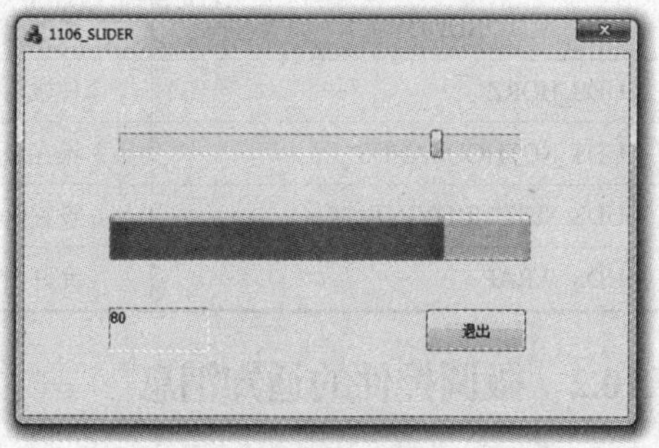

图 11-9 例 1106_SLIDER 运行结果

3）为滑动条添加控件对象 m_ctlSlider，为进程条添加控件对象 m_ctlProgress，为静态控件添加 CString 类型控件变量 m_strNum;

4）通过对话框类 CMy1106_SLIDERDlg 的

属性窗口，添加 WM_HSCROLL 消息处理函数，并添加以下代码。

```
void CMy1106_SLIDERDlg::OnHScroll(UINT nSBCode, UINT nPos, CScrollBar* pScrollBar)
{
    // TODO: 在此添加消息处理程序代码和/或调用默认值
    if(pScrollBar->GetDlgCtrlID()==IDC_SLIDER)          //判断是否是滑动条的消息
    {
        m_strNum.Format(L"%d",m_ctlSlider.GetPos());
        m_ctlProgress.SetPos(m_ctlSlider.GetPos());       //设置进度条控件的当前位置
        UpdateData(false);
    }
    CDialogEx::OnHScroll(nSBCode, nPos, pScrollBar);
}
```

编译、运行，结果如图 11-9 所示。

11.10 微调控件（Spin）

MFC 从 CWnd 派生的 CSpinButtonCtrl 类封装了微调控件的功能，微调控件在工具箱中的图标为 。微调控件通常需要与别的 Windows 控件一起使用，微调控件的箭头按钮在按动时增加或减少一个微调控件数值（称为当前位置），该值可以以数字的形式显示在一个伙伴窗口中，这种伙伴窗口通常是获取数值输入的编辑控件。

微调控件通常根据跳格顺序把它的前一个控件当成伙伴。

11.10.1 微调控件的样式

表 11-19 所示为微调控件的常用特有样式。

表 11-19 微调控件的常用特有样式

样　式	说　明
UDS_ALIGNLEFT	微调控件在伙伴窗口的左边
UDS_ALIGNRIGHT	微调控件在伙伴窗口的右边
UDS_ARROWKEYS	当按动上下箭头时允许增加或减少当前位置
UDS_AUTOBUDDY	通过选择前面的窗口自动设置伙伴窗口
UDS_HORZ	使微调控件的箭头水平放置而非上下
UDS_NOTHOUSANDS	不在每 3 个数字之间使用千分隔符
UDS_SETBUDDYINT	设置伙伴控件的正文用数字来显示
UDS_WRAP	允许当前位置循环，超过最大值则返回到最小值

11.10.2 微调控件的通知消息

表 11-20 所示为微调控件的常用通知消息。

表 11-20　微调控件的常用通知消息

消　息	说　明
WM_HSCROLL	当按动左右箭头时，具有 UDS_HORZ 样式的微调控件发送此消息
WM_VSCROLL	当按动上下箭头时，微调控件发送此消息
EN_UPDATE	当文本改变时，伙伴控件发送此消息

11.10.3　微调控件类的成员函数

表 11-21 所示为 CSpin 部分常用成员函数。

表 11-21　CSpin 部分常用成员函数

成员函数	说　明
SetAccel()	设置微调控件的加速器信息
SetBase()	设置微调控件的当前基数值
GetAccel()	获得微调控件的加速器信息
GetBase()	获得微调控件的当前基数值
GetPos()	获得微调控件的当前位置
SetPos()	设置微调控件的当前位置
GetRange()	为微调控件设置上下限
SetRange()	获得微调控件的上下限
SetBuddy()	为微调控件设置伙伴窗口
GetBuddy()	获得微调控件的伙伴窗口的指针
SetRange32()	为微调控件设置 32 位的指针值

11.10.4　微调控件使用实例

下面的实例就是利用 3 个微调控件分别表示红、绿、蓝三色的亮度，将组合成的颜色在右边的静态框中显示出来。

1）使用“新建项目向导”建立基于对话框的框架程序，设置项目名称为 1107_Spin。

2）在资源编辑器中为对话框模板添加 3 个文本编辑框控件、3 个 Spin 控件和一个静态控件，效果如图 11-10 所示。

3）3 个文本编辑框控件依次设定 ID 为 IDC_RED、IDC_GREEN 和 IDC_BLUE，将 3 个 Spin 控件的 ID 依次设定为 IDC_CTLRED、IDC_CTLGREEN、IDC_CTLBLUE，将静态控件的 ID 设定为 IDC_SHOW。

4）设定 Spin 控件属性如下。

- Auto Buddy 为 true：自动和 Edit Control 绑定（自动绑定的 Edit 控件为 Spin 控件 Tab 序列前的一个）。
- Set Buddy Integer 为 true：调整整数。

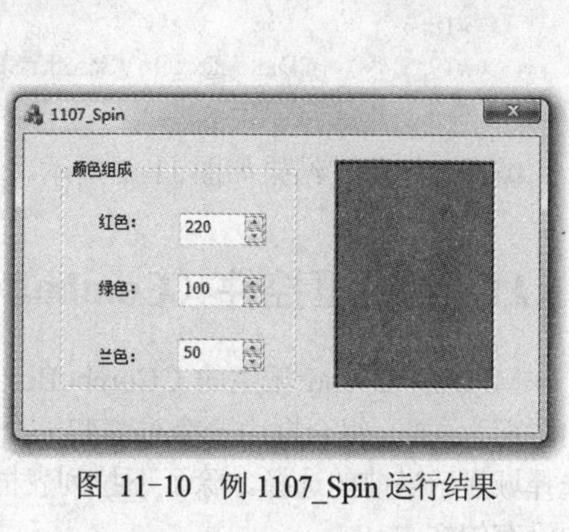

图 11-10　例 1107_Spin 运行结果

● Alignment 为 Right Align：在 Edit Control 内靠右对齐。

● 将 Wrap 设置为 true：若控件的增加或减小超过了结尾或开始，使数值可以“循环”。

5）设定跳格顺序，使 Spin 控件能找到自己的伙伴（要求 Auto Buddy 为 true）。

6）为 3 个编辑框控件分别添加 UINT 类型的成员变量 m_nRed、m_nGreen 和 m_nBlue；为 3 个 Spin 控件分别添加成员对象 m_ctlRed、m_ctlGreen 和 m_ctlBlue。

7）在对话框类 CMy1107_SpinDlg 中的 OnInitDialog() 函数中添加以下代码。

```
BOOL CMy1107_SpinDlg::OnInitDialog()
{
..
        m_ctlRed.SetRange(0,255);
        m_ctlGreen.SetRange(0,255);
        m_ctlBlue.SetRange(0,255);
…
}
```

8） 在用户单击 Spin 控件时，框架程序会向控件的父窗口发出通知消息。在对话框类 CMy1107_SpinDlg 中添加 WM_VSCROLL 消息处理函数，并修改如下。

```
void ..CMy1107_SpinDlg::OnVScroll(UINT nSBCode, UINT nPos, CScrollBar* pScrollBar)
{
        // TODO: 在此添加消息处理程序代码和/或调用默认值
        UINT nID=pScrollBar->GetDlgCtrlID();
        if(IDC_CTLRED==nID||IDC_CTLGREEN==nID||IDC_CTLBLUE==nID)
        {
        //每当一个数值改变时，重画静态框的颜色
            UpdateData(true);
            CRect rect;
            GetDlgItem(IDC_SHOW)->GetClientRect(rect);//取得静态框的矩形范围
            //以下部分用以使用指定的颜色在静态文本框中绘制矩形，
            //具体的绘图过程将在前面的“第 5 章绘图输出”中有详细讲述
            CDC *pDC= GetDlgItem(IDC_SHOW)->GetDC();
            CBrush brush(RGB(m_nRed,m_nGreen,m_nBlue));
            CBrush *pOldBrush=pDC->SelectObject(&brush);
            pDC->Rectangle(rect);//用指定的颜色画矩形
            pDC->SelectObject(pOldBrush);
        }
        CDialogEx::OnVScroll(nSBCode, nPos, pScrollBar);
}
```

编译、运行，结果如图 11-9 所示。

11.11 组合框控件（ComboBox）

MFC 从 CWnd 派生的 CComboBox 类封装了组合框控件的功能，组合框控件在工具箱中的图标为 。组合框由一个列表和一个选择域组成。列表用于列出可供用户选择的可选项，选择域显示当前的选择。除了下拉列表框外，选择域就是一个编辑控制框，也可用来输入列表中没有的文本。

11.11.1 组合框控件的样式

表 11-22 所示为组合框控件的常用特有样式。

表 11-22 组合框控件的常用特有样式

样　式	说　明
CBS_AUTOHSCROLL	当用户输入的信息超过屏幕的右边时，自动向左滚动文本
CBS_DROPDOWN	指定一个下拉组合框
CBS_DROPDOWNLIST	指定一个下拉列表组合框
CBS_DISABLENOSCROLL	在列表框中强制显示滚动条
CBS_HASSTRING	跟踪自画组合框中列表项的串
CBS_NOINTEGRALHEIGHT	指定组合框的大小与应用程序在创建该组合框时所设大小一致
CBS_OEMCONVERT	指明选择域中的文本是 OEM 字符集中的字符
CBS_OWNERDRAWVARIABLE	把显示信息的任务分配给父窗口对话框过程
CBS_OWNERDRAWFIXED	把显示信息的任务分配给父窗口对话框过程，所有列表项都具有相同的大小
CBS_SORT	列表框的内容自动排序

11.11.2 组合框控件的通知消息

表 11-23 所示为组合框控件的常用通知消息。

表 11-23 组合框控件的常用通知消息

消　息	说　明
CBN_CLOSEUP	组合框的下拉列表被关闭，具有 CBS_SIMPLE 风格的组合框不发送此消息
CBN_DBLCLK	用户双击列表框中的一个串。只有 CBS_SIMPLE 风格的组合框才发送这条消息
CBN_DROPDOWN	组合框的列表框下拉
CBN_EDITCHANGE	用户改变了组合框中编辑框的内容
CBN_SETFOCUS	组合框获得焦点
CBN_KILLFOCUS	组合框失去焦点

11.11.3 组合框类的成员函数

表 11-24 所示为 CComboBox 部分常用成员函数

表 11-24 CComboBox 部分常用成员函数

成员函数	说　明
Create	创建一个 CComboBox 对象
AddString	添加一个字符串到组合框的列表的末尾
CompareItem	由框架调用，可取得排序的组合框中列表框中某个新项的相对位置
DeleteItem	列表项从组合框中删除
DeleteString	删除组合框中的列表框中的一个字符串
InsertString	在组合框的列表框中插入一个字符串

（续）

成员函数	说　明
ResetContent	删除组合框的列表框和编辑控件中的所有项
FindString	在组合框的列表框中查找具有指定前缀的第一个字符串
FindStringExact	在组合框中查找具有与指定字符串完全匹配的第一个字符串
SelectString	在组合框中查找字符串，找到后选中它，并把它复制到编辑控件中
GetCount	取得组合框的列表框中选项的个数
GetCurSel	取得组合框的列表框中当前选中项（如果有的话）的下标
SetCurSel	在组合框的列表框中选择一个字符串
GetEditSel	取得编辑控件中当前选项的起止字符位置
SetEditSel	选中组合框的编辑控件中的字符
GetTopIndex	返回组合框中列表框的第一个可见选项的下标
SetTopIndex	让组合框的列表框显示指定下标所在的选项
GetLBText	从组合框的列表框中取得一个字符串
Clear	删除（清除）编辑控件中当前选中的文本
Copy	将编辑控件中的当前选中文本以 CF_TEXT 格式复制到剪贴板中
Cut	删除编辑控件中当前选中的文本，然后执行 Copy
Paste	在当前光标位置插入剪贴板内 CF_TEXT 格式的文本

11.11.4　组合框控件使用实例

创建一个对话框程序，包括一个组合框控件和一个静态控件，当用户更改组合框当前选择的内容时，静态控件的内容随之变化。

1）使用“新建项目向导”建立基于对话框的框架程序，设置项目名称为 1108_ComboBox。

2）在资源编辑器中删除对话框模板上向导添加的控件，为对话框模板添加一个组合框控件指定 ID 为 IDC_COMBO；添加一个编辑框控件指定 ID 为 IDC_EDIT；添加两个静态控件，并添加适当的提示信息，效果如图 11-11 所示。

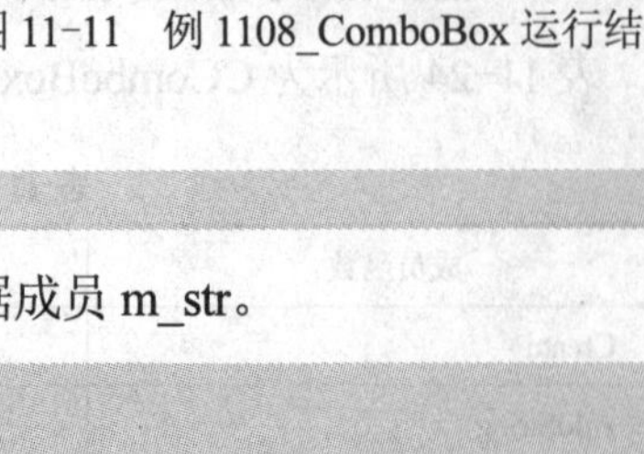

图 11-11　例 1108_ComboBox 运行结果

3）为组合框控件添加成员对象 m_ctlComboBox，为编辑框控件添成员对象 m_strCurSel。

4）在 CMy1108_ComboBoxDlg 类中添加数据成员 m_str 用来保存组合框中的字符串。

```
WCHAR m_str[6][16];
```

5）在 CMy1108_ComboBoxDlg 类构造函数中初始化数据成员 m_str。

```
wcscpy_s(m_str[0], _countof(m_str[0]),L"第一项内容");
wcscpy_s(m_str[1], _countof(m_str[1]),L"第二项内容");
wcscpy_s(m_str[2], _countof(m_str[2]),L"第三项内容");
wcscpy_s(m_str[3], _countof(m_str[3]),L"第四项内容");
wcscpy_s(m_str[4], _countof(m_str[4]),L"第五项内容");
wcscpy_s(m_str[5], _countof(m_str[5]),L"第六项内容");
```

6）在对话框的 OnInitDialog() 函数中添加以下代码，实现在组合框控件中添加选择字符串，并设置当前选中第一项。

```
m_ctlComboBox.ResetContent();
for(int i=0;i<6;i++)
        m_ctlComboBox.AddString(m_str[i]);
m_ctlComboBox.SetCurSel(0);
```

7）在用户单击组合框控件时，框架程序会向控件的父窗口发出通知消息。在对话框类 CMy1108_ComboBoxDlg 中添加 CBN_EDITCHANGE 消息处理函数，方法是在对话框模板上选中组合框控件并右击，在弹出的快捷菜单中选择“添加事件处理程序”命令，在弹出的“事件处理程序向导”对话框的“消息类型”下拉列表框中选择 CBN_EDITCHANGE 消息，单击“添加编辑”按钮，即可添加相应的消息处理函数 OnCbnSelchangeCombo，在函数中添加以下代码。

```
void CMy1108_ComboBoxDlg::OnCbnSelchangeCombo()
{
        // TODO: 在此添加控件通知处理程序代码
        int i=m_ctlComboBox.GetCurSel();
        CString csTemp;
        m_ctlComboBox.GetLBText(i,csTemp);
        m_strCurSel.SetWindowText(csTemp);
}
```

编译、运行，结果如图 11-11 所示。

11.12 小结

常用控件是 Windows 应用程序经常要用到的界面元素。通过本章的学习，读者应掌握以下几点知识。

- 各种常用控件的外观、作用和应用场合。
- 进程条、滑动条、微调控件和组合框等是 Windows 程序中的常见控件，利用这些控件能简化界面元素，增强可操作性，给应用程序的使用者带来方便。
- 领会各种常见控件的相关消息和通知消息，以及它们在对话框程序中的应用。
- 创建控件的方式及如何在程序中控制控件。

11.13 习题

1. 举例说明控件的消息与控件的通知消息有何异同？

2. 在取得某个控件的值之前，为什么必须调用 UpdateData 函数？此函数当参数不同时，各有何作用？

3. 简述进程条和滑动条分别适用于何种情况。分别编写使用进程条与滑动条的程序。

4. 结合使用文本编辑框与 Spin 控件编写一个显示系统当前时间的程序，要求为：

用 3 个进程条分别表示当前的时、分、秒的数值，如图 11-12 所示。进程条的当前值随时间的变化而变化。

5. 尝试设置文本框控件的不同风格，如何将文本框控件中的内容写入文件，并且从文件读入，用文本框控件显示出来。

6. 体会各种控件的用法，使用控件的各种风格编一个程序。

7. 利用按钮与文本编辑框编写一个计算器的程序，要求实现以下功能。

1）基本界面如图 11-13 所示。

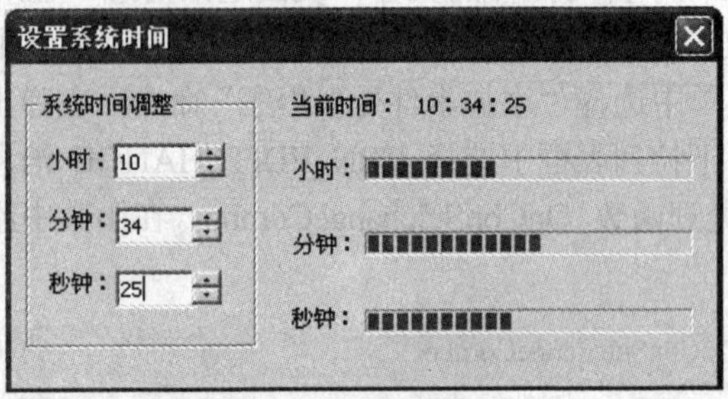

图 11-12　设置系统时间

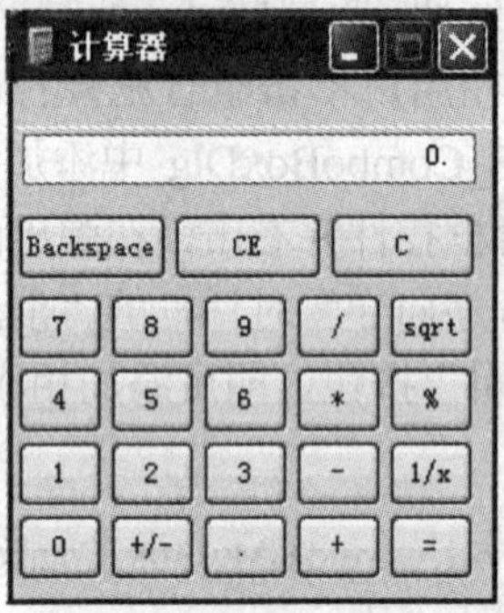

图 11-13　计算器

2）能够实现基本的加、减、乘、除、开平方功能。

3）既能够用鼠标操作，又可以用键盘操作。

8. 完善实例 11.11.4，配合使用组合框控件做一个学生基本情况登记系统。要求将输入的信息保存到文件，程序启动时能够显示上一次的输入内容，并且有添加和删除记录功能。

第 12 章　使用树控件和列表控件

树状控件和列表控件都属于应用广泛、使用复杂的 Windows 控件，它们包含了一些简单控件的特性及功能，并在此之上衍生出更复杂的用途。

12.1　图像列表

在 Windows 应用程序中，经常需要使用位图或图标来表示一种状态，如树状控件和列表控件都可以使用不同的图像表示控件内数据的不同状态。为了更方便地处理成组的位图或图标数据，MFC 专门提供了一个类 CImageList 用来管理位图或图标序列。

CImageList 类称为图像列表，它维护一组图像，该组图像大小相同，可以使用下标指明其位置，用户在程序中可以像操作数组一样操作 CImageList 内的图像。

12.1.1　建立图像列表

CImageList 有一个没有参数的构造函数 CImageList()，构造 CImageList 对象的方法如下。

```
CImageList m_ImageList;
```

通过以上方法建立的图像列表不包含任何内容，必须使用 CImageList::Create 进行初始化，CImageList 有 4 个重载的 Create()函数，其定义如下

```
BOOL Create( int cx, int cy, UINT nFlags, int nInitial, int nGrow );
BOOL Create( UINT nBitmapID, int cx, int nGrow, COLORREF crMask );
BOOL Create( LPCTSTR lpszBitmapID, int cx, int nGrow, COLORREFcrMask );
BOOL Create(CImageList& ImageList1, int nImage1, CImageList&ImageList2, int nImage2, int dx, int dy );
```

表 12-1 所示为 CTreeCtrl::Insertltem 参数表

表 12-1　CTreeCtrl::InsertItem 参数表

参　数	说　明
cx	每个图像的宽度，以像素为单位
cy	每个图像的高度，以像素为单位
nFlags	确定创建的图像列表类型：ILC_COLOR(默认类型)、ILC_COLOR4（4 位色）、ILC_COLOR8（8 位色）、ILC_COLOR16（16 位色）、ILC_COLOR24（24 位色）、ILC_COLOR32（32 位色）、ILC_COLORDDB（设备独立位图）、ILC_MASK（使用掩码，图像列表包含两个位图，其中一个是用做掩码的位图）等
nInitial	图像列表最初包含的图像数
nGrow	当系统需要改变列表为新图像准备空间时，图像列表可生成的图像数。此参数替代改变的图像列表所能包含的新图像数
nBitmapID	与图像列表联系的位图的源 ID
crMask	用于生成一个掩码的颜色。此指定的位图中的颜色的每个像素变为黑色，将掩码中的相应位设置为 1
lpszBitmapID	包含图像的源 ID 的字符串
ImageList1	CImageList 对象的参考
nImage1	第一个存在的图像的索引

（续）

参　数	说　明
ImageList2	CImageList 对象的参考
nImage 2	第二个存在的图像的索引
dx	每个图像的尺寸，用像素表示
dy	每个图像的尺寸，用像素表示

为图像列表添加图像的方法如下。

（1）初始化一个空的图像列表。

使用 CImageList:: Create(int cx, int cy, UINT nFlags, int nInitial, int nGrow)可以初始化一个空的图像列表，以下代码用于创建一个图像尺寸为 16×16 像素、有 16 种颜色、包含 4 个图像的图像列表。

```
m_imagelist.Create(16,16, ILC_COLOR4,16,4,4);
```

（2）初始化一个包含位图的图像列表。

在位图资源添加完成后，可以在图像列表初始化时使用 CImageList:: Create(UINT nBitmapID, int cx, int nGrow, COLORREF crMask)将位图直接添加到图像列表中，以下代码使用 IDB_BITMAP1 位图资源创建一个每个图像尺寸为 16×16 的图像列表。

```
m_imagelist.Create(IDB_BITMAP1,16,4,0);
```

12.1.2 图像列表的操作

表 11-2 所示为常用 CImageList 操作成员函数。

表 12-2 常用 CImageList 操作成员函数

参　数	说　明
GetImageCount	获取图像列表中的图像数
SetBkColor	设置图像列表的背景色
GetBkColor	获取图像列表的当前背景色
GetImageInfo	获取图像信息
DeleteImageList	删除一个图像列表
SetImageCount	重新设置图像列表中的图像数
Add	添加一个或多个图像到图像列表中
Remove	从图像列表中删除一个图像
Replace	用新图像替代图像列表中的图像
DrawIndirect	第一个存在的图像的索引
Read	从归档文件中读取图像列表
Write	向归档文件中写入图像列表

下面为将一个图标添加到图像列表的方法。

1）建立图标资源。

2）使用 CImageList::Create 建立一个与图标尺寸、颜色数量匹配的空图像列表。

3）使用 MFC 全局函数 AfxGetApp()取得当前程序的应用程序对象。

4）通过应用程序对象使用 CWinApp::LoadIcon（int ID）成员函数取得图标资源的句柄。

5）使用 CImageList::Add(HICON hIcon)将图标添加到图像列表中。

以下程序代码可以将一个资源 ID 为 IDI_ICON1、16×16 像素大小、16 种颜色的图标添加到图像列表。

```
#01. CImageList m_ImageList;
#02. m_imagelist.Create(16,16, ILC_COLOR4,16,4,4);
#03. HICON hicon
#04. hicon=AfxGetApp()->LoadIcon(IDI_ICON1)
#05. m_imagelist.Add(hicon);
```

12.2 树控件

12.2.1 概述

使用树控件可以很清楚地显示程序中各数据项的分支和层次关系。目录树就是这种层次显示的一个典型实例。图 12-1 所示的“设备管理器”程序窗口就是一个树控件的运行效果。

在 MFC 中，使用 CTreeCtrl 类封装树控件的操作，它由 CWnd 类派生。在树控件内，每个项目一般由一个标号（即一小段文本）和图像共同组成。树控件内的每个项目都可以有自己的子项目。可以通过单击某个项目来展开或折叠其子项目。

图 12-1 树控件使用实例

12.2.2 树控件的创建

1. 常用成员函数

表 12-3 所示为创建树控件操作中常用的成员函数。

表 12-3 创建树控件操作中常用的成员函数

函 数	说 明
Create( )	创建一个树控件并将它与一个 CtreeCtrl 对象连接
GetImageList( )	获取与一个树控件相关联的图像列表的句柄
SetImageList( )	设置与一个树控件相关联的图像列表的句柄
InsertItem( )	向列表视图控件插入一个新项
DeleteItem( )	从控件中删除一项
DeleteAllItems( )	从控件中删除所有项

2. 添加树控件

CTreeCtrl 类提供了对树控件的访问和控制，在 MFC 程序中可以很方便地在文档视图程序或对话框中使用树控件。

在新建文档视图项目过程中，通过“应用程序向导/生成的类”将视图类的父类指定为 CTreeView，生成的视图对象就已经包含了一个树控件，可以在视图类的任意成员函数中使用

CTreeView::GetTreeCtrl()返回该树控件的引用，也可以通过视图类属性窗口添加该控件的消息处理函数。

在对话框程序中，可以使用像添加其他控件一样的方法使用“工具箱”向对话框模板添加树控件。本节将以一个对话框程序为例讲述树控件的使用方法，包含在 CTreeView 中的树控件使用方法与对话框中的树控件使用方法基本相同。

1）首先建立一个基于对话框的工程项目，设置项目名称为 1201。

2）为对话框模板添加一个树控件 Tree Control，指定 ID 为 IDC_TREE1。打开控件的属性窗口，在“外观”选项组中将 Has buttons、Has lines、Lines ar Root 和 Border 这 4 项改为 TRUE，如图 12-2 所示；

3）在对话框类中为树控件添加成员对象“m_TreeCtrl”。

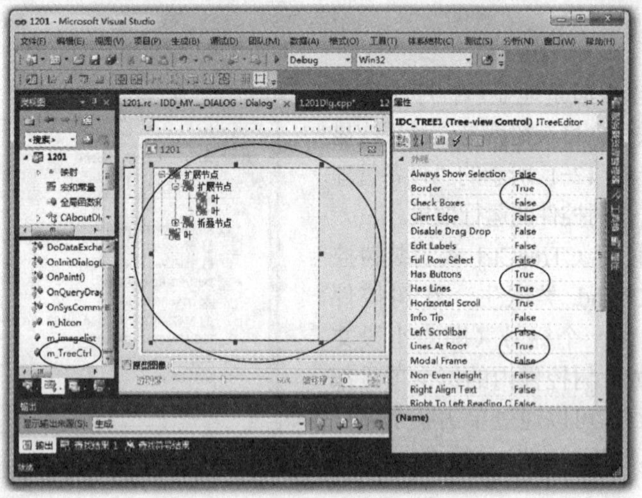

图 12-2　在例 1201 中添加树控件

3. 添加图像列表

1）使用“图标资源编辑器”创建位图资源 IDB_BITMAP1。打开该位图资源属性窗口，设置“外观”选项组中的 Colors 为 24 位，设置“位置”选项组中的 Height 为 16、Width 为 64，如图 12-3 所示。

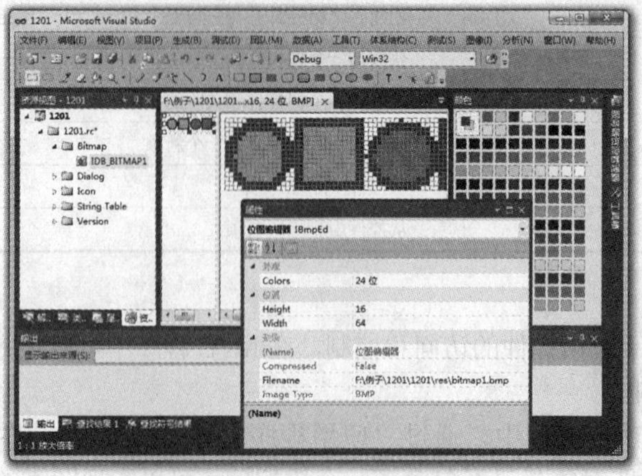

图 12-3　在例 1201 中创建位图资源

2）为对话框类添加图像列表成员变量。

```
#01.    class CMy1201Dlg: public CDialogEx
#02.    {
#03.    ...
#04.            CImageList m_imagelist;
#05.    };
```

3）修改 CTreeTestDlg::OnInitDialog()，添加以下代码载入图标。

```
#01.            m_imagelist.Create(IDB_BITMAP1,16,4,0);
```

4）将图像列表对象添加到树控件。

函数 CTreeCtrl::SetImageList(CImageList* pImageList, int nImageListType)可以为树控件指定图像列表，参数 pImageList 指向要设定的图像列表的指针，如果 pImageList 是 NULL，则从树控件中删除所有的图像。nImageList 为图像列表的类型，它可为下列值之一。

- TVSIL_NORMAL：获取常规的图像列表，它包含项被选择和不被选择的两个图像。
- TVSIL_STATE：获取状态图像列表，它包含了处于用户定义状态的项的图像。

修改 CMy1201Dlg::OnInitDialog()，将图像列表对象添加到树控件。

```
#01.  m_TreeCtrl.SetImageList(&m_imagelist,TVSIL_NORMAL);
```

4. 添加项目结点

可以使用 CTreeCtrl::InsertItem 为树控件插入一个新项。CTreeCtrl 有 4 个重载的 InsertItem 成员函数。

```
InsertItem( L PTVINSERTSTRUCT lpInsertStruct );
InsertItem( UINT nMask, LPCTSTR lpszItem,int nImage, intnSelectedImage, UINT nState, UINT nStateMask, LPARAM lParam, HTREEITEM hParent, HTREEITEM hInsertAfter );
InsertItem(LPCTSTR lpszItem,HTREEITEM hParent=TVI_ROOT, HTREEITEM hInsertAfter = TVI_LAST );
InsertItem( LPCTSTR lpszItem, int nImage, int nSelectedImage, HTREEITEM hParent = TVI_ROOT, HTREEITEM hInsertAfter = TVI_LAST );
```

表 12-4 所示为 CTreeCtrl::InsertItem 参数表。

表 12-4 CTreeCtrl::InsertItem 参数表

参　数	说　明
pInsertStruct	一个指向插入项属性 TVINSERTSTRUCT 的指针，TVINSERTSTRUCT 结构的详细信息参见附录 C
nMask	用来指定要设置的属性的整数
lpszItem	一个包含项的文本的字符串的地址
nImage	项的图像在树控件的图像列表中的索引
nSelectedImage	项的被选择图像在树控件的图像列表中的索引
nState	为项的状态指定的值
nStateMask	指定要设置的状态
lParam	与此项关联的一个 32 位的应用程序指定的值
hParent	要被插入的项的父项的句柄
hInsertAfter	新项要被插入其后的项的句柄，若取值为 TVI_FIRST、TVI_LAST 或 TVI_SORT，表示将新项插入到同一层中的开头、最后或排序插入

通常在对话框的 OnInitDialog()函数中对树控件进行初始化，下面的程序实例将在 OnInitDialog()函数中使用 InsertItem 为一个 CTreeCtrl 添加新项。

```
BOOL CMy1201Dlg::OnInitDialog()
{
. . .
        HTREEITEM hTreeRoot; //设置根结点的初始化数据
        HTREEITEM hTreeChild; //设置子结点的初始化数据
        hTreeRoot=m_TreeCtrl.InsertItem("根目录",0,0);
        hTreeChild=m_TreeCtrl.InsertItem("子目录 1",1,1,hTreeRoot); //创建第一层子目录 1
        m_TreeCtrl.InsertItem("子目录 1-1",2,2,hTreeChild); //创建第二层子目录 1-1
        m_TreeCtrl.InsertItem("子目录 1-2",2,2,hTreeChild); //创建第二层子目录 1-2
        hTreeChild=m_TreeCtrl.InsertItem("子目录 2",1,1,hTreeRoot); //创建第一层子目录 2
        m_TreeCtrl.InsertItem("子目录 2-1",2,2,hTreeChild); //创建第二层子目录 2-1
        m_TreeCtrl.InsertItem("子目录 2-2",2,2,hTreeChild); //创建第二层子目录 2-2
        m_TreeCtrl.InsertItem("子目录 2-3",2,2,hTreeChild); //创建第二层子目录 2-3
        hTreeChild=m_TreeCtrl.InsertItem("子目录 3",3,3,hTreeRoot);//创建第一层子目录 3
}
```

5. 改变树控件风格

通常，可以在资源管理器中，通过树控件的属性窗口设定其风格。此外，在程序中也可以更改树控件的风格。

使用 Windows API 系统函数 SetWindowLong(HWND hWnd, int nIndex, LONG dwNewLong)可以设置树控件的风格，它的参数 hWnd 为控件窗口句柄，nIndex 指定被改变属性，dwNewLong 为设定的新风格值。其中，nIndex 取值 GWL_STYLE 表示将修改控件的窗口样式和列表风格，第三个参数为改变后的窗口样式或列表风格的值。常用的树控件风格如表 12-5 所示。

表 12-5　常用树控件风格

风　格	说　明
TVS_HASLINES	在父项与子项间连线以清楚地显示结构
TVS_LINESATROOT	只在根部画线
TVS_HASBUTTONS	显示带有"+"或"-"的小方框来表示某项能否被展开或已展开
TVS_EDITLABELS	用户可以编辑项的标题
TVS_SHOWSELALWAYS	即使控件失去输入焦点，仍显示出项的选择状态
TVS_DISABLEDRAGDROP	不支持拖动操作

为了在程序中修改树控件风格，必须使用 CWnd ::GetStyle()先取得控件的原风格，然后进行修改。以下示例代码将取消父项与子项间连线。

```
DWORD styler=m_TreeCtrl.GetStyle();
styler&=~ TVS_HASLINES;
::SetWindowLong(m_TreeCtrl.GetSafeHwnd(),GWL_STYLE,styler);
```

编译、运行，效果如图 12-4 所示，这样一个树控件就已经创建成功了。

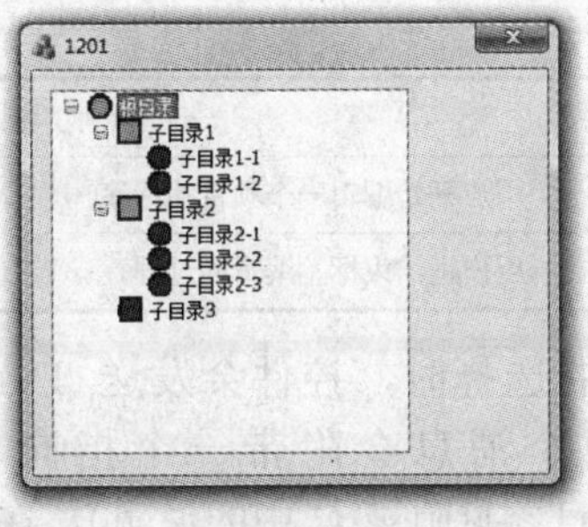

图 12-4　例 1201 运行结果

12.2.3　树控件的操作

1. 常用的成员函数

表 12-6 所示为树控件操作中常用的成员函数。

表 12-6　树控件操作中常用的成员函数

函　数	说　明
GetCount( )	获取控件中项目的数量
GetNextItem( )	获取与指定关系匹配的下一个项
ItemHasChilder( )	如果指定项有子项，则返回非零值
GetRootItem( )	得到根结点
GetChildItem( )	获取一个指定项的子项
GetPrevSiblingItem/GetNextSiblingItem	得到指明结点的上/下一个兄弟结点
GetParentItem( )	得到父结点
GetSelecterItem( )	获取当前被选择的项
GetItem( )	获取一个指定项的属性
SetItem( )	设置一个指定项的属性
GetItemText( )	返回一个项的文本
SetItemText( )	设置一个项的文本
Expand( )	展开或收缩指定项的子项
SelectItem( )	选择一个指定项

2. 处理控件消息，修改项目结点

当用户对树控件进行操作时，Windows 发送 WM_NOTIFY 消息给控件父窗口。通过对这些消息的响应，可以实现树控件的各种功能。树控件发送的常见消息通知如表 12-7 所示。

表 12-7　常用树控件通知消息

消　息	说　明
TVN_SELCHANGING	在用户改变了对项的选择时，会发送这个通知消息
TVN_SELCHANGED	在用户改变了对项的选择后，会发送这个通知消息
TVN_KEYDOWN	按下键盘

（续）

消　息	说　明
TVN_BEGINLABELEDIT	用户开始编辑一个项目的标签
TVN_ENDLABELEDIT	用户正结束标签编辑的过程

在用户改变了对树控件项的选择时，控件会发送 TVN_SELCHANGING 和 TVN_SELCHANGED 两个消息。这两个消息会附带一个指向 NM_TREEVIEW 结构的指针（NM_TREEVIEW 结构的详细信息参见附录 C 中的说明），在该结构的 itemOld 成员中包含原来的选择项的信息，在 itemNew 成员中包含新选择项的信息，在 action 成员中表明是用户的什么行为触发了该通知消息（若是 TVC_BYKEYBOARD 则表明是键盘，若是 TVC_BYMOUSE 则表明是鼠标，若是 TVC_UNKNOWN 则表示未知）。两个消息的不同之处在于，如果 TVN_SELCHANGING 的消息处理函数返回非 0 值，那么就阻止选择的改变，如果返回 0，则允许改变。

在对话框资源面板上添加一个静态控件并指定 ID 为 IDC_CURSEL，该控件将用来显示用户在树控件上选中的项的名称。

使用“事件处理程序向导”添加 TVN_SELCHANGED 消息处理函数，编辑该函数，显示新选择项的标题。

```
#01.  void CMy1201Dlg::OnTvnSelchangedTree1(NMHDR *pNMHDR, LRESULT *pResult)
#02.  {
#03.        LPNMTREEVIEW pNMTreeView = reinterpret_cast<LPNMTREEVIEW>(pNMHDR);
#04.        // TODO: 在此添加控件通知处理程序代码
#05.        CString cs=m_TreeCtrl.GetItemText(pNMTreeView->itemNew.hItem);
#06.        GetDlgItem(IDC_CURSEL)->SetWindowText(cs);
#07.        *pResult = 0;
#08.  }
```

在用户对树控件按键时会发送一个 TVN_KEYDOWN 消息，该消息会附带一个指向 TV_KEYDOWN 结构（TV_KEYDOWN 结构的详细信息可参见附录 C 中的说明）的指针，通过该结构程序可以获得按键的信息。

用户在开始编辑和结束编辑树控件项的标题时，控件会分别发送 TVN_BEGINLABELEDIT 和 TVN_ENDLABELEDIT 消息。这两个消息会附带一个指向 TV_DISPINFO 结构的指针，如果 TVN_BEGINLABELEDIT 消息处理函数返回 0，则允许编辑；如果返回非 0，则禁止编辑。在 TVN_ENDLABELEDIT 消息处理函数中，TV_DISPINFO 结构中的 item.pszText 指向编辑后的新标题，如果 pszText 为 NULL，那么说明用户放弃了编辑，否则，程序应负责更新项的标题，通常可以使用 SetItem 或 SetItemText 函数来完成。

为了使标题能够编辑，需要修改树控件风格，在 CTreeTestDlg::OnInitDialog()中添加以下代码。

```
#01.        DWORD styler=m_TreeCtrl.GetStyle();
#02.        styler|=TVS_EDITLABELS;
#03.        ::SetWindowLong(m_TreeCtrl.GetSafeHwnd(),GWL_STYLE,styler);
```

使用“事件处理程序向导”添加 TVN_ENDLABELEDIT 消息处理函数，编辑该函数，实现标题编辑更改功能。

```
void CMy1201Dlg::OnTvnEndlabeleditTree1(NMHDR *pNMHDR, LRESULT *pResult)
{
        LPNMTVDISPINFO pTVDispInfo = reinterpret_cast<LPNMTVDISPINFO>(pNMHDR);
        // TODO: 在此添加控件通知处理程序代码
        if(pTVDispInfo->item.pszText!=NULL)   //判断用户是否已经取消编辑
                m_TreeCtrl.SetItemText(pTVDispInfo->item.hItem,pTVDispInfo->item.pszText);
        *pResult = 0;
}
```

函数 CTreeCtrl::SetItemText(HTREEITEM hItem,LPCTSTR lpszItem)可用来设定控件项的标题，参数 hItem 为修改项的句柄，lpszItem 为修改的文本。

3. 删除项目结点

要删除项目结点，可以使用 DeleteItem(HTREEITEM hItem)函数，在程序中添加以下代码即可：

```
HTREEITEM hItem;// hSelected 删除结点的句柄
...
m_TreeCtrl.DeleteItem(hItem);
```

通常不直接在消息 TVN_SELCHANGED 或 TVN_SELCHANGING 的映射函数中添加诸如插入或删除项目的操作，因为这两种操作本身会向程序发送 TVN_SELCHANGED 和 TVN_SELCHANGING 消息，从而形成一个不断删除和插入的循环。

为对话框 CMy1201Dlg 类添加 HTREEITEM 类型成员变量 m_hCurItem，记录用户当前对树控件项的选择。

```
HTREEITEM m_hCurItem;
```

修改 TVN_SELCHANGED 消息处理函数 OnTvnSelchangedTree1，用类成员变量 m_hCurItem 记录新选择项。

```
m_hCurItem=pNMTreeView->itemNew.hItem;
```

在对话框资源面板上添加一个按钮控件并指定 ID 为 IDC_DEL，使用“事件处理程序向导”添加 IDC_DEL 消息处理函数，编辑该函数，实现删除树控件当前项功能。

```
void CMy1201Dlg::OnBnClickedDel()
{
// TODO: 在此添加控件通知处理程序代码
m_TreeCtrl.DeleteItem(m_hCurItem);
}
```

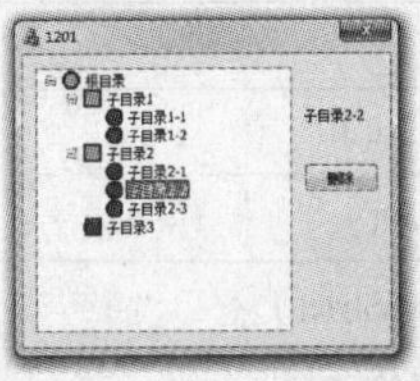

图 12-5　在例 1201 中删除树控件项

程序运行如图 12-5 所示，单击“删除”按钮，当前项“子目录 2-2”即被删除。

12.3　列表控件

12.3.1　概述

使用列表控件可以提供多种方式显示一组数据项，如图 12-6 所示，4 个窗口为同一列表控件分别以报表、列表、大图标和小图标 4 种方式显示同一组数据的效果。

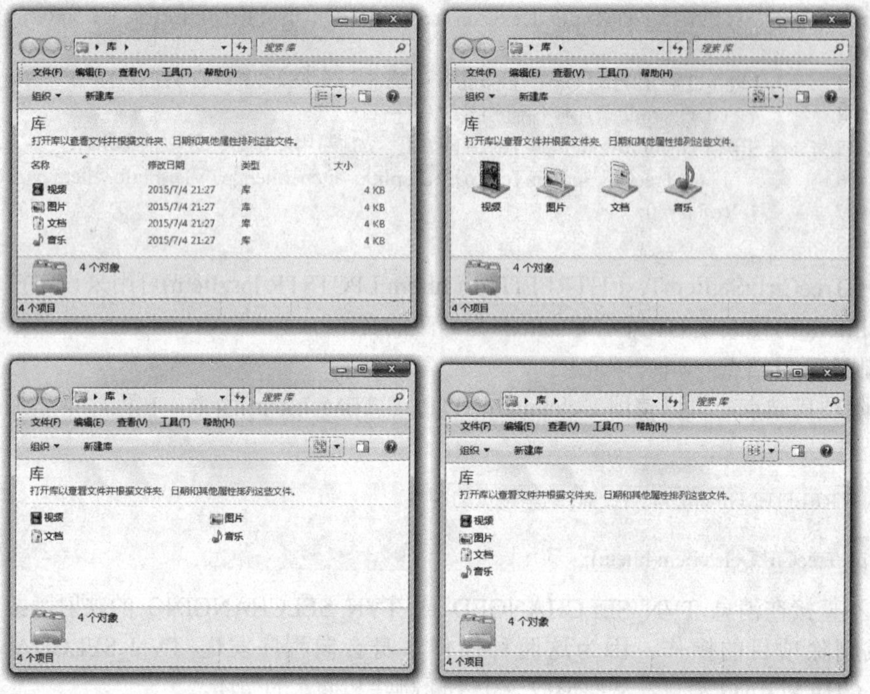

图 12-6 列表的 4 种视图效果

在 MFC 中，使用 CListCtrl 类封装列表控件的操作，它由 CWnd 类派生。在列表内，每个项目一般由一组数据和图像共同构成。

12.3.2 列表控件的创建

1. 常用成员函数

表 12-8 所示为创建列表控件操作中常用的成员函数。

表 12-8 创建列表控件操作中常用的成员函数

函　数	说　明
Create( )	创建控件并加载到 ClistCtrl 类的对象
GetImageList( )	获取用于绘制列表项的图像列表的句柄
SetImageList( )	指定一个图像列表到列表视图控件
GetExtendedStyle( )	获取列表控件当前的扩展风格
SetExtendedStyle( )	设置列表控件当前的扩展风格
InsertItem( )	向列表视图控件插入一个新项
DeleteItem( )	从控件中删除一项
DeleteAllItems( )	从控件中删除所有项
InsertColumn( )	向控件插入新列
DeleteColumn( )	从视图控件删除一列

2. 添加列表控件

CListCtrl 类提供了对列表控件的访问和控制，在 MFC 程序中可以很方便地在文档视图程序或对话框中使用列表控件。

在新建文档视图项目过程中，通过“应用程序向导/生成的类”将视图类的父类指定为 CListView，生成的视图对象就已经包含了一个列表控件，可以在视图类的任意成员函数中使用 CListVie0w:: GetListCtrl()返回该列表控件的引用。也可以通过视图类属性窗口添加该控件的消息处理函数。

在对话框程序中，可以使用像添加其他控件一样的方法使用“工具箱”向对话框模板添加列表控件，本节将以一个对话框程序为例讲述列表控件的使用方法，包含在 CListView 中的列表控件使用方法与对话框中的列表控件使用方法基本相同。

下面通过一个实例来讲述列表控件的创建方法。

1）建立一个新的基于对话框的 MFC 框架程序，设置项目名称为 1202。

2）为对话框模板添加一个列表控件 List Control，指定 ID 为 IDC_LIST1。

3）在对话框类 CMy1202Dlg 中为列表控件添加成员对象 m_ListCtrl。

如图 12-7 所示。

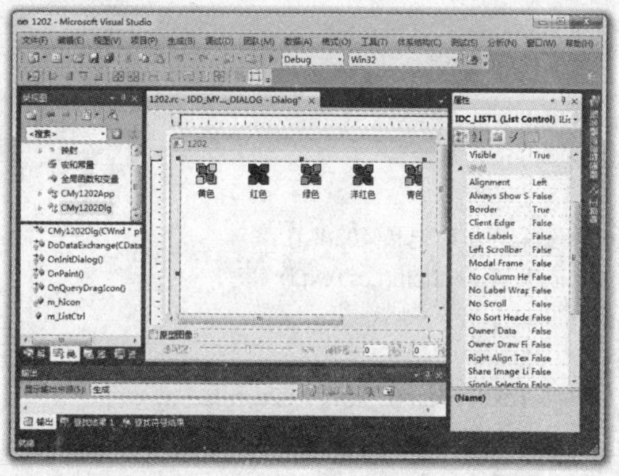

图 12-7　在例 1202 中添加列表控件

3. 添加图像列表

1）使用“图标资源编辑器”创建图标资源，操作方法同树控件。

注意，用户也可以直接将一个 BMP 格式的位图复制到项目的资源目录\res 目录下，然后导入该文件即可。

2）为对话框类添加图像列表成员变量，操作方法同树控件。

3）修改 CMy1202Dlg::OnInitDialog()，添加代码载入图标，操作方法同树控件。

4）将图像列表对象添加到列表控件。

使用 CListCtrl::SetImageList(CImageList* pImageList,int nImageList)为列表控件指定图像列表，参数 pImageList 指向要设定的图像列表的指针。参数 nImageList 为图像列表的类型，它可为下列值之一。

- LVSIL_NORMAL：有大图标的图像列表。
- LVSIL_SMALL：有小图标的图像列表。
- LVSIL_STATE：有状态图像的图像列表。

```
m_ListCtrl.SetImageList(&m_imagelist,LVSIL_NORMAL);
m_ListCtrl.SetImageList(&m_imagelist,LVSIL_SMALL);
```

4. 添加列

使用 CListCtrl::InsertColumn(int nCol,LPCTSTR lpszColumnHeading,int nFormat = LVCFMT_LEFT, int nWidth = -1, int nSubItem = -1) 可以在列表中创建列，函数有 5 个参数，分别为列的索引号、标题、格式（默认为左对齐）、列宽和子项的索引号（-1 代表无）。使用方法如下。

```
m_ListCtrl.InsertColumn(0,L" 第 0 列",LVCFMT_LEFT,80);
m_ListCtrl.InsertColumn(1,L" 第 1 列",LVCFMT_LEFT,80);
m_ListCtrl.InsertColumn(2,L" 第 2 列",LVCFMT_LEFT,80);
m_ListCtrl.InsertColumn(3,L" 第 3 列",LVCFMT_LEFT,80);
```

5. 添加项目

使用 CListCtrl::InsertItem(int nItem,LPCTSTR lpszItem,int nImage) 可以为列表添加项，参数nItem为索引号，lpszItem为标题，nImage为使用的图像的索引号。

使用 CListCtrl::SetItemText(int nItem,int nSubItem,LPCTSTR lpszText)可以为项的子项设置标题，参数nItem为要设置标题的项的索引号，nSubItem为子项的索引号，lpszText为标题文本。

使用方法如下。

```
        CString csText;
        for(int i=0;i<4;i++)
        {
                csText.Format(L"记录%02d",i);
                m_ListCtrl.InsertItem(i,csText,i);
                for(int j=1;j<=3;j++)
                {
                        csText.Format(L"元素%02d,%02d",i,j);
                        m_ListCtrl.SetItemText(i,j,csText);
                }
}
```

6. 设置列表风格

使用 Windows API 系统函数 SetWindowLong(HWND hWnd, int nIndex, LONG dwNewLong)可以设置列表控件的风格，nIndex 取值 GWL_STYLE 表示将修改控件的窗口样式和列表风格，第三个参数为改变后的窗口样式或列表风格的值，常用的列表风格如表 12-9 所示：

表 12-9　列表风格

样　式	说　明
LVS_ALIGNLEFT	在大、小图标视图中使项目左对齐
LVS_ALIGNTOP	在大、小图标视图中使项目顶部对齐
LVS_AUTOARRANGE	在大、小图标视图中自动排列项目
LVS_EDITLABELS	允许用户编辑项目标签

（续）

样　式	说　明
LVS_ICON	设置控件为大图标视图
LVS_LIST	设置控件为列表视图
LVS_NOCOLUMNHEADER	在报表视图中不显示列标题
LVS_NOITEMDATA	仅保存每个项目的状态
LVS_NOLABELWRAP	不允许项目标签的多行显示
LVS_NOSCROLL	关闭滚动
LVS_NOSORTHEADER	不显示列标题的按钮
LVS_OWNERDRAWFIXED	允许在报表视图中实现自画项目
LVS_REPORT	设置控件为报表视图
LVS_SHAREIMAGELISTS	不允许删除图像列表
LVS_SINGLESEL	不允许项目的多选
LVS_SMALLICON	设置控件为小图标视图
LVS_SORTASCENDING	项目按升序排列
LVS_SORTDESCENDING	项目按降序排列

使用方法如下。

```
#01. DWORD dwStyle=m_ListCtrl.GetStyle();
#02. dwStyle&=~(LVS_ICON|LVS_SMALLICON|LVS_LIST|LVS_REPORT);
#03. dwStyle|=LVS_REPORT;
#04. SetWindowLong(m_ListCtrl.m_hWnd,GWL_STYLE,dwStyle);
```

使用 CListCtrl::SetExtendedStyle(DWORD dwNewStyle)函数可以返回列表的原扩展风格，并可通过参数 dwNewStyle 设定新的扩展风格，常用的列表扩展风格如下。

表 12-10　常用扩展列表风格

样　式	说　明
LVS_EX_CHECKBOXES	使用检查框
LVS_EX_FULLROWSELECT	选择整行
LVS_EX_GRIDLINES	在 REPORT 中画出分隔线
LVS_EX_HEADERDRAGDROP	允许拖放控件中的列重新排序，控件需要具有 LVS_REPOPT 样式
LVS_EX_SUBITEMIMAGES	允许在子项中显示图像
LVS_EX_TRACKSELECT	当鼠标指到某一项时便自动选择该项

使用方法如下。

```
#01.  DWORD dwStyleEx=m_ListCtrl.GetExtendedStyle();
#02   dwStyleEx|=LVS_EX_GRIDLINES|LVS_EX_FULLROWSELECT|LVS_EX_HEADERDRAGDROP;
#03.  m_ListCtrl.SetExtendedStyle(dwStyleEx);
```

编译、运行，效果如图 12-8 所示，这样一个列表控件就已经创建成功了。

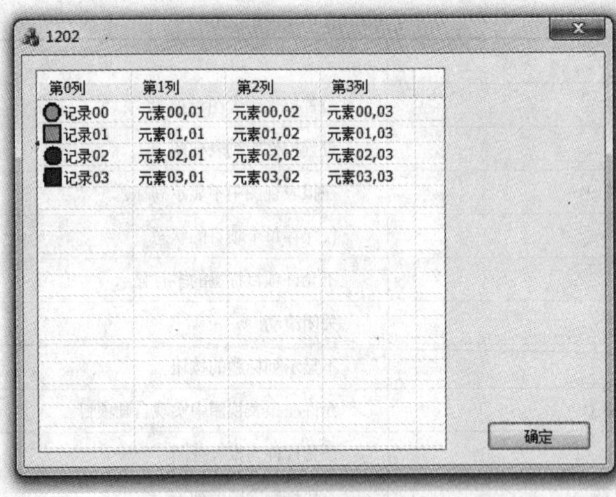

图 12-8　在例 1202 中创建的列表控件

12.3.3　列表控件的操作

1.　常用成员函数

表 12-11 所示为列表控件操作中常用的成员函数。

表 12-11　列表控件操作中常用的成员函数

函　数	说　明
GetItemCount( )	获取列表中项的数量
GetItem( )	获取列表中项的属性
GetNextItem ( )	查找指定特性和指定项关系的列表项
GetItemRect( )	获取项的有界矩形
GetColum( )	获取控件的列的属性
SetColum( )	设置列表视图列的属性
GetItemState( )	获取列表中项的状态
SetItemState( )	设置列表中项的状态
GetItemText( )	获取列表中项或子项的文本
SetItemText( )	设置列表中项或子项的文本
GetSelectedCount( )	获取所选择项目的数量
FindItem( )	查找具有指定字符的项
SortItems( )	使用定义的比较函数对项进行排序
HitTest ( )	指定哪个列表视图在指定的位置上
EnsureVisible ( )	保证项是可见的

2.　处理控件消息

当用户对列表控件进行操作时，Windows 发送一个 WM_NOTIFY 消息给当前程序窗口。通过对这些消息的响应，可以实现列表控件的各种功能。列表控件发送的常见的消息通知如表 12-12 所示。

表 12-12　常用列表通知消息

样　式	说　明
LVN_ITEMCHANGING	当列表视图的状态发生变化时，如选择变化时，会发送这个通知消息
LVN_ITEMCHANGED	当列表视图的状态发生变化后，如选择变化后，会发送这个通知消息
LVN_KEYDOWN	按下键盘
LVN_COLUMNCLICK	用户单击一列的题头
LVN_BEGINLABELEDIT	用户开始编辑一个项目的标签
LVN_ENDLABELEDIT	用户正结束标签编辑的过程

当列表的状态发生变化时，如用户改变了对项的选择时，控件会发送 LVN_ITEMCHANGING 和 LVN_ITEMCHANGED 两个消息。这两个消息会附带一个指向 NM_LISTVIEW 结构的指针（NM_LISTVIEW 结构的详细信息参见附录 C 中的说明）。在该结构的 iItem 成员中说明被更改的项，uNewState 成员中包含新的状态信息。两个消息的不同之处在于，如果 LVN_ITEMCHANGING 的消息处理函数返回非 0 值，那么就阻止选择的改变，如果返回 0，则允许改变。

在对话框资源面板上添加一个编辑框 EDIT 控件指定 ID 为 IDC_EDIT，为该编辑控件添加成员变量 m_csText，该控件将用来显示用户在列表控件上选中的项的名称。

使用“事件处理程序向导”添加 LVN_ITEMCHANGED 消息处理函数，编辑该函数，在编辑控件中显示新选择的项。

```
void CMy1202Dlg::OnItemchangedList1(NMHDR* pNMHDR, LRESULT* pResult)
{
        LPNMLISTVIEW pNMLV = reinterpret_cast<LPNMLISTVIEW>(pNMHDR);
        // TODO: 在此添加控件通知处理程序代码
        if(pNMLV->uNewState&LVIS_SELECTED)
        {
                m_csText=m_ListCtrl.GetItemText(pNMLV->iItem,0);
                UpdateData(FALSE);
        }
        *pResult = 0;
}
```

LVN_KEYDOWN 消息表明发生了一个键盘事件，该消息会附带一个指向 LV_KEYDOWN 结构（LV_KEYDOWN 结构的详细信息可参见附录 C 中的说明）的指针，通过该结构，程序可以获得按键的信息。

用户在开始编辑和结束编辑项的标题时，控件会分别发送 LVN_BEGINLABELEDIT 和 LVN_ENDLABELEDIT 消息。这两个消息会附带一个指向 LV_DISPINFO 结构的指针，如果 LVN_BEGINLABELEDIT 消息处理函数返回 0，则允许编辑，如果返回非 0，则禁止编辑。在 LVN_ENDLABELEDIT 消息处理函数中，LV_DISPINFO 结构中的 item.pszText 指向编辑后的新标题，如果 pszText 为 NULL，那么说明用户放弃了编辑，否则，程序应负责更新项的标题，通常可以使用 SetItem()或 SetItemText()函数来完成。

为了使标题能够编辑，需要修改控件风格，在 CListTestDlg::OnInitDialog()中添加以下代码。

```
DWORD dwStyler=m_TreeCtrl.GetStyle();
dwStyler |=LVS_EDITLABELS;
::SetWindowLong(m_TreeCtrl.GetSafeHwnd(),GWL_STYLE, dwStyler);
```

使用“事件处理程序向导”添加 LVN_ENDLABELEDIT 消息处理函数，编辑该函数，实现标题编辑功能。

```
void CMy1202Dlg::OnLvnEndlabeleditList1(NMHDR *pNMHDR, LRESULT *pResult)
{
    NMLVDISPINFO *pDispInfo = reinterpret_cast<NMLVDISPINFO*>(pNMHDR);
    // TODO: 在此添加控件通知处理程序代码
    if(pDispInfo->item.pszText)
    m_ListCtrl.SetItemText(pDispInfo->item.iItem,pDispInfo->item.iSubItem,
            pDispInfo->item.pszText);
    *pResult = 0;
}
```

函数 CListCtrl::SetItemText(int nItem,int nSubItem,LPTSTR lpszText)可用来设定控件项的标题，参数 hItem 为修改项，nSubItem 为修改项的子项，lpszItem 为修改的文本。

3. 删除列表中项目和列

要删除列表中的项目或列，要先得到所要删除的项或列的索引，然后使用 CListCtrl::DeleteItem(int nitem)或 CListCtrl::DeleteColumn(int nCol)成员函数进行删除，nitem 和 nCol 即为对应的项和列在列表控件中的索引值。需要注意的是，如同树控件，这两种操作本身会向程序发送 LVN_ITEMCHANGED 和 LVN_ITEMCHANGING 消息。

另外，每个项或列被删除后，其后各项或列的索引号均会发生递减变化，所以当要删除多个项目或列时，需要从后向前进行依次删除。

为对话框 CMy1201Dlg 类添加 int 类型成员变量 m_iCurItem，记录用户当前对列表控件项的选择。

```
int m_iCurItem;
```

修改 LVN_ITEMCHANGED 消息处理函数 OnLvnItemchangedList1，记录当前树控件选中项到类成员变量 m_iCurItem。

```
m_iCurItem=pNMLV->iItem;
```

在对话框资源面板上添加一个按钮控件并指定 ID 为 IDC_DEL，使用“事件处理程序向导”添加 IDC_DEL 消息处理函数，编辑该函数，实现删除列表控件当前项的功能。

4. 查找列表中项目

在项目列表中进行查找可以使用 CListCtrl::FindItem(LVFINDINFO *pFindInfo,int nStart=-1)成员函数，pFindInfo 为指向被搜索项有关信息的 LVFINDINFO 结构的指针。nStart 为搜索开始项的索引值，等于-1 时为从头搜索，否则从第 nStart 项开始搜索。如果成功，则返回项的索引值，否则该函数返回-1。

以下代码用于在树控件中搜索项的文本为 2 的项，并返回该项序号。

```
#01. LVFINDINFO FindInfo;
#02. FindInfo.flags=LVFI_STRING;
#03. FindInfo.psz = L"2";
#04. flag=m_ListCtrl.FindItem(&FindInfo);
```

12.4 小结

树和列表控件是 Windows 应用程序的常用控件，也是比较复杂的两个控件。通过本章的学习，读者应掌握以下内容。

- CImageList 的基本适用方法
- CTreeCtrl 的创建方法和常用操作方法。
- CListCtrl 的创建方法和常用操作方法。

12.5 习题

1. 根据本章介绍的方法，创建一个带有树控件和列表控件的对话框程序。

2. 结合前面所讲到的内容，在所建立的对话框程序中加入功能按钮，以实现对树或列表控件中选定项的删除和编辑操作。

3. 在对话框程序中加入文本编辑框，实现对输入的文本在列表中的查找，并返回该项文本在列表中的行及列号。

4. 利用 GetRootItem()、GetChildItem()、GetPrevSiblingItem()、GetNextSiblingItem()和GetParentItem()函数实现树的遍历搜索。

5. 利用 InsertItem() 和 DeleteItem()函数，以及从第 4 题所用的树的遍历方法，实现树中项目的移动。

第 13 章　动态链接库

13.1　概述

在软件开发过程中，为了使用某个函数库中的函数，应用程序必须与该函数库链接起来。链接的方法有两种，一种是静态链接，一种是动态链接。

静态链接是在编译软件对程序各模块进行链接并最终生成可执行文件（如 EXE 文件）时，编译软件从函数库中复制相应函数的代码到程序文件中。因为程序运行所需的全部内容都包含在程序文件中了，所以在静态链接的程序运行时就不再需要函数库了。

动态链接是在编译软件最终生成程序的可执行文件（如 EXE 文件）时，并不把用到的函数的代码从函数库中复制到程序文件中，而只是在最终程序中记录程序对函数库中相应函数的调用接口。当程序运行时，程序需要通过保留的调用接口找到对应的函数库文件，当执行函数库中的函数时，转到函数库中的相应函数执行。因为程序运行所需的部分内容还在函数库中，所以动态链接的程序在运行时还需要用到函数库。

使用动态库时会用到进程和线程的概念。进程可以简单地理解为一个正在运行的程序。在多任务系统中不但可以有多个程序同时运行，而且一个程序可以同时运行多个（例如可以同时打开多个记事本程序），从而提高整个系统的运行效率。在多任务系统中一个进程也可以分成多个子任务同时运行，从而提高程序的运行效率，每个子任务即被称为一个线程。使用任务管理器程序可以查看系统当前正在运行的进程及每个进程中正在运行的线程数量。

动态库通常被称为 DLL（Dynamic Link Library），它和静态库相比具有以下优点。

- 多个进程在运行时可以共同使用同一个 DLL，即把一个 DLL 加载到内存后可以同时被多个进程共同使用，从而可以节约存储器资源，并减少磁盘操作。
- 当 DLL 中的函数发生变化时，只要其函数名、变量类型、调用约定和返回值不发生变化，调用该 DLL 的应用程序就不需要重新编译和链接；而静态库却需要使用编译软件重新链接生成可执行文件。
- 只要遵循函数一定的约定，用不同语言编写的应用程序可调用相同的 DLL 中的函数。这些调用约定包括函数变量进入堆栈的顺序，函数或调用函数是否有责任清除堆栈，以及是否允许变量进入寄存器等。
- 使用动态链接，因为并不把函数库中的代码复制到可执行文件中，所以最终生成的可执行文件比较小。
- 使用 DLL 可以简化多语言版本的程序的实现，可以将应用程序每一语言版本的字符串放置在独立的资源 DLL 中，可以使用不同的语言版本调用不同的 DLL，每个 DLL 中都包含有指定资源的字符串表。

使用 DLL 也有其不利之处，如应用程序没有相应的 DLL 不能独立运行、DLL 升级后处置不当可能影响原来使用到该 DLL 的应用程序的运行等。

在 Visual C++中全可以建立两种类型的 DLL，一种是 Win32 DLL，它不使用 MFC 类库；另外一种是 MFC DLL，由 MFC 框架构成。

动态库的加载也可以有两种方式，一种是隐式加载，一种是显式加载。

13.2 创建标准 Win32 动态库

13.2.1 新建 Win32 动态库项目

新建项目，在 Visual C++下选择 Win32 并进入如图 13-1 所示的界面，选择“Win32 项目”选项选中项目所在位置并输入新建项目名称 1301，然后单击“确定”按钮。

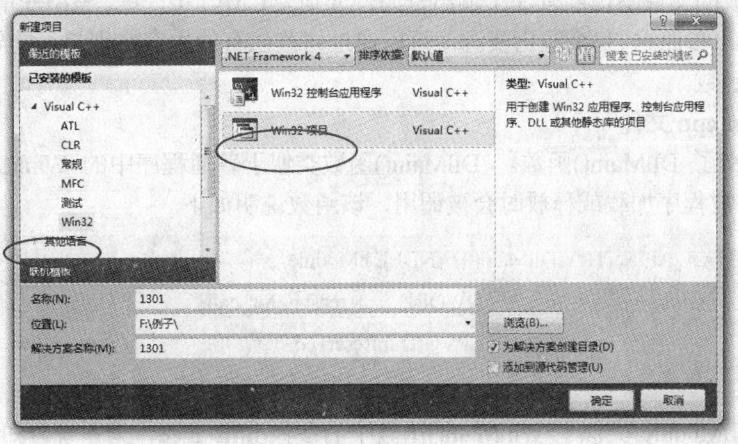

图 13-1 建立 Win32 项目 1301

在“Win32 应用程序向导”对话框中选择“应用程序设置”选项，如图 13-2 所示，在“应用程序类型”选项组中选择 DLL 单选按钮，在“附加选项”选项组中选择“导出符号”复选框，单击“完成”按钮，完成 DLL 程序的创建，一个基于标准的 Win32 动态链接库框架程序即建立完成。

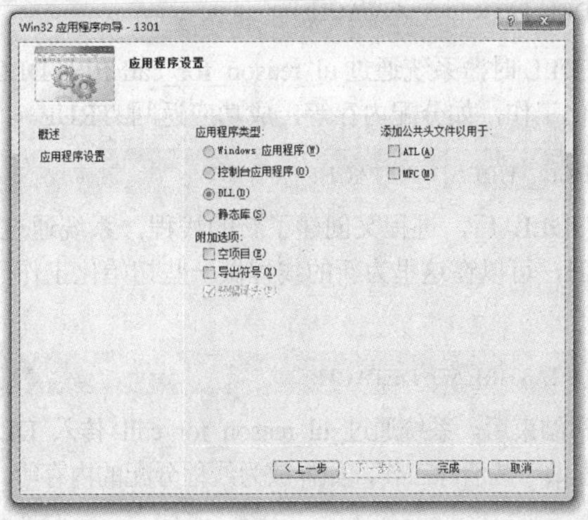

图 13-2 建立 Win32 DLL

在“应用程序设置”的应用程序类型”选项组中选择 DLL 类型后，“附加选项”选项组中出现两个复选框：空项目和导出符号，一般选择“导出符号”复选框，然后单击“完成”按钮，结束“应用程序向导”，进入开发环境。

“应用程序向导”建立的项目中包含以下内容。

1．1301.vcproj 文件

这是用应用程序向导生成的 VC++ 项目的主项目文件。它包含有关生成此文件的 VC++ 版本的信息，以及用户在“应用程序向导”中选择的平台、配置和项目功能等信息。

2．1301.h 和 1301.cpp 文件

这是主 DLL 源代码文件，只要修改和编辑这两个文件，就可以实现对动态库内资源的添加。向导生成的文件中已经有 3 个输出资源，分别为 CMy1301 类、整型变量 nMy1301 和函数 fnMy1301()，参照这 3 个输出资源，可以通过修改已有的内容实现自己的导出类、导出全局变量和导出函数。

3．dllmain.cpp 文件

文件中定义了 DllMain()函数。DllMain()函数类似于普通程序中的 WinMain 入口函数，该函数在 DLL 被程序加载或释放时会被调用，该函数说明如下。

```
#01.  BOOL APIENTRY DllMain( HANDLE hModule,
#02.                         DWORD   ul_reason_for_call,
#03.                         LPVOID lpReserved
#04.                       )
```

函数参数 hModule 类似于 WinMain()函数中的参数 hInstance，为系统告知的 DLL 在系统内的实例句柄，ul_reason_for_call 为调用本函数的目的，其取值及意义参见下面说明，lpReserved 功能被保留。

```
#05.  {
#06.      switch (ul_reason_for_call)
#07.      {
#08.      case DLL_PROCESS_ATTACH:
```

当一个进程加载该 DLL 时，系统通过 ul_reason_for_call 传入 DLL_PROCESS_ATTACH，可以在这里做一些初始化工作，如分配内存等，成功应返回 TRUE。

```
#09.      case DLL_THREAD_ATTACH:
```

当一个进程装载该 DLL 后，进程又创建了新的线程，系统通过 ul_reason_for_call 传入 DLL_THREAD_ATTACH，可以在这里为新的线程做一些初始化工作，如为线程分配内存等，成功应返回 TRUE。

```
#10.      case DLL_THREAD_DETACH:
```

当一个线程运行正常结束后，系统通过 ul_reason_for_call 传入 DLL_THREAD_DETACH，可以在这里为结束的线程做一些清除工作，如释放为线程分配的内存等。

```
#11.      case DLL_PROCESS_DETACH:
```

当一个进程运行正常结束后，系统通过 ul_reason_for_call 传入 DLL_PROCESS_DETACH，可以在这里为结束的进程做一些清除工作，如释放为该进程分配的内存等。

```
            break;
        }
    return TRUE;
}
```

与 WinMain()函数不同的是，DllMain()函数是可选的。

4. StdAfx.h 和 StdAfx.cpp 文件

用于生成名为 1301.pch 的预编译头（PCH）文件，以及名为 StdAfx.obj 的预编译类型文件。

5. targerver.h 文件

定义程序运行的环境。

13.2.2 添加函数

下面通过一个实例来演示添加函数的方法。

1. 添加函数声明

使用 1301.h 文件中定义的导出宏 MYDLL_API，可以方便地声明导出函数。下面仿照向导建立的导出函数 fnMy1301()声明自己的导出函数 Welcome2。将导出函数 Welcome2 的声明添加在文件末尾，如下所示。

```
MY1301_API void Welcome2(void);    //新函数声明
```

2. 添加函数体

打开 1301.cpp 文件，下面仿照向导建立的导出函数 fnMy1301()定义自己的导出函数 Welcome2，并添加在文件末尾，如下所示，粗体部分为所添加的内容。

```
MY1301_API void Welcome2(void)
{
    MessageBox(NULL,L"使用 1301.DLL 中的导出函数输出! ",L"Welcome2",MB_OK);
}
```

有关线程的内容将在第 14 章中进行介绍。

13.2.3 添加类

在动态库中添加类与在 C++应用程序中建立一个类的方法相同，在这里就不再详细说明。具体方法参见上面代码中的标准导出类。

下面为标准导出类 CMyDll 添加成员变量和公有成员函数，如下所示，粗体为添加内容：

```
// 此类是从 1301.dll 导出的
class MY1301_API CMy1301 {
        WCHAR m_str[64];            //添加的成员变量
public:
        CMy1301(void);
        //TODO: 在此添加您的方法。
        void Welcome1();            //添加的公有成员函数
};
```

修改构造函数，对添加的成员变量进行初始化。粗体部分为所添加的内容。

```
#01. CMy1301::CMy1301()
#02. {
#03.         wcscpy_s(m_str,64,L"使用导出类 CMy1301 对象成员函数输出！ ");
#04.         return;
#05. }
```

添加成员函数 Welcome1()的定义，弹出一个信息对话框。

```
#01.  void CMy1301::Welcome1()
#02.  {
#03.         MessageBox(NULL, m_str,L"Welcome1",MB_OK);
#04.  }
```

13.2.4 导出函数

使用宏 MY1301_API 说明和定义的函数可以直接导出，MY1301_API 定义如下。

```
#01.  #define MY1301_API __declspec(dllexport)
```

_declspec(dllexport)在 dll 中使用，用于说明指定函数是导出函数。而_declspec(dllimport)用在调用 DLL 的程序中，用于说明这是从 DLL 中导入的函数。如果在 DEF 文件中做了函数的导出说明，被 DEF 中说明过函数的_declspec(dllexport)可以省略。declspec(dllimport)说明不是必需的但推荐使用。

13.2.5 导出类

只要在类定义时，在 class 关键字后面加上 MY1301_API 宏，该类就可以导出了，如下所示。

```
#01.  class MY1301_API CMyDll
#02.  {
#03.  ...
#04.  };
```

13.2.6 生成 DLL

将以上程序进行编译链接，可以生成两个编译结果文件。

- 1301.lib 将在程序隐式链接该 1301.DLL 时使用。
- 1301.dll 即为生成的动态链接库，它包含函数代码，在程序调用该 DLL 时使用。

13.2.7 查看 DLL 中的导出函数

1. 打开 VS2010 命令窗口

单击“开始”按钮，选择“所有程序”→Microsoft Visual Studio 2010→Visual Studio Tools→“Visual Studio 命令提示（2010）”，打开 VS2010 命令窗口，如图 13-3 所示。

2. 执行 dumpbin 查看 DLL 导出函数

在命令窗口中输入 dumpbin /exports。“DLL 文件完整路径”，在本例中主要查看的 DLL 路径在 F:\例子\1301\Debug\1301.dll，所以键入命令如下。

```
dumpbin /exports F:\例子\1301\Debug\1301.dll
```

命令运行结果如图 13-3 所示，其中框选部分为导出函数。

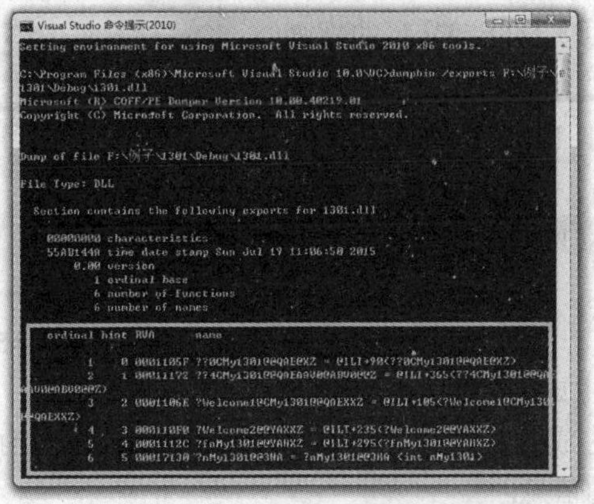

图 13-3　查看 1301.DLL 导出函数

从图 13-3 中可以发现导出函数包含一些奇怪的符号，这是因为 C++编译器在编译时会对一些符号进行修改，其中以“? ”开始的字符串为导出的名称。

```
#01.    0 0001105F ??0CMy1301...            导出 CMy1301 类构造函数
#02.    1 00011172 ??4CMy1301...            导出 CMy1301 类默认构造函数
#03.    2 0001106E ?Welcome1@CMy1301...     导出 CMy1301 类成员函数 Welcome1
#04.    3 000110F0 ?Welcome2...             导出函数 Welcome2
#05.    4 0001112C ?fnMy1301...             导出函数 fnMy1301
#06.    5 00017130 ?nMy1301...              导出全局变量 nMy1301
```

为了使 DLL 中导出的名称不被 C++编译器改变，可以使用模块定义文件 DEF 或 extern "C" _declspec(dllexport)进行设置，详细内容参加本章 13.5 节的相关内容。

13.3　创建标准 MFC 动态库

13.3.1　新建 MFC 动态库项目

新建项目，在 Visual C++下选择 MFC 并进入如图 13-4 所示的界面，选择 MFC DLL 选项，选中项目所在位置并输入新建项目名称 1302，然后单击“确定“按钮。

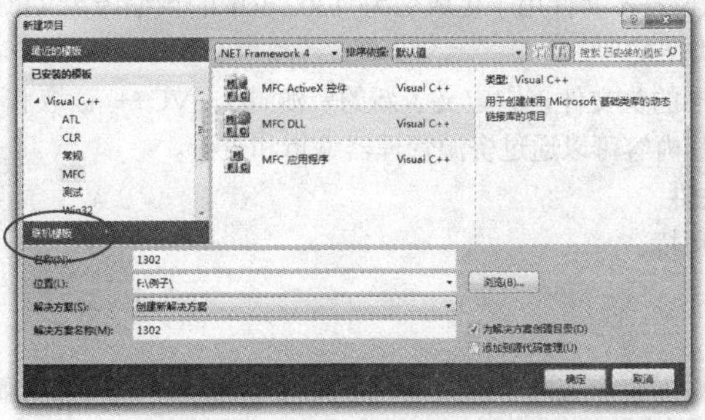

图 13-4　新建项目 1302

在“MFC DLL 向导”对话框中选择“应用程序设置”选项，如图 13-5 所示，在“DLL 类型”选项组中选择“使用共享 MFC DLL 的规则 DLL”单选按钮，单击“完成”按钮，完成 DLL 程序的创建，一个基于 MFC 的动态链接库框架程序建立完成。

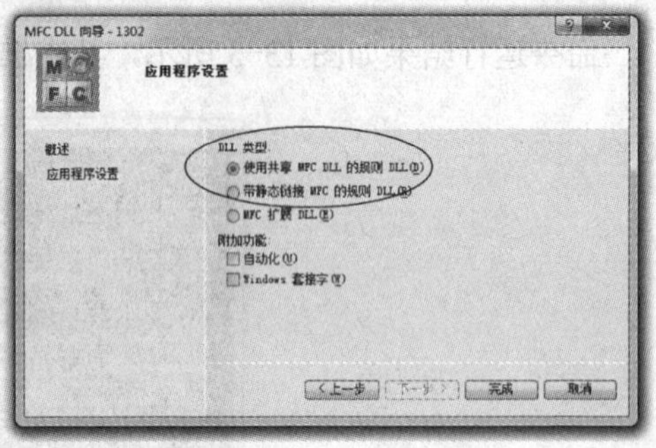

图 13-5　MFC DLL 向导

“应用程序向导”建立的项目中包含以下内容。

1. 1302.vcproj

这是用应用程序向导生成的 VC++ 项目的主项目文件。它包含有关生成此文件的 VC++ 版本的信息，以及有关使用应用程序向导选择的平台、配置和项目功能的信息。

2. 1302.h

这是 DLL 的主头文件。它声明了 CMy1302App 类。用户为了声明自己的功能，通常需要修改此文件。

3. 1302.cpp

这是主 DLL 源文件。它包含了类 CMy1302App。用户为了定义自己的功能，通常需要修改此文件。

4. 1302.rc

这是程序使用的所有 Microsoft Windows 资源的列表。它包含了存储在 RES 子目录下的图标、位图和光标。此文件可在 VC++ 中使用资源管理器直接编辑。

5. res\My1302.rc2

此文件包含不由 VC++ 编辑的资源。可以将不能由资源编辑器编辑的所有资源放置在此文件中，很少使用。

6. 1302.def

此文件包含有关运行 Microsoft Windows 所需的 DLL 的信息。它定义此 DLL 的名称和说明等参数。它还从此 DLL 导出函数。用户为了定义自己的导出功能，通常需要修改此文件。

7. 其他标准文件

StdAfx.h 和 StdAfx.cpp 文件用于生成名为 1302.pch 的预编译头（PCH）文件，以及名为 StdAfx.obj 的预编译类型文件。

Resource.h 是标准的头文件，它定义了新的资源 ID。VC++ 读取和更新此文件。一般不需要用户手动编辑，其内容可以通过资源管理器编辑和查看。

8. targerver.h 文件

定义程序运行的环境。

13.3.2　添加函数

下面在该动态链接库中添加两个函数，一个使用 Windows API 进行输出，一个使用 MFC 全局函数进行输出。方法如下。

1. 添加函数声明

打开 1302.h 文件，该文件中已经包含了一个 CWinApp 派生类的声明，该类隐藏了 DllMain 的调用，如果有必要，用户可以通过重载 CWinApp::InitInstance 进行 DLL 的初始化，重载 CWinApp:: ExitInstance 进行 DLL 的清理工作。

下面在文件末尾添加导出函数的声明，如下所示，添加内容为粗体。该函数前面没有使用上一节讲述的导出宏或__declspec(dllexport)，本程序将使用另一种法方法将函数导出，该方法使用 DEF 文件实现。

```
// 1302.h : 1302 DLL 的主头文件
//
#pragma once
#ifndef __AFXWIN_H__
        #error "在包含此文件之前包含 stdafx.h 以生成 PCH 文件"
#endif
#include "resource.h"           // 主符号
// CMy1302App
// 有关此类实现的信息，请参阅 1302.cpp
//
class CMy1302App : public CWinApp
{
public:
        CMy1302App();
// 重写
public:
        virtual BOOL InitInstance();
        DECLARE_MESSAGE_MAP()
};
void Welcome3();          //新添加函数声明
void Welcome4();          //新添加函数声明
```

2. 添加函数体

打开 1302.cpp 文件，在文件末尾添加导出函数的定义。

```
// MyMfcDll.cpp : 定义 DLL 的初始化例程。
#include "stdafx.h"
#include "1302.h"
#ifdef _DEBUG
#define new DEBUG_NEW
#endif
//
//TODO:  如果此 DLL 相对于 MFC DLL 是动态链接的，
//              则从此 DLL 导出的任何调入
```

MFC 的函数必须将 AFX_MANAGE_STATE 宏添加到
该函数的最前面如下面的代码所示。

```
extern "C" BOOL PASCAL EXPORT ExportedFunction()
{
```

```
    AFX_MANAGE_STATE(AfxGetStaticModuleState());
    此处为普通函数体
}
```

此宏先于任何 MFC 调用出现在每个函数中十分重要。这意味着它必须作为函数中的第一个语句出现，甚至先于所有对象变量声明，这是因为它们的构造函数可能生成 MFC DLL 调用有关其他详细信息，请参阅 MFC 技术说明 33 和 58。

```
// CMy1302App
BEGIN_MESSAGE_MAP(CMy1302App, CWinApp)
END_MESSAGE_MAP()
// CMy1302App 构造
CMy1302App::CMy1302App()
{
        // TODO: 在此添加构造代码，
        // 将所有重要的初始化放置在 InitInstance 中
}
// 唯一的 CMy1302App 对象
CMy1302App theApp;
// CMy1302App 初始化
BOOL CMy1302App::InitInstance()
{
        CWinApp::InitInstance();
        return TRUE;
}
void Welcome3()
{
   MessageBox(NULL, L"使用 1302.DLL 导出的 Win32 函数输出!",L"1302.DLL",MB_OK);
}
void Welcome4()
{
        AFX_MANAGE_STATE(AfxGetStaticModuleState())
        AfxMessageBox(L"使用 1302.DLL 导出的 MFC 函数输出");
}
```

由于 Welcome4 使用了 MFC 中的 AfxMessageBox 全局函数，需要动态链接到 MFC DLL，所以在函数体的最前面必须添加 AFX_MANAGE_STATE 宏。

13.3.3 添加类

与 13.2 书中添加和导出自定义类的方法相同。

1. 添加导出宏定义

```
#ifdef MY1302_EXPORTS
```

```
#define MY1302_API __declspec(dllexport)
#else
#define MY1302_API __declspec(dllimport)
#endif
```

2. 添加类的声明

```
class MY1302_API CMy1302 {
        WCHAR m_str[32];            //成员变量
public:
        CMy1302(void);              //构造函数
        void Welcome1();            //公有成员函数
};
```

3. 添加类的定义

```
CMy1302::CMy1302()
{
        wcscpy_s(m_str,64,L"使用导出类 CMy1302 对象成员函数输出！");
        return;
}
void CMy1302::Welcome1()
{
        MessageBox(NULL,m_str,L"Welcome1",MB_OK);
}
```

13.3.4 导出函数

DEF 文件使用方法如下。

使用 LIBRARY 语句定义 DLL 的名称。

使用 DESCRIPTION 语句对 DLL 给出简单的描述，此描述可以省略。

使用 EXPORTS 语句列出被导出的函数的函数名和序号。序号使用@标识。实际上，编译器将为每一个导出函数指定一个序号，使用自定义的序号将有助于确认函数，该序号可用来在 DLL 中查找对应函数。

NONAME 语句告诉编译器不要把后面的函数放在外部函数表中，但这并不影响外部程序在隐式链接中调用此函数。

在使用“新建项目向导”建立的 MFC DLL 中，项目中已经包含了一个.DEF 文件的框架，下面的 DEF 文件导出两个函数，并分配序号。

```
; 1302.def : //声明 DLL 的模块参数。
LIBRARY
EXPORTS
//此处可以是显式导出
Welcome3@1
Welcome4@2
```

13.3.5 导出类

导出类的方法与 13.2.5 节相同，使用导出宏导出，不需要在 DEF 文件中定义导出。

13.3.6 生成 DLL

将以上程序进行编译链接，可以生成两个编译结果文件。

- 1302.lib 将在程序隐式链接该 1302.DLL 时使用。
- 1302.dll 即生成的动态链接库，它包含函数代码，在程序调用该 DLL 时使用。

13.3.7 查看 DLL 中的导出函数

使用 13.2.7 节中同样的方法可以查看 1302.dll 中导出的函数，内容如图 13-6 所示。

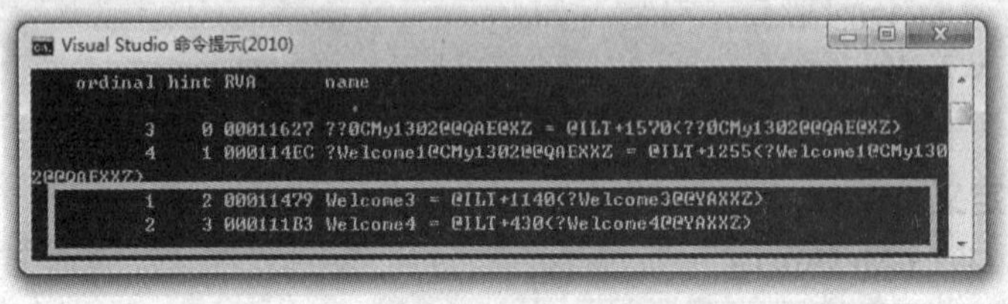

图 13-6　查看 1302.dll 导出函数

从图 13-6 可以看出，通过 DEF 文件导出的函数名称没有发生变化。

13.4 在程序中使用动态库

13.4.1 加载 DLL 的方式

加载 DLL 有两种方法：隐式和显式。

DLL 的隐式加载是最常用的 DLL 加载方式。原因很简单，隐式加载不需要客户方做额外的工作。编写应用程序的人只需简单地包含所需的（一个或多个）头文件，并在工程中添加相应动态库的 LIB 文件，也就是说可以使用与调用内部函数一样的方法调用 DLL 中的函数，编译器会自动建立到 DLL 的链接。然而，DLL 的隐式链接有以下几个缺陷。

- DLL 的扩展名必须是.DLL。
- 如果 DLL 中的函数从未被调用过，客户也必须承担加载 DLL 的不必要的开销。

当一个程序采用隐式加载 DLL 时，Windows 必须首先找到实际的物理文件。其使用下列顺序寻找相应的 DLL 文件。

- 当前目录。
- Windows 目录。
- Windows 系统目录。
- 客户所在目录。
- PATH 环境变量中列出的目录（与指定的顺序相同）。
- 映射的网络目录。

尽管隐式链接是客户链接一个 DLL 的最容易的方式，但有些情况下还是显式链接有优势。显式链接需要告诉 Windows 操作系统要加载哪个文件，以及何时加载它。尽管显式加载需要多做一些工作，但与隐式链接相比有以下几方面的优势。

- 库可以用任何扩展名。
- 仅当客户加载 DLL 时该 DLL 才会被加载。

● 客户在运行时可以有机会选择加载不同的库。

一个 DLL 按照以下的步骤显式加载。

1） 客户程序调用 Windows API 函数 LoadLibrary()加载 DLL。这个函数返回该 DLL 的句柄。如果函数失败了，则返回 NULL，通常需要调用 Win32 函数 GetLastError()确定失败的原因。

2）客户程序使用 DLL 的句柄和函数名称调用 Windows API 函数 GetProcAddress 取得 DLL 中的函数，GetProcAddress()函数返回值为该函数的指针。

3）在客户程序中使用函数指针来调用 DLL 中的函数。

4）当客户程序用完 DLL 后，应该使用 Windows API 函数 FreeLibrary()把该库从内存中卸载，并释放所有与之关联的资源。

13.4.2 使用隐式加载

1. 取得导出类和导出函数的声明文件

为了隐式加载 DLL，需要先取得包含 DLL 导出类和导出函数的声明的头文件，并把这些头文件包含到使用这些类和函数的程序代码所在的源文件中，否则源文件无法编译。

2. 取得 DLL 对应的 LIB 库文件

为了隐式加载 DLL，需要先取得 DLL 对应的 LIB 库文件，并把这些 LIB 库文件包含到项目中和整个项目一起编译，否则在对项目进行编译链接时会因为找不到库文件中相应的函数或类的定义而链接失败。

3. 使用 DLL 中导出的类或函数

在包含了 DLL 中导出类和导出函数的声明文件之后，可以在程序代码中定义导出类的对象并使用这些对象，调用 DLL 中导出的函数。

4. 程序实例

下面以前面建立的动态库 1301.dll 和 1302.dll 为例来说明如何隐式加载动态链接库。

1）首先建立一个名为 1303 的基于对话框的 MFC 程序框架。

2）将 1301.Dll 及 1302.Dll 的头文件 1301.h、1302.h，以及 Debug 文件夹下的 1301.lib、1302.lib 和 1301.dll、1302.dll 文件复制到 1303 工程的文件夹下。

3）将头文件 1301.h、1302.h 和 LIB 文件 1301.lib、1302.lib 添加到项目中，如图 13-7 所示。

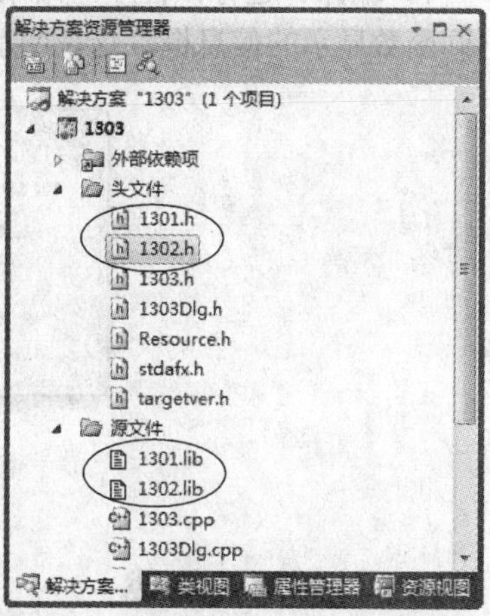

图 13-7 例 1303 添加头文件和 LIB 文件

4）打开对话框模板资源，在对话框上添加 5 个按钮，名称依次为 CMy1301::Welcome1、Welcome2、Welcome3、Welcome4 和 CMy1302::Welcome1，5 个按钮 ID 依次为 IDC_WEC1、IDC_WEC2、IDC_WEC3、IDC_WEC4 和 IDC_WEC5。

5）在 1303Dlg.cpp 中添加包含头文件命令如下。

```
#include "1301.h"
#include "1302.h"
```

6）为 4 个按钮分别添加 BN_CLICKED 事件处理函数，并修改如下。

```
void CMy1303Dlg::OnBnClickedWec1()
```

```
{
        // TODO: 在此添加控件通知处理程序代码
        CMy1301 dll;   //动态库 1301.dll 中定义的类
        dll.Welcome1();
}
void CMy1303Dlg::OnBnClickedWec2()
{
        // TODO: 在此添加控件通知处理程序代码
        Welcome2();
}
void CMy1303Dlg::OnBnClickedWec3()
{
        // TODO: 在此添加控件通知处理程序代码
        Welcome3();
}
void CMy1303Dlg::OnBnClickedWec4()
{
        // TODO: 在此添加控件通知处理程序代码
        Welcome4();
}
void CMy1303Dlg::OnBnClickedWec5()
{
        // TODO: 在此添加控件通知处理程序代码
        CMy1302 dll;   //动态库 1302.dll 中定义的类
        dll.Welcome1();
}
```

7）编译、运行该程序，结果如图 13-8 所示。单击不同的按钮会弹出从不同 DLL 中调用不同函数显示的信息框，这说明前面定义在动态库中的函数被正确调用。

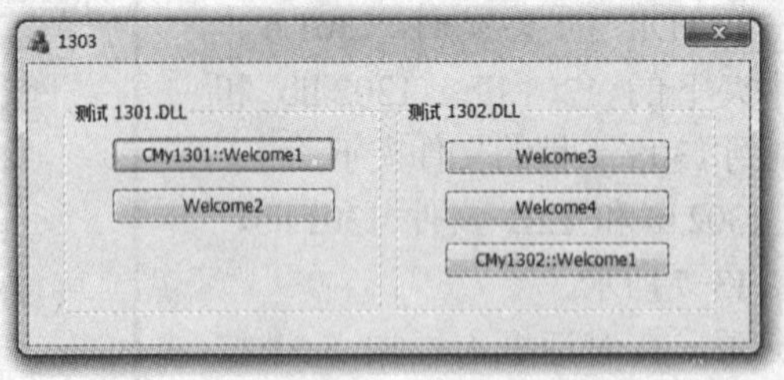

图 13-8　例 1303 运行结果

13.4.3　使用显式加载

1．加载 DLL

在动态加载 DLL 时，首先需要将 DLL 模块映射到进程的内存空间。该功能可以由 Windows API 函数 LoadLibrary()或 MFC 的全局函数 AfxLoadLibrary()实现。以下是 LoadLibrary()函数原型。

```
HMODULE          LoadLibrary(LPCTSTR lpFileName);
HINSTANCE        AfxLoadLibrary(LPCTSTR lpFileName);
```

lpFileName 是要加载的动态链接库的文件名和路径，若不指定路径，加载搜索路径参见前面的内容。

函数调用成功则返回动态库句柄，调用不成功则返回 NULL。

2. 取得函数指针

如果 DLL 成功加载，就可以使用 GetProcAddress()函数得到 DLL 中函数的指针。

调用此函数需要 LoadLibrary()函数或 AfxLoadLibrary()函数返回的模块句柄。该函数调用成功后返回指向函数的指针。用户可以使用该函数指针调用相应 DLL 中的函数。GetProcAddress()函数原型如下。

```
FARPROC GetProcAddress(HMODULE hModule,LPCSTR lpProcName);
```

hModule 为动态库的句柄，lpProcName 为函数名称。返回值为指向该函数的指针。调用不成功则返回 NULL。

3. 使用 DLL 中的函数

在获取了 DLL 中函数的函数指针之后，可以在程序代码中通过这些函数指针调用 DLL 中的这些函数。

4. 释放 DLL

使用完 DLL 后，应使用 FreeLibrary()函数释放 DLL。其函数原型如下。

```
BOOL FreeLibrary(HMODULE hModule);
BOOL AfxFreeLibrary(HINSTANCE hInstLib );
```

hModule 为使用函数 LoadLibrary()得到的句柄。如果成功则返回 TRUE。

在多线程编程中必须使用 AfxLoadLibrary()和 AfxFreeLibrary()函数，而不是 Win32 API 函数 LoadLibrary()和 FreeLibrary()。这两个函数将确保每次装载 DLL 时调用 DLL 中的入口函数，使 DLL 初始化和清理的时候不会破坏 MFC 的整体状态。

5. 程序实例

下面以前面建立的动态库 1301.dll 和 1302.dll 为例来说明如何显式加载动态链接库。

1）首先建立一个名称为 1304 的基于对话框的 MFC 程序框架。

2）将 1301.dll 及 1302.dll 复制到 1304 的文件夹下。

3）打开对话框模板资源，在对话框上添加 5 个按钮，名称依次为 CMy1301::Welcome1、Welcome2、Welcome3、Welcome4 和 CMy1302::Welcome1，5 个按钮 ID 依次为 IDC_WEC1、IDC_WEC2、IDC_WEC3、IDC_WEC4 和 IDC_WEC5。

4）添加类的构造函数和普通成员函数指针类型。

```
typedef void (*FUN)();                    //定义指向 DLL 中函数的函数指针类型
typedef void (WINAPI *PCTOR)(); //定义指向 DLL 中类的构造函数的函数指针类型
```

5）为 5 个按钮分别添加 BN_CLICKED 事件处理函数，并修改如下。

OnBnClickedWec1 需要调用 DLL 导出类的对象，因为 DLL 中不能导出类的定义信息，所以在调用程序中必须有导出类的声明，本例通过包含 0301.h 文件得到导出类的声明。创建导出类对象的步骤如下。

- 为导出类对象分配内存：因为只是分配内存，可以使用 mallloc()函数。
- 调用导出类的构造函数初始化对象：要为成员对象提供 this 指针参数。
- 使用导出类对象：要为成员对象提供 this 指针参数。

具体实现参见下面的代码。

```
void CMy1304Dlg::OnBnClickedWec1()
{
	// TODO: 在此添加控件通知处理程序代码
	HMODULE hModule=LoadLibrary(L"1301.dll");	//得到动态库指针
	if(hModule==NULL)
	{
		AfxMessageBox(L"加载动态库出错");
		return;
	}
	CMy1301 *pMy1301=(CMy1301 *)malloc(sizeof(CMy1301));	//为导出类对象分配内存
	PCTOR pCreat=(PCTOR)GetProcAddress(hModule,"??0CMy1301@@QAE@XZ");//构造函数指针
	if(pCreat==NULL)
	{
		AfxMessageBox(L"取得构造函数指针出错！");
		return;
	}
	_asm{ MOV ECX,pMy1301}	//为调用 CMy1301 类成员函数准备 this 指针
	pCreat();	//调用 CMy1301 类的构造函数创建对象
	FUN fun=(FUN)GetProcAddress(hModule,"?Welcome1@CMy1301@@QAEXXZ");//成员函数指针
	if(fun ==NULL)
	{
		AfxMessageBox(L"取得函数指针出错！");
		return;
	}
	_asm{ MOV ECX,pMy1301}	//为调用 CMy1301 类成员函数准备 this 指针
	fun ();	//调用 CMy1301 类成员函数
	free(pMy1301);	//释放 CMy1301 类对象内存
	FreeLibrary(hModule);	//释放动态库资源
}
```

OnBnClickedWec2 需要调用 DLL 导出函数，GetProcAddress 除了通过导出函数名称取得函数地址之外，通过导出函数编号也可以取得函数地址。通过查看 1301.dll 中的导出函数，可以发现准备调用的 1301.dll 中的函数 Welcome2()的编号为 4，调用方法如下。

```
void CMy1304Dlg::OnBnClickedWec2()
{
	// TODO: 在此添加控件通知处理程序代码
	HMODULE hModule=LoadLibrary(L"1301.dll");	//得到动态库指针
	if(hModule==NULL)
	{
		AfxMessageBox(L"加载动态库出错");
		return;
	}
	FUN fun=(FUN)GetProcAddress(hModule,MAKEINTRESOURCEA(4)); //得到函数指针
```

```
	if(fun==NULL)
	{
		AfxMessageBox(L"得到函数指针出错");
		return;
	}
	fun();
	FreeLibrary(hModule);                              //释放动态库资源
}
```

OnBnClickedWec3 需要调用 1302.dll 导出函数 Welcome3()，因为使用 DEF 方式导出，函数名称没有发生变化，调用方法与上例相同，调用方法如下。

```
void CMy1304Dlg::OnBnClickedWec3()
{
	// TODO: 在此添加控件通知处理程序代码
	HMODULE hModule;        //动态库指针变量
	hModule=LoadLibrary(L"1302.dll");      //得到动态库指针
	if(hModule==NULL)
	{
		AfxMessageBox(L"加载动态库出错");
		return;
	}
	FUN fun=(FUN)GetProcAddress(hModule,"Welcome3"); //得到函数指针
	if(fun ==NULL)
	{
		AfxMessageBox(L"得到函数指针出错");
		return;
	}
	fun ();
	FreeLibrary(hModule);                              //释放动态库资源
}
```

OnBnClickedWec4 需要调用 1302.dll 导出函数 Welcome4()，虽然在 Welcome4 中调用了 MFC 中的功能，但调用方法没有区别，调用方法如下。

```
void CMy1304Dlg::OnBnClickedWec4()
{
	// TODO: 在此添加控件通知处理程序代码
	HMODULE hModule;        //动态库指针变量
	hModule=LoadLibrary(L"1302.dll");      //得到动态库指针
	if(hModule==NULL)
	{
		AfxMessageBox(L"加载动态库出错");
		return;
	}
	FUN fun=(FUN)GetProcAddress(hModule,"Welcome4"); //得到函数指针
	if(fun==NULL)
	{
		AfxMessageBox(L"得到函数指针出错");
		return;
	}
```

```
    fun();
    FreeLibrary(hModule);                              //释放动态库资源
}
```

OnBnClickedWec5 需要调用 1302.dll 导出类中的成员函数，调用方法与调用 1301.dll 中的导出类相同，调用方法如下。

```
void CMy1304Dlg::OnBnClickedWec5()
{
    // TODO: 在此添加控件通知处理程序代码
    HMODULE hModule;      //动态库指针变量
    hModule=LoadLibrary(L"1302.dll");     //得到动态库指针
    if(hModule==NULL)
    {
        AfxMessageBox(L"加载动态库出错");
        return;
    }
    CMy1302 *pMy1302=(CMy1302 *)malloc(sizeof(CMy1302));
    PCTOR pCreat=(PCTOR)GetProcAddress(hModule,"??0CMy1302@@QAE@XZ");
    if(pCreat==NULL)
    {
        AfxMessageBox(L"得到构造函数指针出错");
        return;
    }
    _asm{ MOV ECX,pMy1302}
    pCreat();
    FUN fun=(FUN)GetProcAddress(hModule,MAKEINTRESOURCEA(3)); //类成员函数指针
    if(fun==NULL)
    {
        AfxMessageBox(L"取得类成员函数出错");
        return;
    }
    _asm{ MOV ECX,pMy1302}
    fun();
    free(pMy1302);
    FreeLibrary(hModule);                              //释放动态库资源
}
```

编译、运行该程序，结果如图 13-9 所示。单击不同的按钮，会弹出从不同 DLL 中调用不同函数显示的信息框，这说明前面定义在动态库中的函数被正确调用。

图 13-9　例 1304 运行结果

13.5 与其他程序设计语言共享 DLL

13.5.1 共享 DLL 给其他程序设计语言

为了使其他语言编写的程序也能调用 VC++编写的 DLL，需要解决两个问题。

1．函数参数的处理

标准 C、C++中定义了函数的参数的压栈和出栈方式如下：压栈从右向左压入参数；而当函数返回的时候，由函数调用者负责清理堆栈，弹出相应的参数。也就是被调用者直接 return，调用者再清理堆栈顶部指针，这样实现可变长度参数比较方便，被调用者不用关心参数的数量。

在 Win32 中，Windows 定义了一种参数的压栈和出栈方式：函数参数也是从右向左压入，但函数返回的时候是由被调用者清理堆栈，也就是被调用者先拿到返回地址，再设置堆栈顶部指针，最后返回，被调用者需要关心参数的数量。

在 VC++中可以同时使用以上两种函数调用方式，只要在声明函数的时候说明即可，例如下面声明了两个函数，分别使用两种调用方式。

```
int __cdecl fun();
int __stdcall fun();
```

如果函数只给 C/C++程序使用，可以说明__cdecl 的函数调用方式，采用标准 C、C++中定义的方式调用函数，在 VC++中默认使用该方式调用函数。

如果函数要给其他语言程序使用，或者编写被系统调用的回调函数，需要说明__stdcall 的函数调用方式，该方式也是 Windows 系统内部使用的函数调用方式。

2．导出函数名称

调用 DLL 中的函数包括显式调用和隐式调用。如果是显式调用，通常需要通过函数名称取得 DLL 中函数的指针。VC 在编译 C++程序时会对函数名称进行修饰，导致函数名称发生变化，通常可使用 DEF 文件重新指定函数名称。如果在创建 DLL 项目时没有生成 DEF 文件，也可以后续添加。

打开“解决方案资源管理器”窗口，在“源文件”文件夹上右击，在弹出的快捷菜单中选择“添加”→“新建项”命令，弹出“添加新项”对话框，如图 13-10 所示。

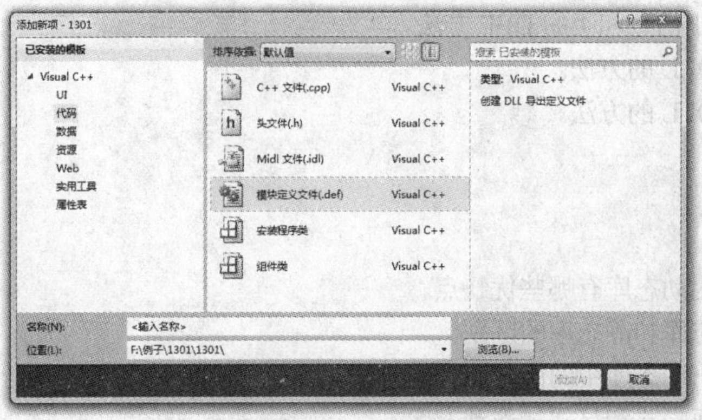

图 13-10　为例 1301 项目添加 DEF 文件

在“已安装的模板”列表框中选择“代码”选项，然后选择“模块定义文件（.def)”选项，输入名称后单击“添加”按钮即可。

可以在.def 文件中给函数名写一个别名。例如：

EXPORTS

Name（别名）= _showfun@4（要导出的函数名）

下面以 1301 为例，添加 DEF 文件并修改导出函数名称，编辑 DEF 文件如下。

```
LIBRARY
EXPORTS
CMy1301= ??0CMy1301@@QAE@XZ
Welcome1=?Welcome1@CMy1301@@QAEXXZ
Welcome2=?Welcome2@@YAXXZ
fnMy1301=?fnMy1301@@YAHXZ
nMy1301=?nMy1301@@3HA
```

重新编译 1301 项目，用 dumpbin 工具查看编译后 1301.DLL 的导出函数，可以发现增加了 CMy1301、Welcome1、Welcome2 和 nMy1301 这几个导出名称，用户在调用 GetProcAddress()函数时使用这几个名称即可获得 DLL 导出的相应内容。将 1301.dll 复制到 1304 项目中，修改 1304 程序，使用这些新名称可获得相应导出函数的指针。

注意，DLL 中导出内容通常只要使用_declspec（dllexport）或 DEF 文件说明一次即可，否则同一内容会重复导出。重复导出并不影响 DLL 的使用，相当于同一内容有多个别名。

13.5.2 调用其他语言开发的 DLL

在 VC++中可以方便地调用其他语言开发的 DLL。如果被调用的 DLL 为 Win32 标准 DLL，只要确认该 DLL 导出函数名称、调用方式、参数类型和参数数量，其使用方法与调用 VC++开发的 DLL 相同。

13.6 小结

本章重点讲述了动态库的建立与使用方法，主要内容如下。

- 建立 Win32 DLL 的方法。
- 从 DLL 导出函数和类的程序方法。
- 建立 MFC DLL 的方法。
- 从 DLL 导出函数和类的 DEF 方法。
- 隐式加载 DLL 的方法。
- 显式加载 DLL 的方法。

13.7 习题

1. 请说明采用动态库有哪些优缺点。
2. 请说明动态库和静态库的区别。
3. 请简述导出动态库中的函数和类的方法。
4. 请说明如何隐式和显式加载动态库。

5. 使用向导建立一个 Win32 动态链接库，在动态库中添加并导出一个类、一个整形变量和一个函数。

6. 使用向导建立一个 MFC 动态链接库，在动态库中添加并导出一个类、一个整形变量和一个函数。

7. 编写一个测试第 5 题建立的动态库的基于对话框的程序，使用隐式加载动态库的方法。

8. 编写一个测试第 6 题建立的动态库的基于文档的程序，使用显式加载动态库的方法。

9. 编写一个 Win32 动态链接库，在库中封装一个函数，用该函数实现数组的排序功能。

10. 编写一个 MFC 动态链接库，在库中封装一个函数，用该函数实现奇偶数的判断。

第 14 章　使用多任务

Windows 是一种抢先式多任务操作系统。所谓多任务，是指它可以允许多个进程同时运行，而每个进程又由一个或多个线程组成，这些线程也可以同时运行。所谓抢先，是指操作系统可以在任何时候挂起当前进程或线程的执行，把 CPU 控制权转交给别的进程或线程继续执行。

在操作系统中，一个进程通常就是一个运行着的程序，它可以由一个或多个模块组成，每个模块通常对应磁盘上的一个文件，如 EXE 或 DLL 文件。而一个线程通常就是这个程序中可以并行运行的某一个全局函数。本章将讲述进程和线程的使用方法。

14.1　进程

14.1.1　进程的优先级

一个进程（process）是应用程序的一个运行实例，进程并不一定都有窗口或完全显示在屏幕上，每个进程都有自己的内存空间、代码、数据和系统资源。一个进程在运行的过程中创建的资源随着进程的终止而被销毁，分配的系统资源在进程终止时被释放或关闭。

在 Windows 系统中，对每个进程可设置不同的优先级，Windows 系统内部的调度程序根据进程的优先级来酌情分配 CPU 时间以使进程运行。一般情况下，进程优先级应被设置成标准级 NORMAL_PRIORITY_CLASS。表 14-1 所示是 Windows 定义的进程优先级类型。

表 14-1　进程优先级

进　程	优 先 级
REALTIME_PRIORITY_CLASS	进程调度优先于其他优先级类型的进程
HIGH_PRIORITY_CLASS	进程调度优先于 IDLE_PRIORITY_CLASS 和 NORMAL_PR IORITY_CLASS 进程
ABOVE_NORMAL_PRIORITY_CLASS	进程调度高于一般情况
NORMAL_PRIORITY_CLASS	进程调度属于一般情况
BELOW_NORMAL_PRIORITY_CLASS	进程调度低于一般情况
IDLE_PRIORITY_CLASS	仅当所有进程被阻塞时，进程才被调度

CPU 是共享资源，用户系统的应用程序都应在公平竞争的基础上使用 CPU 时间，所以通常不要将进程或线程的优先级设置得太高，以免影响其他进程的运行。有时，为了给用户提供更高的性能，可以暂时将一个进程或线程的优先级设为高优先级（Windows 将一个进程从后台转为前台就是这么使用的），但当需要高优先级的任务结束时，应降低其优先级。

一个进程的运行是通过其包含的线程来实现的，线程也可以具有自己的优先级，但进程的优先级将影响它所包含的线程能够达到的优先级水平，所以进程的优先级通常也被称为基本优先级。

14.1.2　启动进程

在用户程序中，可以使用 Windows API 函数来启动一个进程。但启动与被启动的两个进程不存在紧密的父子关系，即使启动进程终止后，被启动进程仍然可以继续执行。

启动进程的方法有很多，下面仅介绍 3 种有代表性的方法。

1）可以调用 CreateProcess()函数启动进程，该函数是基本的启动进程函数，其函数原型定义如下。

```
BOOL CreateProcess(
    LPCTSTR lpApplicationName,                          //可执行文件名及路径
    LPTSTR lpCommandLine,                               //命令行
    LPSECURITY_ATTRIBUTES lpProcessAttributes,          //进程安全属性
    LPSECURITY_ATTRIBUTES lpThreadAttributes,           //线程安全属性
    BOOL bInheritHandles,                               //是否从调用进程继承句柄
    DWORD dwCreationFlags,                              //新进程的产生方式
    LPVOID lpEnvironment,                               //新进程的环境内存块的指针
    LPCTSTR lpCurrentDirectory,                         //进程的工作路径
    LPSTARTUPINFO lpStartupInfo,                        //进程的窗口属性
    LPPROCESS_INFORMATION lpProcessInformation          //返回新进程的识别信息
);
```

lpApplicationName 是一个以 NULL 结尾的字符串的指针，它是可执行的文件名称，可以是全路径，也可以是单独的文件名，该参数通常设置为 NULL。当这个参数是 NULL 时，lpCommandLine 参数的第一个空格前的字符串必须是可执行文件名。

lpCommandLine 指向命令行参数。lpCommandLine 通常应包含整个命令行的内容，而命令行的第一个元素（第一个空格前的内容）为应用程序名。参数 lpApplicationName 和 lpCommandLine 不能同时为空，否则系统将无法找到创建新进程的文件名。命令行参数若仅指定了文件名而未指定文件路径，系统将按照当前应用程序所在目录→当前目录→系统目录（可用 GetSystemDirectory 取得，通常为 SYSTEM32）→Windows 目录（可用 GetWindowsDirectory 取得）→PATH 环境变量中列出的目录来寻找程序文件。

lpProcessAttributes 和 lpThreadAttributes 用来确定新进程和它的主线程的安全属性（即用来决定返回的句柄是否可以被这个子进程所继承）。它们都是指向 SECURITY_ATTRIBUTES 结构的指针，如果它们为 NULL，则不能被继承，新的子进程及子进程的主线程将被赋予一个默认的安全描述符。

bInheritHandles 用来确定子进程能否继承产生它的父进程的句柄，如果参数为 TRUE，则可以继承父进程的各个句柄。

dwCreationFlags 用来确定新进程的产生方式，即进程的创建属性和进程优先等级的标识。表 14-2 给出了进程的创建属性，进程优先等级参见表 14-1。

表 14-2　进程的创建属性

创建标记	创建方式
CREATE_DEFAULT_ERROR_MODE	新进程不继承创建进程的出错处理模式。CreateProcess 将赋予此进程当前默认的出错处理方式
CREATE_NEW_CONSOLE	新进程拥有一个新的控制台，而并非从父进程继承。此标记不可与 DETACHED_PROCESS 同时使用
CREATE_SUSPENDED	新进程的主线程以挂起的状态被启动，直到 ResumeThread 被调用为止
CREATE_NEW_PROCESS_GROUP	新进程是一组新进程的根进程
CREATE_SEPARATE_WOW_VDM	仅对 16-bit Window 应用程序有效。新进程将在独立的虚拟 DOS 机（VDM）上运行
CREATE_SHARED_WOW_VDM	仅对 16-bit Window 应用程序有效。新进程将在共享的虚拟 DOS 机（VDM）上运行
CREATE_UNICODE_ENVIRONMENT	进程环境变量使用 Unicode 字符集。缺省时，将使用 ANSI 字符集

lpEnvironment 指向进程的环境内存块的指针，如果该参数为 NULL，则子进程使用父进程的环境块。

lpCurrentDirectory 指定子进程当前所在的路径，如果该参数为 NULL，则新进程所在路径与父进程相同。

lpStartupInfo 为指向 STARTUPINFO 结构的指针，该结构用于指定子进程的窗口属性，如窗口的大小、位置和风格等，可参见本书“2.3.4 建立窗口”一节的内容，默认子进程风格为 SW_SHOWNORMAL。

lpProcessInformation 为指向 PROCESS_INFORMATION 结构的指针，该结构可定义子进程的一些标识信息。

如果函数 CreateProcess()被成功调用，则返回 TRUE，新的子进程被成功建立。若失败，则返回 FALSE。可以用函数 GetLastError()取得进一步的错误信息。

以下程序代码用于启动记事本（NotePad）程序。

```
#01.    STARTUPINFO si={sizeof(si)};
#02.    PROCESS_INFORMATION pi={0};
#03.    WCHAR szCommandLine[]=L"NotePad.exe";
#04.    int iRet;
#05.    if(!CreateProcess(NULL,szCommandLine,NULL,NULL,FALSE,0,NULL,NULL,&si,&pi))
#06.    {
#07.        AfxMessageBox(L"建立进程失败！");
#08.    }
```

2）可以用函数 ShellExecute()启动进程，该函数内部调用 CreateProcess()启动进程，其原型定义如下。

```
HINSTANCE   ShellExecute(
    HWND hwnd,                  //父窗口句柄
    LPCSTR lpOperation,         //操作类型
    LPCSTR lpFile,              //要进行操作的文件或路径
    LPCSTR lpParameters,        //当 lpOperation 为 explore 时指定要传递的参数
    LPCSTR lpDirectory,         //指定默认目录，通常设为 NULL
    INT nShowCmd                //文件打开的方式，以通常方式还是最大化或最小化显示
    )
```

hWnd 用于指定父窗口句柄。当函数调用过程出现错误时，它将作为 Windows 消息窗口的父窗口。例如，可以将其设置为应用程序主窗口句柄，即 Application.Handle，也可以将其设置为桌面窗口句柄（用 GetDesktopWindow()函数获得）。

Operation 用于指定要进行的操作。其中 open 操作表示执行由 FileName 参数指定的程序，或打开由 FileName 参数指定的文件或文件夹；print 操作表示打印由 FileName 参数指定的文件；explore 操作表示浏览由 FileName 参数指定的文件夹。当参数设为 NULL 时，表示执行默认操作 open。

FileName 用于指定要打开的文件名、要执行的程序文件名或要浏览的文件夹名。

对于 Parameters，若 FileName 参数是一个可执行程序，则此参数指定命令行参数，否则此参数应为 NULL 或 PChar(0)。

Directory 用于指定默认目录。

对于 ShowCmd，若 FileName 参数是一个可执行程序，则此参数指定程序窗口的初始显

示方式，否则此参数应设置为 0。

若 ShellExecute()函数调用成功，则返回值为被执行程序的实例句柄。若返回值小于 32，则表示出现错误。

以下程序代码用于启动记事本 NotePad 程序。

```
#01.    if((int)ShellExecute(NULL,L"open",L"NOTEPAD.EXE",NULL,NULL,SW_SHOWNORMA
L)<32)
#02.    {
#03.        AfxMessageBox(L"建立进程失败！");
#04.    }
```

3）可以用函数 WinExec()启动进程，该函数内部调用 CreateProcess()启动进程，其原型定义如下。

```
UINT WinExec(
    LPCSTR lpCmdLine,        //命令行参数
    UINT uCmdShow            //窗口的样式
);
```

lpCmdLine 为命令行参数。

uCmdShow 为窗口的样式。

若 WinExec()函数返回值小于 32，表示出现错误。

以下程序代码用于启动记事本程序。

```
#01.    if(WinExec("NotePad.exe",SW_SHOWNORMAL)<32)
#02.    {
#03.        AfxMessageBox(L"建立进程失败！");
#04.    }
```

除了 Win32，用户也可以调用 C/C++语言中的启动进程函数启动进程，如可以使用_exec 函数族中的函数来启动进程，此函数族一共包含 8 个函数：_execl()、_execle()、_execlp()、_execlpe()、_execv()、_execve()、_execvp()和_execvpe()，详细内容可以查阅 MSDN。

通常情况下调用 WinExec()函数来启动进程，这比 CreateProcess()函数更加快捷、方便。

14.1.3 进程的管理

创建好进程之后，有时还需要对进程进行管理，比如改变进程的优先级、终止进程等。而要想管理进程，首先要取得这个进程的 ID 或进程的句柄。

1. 取得当前进程的句柄及 ID

取得当前进程的 ID 或句柄比较简单，方法如表 14-3 所示。

表 14-3 取得当前进程的句柄和 ID

函 数 名	函 数 功 能
GetCurrentProcess	返回一个指向当前进程的伪句柄，只能在当前进程中使用
DuplicateHandle	把 GetCurrentProcess()返回的伪句柄转换成一个真句柄，可传给其他进程使用
GetCurrentProcessID	可以取得当前进程的 ID

2. 取得其他进程的句柄及 ID

取得其他进程的 ID 或句柄比较复杂，通常需要枚举系统中的所有进程，才能找到需要处理的进程，可以使用标准 Windows API 或 PSAPI 方法。标准 Windows API 方法如表 14-4 所示，

使用该组函数需要在程序中包含头文件 tlhelp32.h。

表 14-4 取得其他进程的句柄和 ID

函 数 名	函 数 功 能
CreateToolhelp32Snapshot	获得进程、模块或线程的快照列表，返回一个句柄，关闭该局柄可以释放快照列表
Process32First	取得 CreateToolhelp32Snapshot 生成的快照列表第一项
Process32First	取得 CreateToolhelp32Snapshot 生成的快照列表下一项
OpenProcess	打开并取得一个进程的句柄

取得进程、模块的快照列表函数原型如下：

```
HANDLE WINAPI CreateToolhelp32Snapshot(DWORD dwFlags, DWORD th32ProcessID);
```

dwFlags 表示要包含在快照中的内容，TH32CS_SNAPPROCESS 表示在快照中包含进程列表。

th32ProcessID 是进程号，为 0 时表示当前进程。

该函数返回值是一个快照句柄，如果没有进程在运行，则返回 INVALID_HANDLE_VALUE。

取得进程、模块快照列表中第一项的函数原型如下：

```
BOOL WINAPI Process32First(HANDLE hSnapshot, LPPROCESSENTRY32 lppe);
```

hSnapshot 为 CreateToolhelp32Snapshot 返回的快照句柄。

lppe 为从快照取得的第一个进程的信息。

返回 TRUE 则代表成功。

取得进程、模块快照列表中下一项的函数原型如下：

```
BOOL WINAPI Process32Next(HANDLE hSnapshot, LPPROCESSENTRY32 lppe);
```

hSnapshot 为 CreateToolhelp32Snapshot 为返回的快照句柄。

lppe 为从快照取得的下一个进程的信息。

返回 TRUE 则代表成功。

打开进程的函数原型如下：

```
HANDLE OpenProcess( DWORD dwDesiredAccess, BOOL bInheritHandle,DWORD dwProcessId );
```

dwDesiredAccess 为应用程序所需要访问进程的方式。操作系统将检查此项操作的安全属性，并决定此次操作是否合法，如表 14-5 所示。

表 14-5 dwDesiredAccess 所使用的访问标记

访 问 方 式	访 问 描 述
PROCESS_ALL_ACCESS	允许所有可能的访问权限
PROCESS_CREATE_PROCESS	内部使用
PROCESS_CREATE_THREAD	在使用 CreateRemoteThread 时激活进程句柄以在该进程中创建远程线程
PROCESS_DUP_HANDLE	允许使用此进程句柄作为源进程或目标进程的句柄在 DuplicateHandle 中使用
PROCESS_QUERY_INFORMATIN	从进程中读取退出或优先级信息
PROCESS_SET_INFORMATION	允许在 SetPriorityClass 中使用进程的句柄来设置进程的优先级
PROCESS_TERMINATE	允许在 TerminateProcess 中使用进程的句柄来结束进程
PROCESS_VM_OPERATION	允许在 VirtualProtectEx 或 WriteProcessMemory 中使用进程的句柄来修改进程的虚拟内存
PROCESS_VM_READ	允许在 ReadProcessMemory 中使用进程的句柄来读取进程的虚拟内存信息
PROCESS_VM_WRITE	允许在 WriteProcessMemory 中使用进程的句柄来写入进程的虚拟内存信息
SYNCHRONIZE	允许在任何等待函数中使用进程的句柄来结束进程

BInheritHandle 用于指定所返回的进程句柄是否可以被当前进程创建的子进程继承。如果设置为 TRUE，进程句柄为可继承。

dwProcessId 为将打开进程的 ID 值。

下面的代码可以取得系统内所有进程的信息。

```
HANDLE                    hProcessSnap;
PROCESSENTRY32      pe32;
hProcessSnap = CreateToolhelp32Snapshot(TH32CS_SNAPPROCESS,0);//建立进程快照
if (hProcessSnap = = INVALID_HANDLE_VALUE)          //建立进程快照失败
            return (FALSE);
pe32.dwSize = sizeof(PROCESSENTRY32);
if (Process32First(hProcessSnap, &pe32))                   //取得进程快照中第一个进程的信息
{
    do{
    ...                                                        //处理 pe32 中包含的进程信息
    }
    while (Process32Next(hProcessSnap, &pe32));        //循环取得进程快照中的剩余进程信息
}
CloseHandle (hProcessSnap)                                  //释放进程快照
```

除了上面提到的一些函数外，还可以使用 PSAPI 提供的一组函数用于进程和模块信息的查看，使用该组函数需要在程序中包含头文件 Psapi.h，并设定链接器链接 Psapi.lib，如表 14-6 所示。

表 14-6　PSAPI 提供的进程函数

函 数 名	函 数 功 能
EmptyWorkingSet	函数将尽可能地删除进程工作集中的页面
EnumDeviceDrivers	从每个系统设备驱动程序获得加载地址
EnumProcesses	枚举系统所有 32 位活动进程 ID
EnumProcessModules	枚举系统所有 32 位活动进程模块
GetDeviceDriverBaseName	获得指定的设备驱动程序基名
GetDeviceDriverFileName	获得指定的设备驱动程序文件名
GetMappedFileName	检查所给的地址是否在某个内存映像文件中，如果是，将返回该内存文件名
GetModuleBaseName	得到模块的基名
GetModuleFileNameEx	得到模块的文件系统全路径名
GetModuleInformation	获得模块信息
GetProcessMemoryInfo	获得模块的内存信息
GetWsChanges	获得工作集中从被 InitializeProcessForWatch 初始化以后增加的页面文件信息
InitializeProcessForWsWatch	初始化监视所给进程的工作集。必须在 GetWsChanges 前调用
QueryWorkingSet	获得所指进程当前加入工作集的页面信息

3．取得和设置进程的优先级

取得进程优先级的函数原型定义如下，hProcess 为目标进程的句柄。

```
DWORD GetPriorityClass(HANDLE hProcess);
```

设置进程优先级的函数原型定义如下，hProcess 为进程句柄，dwPriorityClass 为进程新的优先级，取值参见表 14-1 所示的进程优先级。

```
DWORD SetPriorityClass(HANDLE hProcess, DWORD dwPriorityClass);
```

4．终止进程

在某一进程任务完成后，可以调用函数 ExitProcess()结束进程，该函数原型定义如下。

```
VOID ExitProcess(UINT uExitCode);
```

其中参数 uExitCode 用来存放此进程的返回值。该函数的作用是终止当前进程，而不能终止别的进程，

函数 TerminateProcess()不仅可以结束调用进程，而且还能用于终止其他进程。该函数的原型定义如下。

```
BOOL TerminateProcess(HANDLE hProcess, UINT uExitCode);
```

其中参数 hProcess 是要结束进程的句柄，参数 uExitCod 用来输出此进程的返回值。

TerminateProcess()一般为非正常结束进程，调用它后，Windows 不会把进程结束的消息通知挂接在此进程的 DLL 程序，可能会导致这些 DLL 程序工作不正常。

5．程序实例

下面通过一个实例来演示进程管理函数的使用方法。

编写一个任务管理程序，首先获取系统当前的所有进程，然后进行管理（设置进程优先级、关闭进程）。此程序的运行界面如图 14-1 所示。

图 14-1　例 1401 运行结果

1）使用“新建项目向导”建立基于对话框的框架程序，设置项目名称为 1401。

2）在“资源编辑器”中为对话框模板添加一个列表框控件，设置资源 ID 为 IDC_LIST。使用“添加成员变量向导”为列表框控件在对话框内添加成员对象 m_ProcessList。

3）在“资源编辑器”中为对话框模板添加 3 个按钮控件，并依次命名为“刷新”“关闭进程”和“设置优先级”，如图 14-1 所示。为新建的 3 个按钮设置资源 ID，从上到下依次为 IDC_REFRESH、IDC_KILL 和 IDC_SET。

4）在 OnInitDialog()函数中对列表框进行初始化，粗体部分为所添加的内容。

```
#01.BOOL CMy1401Dlg::OnInitDialog()
#02.{
#03....
#04.        // TODO：在此添加额外的初始化代码
#05.        DWORD dwStyle=m_ProcessList.GetStyle();
```

```
    dwStyle&=~(LVS_ICON|LVS_SMALLICON|LVS_LIST|LVS_REPORT);
    dwStyle|=LVS_REPORT|LVS_EDITLABELS;
  SetWindowLong(m_ProcessList.m_hWnd,GWL_STYLE,dwStyle);
    DWORD dwStyleEx=m_ProcessList.GetExtendedStyle();
    dwStyleEx|=LVS_EX_GRIDLINES|LVS_EX_FULLROWSELECT|LVS_EX_HEADERDRAGDROP;
  m_ProcessList.SetExtendedStyle(dwStyleEx);
    m_ProcessList.InsertColumn(0,"进程 ID",LVCFMT_LEFT,80);
    m_ProcessList.InsertColumn(1,"优先级",LVCFMT_LEFT,80);
    m_ProcessList.InsertColumn(2,"进程名",LVCFMT_LEFT,180);
    DisplayRunningProcesses();          //取得并显示当前系统所有的进程列表
    return TRUE;  // 除非设置了控件的焦点，否则返回 TRUE
}
```

5）为 ProcessTestDlg 对话框类添加 DisplayRunningProcesses()成员函数，该函数取得当前系统内所有运行的进程并显示。

```
bool CMy1401Dlg::DisplayRunningProcesses()
{
    HANDLE hsnapshot = CreateToolhelp32Snapshot(TH32CS_SNAPPROCESS,0);
    if(hsnapshot = = INVALID_HANDLE_VALUE)
    {
        AfxMessageBox(L" CreateToolhelp32Snapshot 调用失败！ ");
        return -1;
    }                                                   //创建当前系统中进程的快照
    PROCESSENTRY32 pe={0};                              //存储进程信息
    pe.dwSize=sizeof(PROCESSENTRY32);
    CString ProcessName;                                //存储进程名称信息
    CString ProcessID;                                  //存储进程 ID 信息
    CString BasePriority;                               //存储进程优先级信息
    if(!Process32First(hsnapshot,&pe))                  //取得第一个进程
    {
        AfxMessageBox(L" Process32First 调用失败！ ");
        return -1;
    }
        int CurItemIndex = 0;                           //列表框新建项目索引
    m_ProcessList.DeleteAllItems();                     //清空列表框
    do
    {
        ProcessName=pe.szExeFile;                       //取得进程名称
        ProcessID.Format(L"%d",pe.th32ProcessID);       //取得进程 ID
        BasePriority.Format(L"%ld",pe.pcPriClassBase);  //取得进程优先级
      m_ProcessList.InsertItem(CurItemIndex,(LPCTSTR)ProcessID,0);
        m_ProcessList.SetItemText(CurItemIndex,1,(LPCTSTR)BasePriority);
        m_ProcessList.SetItemText(CurItemIndex,2,(LPCTSTR)ProcessName);
        CurItemIndex++;
    }
    while(Process32Next(hsnapshot,&pe));              //取得下一个进程，失败则退出循环
    CloseHandle(hsnapshot);                           //关闭进程快照句柄，释放快照
    return (CurItemIndex-1);
}
```

6）为按钮 IDC_KILL 在 CMy1401Dlg 对话框类添加 BN_CLICKED 事件处理程序，实现关闭用户选择进程的功能。

```
void CMy1401Dlg::OnBnClickedKill()
{
    // TODO: 在此添加控件通知处理程序代码
    POSITION SelPos = m_ProcessList.GetFirstSelectedItemPosition();
    if(SelPos = = NULL)                                         //判断是否有选择进程
    {
        AfxMessageBox(L"请选择一个进程!");
        return;
    }
    int CurSel = = m_ProcessList.GetNextSelectedItem(SelPos);
    WCHAR szText[32];
    m_ProcessList.GetItemText(CurSel,0,szText,_countof(szText)); //取得进程 ID
    HANDLE hProcess = OpenProcess(PROCESS_TERMINATE,false,_wtoi(szText));//打开进程
    TerminateProcess(hProcess,0);                               //终止进程
    DisplayRunningProcesses();                                  //重新显示当前系统中的进程
}
```

7）建立用于输入进程优先级的对话框。

为设置进程优先级创建“更改进程优先级”对话框。首先使用“资源管理器”添加一个对话框模板资源 IDD_SETDLG，并在对话框模板资源上添加滑动条控件，将“外观/Orientaition”属性改为 Vertical，运行结果如图 14-2 所示。

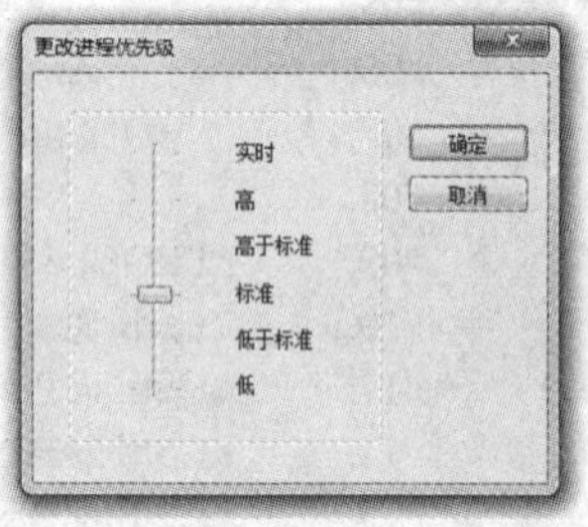

图 14-2　程序运行界面

使用该对话框模板创建对话框类 CSetPriorityDlg，并为滑动条控件添加成员对象 m_ctlPriority，手动添加整型成员变量 m_ctlPriority 来存储进程优先级。

为 CSetPriorityDlg 对话框添加重载成员函数 OnInitDialog()，实现 m_Priority 控件的初始化。

```
BOOL CSetPriorityDlg::OnInitDialog()
{
...
    m_ctlPriority.SetRange(-3,2); //设定滑动范围
    m_ctlPriority.SetPos(0);      //设定滑动块初值
    m_ctlPriority.SetTicFreq(1);  //设置刻度间隔 1
    for(int i=-3;i<=2;i++)        //显示刻度
        m_ctlPriority.SetTic(i);
...
}
```

为对话框添加重载成员函数 OnOK()，根据用户输入计算对应的进程优先级，并保存在成员变量 m_iPriority 中，然后退出对话框并返回 IDOK。

```
void CSetPriorityDlg::OnOK()
{
```

```
	// TODO: 在此添加专用代码和/或调用基类
	switch(m_ctlPriority.GetPos())
	{
	case 2:
		m_iPriority=IDLE_PRIORITY_CLASS;
		break;
	case 1:
		m_iPriority=BELOW_NORMAL_PRIORITY_CLASS;
		break;
	case 0:
		m_iPriority=NORMAL_PRIORITY_CLASS;
		break;
	case -1:
		m_iPriority=ABOVE_NORMAL_PRIORITY_CLASS;
		break;
	case -2:
		m_iPriority=HIGH_PRIORITY_CLASS;
		break;
	case -3:
		m_iPriority=REALTIME_PRIORITY_CLASS;
		break;
	}
	CDialogEx::OnOK();
}
```

8）为按钮 IDC_SET 在 ProcessTestDlg 对话框类添加 BN_CLICKED 事件处理程序，实现修改进程优先级的功能。

```
void CMy1401Dlg::OnBnClickedSet()
{
	// TODO: 在此添加控件通知处理程序代码
	POSITION SelPos = m_ProcessList.GetFirstSelectedItemPosition();
	if(SelPos = NULL)
	{
		AfxMessageBox(L"请选择一个进程!");
		return;
	}
	CSetPriorityDlg dlg;
	int CurSel = m_ProcessList.GetNextSelectedItem(SelPos);
	WCHAR szText[32];
	m_ProcessList.GetItemText(CurSel,0,szText,sizeof(szText));
	HANDLE hProcess = OpenProcess(PROCESS_SET_INFORMATION,false,_wtoi(szText));
	if(dlg.DoModal() != IDOK)
		return ;
	if(!SetPriorityClass(hProcess,dlg.m_iPriority))
		AfxMessageBox(L"更改优先级失败!");
	DisplayRunningProcesses();				//重新显示当前系统中的进程
}
```

程序编译、运行，效果如图 14-1 所示，列表框中显示了当前系统中运行的进程，用户可以进行关闭进程或设置优先级等操作。

14.2 线程

Windows 操作系统支持在应用程序中使用线程，在一个进程内可以有多个线程并发、并行执行，不仅提高了系统资源的利用率，而且也提高了应用程序在同一时刻处理多种任务的能力。

14.2.1 线程的优先级

线程（thread）是进程内部的一个可执行路径。例如，启动“记事本”程序时，操作系统将创建进程并开始执行进程内的主线程（primary thread）。每个进程至少拥有一个线程，即主线程，主线程终止，则进程终止。多个线程可以并发或并行地运行于同一个进程之中，每个线程都共享它们的进程的内存空间、全局变量和系统资源等。

同进程一样，线程也有优先级。Windows 定义了线程的优先级类型，合理使用这些优先级可以改善程序性能。例如，通常从串口接收数据的线程比从磁盘文件读取数据的进程需要更高的优先级，因为从串口接收数据的线程必须及时接收传来的数据，而磁盘文件上的数据一直都有。表 14-7 列举了线程优先级类型及其说明。

表 14-7 线程优先级

线 程	优 先 级
THREAD_PRIORITY_IDLE	如果线程包含在 HIGH_PRIORITY_CLASS 或更低的进程内，线程的基本优先级别为 1；如果线程包含在 REALTIME_PRIORITY_CLASS 进程内，基本优先级别为 16
THREAD_PRIORITY_LOWEST	线程基本优先级别比其所在进程的优先级低 2
THREAD_PRIORITY_BELOW_NORMAL	线程基本优先级别比其所在进程的优先级低 1
THREAD_PRIORITY_NORMAL	线程基本优先级别比其所在进程的优先级相同
THREAD_PRIORITY_ABOVE_NORMAL	线程基本优先级别比其所在进程的优先级高 1
THREAD_PRIORITY_HIGHEST	线程基本优先级别比其所在进程的优先级高 2
THREAD_PRIORITY_CRITICAL	当线程所在进程的优先级别为 HIGH_PRIORITY_CLASS 或更低时，线程的基本优先级别为 15。当线程所在进程的优先级别为 REALTIME_PRIORITY_CLASS 时，线程的优先级别为 31

线程的默认优先等级为 THREAD_PRIORITY_NORMAL，可以使用 SetPriority()函数设置线程优先级。另外，线程的优先级通常是由线程本身的优先级及线程所在进程的优先级共同决定的。

14.2.2 线程的创建和终止

MFC 使用 CWinThread 类支持多线程应用程序的开发，每个 CWinThread 对象都可以是应用程序的一个线程。Windows 系统将线程分为两种类型：工作者线程（worker thread）和用户接口线程（user interface thread）。

两种线程的主要区别为，用户接口线程可以处理 Windows 消息，并可以创建和管理诸如窗口和控件的用户接口元件；工作者线程通常不处理 Windows 消息，主要用来实现后台任务，如控制动画序列或计算电子数据表格的内容等。

工作者线程和用户接口线程都可以使用 CWinThread 对象管理，并且都可以通过调用 AfxBeginThread 来创建。

1．线程的创建

MFC 中的线程是由 CWinThread 类管理的，因此在 MFC 中实现多线程时应该创建 CWinThread 类的对象。MFC 全局函数 AfxBeginThread()在创建线程时可以自动创建一个 CWinThread 对象。如果使用 Windows API，则应该使用 CreateThread()函数创建线程。

AfxBeginThread()函数原型有两个。

```
CWinThread* AfxBeginThread(AFX_THREADPROC pfnThreadProc, LPVOID pParam,
                int nPriority = THREAD_PRIORITY_ NORMAL,UINT nStackSize = 0, DWORD
                dwCreateFlags = 0, LPSECURITY_ATTRIBUTES lpSecurityAttrs = NULL );
CWinThread* AfxBeginThread(CRuntimeClass* pThreadClass,
                int nPriority = THREAD_PRIORITY_ NORMAL,UINT nStackSize = 0, DWORD
                dwCreateFlags = 0,LPSECURITY_ATTRIBUTES lpSecurityAttrs = NULL );
```

通常使用第一个函数创建工作者线程。该函数有两个特有的参数。

- pfnThreadProc 是一个工作者线程的开始地址，本章前面提到过，一个线程通常就是一个全局函数，所以 pfnThreadProc 的地址实际上是一个函数地址。用来作为单独线程运行的函数称为线程函数，它的原型必须按照以下方式定义。

```
UINT ThreadProc(LPVOID pParam);
```

- pParam 是传递给线程函数的参数。

通常使用第二个函数创建 UI 线程，它有一个特有的参数。

- pThreadClass 指向一个 CRuntimeClass 对象，该对象应使用 CWinThread 派生类创建。

两个线程创建函数共有的参数如下。

- nPriority 是线程的初始优先级，一般是 THREAD_PRIORITY_NORMAL，若为 0，则使用创建该线程的进程的优先级。
- nStackSize 说明了线程的堆栈尺寸，若为 0，则堆栈尺寸与创建该线程的线程相同。
- dwCreateFlags 指定了线程的初始状态，如果为 0，那么线程在创建后立即执行；如果为 CREATE_SUSPENDED，则线程在创建后就被挂起，直到调用了 ResumeThread()函数为止。
- lpSecurityAttrs 用来说明线程的保密属性，一般为 0。
- 函数 AfxBeginThread()执行成功后返回新建的 CWinThread 对象的指针。

2．线程的终止

对于工作者线程，退出线程函数的同时即可正常终止线程，并且可通过返回值返回终止的原因。也可以在线程函数中调用全局函数 AfxEndThread()和 ExitThread()来终止所在的线程。

有时候需要强制结束其他的线程，只要有该线程的句柄，就可以使用 TerminateThread()来终止该线程。

14.2.3　工作者线程实例

由于工作者线程不处理 Windows 消息，所以通常比用户接口线程的编程简单。在 MFC 编程中，可以通过以下方式创建一个工作者线程。

```
CWinThread* thread = AfxBeginThread(ThreadProcedure, pParam);
```

下面通过一个实例来进行讲解，该实例将创建一个工作者线程，该线程启动后不断向对话框主窗口发送消息，对话框主窗口接到消息后控制窗口内进度条的进度。该实例的演示效果如图 14-3 所示。

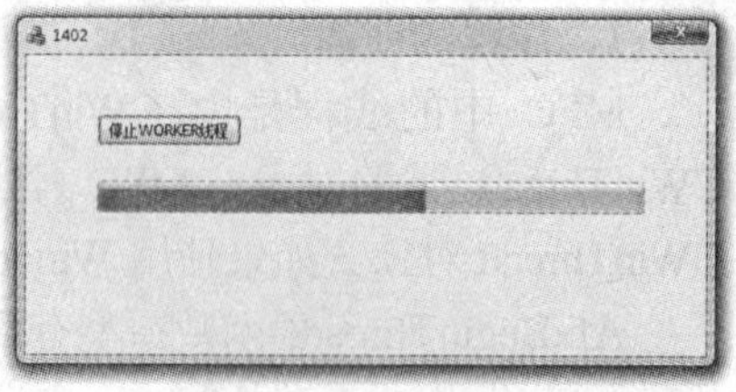

图 14-3　例 1402 演示工作者线程

1）首先建立一个名称为 1402 的基于对话框的 MFC 程序框架。

2）在声明主窗口类的头文件定义一个消息，该消息将在线程启动后定时发送给主窗口。

```
#define WM_MESG_WORKER       WM_USER +1
```

3）在 1402Dlg.CPP 中添加线程函数，该函数接收的参数为主窗口的句柄，该线程函数每隔 100ms 向主窗口发送一个消息。

```
UINT WorkerThread(LPVOID pParam)
{
        HWND hWnd=(HWND)pParam;                  //保存主窗口句柄
        for(int i=0;i<=100;i++)                  //发送消息 wParam 值由 0～100
        {
            Sleep(100);                          //每隔 100ms 发送一个消息
            SendMessage(hWnd,WM_MESG_WORKER,i,0);
        }
        return 0;                                //函数结束返回 0
}
```

4）打开项目 1402 的对话框模板资源，在对话框模板上添加一个进度条控件并指定 ID 为 IDC_PROGRESS1。为该控件添加成员对象 m_ctlProgress。在对话框初始化函数中对控件进行初始化。

```
BOOL CMy1402Dlg::OnInitDialog()
{
…
  m_ctlProgress.SetRange(0,100);
  m_ctlProgress.SetStep(1);
…
}
```

5）打开对话框模板资源，在对话框模板上添加一个按钮控件并命名为“启动 WORKER 线程”，指定按钮 ID 为 IDC_START_WORKER。为按钮添加 BN_CLICKED 事件处理函数，该函数具有启动线程和终止线程功能。

```
void CMy1402Dlg::OnBnClickedStartWorker()
{
      // TODO: 在此添加控件通知处理程序代码
      if(m_pWorkThread==NULL)                //如果线程不存在
      {
          m_pWorkThread=AfxBeginThread(WorkerThread,GetSafeHwnd(),THREAD_PRIORITY_
NORMAL, 0, CREATE_SUSPENDED);                                //创建线程并暂停
              m_pWorkThread->m_bAutoDelete = FALSE;//在线程结束时不自动删除线程对象
```

取消线程的自动删除是为了在线程退出后能用 GetExitCodeThread()函数取得线程返回值。

```
            m_pWorkThread->ResumeThread();              //启动线程
            GetDlgItem(IDC_START_WORKER)->SetWindowText(L"停止 WORKER 线程");
    }
    else                                                //如果线程存在
    {
            DWORD code;                                          //保存线程返回值
            GetExitCodeThread(m_pWorkThread->m_hThread, &code);  //取得线程返回值
            if (code= =STILL_ACTIVE)                             //判断线程是否在运行
            {
                TerminateThread(m_pWorkThread->m_hThread,-1);    //强制终止线程
            }
            delete m_pWorkThread;                                //删除线程对象
            m_pWorkThread=NULL;
            GetDlgItem(IDC_START_WORKER)->SetWindowText(L"启动 WORKER 线程");
    }
}
```

6）在主对话框中定义线程对象指针，声明消息处理函数如下。

```
class CMy1402Dlg : public CDialogEx
{
…
    CWinThread  *m_pWorkThread;
    afx_msg LRESULT OnWorkerMessage(WPARAM wParam,LPARAM lParam);
…
};
```

7）在构造函数中初始化线程对象指针 m_pWorkThread 为 NULL 值。

```
m_pWorkThread=NULL;
```

8）添加消息映射。

```
BEGIN_MESSAGE_MAP(CMy1402Dlg, CDialogEx)
…
    ON_MESSAGE(WM_MESG_WORKER,OnWorkerMessage)
END_MESSAGE_MAP()
```

9）定义消息处理函数。

```
LRESULT    CMy1402Dlg::OnWorkerMessage(WPARAM wParam,LPARAM lParam)
{
    m_ctlProgress.SetPos(wParam);                          //设置进度条位置
    if(wParam= =100)                                       //wParam=100，线程完成任务
    {
        DWORD code;
        GetExitCodeThread(m_pWorkThread->m_hThread, &code);  //取得线程返回值
        if (code=STILL_ACTIVE)                               //判断线程是否在运行
        {
            TerminateThread(m_pWorkThread->m_hThread,-1);    //强制终止线程
```

```
        }
        delete m_pWorkThread;                          //删除线程对象
        m_pWorkThread=NULL;
        GetDlgItem(IDC_START_WORKER)->SetWindowText(L"启动 WORKER 线程");
    }
    return 0;
}
```

10）为对话框添加 WM_DESTROY 消息处理函数，在函数中判断结束线程并释放线程资源。

```
void CMy1402Dlg::OnDestroy()
{
    CDialogEx::OnDestroy();
    // TODO: 在此处添加消息处理程序代码
    if(m_pWorkThread)           //如果线程不存在
    {
        DWORD code;
        GetExitCodeThread(m_pWorkThread->m_hThread, &code);  //取得线程返回值
        if (code=STILL_ACTIVE)                               //判断线程是否在运行
        {
            TerminateThread(m_pWorkThread->m_hThread,-1); //强制终止线程
        }
        delete m_pWorkThread;                              //删除线程对象
        m_pWorkThread=NULL;
        GetDlgItem(IDC_START_UI)->SetWindowText(L"启动 WORKER 线程");
    }
}
```

运行程序，单击“启动 WORKER 线程”按钮，按钮标题变为“停止 WORKER 线程”，进度条开始前进，运行结果如图 14-3 所示，用户单击“停止 WORKER 线程”按钮，线程终止，进度条停止前进。

14.2.4 使用用户接口线程

由于用户接口线程含有消息循环，编写用户接口进程时，是从 MFC 的 CWinThread 类派生类开始的。派生线程类通常重载 InitInstance()函数创建窗口并执行初始化任务，重载 ExitInstance()函数清除窗口，完成最后的处理。

下面通过一个实例来进行讲解，该实例在上例“1402”的基础上进行修改，运行效果如图 14-4 所示。

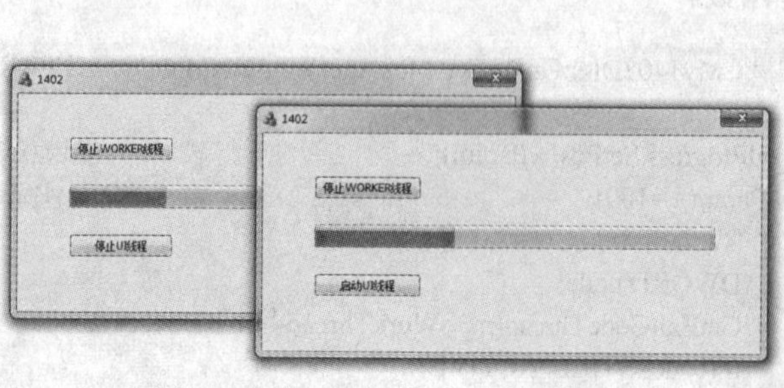

图 14-4　例 1402 演示用户接口线程

1）打开 1402 项目，以此为基础进行修改。

2）在项目 1402 的“类视图”窗口右击，在弹出的快捷菜单中选择“添加”→“类”命令，弹出“添加类”对话框，如图 14-5 所示。

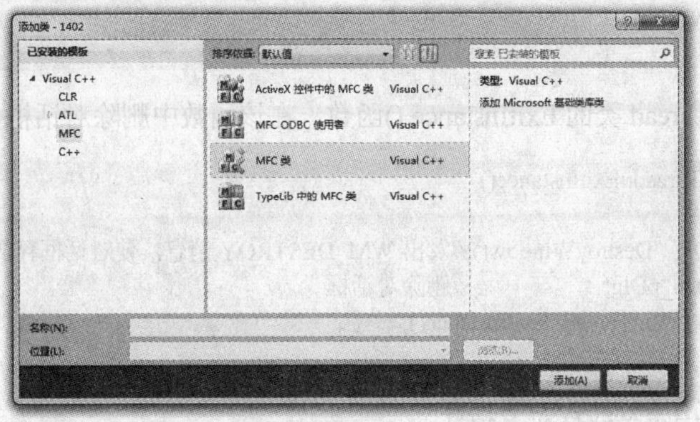

图 14-5　“添加类“对话框

3）在“已安装的模板”列表框中选择 MFC 选项，在中间窗口选择 MFC 类选项，然后单“添加“按钮，弹出“MFC 添加类向导”对话框，如图 14-6 所示。

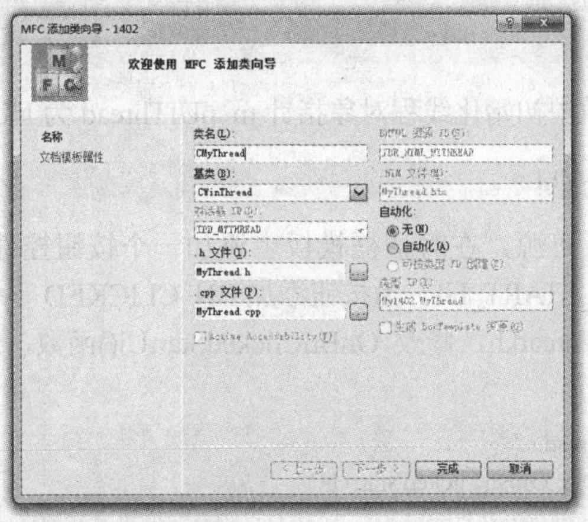

图 14-6　“MFC 添加类向导”对话框

4）在“基类”下拉列表框中选择 CWinThread 选项，在“类名”文本框内输入新类的名称 CMyThread，单击“完成”按钮结束。

5）修改 CWinThread 类的声明，添加类对话框 CMy1402Dlg 类的成员对象。

```
#01.class CMyThread : public CWinThread
#02.{
#03.…
#04.      CMy1402Dlg *m_pDlg;                //线程内对话框窗口
#05.}
```

6）修改 CWinThread 类的 InitInstance()函数，在该函数中创建对话框窗口并显示，代码如下。

```
#01.BOOL CMyThread::InitInstance()
#02.{
```

```
        m_pDlg=new CMy1402Dlg;
        m_pDlg->Create(IDD_MY1402_DIALOG);
        m_pDlg->ShowWindow(SW_SHOW);
        return TRUE;
}
```

7）修改 CWinThread 类的 ExitInstance ()函数，在该函数中删除对话框，代码如下。

```
int CMyThread::ExitInstance()
{
    m_pDlg->DestroyWindow();//发出 WM_DESTROY 消息，使对话框释放资源
    delete m_pDlg;                    //删除对话框
    return CWinThread::ExitInstance();
}
```

8）在主对话框中定义线程对象指针。

```
class CMy1402Dlg : public CDialogEx
{
...
    CWinThread      *m_pUIThread;
...
};
```

9）在对话框构造函数中初始化线程对象指针 m_pUIThread 为 NULL 值。

```
m_pUIThread=NULL;
```

10）打开对话框模板资源，在对话框模板上添加一个按钮控件并命名为“启动 UI 线程”，指定按钮 ID 为 IDC_START_UI。为按钮添加 BN_CLICKED 事件处理函数，在该函数所在文件中添加头文件 MyThread.h，修改 OnBnClickedStartUi()函数，使它具有启动线程和终止线程的功能。

```
#include "MyThread.h"
void CMy1402Dlg::OnBnClickedStartUi()
{
    if(m_pUIThread==NULL)                    //如果线程不存在
    {
        m_pUIThread=AfxBeginThread(RUNTIME_CLASS(CMyThread),THREAD_ PRIORITY_NORMAL,0, CREATE_SUSPENDED);
        m_pUIThread->m_bAutoDelete = FALSE;
        m_pUIThread->ResumeThread();
        GetDlgItem(IDC_START_UI)->SetWindowText(L"停止 UI 线程");
    }
    else                                              //如果线程存在
    {
        DWORD code;
        GetExitCodeThread(m_pUIThread->m_hThread, &code);    //取得线程返回值
        if (code==STILL_ACTIVE)                                  //判断线程是否在运行
        {
            ::PostThreadMessage(m_pUIThread->m_nThreadID, WM_QUIT, 0, 0);//退出消息
            ::WaitForSingleObject(m_pUIThread->m_hThread, INFINITE);//等待线程结束
```

```
    }
        delete m_pUIThread;                                     //删除线程对象
        m_pUIThread=NULL;
        GetDlgItem(IDC_START_UI)->SetWindowText(L"启动 UI 线程");
    }
}
```

11）在对话框 WM_DESTROY 消息处理函数中添加结束、释放 m_pUIThread 线程资源代码。

```
void CMy1402Dlg::OnDestroy()
{
    CDialogEx::OnDestroy();
    // TODO: 在此处添加消息处理程序代码
    if(m_pUIThread)                    //如果线程不存在
    {
        DWORD code;
        GetExitCodeThread(m_pUIThread->m_hThread, &code);    //取得线程返回值
        if (code==STILL_ACTIVE)                                  //判断线程是否在运行
        {
            ::PostThreadMessage(m_pUIThread->m_nThreadID, WM_QUIT, 0, 0);//退出消息
            ::WaitForSingleObject(m_pUIThread->m_hThread, INFINITE);//等待线程结束
        }
        delete m_pUIThread;                                     //删除线程对象
        m_pUIThread=NULL;
        GetDlgItem(IDC_START_UI)->SetWindowText(L"启动 UI 线程");
    }
...
}
```

运行程序，单击“启动 UI 线程”按钮，线程建立一个新的对话框窗口，可以同时启动两个窗口的“启动 WORKER 线程”按钮，运行结果如图 14-4 所示。

14.3 进程与线程间的同步

同步技术对于多任务程序设计非常重要，它可以确保不会有多个进程与线程在访问共享资源时发生冲突。

假设两个线程同时访问一个共享数据，甲线程进行数据修改，乙线程进行数据读取。由于 Windows 为抢先式多任务操作系统，当甲线程在数据修改到一半时，系统可能会挂起甲线程，让乙线程运行，乙线程将读到错误数据，导致程序运行出错。

为了避免出现上述问题，Windows 在系统内部定义了 4 个同步对象和一组等待函数，合理地使用它们可以解决多进程与多线程间的同步问题。

在 MFC 中使用 CEvent 类、CCriticalSection 类、CMutex 类和 CSemaphore 类封装了 Windows 系统内 4 个同步对象的操作，这 4 个类从一个纯虚类 CSyncObject 派生，CSyncObject 类包含两个重要函数。

```
virtual BOOL Lock( DWORD dwTimeout = INFINITE );
```

如果该同步对象是可用的，则 Lock 将成功返回，并且线程拥有了这个对象。如果同步对象不可用，则 Lock 将在 dwTimeOut 参数指定的毫秒数内等待此同步对象变为可用，

INFINITE 代表永远等待。如果这个同步对象在指定量的时间内没有变为可用，则 Lock 返回 FALSE。

```
virtual BOOL Unlock()
```

Unlock 是一个纯虚函数，在 CSyncObject 的派生类中重载它。该函数释放调用线程所拥有的同步对象，使其他 Lock 该对象的线程从 Lock 中返回，继续运行。

用户可以在程序中为共享资源建立同步对象，根据同步对象的状态来决定哪些线程可以访问该共享资源。为了使用 MFC 中的同步类，需要包含头文件 afxmt.h。

14.3.1 等待函数

1．WaitForSingleObject

当线程或进程需要等待一个条件满足后才能继续执行时，可以使用该函数，该函数挂起当前线程，直到满足指定的条件后才返回，它的原型定义如下。

```
DWORD WaitForSingleObject(HANDLE hHandle, DWORD dwMilliseconds);
```

参数 hHandle 是同步对象的句柄，当该对象都被激活后返回 WAIT_OBJECT_0。

参数 dwMilliseconds 是以毫秒为单位的超时间隔，如果该参数为 0，那么函数就测试同步对象的状态并立即返回，如果该参数为 INFINITE，则超时间隔是无限的。

返回值如表 14-8 所示。

表 14-8　WaitForSingleObject()函数返回值

返 回 值	含　义
WAIT_FAILED	函数失败
WAIT_OBJECT_0	等待成功，指定的同步对象被激活，函数返回后重新变为沉寂
WAIT_ABANDONED	拥有一个互斥量对象的线程已经结束，但未激活该互斥量对象
WAIT_TIMEOUT	超时返回，指定的同步对象没有被激活

2．WaitForMultipleObjects

当线程或进程需要等待多个条件满足后才能继续执行时，可以使用该函数，该函数挂起当前线程，直到满足指定的条件后才返回，它的原型定义如下。WaitForMultipleObjects 函数返回值如表 14-9 所示。

```
DWORD WaitForMultipleObjects(DWORD nCount, CONST HANDLE *lpHandles, BOOL bWaitAll,
DWORD dwMilliseconds );
```

参数 nCount 是句柄数组中句柄的数目。

lpHandles 代表一个句柄数组。

表 14-9　WaitForMultipleObjects()函数返回值

返 回 值	含　义
WAIT_OBJECT_0 到 WAIT_OBJECT_0+nCount-1	若 bWaitAll 为 TRUE，则返回值表明所有对象都被激活。如果 bWaitAll 为 FALSE，则返回值减去 WAIT_OBJECT_0 就是数组中被激活对象的索引
WAIT_ABANDONED_0 到 WAIT_ABANDONED_0+nCount-1	当等待的句柄中包含互斥量对象时，若 bWaitAll 为 TRUE，则返回值表明所有对象都有信号，但有一个互斥量对象被放弃了。若 bWaitAll 为 FALSE，则返回值减去 WAIT_ABANDONED_0 就是被放弃的互斥量对象在对象数组中的索引
WAIT_TIMEOUT	超时返回，指定的同步对象没有被激活

bWaitAll 说明了等待类型，如果为 TRUE，那么函数在所有对象都被激活后才返回；如果为 FALSE，则只要有一个对象被激活，函数就返回。函数的返回值在表 14-9 中列出。

参数 dwMilliseconds 是以毫秒为单位的超时间隔，如果该参数为 0，那么函数就测试同步对象的状态并立即返回；如果该参数为 INFINITE，则超时间隔是无限的。

14.3.2 使用事件 CEvent

MFC 的 CEvent 类封装事件的操作。通常当应用程序必须等到发生某事才能访问资源时，使用 CEvent 对象。

CEvent 对象有活动（signal state）和沉寂（nosignal state）两种状态，可以分别使用成员函数 CEvent::SetEvent()和 CEvent::ResetEvent()进行设置。

CEvent 的构造函数有 4 个参数，这些参数都有缺省值，函数原型如下所示。

```
CEvent( BOOL bInitiallyOwn = FALSE, BOOL bManualReset = FALSE,LPCTSTR lpszName=NULL,
        LPSECURITY_ATTRIBUTES lpsaAttribute = NULL );
```

bInitiallyOwn 确定起始信号状态（TRUE 代表活动状态，FALSE 代表沉寂状态）。

bManualReset 确定事件是手动（TRUE）还是自动（FALSE）事件，自动事件在 Lock 后能够自动将其设置为沉寂状态，只能释放一个 Lock 状态的线程；手动事件在 Lock 后并不沉寂，可以释放多个 Lock 状态的线程。

lpszName 是事件对象的名称，当进程间使用 CEvent 进行同步时，需要通过名称进行访问。

lpsaAttribute 是对象的安全属性，为指向 LPSECURITY_ATTRIBUTES 结构的指针。

下面通过一个程序来演示 CEvent 的使用方法。

在一个对话框内输入字符串，输入完成后，使用 CEvent 对象通知另外一个线程显示该字符串内容。

1）建立一个基于对话框的程序，设置项目名称为 1403_Event。

2）在对话框中添加一个按钮控件和一个文本编辑框控件。

3）使用“添加成员变量向导”为文本编辑框控件添加变量 CString m_csTxt。

4）在 1403_EventDlg.cpp 文件中添加以下内容。

```
#01....
#02.CEvent g_Event;                    //建立沉寂的、自动的全局 CEvent 对象，用于线程同步
#03.CString g_csString;                //建立全局 CString 对象，用于存储字符串信息
#04.UINT Thread(LPVOID pParam)         //显示字符串信息的线程
#05.{
#06.        while(1)
#07.        {
#08.                g_Event.Lock();  //或 WaitForSingleObject(g_Event,INFINITE);
                                 //等待 g_Event 被激活，当函数返回后 g_Event 将自动设为沉寂
#09.                AfxMessageBox(csString);
#10.        }
#11.}
```

5）在 CEventTestDlg::OnInitDialog()中添加代码，如粗体内容所示。

```
#01.BOOL CEventTestDlg::OnInitDialog()
#02.{
#03....
#04.        // TODO：在此添加额外的初始化代码
```

```
#05.        AfxBeginThread(Thread,NULL);  //启动线程
#06.        return TRUE;  // 除非设置了控件的焦点，否则返回 TRUE
#07.}
```

6）为新建按钮添加 BN_CLICKED 事件处理程序，并添加代码，如粗体内容所示。

```
#01.void CEventTestDlg::OnBnClickedEnd()
#02.{
#03.      // TODO: 在此添加控件通知处理程序代码
#04.      UpdateData();                              //取得用户输入
#05.      g_csString=m_csTxt;                        //将用户输入存储到全局变量
#06.      g_Event.SetEvent();                        //激活同步对象 Event
#07.}
```

在对话框内输入字符串后，单击“输入完成”按钮，程序运行结果如图 14-7 所示。

14.3.3 使用临界段 CCriticalSection

MFC 的 CCriticalSection 类封装临界段的操作。通常当一个应用程序的多个线程需要访问同一资源时，为了使一次只能有一个线程访问，可以使用 CCriticalSection 对象。当一个线程拥有临界段时，如果其他线程要访问这个被锁定的资源，那么它将自己挂起，直到第一个线程停止使用为止。CCriticalSection 对象的效率高于 CEvent 对象，但不能在进程间使用。

图 14-7 例 1403 Event 运行结果

CCriticalSection 对象有解锁和加锁两种状态，可以分别使用成员函数 CCriticalSection::UnLock()和 CCriticalSection::Lock()进行设置。

CCriticalSection 的构造函数没有参数，起始为解锁状态。

线程想访问共享资源，首先必须调用对象的成员函数 Lock()来锁定资源，如果资源已经被其他线程锁定，那么直到该临界段被释放前，Lock()不会返回，调用线程都会处于阻塞状态，否则，调用线程就会成为该临界段的拥有者并且能够访问共享资源。调用线程完成对资源的处理之后，通过调用对象的成员函数 Unlock()来释放临界段对象。

下面通过一个实例来演示临界段对象的使用方法。

通过对话框中的“启动线程”按钮可以创建 3 个线程，这 3 个线程都用来在对话框窗口上绘图。因为窗口只有 1 个，只有申请到临界段的线程才能绘图，线程绘图后，等待一段时间后重新申请临界段绘图。对话框中的“暂停线程”按钮可以暂停 3 个绘图线程的运行，对话框中的“停止线程”按钮可以退出这 3 个线程。

1）建立一个基于对话框的程序，设置项目名称为 1404_CriticalSection。

2）在 1404_CriticalSectionDlg.cpp 文件中添加以下内容。

```
#01.CCriticalSection CriticalSection;      //该全局对象用于线程同步，初始为解锁状态
#02.CEvent g_Event(FALSE,TRUE);          //该全局对象用于退出线程，设置为手动状态
```

下面仅列出了线程函数 1 的代码，线程 2、线程 3 与线程 1 这 3 个函数仅绘图颜色和提示信息不同，读者可参照编写。

```
#03.UINT Thread1(LPVOID pParam)           //线程 1，参数为窗口对象指针
#04.{
```

```
    CClientDC dc((CWnd*)pParam);                          //取得绘图 DC
    CBrush NewBrush(RGB(255,100,0));                      //创建新画刷
    CBrush *pOldBrush=dc.SelectObject(&NewBrush);         //使用新画刷
    while(!g_Event.Lock(0))                               //判断是否需要退出
    {
        g_CriticalSection.Lock();                         //等待绘图解锁
        dc.Rectangle(30,40,300,210);                      //绘制填充矩形
        dc.TextOut(50,10,L"线程 1 绘制");                  //绘制填充矩形
        g_CriticalSection.Unlock();                       //解锁
        Sleep(rand()%10*100+100);                         //等待随机时间
    }
    dc.TextOut(350,150,L"线程 1 停止");                    //输出提示
    dc.SelectObject(pOldBrush);                           //恢复画刷
    return 0;                                             //结束线程
}
```

3）通过对话框模板添加“启动线程”按钮，并添加相应的命令处理函数，修改如下。

```
void CMy1404_CriticalSectionDlg::OnBnClickedCreateThread()
{
    AfxBeginThread(Thread1,(void *)this);   //启动线程 1，用对话框对象地址做参数
    AfxBeginThread(Thread2,(void *)this);   //启动线程 2，用对话框对象地址做参数
    AfxBeginThread(Thread3,(void *)this);   //启动线程 3，用对话框对象地址做参数
}
```

4）通过对话框模板添加“暂停线程”按钮，并添加相应的命令处理函数，修改如下。

```
void CMy1404_CriticalSectionDlg::OnBnClickedButton1()
{
    static bool bLock=false;
    if(bLock)
    {
        g_CriticalSection.Unlock();         //解锁资源
        bLock=false;
        GetDlgItem(IDC_BUTTON1)->SetWindowText(L"暂停线程");
    }
    else
    {
        g_CriticalSection.Lock();           //锁定资源
        bLock=true;
        GetDlgItem(IDC_BUTTON1)->SetWindowText(L"线程运行");
    }
}
```

5）通过对话框模板添加“结束线程”按钮，并添加相应的命令处理函数，修改如下。

```
void CMy1404_CriticalSectionDlg::OnBnClickedEndThread()
{
    g_Event.SetEvent();
}
```

程序运行结果如图 14-8 所示，每次只能显示一个信息框。

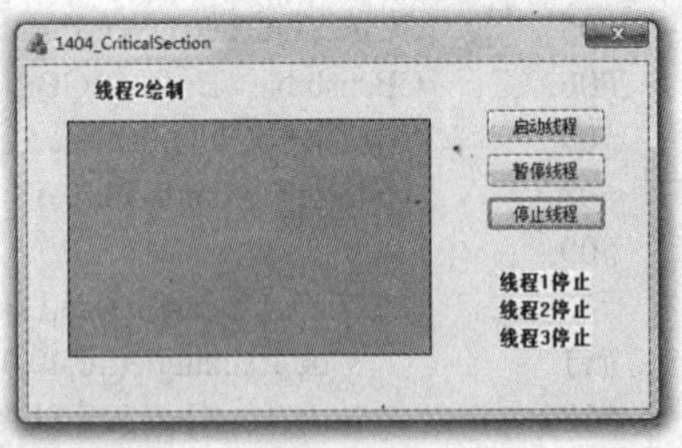

图 14-8　例 1404_CriticalSection 运行结果

14.3.4　使用互斥量 CMutex

MFC 的 CMutex 类封装互斥量的操作。使用互斥量与使用临界段功能基本相同。它们之间的最大区别在于：临界段只能用于进程内的同步，互斥量可以用于多个进程间的同步。

CMutex 对象有解锁和加锁两种状态，可以分别使用成员函数 CMutex::UnLock()和 CMutex::Lock()进行设置。

CMutex 的构造函数有 3 个参数，并且这些参数都有缺省值。该函数的原型如下。

```
CMutex(BOOL bInitiallyOwn = FALSE,LPCTSTR lpszName = NULL,
        LPSECURITY_ATTRIBUTES lpsaAttribute = NULL );
```

参数 bInitiallyOwn 用于设定互斥量的开始状态是加锁状态（TRUE）还是解锁状态（FALSE）。

参数 lpszName 指向互斥量的名称，用于在不同进程间访问的标识。

参数 lpsaAttribute 指向 LPSECURITY_ATTRIBUTES 结构的指针。

一旦创建了互斥量，就可以像使用临界段那样使用互斥量。在程序即将访问共享资源时，调用对象的 Lock()来锁定资源，如果资源已经被其他线程或进程锁定，那么直到该互斥量被释放前，Lock()不会返回，调用线程都会处于阻塞状态，否则，调用线程就会成为该互斥量的拥有者，并且能够访问共享资源。调用线程完成对资源的处理之后，通过调用对象的成员函数 Unlock()来释放互斥量对象。

下面通过一个实例来演示临界段对象的使用方法。

创建一个对话框程序并申请互斥量，得到互斥量之后显示一个信息框，退出信息框后放弃互斥量，然后重新申请互斥量。

1）建立一个基于对话框的程序，设置项目名称为 1405_Mutex。

2）在 1405_MutexDlg.cpp 文件中添加互斥量的定义。

```
#01.CMutex Mutex(FALSE,L"Mutex");
```

3）通过对话框模板添加“申请互斥量 Mutex”按钮，并添加相应的命令处理函数，修改如下。

```
#01.void CMy1405_MutexDlg::OnBnClickedLock()
#02.{
#03.        static bool bLocked=false;
#04.        if(!bLocked)
#05.        {
#06.            if(Mutex.Lock(0))
#07.            {
#08.                GetDlgItem(IDC_LOCK)->SetWindowText(L"释放互斥量 Mutex");
#09.                bLocked=true;
#10.            }
#11.            else
#12.                AfxMessageBox(L"锁定失败！");
#13.        }
#14.        else
```

```
        {
            Mutex.Unlock();
            GetDlgItem(IDC_LOCK)->SetWindowText(L"申请互斥量 Mutex");
            bLocked=false;
        }
}
```

同时启动两个或以上程序实例，同一时间内只能有一个程序申请到互斥量，运行结果如图 14-9 所示，申请互斥量失败的程序显示“锁定失败！”信息。

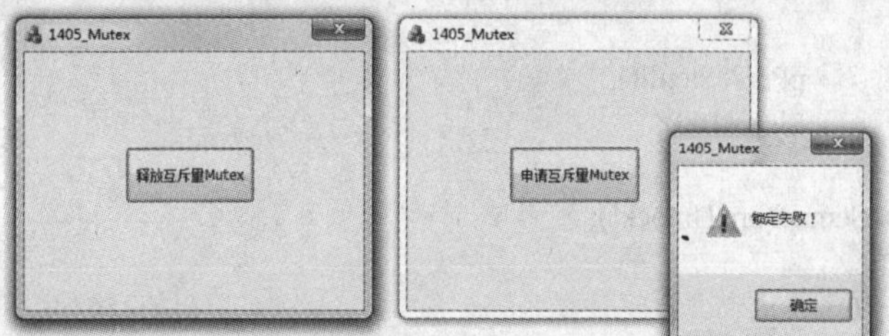

图 14-9　例 1405_Mutex 运行结果

14.3.5　使用信号量 CSemaphore

MFC 的 CSemaphore 类封装信号量的操作。信号量能够限制应用程序中访问同一资源的线程数，这与临界段或互斥量在同时只能让一个线程访问资源有很大的区别。信号量以初始资源数和最大资源数开始，初始资源数代表信号量当前的状态，最大资源数表示能够同时访问同一资源的最大线程数。与互斥量相似，信号量不仅可以用于进程内部的线程同步，还可以用于多进程间的同步。

每当线程锁定一个信号量时，信号量都会将其资源数减 1。在其资源数减到 0 后，任何试图锁定共享资源的其他线程都会被阻塞，并且要等到有线程释放信号量后才能恢复。

CSemaphore 的构造函数有 4 个参数，并且每个参数都有默认值，函数原型如下所示。

```
CSemaphore(LONG lInitialCount = 1, LONG lMaxCount = 1, LPCTSTR pstrName = NULL,
           LPSECURITY_ATTRIBUTES lpsaAttributes = NULL );
```

这 4 个参数的意义如下。

InitialCount 用于设定信号量的初始资源数。

MaxCount 用于设定信号量的最大资源数。

strName 指向信号量的名称，用于在不同进程间访问的标识。

psaAttributes 是对象的安全属性，为指向 LPSECURITY_ATTRIBUTES 结构的指针。

与其他同步对象（如临界段、互斥量）相似，在线程即将访问共享资源时，应调用信号量的 Lock()成员函数。这种操作会使信号量将其资源数减 1，如果资源数已经为 0，Lock()函数会等待资源数大于 0，等待期间调用线程会处于阻塞状态。在线程完成对共享资源的处理后，线程应调用信号量对象的 Unlock()成员函数，该操作会使信号量的资源数增加 1。

下面给出一个使用信号量在多个应用程序间控制同一资源情况的实例。

1）建立一个基于对话框的程序，设置项目名称为 1406_Semaphore。

2）在 CMy1406_SemaphoreDlg.cpp 文件中添加互斥量的定义。

```
CSemaphore Semaphore(3,3,L"Semaphore");
```

3）在 1406_SemaphoreDlg.cpp 文件中添加以下内容。

```
UINT Thread(LPVOID pParam)                    //线程 1，参数为窗口对象指针
{
    CProgressCtrl *pPrg=((CProgressCtrl*)pParam);          //取得进度条控件
    if(Semaphore.Lock())
    {
        for(int i=0;i<100;i++)
        {
            pPrg->StepIt();
            Sleep(100);
        }
        Semaphore.Unlock();
    }
    return 0;                                              //结束线程
}
```

4）在对话框模板上添加 5 个进度条控件，并分别添加成员对象，效果如图 14-8 所示。

5）在对话框模板上添加 5 个按钮，并分别添加命令消息处理函数，在命令消息处理函数中设置进度条参数并启动一个线程控制进度条，5 个命令消息处理函数大同小异，其中一个如下所示。

```
void CMy1406_SemaphoreDlg::OnBnClickedStart1()
{
    m_ctlProgress1.SetRange(0,100);      //设置进程条控件行进范围 0～499
    m_ctlProgress1.SetStep(1);           //设置进程条控件步进单位为 1
    AfxBeginThread(Thread,&m_ctlProgress1);  //启动线程
}
```

同时启动两个或以上程序实例，单击“开始”按钮后，按钮左侧的进度条开始前进，但无论运行几个程序实例，同时最多只能有 3 个进度条同时前进，如图 14-10 所示。

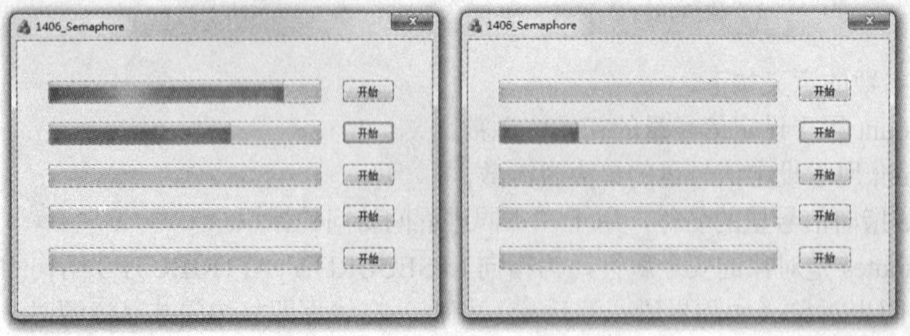

图 14-10　例 1406_Semaphore 运行结果

14.4　小结

Windows 是一个多任务操作系统，本章讲解了如何编写多任务应用程序，通过本章的学习，读者应掌握以下几点内容。

- 进程和线程的基本概念。
- 进程和线程的几种创建与关闭的方法。
- 进程的管理。
- 进程和线程的同步方法。

14.5　习题

1．什么是多进程和多线程？在编写多进程和多线程应用程序时必须注意什么？

2．用本章中所介绍的启动进程的几种方法来编写一个应用程序。

3．完善在内存映像文件中所举的实例，在读取、显示和修改内存映像文件的函数中添加代码，并添加关闭内存映像文件的处理。

4．工作者线程（worker thread）与用户接口线程（user interface thread）使用的场合分别是什么？

5．在 Windows 中通常使用事件对象的方法进行线程间通信，请编写一个应用程序。

6．在线程同步时常使用事件对象、临界段、互斥量和信号量方法，请说明每一种方法各自的特点。

7．使用事件对象的方法编写一个简单的应用程序，单击开始进程，右击结束进程。

8．使用临界段的方法编写一个应用程序，开辟一块共享内存，一个线程每 300ms 修改一次共享内存的值，另一个线程每 200ms 显示一次共享内存的值。

9．使用互斥量的方法编写一个应用程序完成进程间的通信，两个进程同时向一段内存写数据。

10．使用信号量编写一个应用程序，初始资源数和最大资源数都为 3，在窗口客户区单击启动线程调用函数并弹出一个对话框，右击则释放资源一次。

第 15 章　手机开发基础

15.1　概述

随着智能手机的迅速普及，手机应用的开发已经成为一个庞大且具有极大潜力的领域。目前主流的手机操作系统为谷歌的 Android 系统和苹果公司的 iOS 系统。如本书第 1 章所述，Android 系统和 iOS 系统都属于 UNIX 类操作系统，它们不但运行模式相似，在软件开发上也具有很大的相似性。因为 Android 系统和 iOS 系统内核主要都是使用 C 语言编写的，所以使用 C、C++进行 Android 系统和 iOS 系统应用软件的开发可以获得软件最大的执行效率。

微软公司的 Visual Studio 作为当前最强大的软件开发工具，不仅可以开发 Windows 系统下的应用软件，也可以开发 Android 系统和 iOS 系统下的应用软件。因为 Visual Studio 2015 在跨平台开发方面有了较大的改进，所以本章将以 Visual Studio 2015 为开发平台，介绍用其开发 Android 系统和 iOS 系统下的应用软件的基本方法。使用 Visual Studio 2015 开发 Android 系统和 iOS 系统下的手机应用主要有以下两种方法。

- 直接使用系统 API 进行开发。该方法类似于本书第 1 章讲述的直接使用 Windows API 开发 Windows 应用程序的方法。因为需要在程序中直接使用系统 API，要求开发者对系统有比较深入的了解，不但对开发人员要求比较高，而且因为没有辅助开发工具，开发步骤也比较烦琐。
- 使用 C++类库封装的应用程序框架进行开发。该方法类似于使用 MFC 开发 Windows 应用程序的方法。因为许多系统的实现细节被框架程序所隐藏，开发人员可以更加专注于自己的软件开发需求。所以开发效率可以提高很多。遗憾的是目前 MFC 尚不支持 Android 系统和 iOS 系统下的手机应用软件开发，但有很多第三方厂家提供了适用于 Android 系统和 iOS 系统的 C++类库封装的应用程序框架。

第三方厂家提供的可用于手机开发的 C++应用程序框架种类很多，Cocos2d-x 是其中的佼佼者之一。Cocos2d-x 包含跨平台的 C++应用程序框架，使用该框架开发的 C++程序可以不进行修改或只进行少量修改即可在 Windows、OS X、Linux、Android 及 iOS 等平台上编译、运行。Cocos2d-x 由中国的触控科技公司所研发，至 2014 年底全球已有超过 50 万用户在使用 Cocos2d-x 开发软件，并成为全球占有率最高的手机游戏开发引擎。

在本章中，将首先介绍直接使用 Visual Studio 2015 开发手机应用软件的方法，然后介绍使用 Visual Studio 2015 + Cocos2d-x 开发手机应用软件的方法。

15.2　第一个手机程序

15.2.1　开始之前

在安装 VS 2015 时，为了开发 Android 系统和 iOS 系统下的手机应用程序，需要在“选择功能”窗口手动选择安装“跨平台移动开发”等组件，安装大概需要 20GB 的硬盘空间。选项如图 15-1 所示。

VS 2015 安装光盘并不包括 Android SDK 等开发工具，在用户选择安装“跨平台移动开发”功能时，VS 2015 安装程序会自动连接网络上的相应网站进行下载安装。读者在选择安装上述功能时，需要确保所使用的计算机能够连接到谷歌服务器才能正确安装。

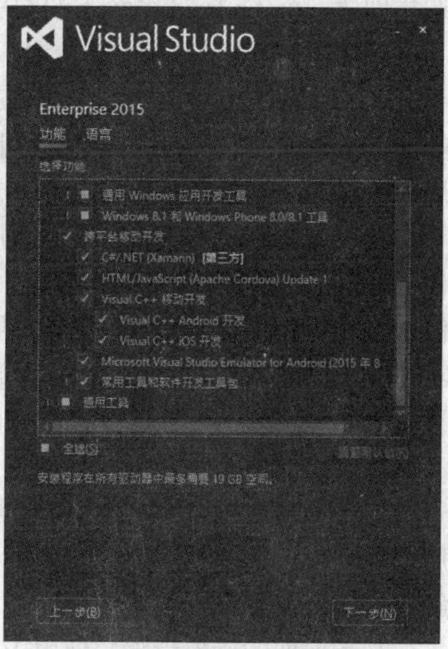

图 15-1 VS 2015 安装选项

15.2.2 创建手机程序

本节以创建一个 Android 手机程序为例，介绍使用 VS 2015 创建手机应用程序的基本方法。Android 是一个基于 Linux 的自由及开放源代码的操作系统。从下至上，Android 系统分成 4 个层次。

- 第 1 层：Linux 操作系统及驱动，C 语言实现。
- 第 2 层：本地代码框架，C/C++实现。
- 第 3 层：Java 框架，Java 实现。
- 第 4 层：用户应用程序，多种语言实现。

第 1 层为系统内核，实现内存管理、进程管理、网络和硬件驱动等。第 2 层提供能被各种 Android 组件使用的 C、C++库及 Java 虚拟机。第 3 层提供 Java API 开发接口，第 4 层为用户开发的各种应用软件。如果用户使用 C、C++开发应用程序，则可以直接在第 3 层上运行，从而获得比其他高级语言更高的执行效率。

首先启动 Microsoft Visual Studio 2015 程序，选择“文件”→“新建”→“项目”命令，弹出“新建项目”对话框，如图 15-2 所示。

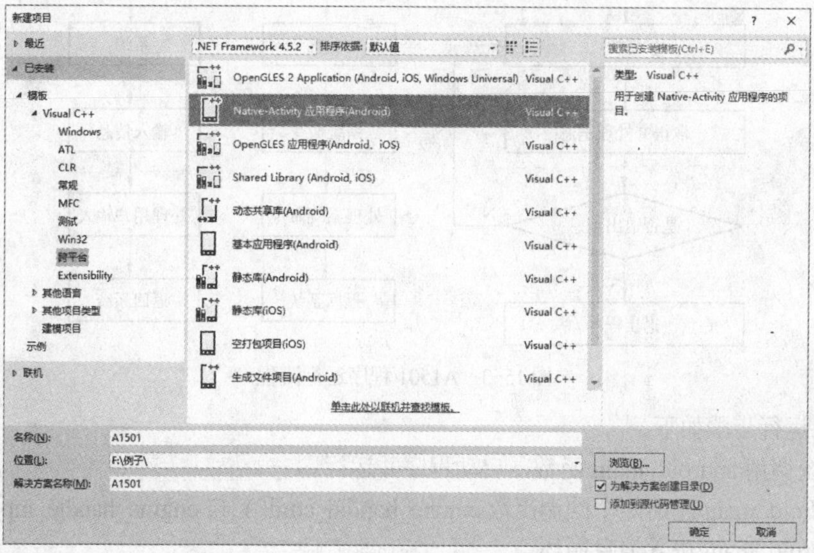

图 15-2 “新建项目”对话框

首先选择窗口左侧的“应用程序设置”选项，然后选择“已安装\模板”→“Visual C++”→“跨平台”选项，表示准备创建一个跨平台即不局限于 Windows 平台的 C++项目。

在对话框中部的“附加选项”选项组中选择“Native Active 应用程序（Android）”选项，选择创建一个 Android 系统下的 C++项目。

最后在底部选择项目创建位置，输入新建项目名称。为了兼容性，项目名称最好不要以数字开头，本例为 A1501。单击“确定”按钮，完成项目的创建并进入程序编辑调试界面。VS 2015 创建的 Android 项目中的 C++程序由若干个结构体数据类型和全局函数组成。每个结构体数据类型、全局函数甚至部分关键代码都给出了用途说明，用户不需要修改任何代码即可编译、运行该程序。

与 Windows 系统下 C、C++程序类似，Android 系统下的 C、C++程序用 android_main( ) 替代了 main( ) 函数，该函数是应用程序的主要入口点。android_main( ) 与 WinMain( ) 函数类似，初始化程序，然后建立消息循环、处理消息，接到退出消息后则退出循环、程序结束。android_main( ) 与 WinMain( ) 函数的区别是不负责创建主窗口，但在 android_main( ) 中设置了两个系统回调函数，这两个回调函数响应系统消息，完成程序窗口的创建。

本程序的两个回调函数分别是 engine_handle_cmd( ) 与 engine_handle_input( )，它们类似于 Windows 窗口程序中的窗口函数，由系统调用来处理系统消息。其中 engine_handle_cmd( ) 用来处理包括创建程序窗口在内的各种系统命令，engine_handle_input( ) 用来处理窗口内触屏触摸等输入消息。

按照前面的操作步骤，使用 VS 2015 创建适用于 Android 系统下 C++程序 A1501 的运行流程如图 15-3 所示。

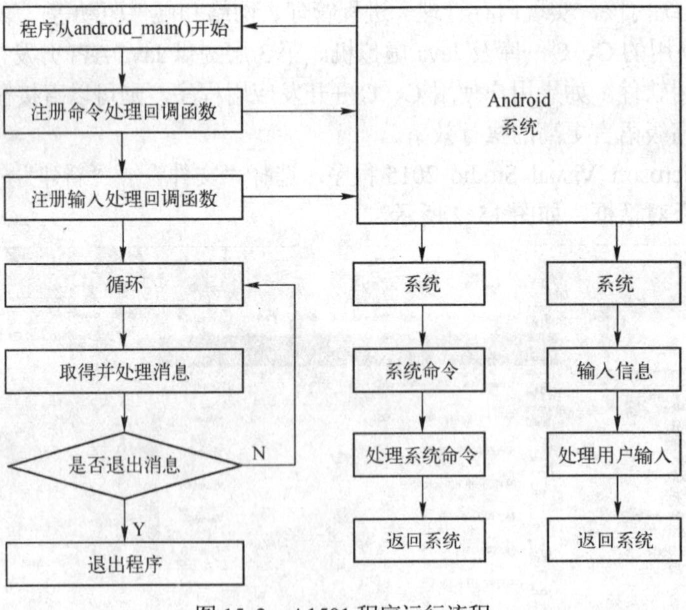

图 15-3　A1501 程序运行流程

A1501 运行步骤如下。

1）系统调用 android_main 函数，启动程序并运行。

2）android_main 注册两个回调函数 engine_handle_cmd( ) 与 engine_handle_input( )。

3）android_main 进入消息循环。

4）engine_handle_cmd 接到系统命令创建程序窗口，并建立一个每秒钟产生 60 个事件消息的定时器。

5）engine_handle_input 处理用户输入信息。

6）android_main 函数的消息循环处理消息，每当接到消息时，即更新 engine 的值，并填充窗口颜色。例 A1501 因为 engine_handle_cmd 在创建程序窗口时创建了间隔 1/60s 事件定时器，所以消息循环最少每隔 1/60s 接到消息一次，即循环一次。

7）当 engine_handle_input 接到用户有触屏输入时，根据输入点坐标改变填充颜色的值。

8）当 android_main( ) 函数的消息循环接到退出消息后，退出函数，程序结束。

15.2.3 通过模拟器运行手机程序

程序创建完成后，可以使用开发环境的“生成”命令进行编译，其编译方法与其他 C、C++程序相同，编译完成后可以直接运行。

VS 2015 自带 Android 模拟器，用户在选择“执行”Android 程序后，VS 2015 自动启动 Android 模拟器，并将编译好的程序发布到模拟器上运行。A1501 的运行结果如图 15-4 所示，程序运行后首先填充整个 Android 模拟器的屏幕窗口，然后显示出绿色并逐渐增强，再恢复黑色，往复循环。在模拟器中可以使用鼠标模拟触屏进行输入，用户用鼠标单击模拟器窗口的不同区域，程序窗口的颜色可随之发生变化。模拟器的运行效果与常用的真实手机相同，单击模拟器窗口左下侧的退出按钮可以退出程序。

Android 模拟器的右侧有一列控制按钮，可以控制模拟器的运行，图 15-4 所示即为通过 >> 按钮打开模拟器附加工具后的效果。

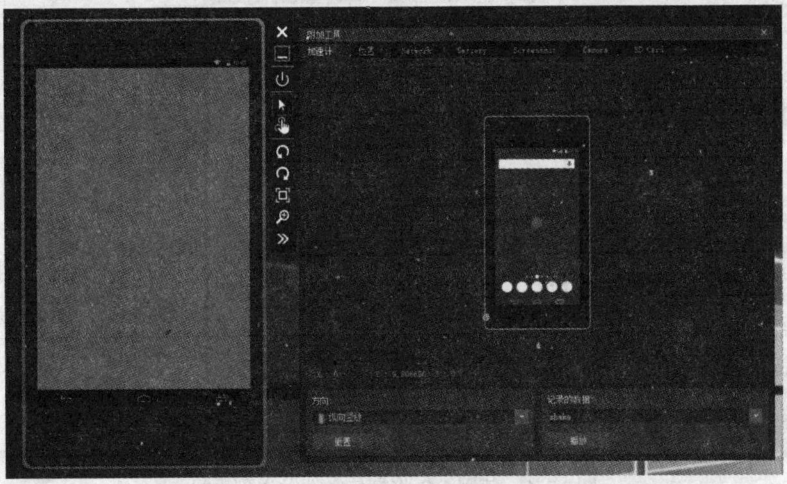

图 15-4　例 A1501 在 Android 模拟器中的运行结果

15.2.4 发布到手机

使用 VS 2015 的生成工具可以直接将用户程序编译打包成 APK 文件。在用户完成程序的编辑调试后，可以选择“生成”→“批生成”命令，弹出如图 15-5 所示的“批生成”对话框。

如图 15-5 所示，VS 2015“批生成”对话框中的“项目/android.NativeActivity”选项表示编译生成 Android 系统下的.so 动态库文件，“项目/android.Packaging”选项表示编译生成 Android 系统.apk 可安装的打包文件。“解决方案配置/Release|ARM”中的 Release 表示编译生成发行版本程序，ARM 表示编译目标文件使用 ARM 指令集。用户按照如图 15-5 所示进行选择，即可将程序编译打包成可在手机上安装和运行的发行版 APK 文件。

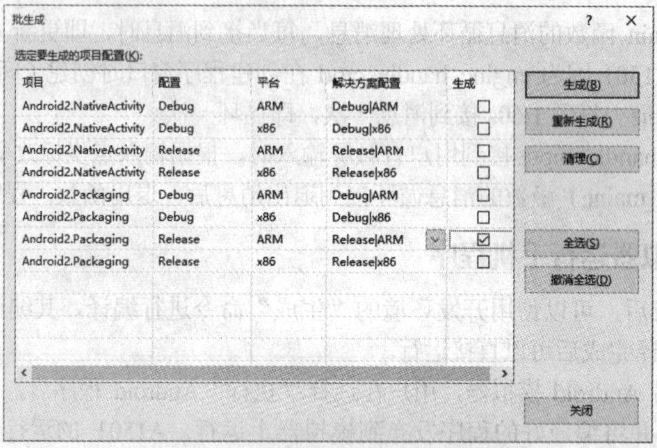

图 15-5　VS 2015“批生成”对话框

用户使用 VS 2015 的“批生成”对话框编译生成的打包文件默认在“项目路径\ARM\Release”目录下，该打包文件名默认为项目名称。用户找到该文件后可将该文件发送到手机上进行安装和运行。如图 15-6 所示，读者可以在手机和计算机上使用相同账户登录 QQ，利用 QQ 可在手机与计算机间传送打包好的 APK 文件。

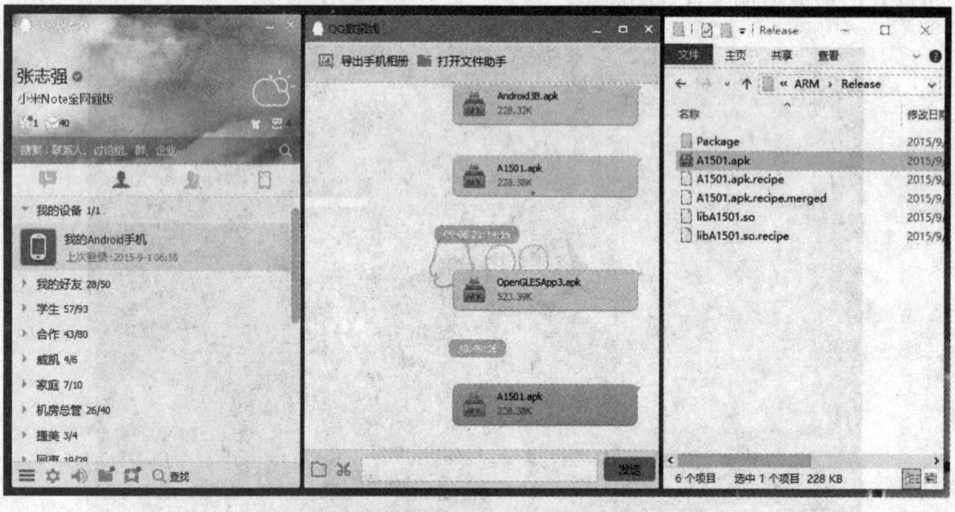

图 15-6　使用 QQ 将打包文件发送到手机

在同账户的手机 QQ 中打开“我的电脑”，根据提示下载传送的文件并打开，单击“安装”按钮，安装完成后即可运行，运行结果与 VS 2015 的 Android 模拟器相同。

15.2.5　在手机屏幕上绘图

Android 系统和 iOS 系统都在系统内部提供 OpenGL ES 开发接口，所以使用 OpenGL ES 开发的程序可以在 Android 系统和 iOS 系统上运行。

OpenGL 是一个与硬件无关的软件开发接口，也是当前使用最为广泛的 2D/3D 图形 API。OpenGL ES（OpenGL for Embedded Systems）是 OpenGL 的一个子集，主要针对手机、PDA 和游戏主机等嵌入式设备，15.2.2 节建立的 Android 项目 A1501 即使用 OpenGL ES 接口进行屏幕输出，修改该程序的屏幕输出代码，即可实现各种绘图功能。

1．A1501 程序分析

15.2.2 节创建的 Android 程序 A1501 中，使用全局函数 engine_init_display( ) 进行显示初始化，使用全局函数 engine_draw_frame( ) 进行绘图，使用全局函数 engine_term_display( ) 关闭显示。为了实现用户需要的特定显示内容，需要修改 engine_draw_frame( ) 函数的功能。默认 engine_draw_frame( ) 函数定义如下。

```
#01. static void engine_draw_frame(struct engine* engine) {
#02.         if (engine->display = = NULL) {
#03.             //无显示。
#04.         return;
#05.         }
#06. //只使用一种颜色填充屏幕
#07.         glClearColor(((float)engine->state.x) / engine->width, engine->state.angle,
     ((float)engine->state.y) / engine->height, 1);
#08.         glClear(GL_COLOR_BUFFER_BIT);
#09.         eglSwapBuffers(engine->display, engine->surface);
#10. }
```

函数参数 engine 记录当前程序的状态。#02 行根据 engine->display 判断当前程序显示是否为 NULL，如果为 NULL 则直接返回，不进行绘图操作。

＃07 行调用 glClearColor 函数，以函数参数指定清空颜色缓冲区的颜色。glClear 函数在 OpenGL 中定义如下。

```
void glClearColor(
GLclampf red,          //红色，取值在 0.0～1.0 之间
GLclampf green,        //绿色，取值在 0.0～1.0 之间
GLclampf blue,         //蓝色，取值在 0.0～1.0 之间
GLclampf alpha         //AFA 值即透明程度，取值在 0.0～1.0 之间
)
```

在#07 行中，调用 glClearColor( ) 函数使用的颜色值来自 engine 中保存的当前程序运行状态，红色分量值为当前屏幕触点的 x 坐标/窗口的宽度，蓝色分量值为当前屏幕触点的 y 坐标/窗口的高度，透明度始终为 1，绿色分量值为 engine->state.angle，该值在 android_main( ) 函数的消息循环中不断递增的代码如下。

```
#01. engine.state.angle += .01f;
#02. if (engine.state.angle > 1) {
#03.         engine.state.angle = 0;
#04. }
```

从上面的程序段可以看出，颜色的绿色分量值每次递增 0.01，当值超过 1 时，重新赋值为 0。红色分量值为当前触摸屏触点的 y 坐标/窗口的高度，AFA 值固定为 1 。

由以上代码分析可知，调用 glClearColor( ) 函数使用的颜色中，红色和蓝色分量值由触摸屏的触点坐标决定，而绿色分量值在主函数 android_main 的消息循环中不断递增，当达到最强时再从 0 开始，循环往复。

#08 行调用函数 glClear( ) ，该函数用 glClearColor( ) 函数所指定的颜色值来清除缓冲区，参数 GL_COLOR_BUFFER_BIT 表示清除当前可写的颜色缓冲。

#09 行调用函数 eglSwapBuffers( ) 进行渲染显示。

2．A1501 程序修改

通过前面的分析可知，通过修改 engine_draw_frame( ) 函数即可实现需要的绘图功能。下面修改 engine_draw_frame 函数，在程序窗口的中央绘制一个红色的矩形，方法如下。

创建保存矩形顶点的数组，因为在 OpenGL 默认坐标系中，窗口中心为原点，左上角坐标为（-1，+1），右下角坐标为（+1，-1），所以保存矩形 4 个顶点的坐标数组定义如下。

```
float position[4][2] = {
    -0.8f, -0.8f,
    0.8f, -0.8f,
    0.8f, 0.8f,
    -0.8f, 0.8f
};
```

函数 glColor4f( ) 用来设置当前颜色的值，glColor4f( ) 的函数参数定义与 glClearColor( ) 相同，设置红色的调用方法如下。

```
glColor4f(1.0, 0, 0, 0);
```

函数 glEnableClientState( ) 和 glDisableClientState( ) 用来启用或禁用绘制客户端的某项功能，默认情况下所有客户端功能都应该是禁用的。在本程序中启用使用顶点数组绘制图形的方法如下。

```
glEnableClientState(GL_VERTEX_ARRAY);
```

在使用顶点数组绘制图形之前，需要使用函数 glVertexPointer( ) 设定图形的顶点坐标数组，glVertexPointer( ) 函数在 OpenGL 中定义如下。

```
void glVertexPointer(
int size,           //每个顶点的坐标维数，必须是 2、3 或者 4，初始值是 4
int type,           //指明每个顶点坐标的数据类型，允许的符号常量有 GL_BYTE、GL_SHORT、
                    //GL_FIXED 和 GL_FLOAT，初始值为 GL_FLOAT
int stride,         //指明连续顶点间的位偏移，如果为 0，顶点被认为是紧密压入矩阵，初始值为 0
Buffer pointer      //顶点坐标数组地址，如果为 NULL，则没有设置缓冲区
)
```

在本程序中使用二维坐标，FLOAT 数据类型，顶点坐标连续存储，存储顶点坐标的数组为 position，所以函数调用方法如下。

```
glVertexPointer(2, GL_FLOAT, 0, position);
```

在 OpenGL 中，所有的图形都是通过分解成三角形的方式进行绘制的。绘制图形的函数为 glDrawArrays( )，该函数在 OpenGL 中定义如下。

```
void glDrawArrays(
int mode,           //绘制模式
int first,          //起始点
int count           //顶点个数
)
```

在本程序中可以使用 GL_TRIANGLE_FAN 模式进行绘制，该模式用顶点数组的起点和数组后面的顶点每两个一组构成一个三角形的方法进行绘制，调用方法如下。

```
glDrawArrays(GL_TRIANGLE_FAN, 0, 4);
```

根据以上内容修改 A1501 中相关程序代码并编译、运行，可以在 Android 模拟器或真实 Android 手机中得到如图 15-7 所示运行结果。

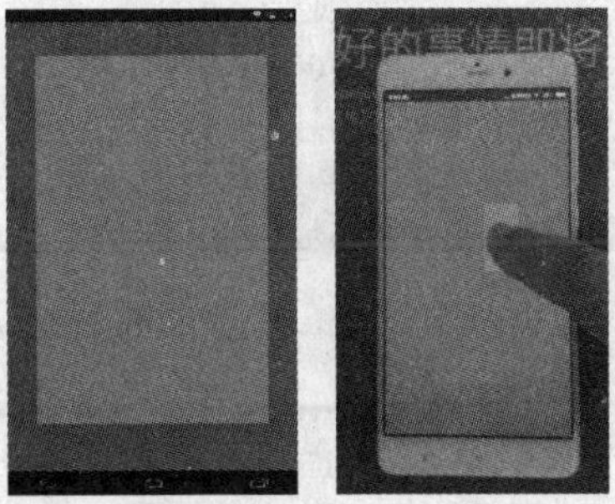

a)　　　　　　　　b)

图 15-7　A1501 运行效果

a) A1501 绘图运行效果　b) A1501 触屏运行效果

15.2.6　处理手机触屏输入

本小节在上节的基础上为程序 A1501 增加触屏输入处理功能。程序首先在屏幕上显示一个矩形方块，该方块可以跟随用户触摸屏幕位置的变化进行移动，即用户点到哪里，方块移动到哪里。

根据 15.2.2 节可知，在用户使用触摸屏输入时，系统会调用 engine_handle_input( ) 函数发送触屏消息。

```
#01. static int32_t engine_handle_input(struct android_app* app, AInputEvent* event) {
#02.     struct engine* engine = (struct engine*)app->userData;
#03.     if (AInputEvent_getType(event) = = AINPUT_EVENT_TYPE_MOTION) {
#04.         engine->state.x = AMotionEvent_getX(event, 0);
#05.         engine->state.y = AMotionEvent_getY(event, 0);
#06.         return 1;
#07.     }
#08.     return 0;
#09. }
```

程序在#03 行判断输入消息的类型，如果是 AINPUT_EVENT_TYPE_MOTION 类型，则说明是触摸屏、鼠标等具有指向功能的输入设备；如果是 AINPUT_EVENT_TYPE_KEY 类型，则说明是键盘等类型的输入消息。

程序#04、#05 行记录输入点的屏幕坐标到 engine，然后返回。

下面修改 engine_draw_frame( ) 函数，根据函数参数 engine 中保存的当前坐标值在指定位置绘制矩形。

首先需要将 engine 中保存的屏幕坐标转换为 OpenGL 坐标。Android 系统的默认屏幕坐标与 Windows 相同，屏幕左上角为(0,0),X 轴向右，Y 轴向下。为了将屏幕坐标转换为 OpenGL 坐标，首先将屏幕坐标的单位转换为 OpenGL 的单位。OpenGL 的 x、y 坐标范围都是-1～+1，即 x、y 方向上都是两个单位。将屏幕坐标的 x、y 方向坐标范围转换为 0～2，需要知道屏幕的坐标范围，engine->width 及 engine->height 分别为屏幕的宽、高，则算法如下。

```
x = ((float)engine->state.x) / engine->width * 2 ;
y=   ((float)engine->state.y) / engine->height * 2;
```

下面再平移坐标原点，即可将屏幕坐标转换为 OpenGL 坐标，修改后的算法如下。

```
x = ((float)engine->state.x) / engine->width * 2-1;
y = 1 - ((float)engine->state.y) / engine->height * 2;
```

以上计算得到的 x、y 值即为用户在触摸屏输入触点的坐标转换为 OpenGL 坐标的值，以此坐标为中心建立顶点数组，算法如下。

```
position[0][0] = x-0.2;
position[0][1] = y-0.2;
```

```
position[1][0] = x +0.2;
position[1][1] = y−0.2;
position[2][0] = x +0.2;
position[2][1] = y +0.2;
position[3][0] = x−0.2;
position[3][1] = y +0.2;
```

根据以上算法，修改后的 engine_draw_frame( ) 函数完整代码如下。

```
static void engine_draw_frame(struct engine* engine) {
    if (engine->display = = NULL) {
        //无显示
        return;
    }
    //只使用一种颜色填充屏幕
    glClearColor(((float)engine->state.x) / engine->width, engine->state.angle,
            ((float)engine->state.y) / engine->height, 1);
    glClear(GL_COLOR_BUFFER_BIT);
    float x, y;
    float position[4][2] = { 0 };
    x = ((float)engine->state.x) / engine->width * 2 - 1;
    y = 1 - ((float)engine->state.y) / engine->height * 2;
    position[0][0] = x−0.2;
    position[0][1] = y−0.2;
    position[1][0] = x +0.2;
    position[1][1] = y−0.2;
    position[2][0] = x +0.2;
    position[2][1] = y +0.2;
    position[3][0] = x−0.2;
    position[3][1] = y +0.2;
    glColor4f(1.0, 0, 0, 0);
    glEnableClientState(GL_VERTEX_ARRAY);   //默认的，所有客户端功能禁用
    glVertexPointer(3, GL_FLOAT, 0, position[0]);
    glDrawArrays(GL_TRIANGLE_FAN, 0, 4);
    glDisableClientState(GL_VERTEX_ARRAY);
    eglSwapBuffers(engine->display, engine->surface);
}
```

编译程序并打包发送到手机，A1502 程序代码的运行效果如图 15-8 所示。

15.3 Cocos2d-x 程序设计基础

与 MFC 类似，Cocos2d-x 同样是一个以 C++为基础的应用程序框架。与 MFC 的最大区别是 Cocos2d-x 是跨平台的。Cocos2d-x 创建的 C++项目可以很容易地建立和运行在 OS X、iOS、Android 和黑莓（Blackberry）等操作系统中，Cocos2d-x 也支持 Windows、Mac 和 Linux 等桌面操作系统。

Cocos2d-x 内部封装了大量 OpenGL ES 操作，简化了手机游戏程序的开发，是目前手机游戏开发中最常用的 C++应用程序框架之一。

图 15-8　A1502 触屏运行效果

15.3.1 开发步骤

为了使用 Cocos2d-x 开发手机应用，除了安装好 VS 2015 和 Cocos2d-x 之外，还需要下载安装 Python。Python 是一种面向对象、解释型的程序设计语言，它常被昵称为“胶水语言”，能够把用不同语言制作的各种模块很轻松地联结在一起。Cocos2d-x 需要使用 Python 脚本创建项目，所以用户需要先安装 Python，再安装 Cocos2d-x。

如果需要将程序发布到 Android 手机，需要下载并安装 Android 开发包，使用该开发包对用户编写好的程序进行编译打包；如果需要发布到 iOS 手机，因为苹果系统的封闭性，苹果系统开发包只能在苹果系统上运行，所以还需要一台苹果计算机。首先在苹果计算机上安装好 Xcode，然后将用户编写好的程序复制到苹果计算机上，再使用 Xcode 进行编译打包即可发布到 iOS 手机。

在安装并配置好 Cocos2d-x 开发环境之后，使用 Cocos2d-x 创建和开发跨平台 C++程序的步骤如下。

1）使用 Cocos 命令创建基于 Cocos2d-x 程序框架的跨平台 C++项目。

2）使用 VS 2015 初次编译 Cocos 创建的项目。

3）使用 VS 2015 对项目进行个性化开发，编写用户需要的功能，在此过程中可以使用 Cocos2d-x 类库提供的各种功能。

4）使用 VS 2015 对项目进行编译、运行和调试，直到完成整个项目的开发。

5）使用 Android 开发包发布到 Android 手机。

6）使用 Xcode 开发包发布到苹果的 iOS 手机。

15.3.2 配置开发环境

下面介绍 Cocos2d-x 开发环境的安装和配置方法。

1）安装 VS 2015。因为使用 Cocos2d-x 进行跨平台开发，所以用户在安装 VS 2015 时可不选择“跨平台移动开发”组件，但需要在“选择功能”窗口手动选择安装“通用 Windows 应用开发工具”，如图 15-9 所示。

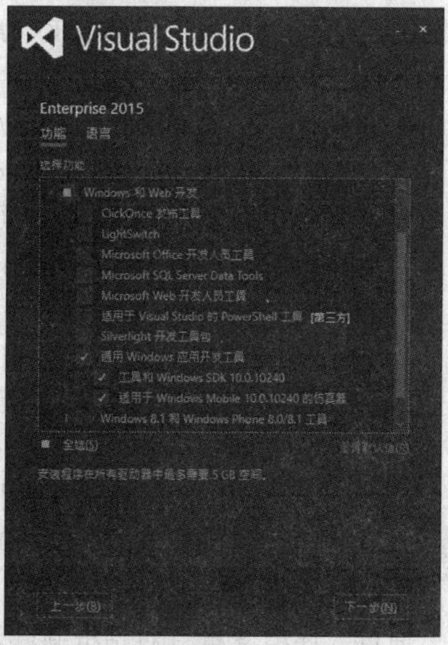

图 15-9 选择“通用 Windows 应用开发工具”组件安装 VS 2015

2）安装 Python。Python 是自由软件，用户可免费从网络上下载使用。其下载地址为https://www.python.org/downloads/。Python 分 2.x 和 3.x 版本，目前 Cocos2d-x 使用的是 2.x 版本。因为 3.x 和 2.x 不兼容，本例选择下载的版本为 Python2.7.10。

下载完成后得到一个安装文件。运行下载的安装文件，根据提示按照默认设置进行安装，在最后出现的 Customize Python2.7.10 窗口中选择 Add python.exe to Path 选项，将 python 命令加入系统路径。

3）安装 Cocos2d-x。Cocos2d-x 是开源的，用户可以免费下载使用。Cocos2d-x 官方下载地址为http://www.cocos.com/download/#。用户打开下载页面后注意选择 Cocos2d-x 图标，如图 15-10 所示，再进行下载，本例选择下载的版本为 V3.8。

图 15-10　下载 Cocos2d-x

下载完成后得到一个压缩包。压缩包中包含一个文件夹 cocos2d-x-3.8，将该文件夹解压缩到 C：盘根目录。进入解压缩后的 cocos2d-x-3.8 文件夹，可以找到使用 Python 编写的 setup.py，运行 setup.py 对 cocos2d-x-3.8 进行自动配置。

配置完成后，在 C:\cocos2d-x-3.8\build 路径下可以找到 cocos2d-win32.sln 解决方案文件，用 VS 2015 打开它并进行编译。首次编译因为需要编译整个 Cocos2d-x 类库，耗时较长。编译完成后可运行解决方案中的 cpp-tests 项目，该项目演示 Cocos2d-x 类库中各类对象所提供的功能，运行结果如图 15-11 所示，图 15-11a 为程序运行的初始界面，图 15-11b 为选中初始界面中 1:Node:Scene3D 选项后，程序演示的 3D 场景效果。

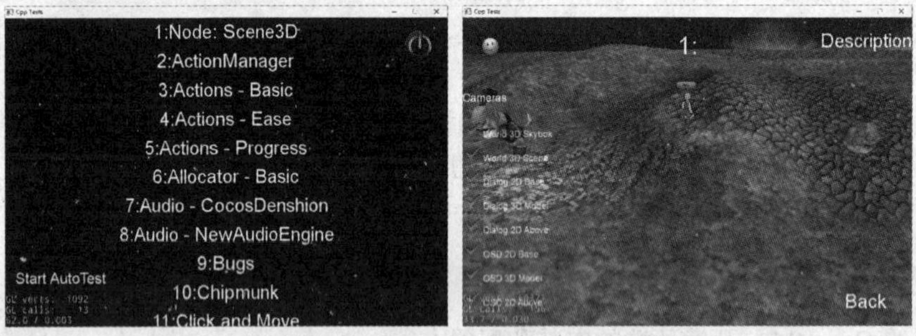

a)　　　　　　　　　　b)

图 15-11　Cocos2d-x 实例运行效果

4）安装 Android 开发包。如果需要将程序打包发布到 Android 手机，必须安装 Android 开发包。Android 开发包包括 JDK、Android SDK、 Android NDK 及 Apache ant。用户可以在网上下载这些软件并免费使用。

- JDK。下载地址为 http://www.oracle.com/technetwork/java/javase/downloads/index.html，该链接下有多个 JDK 版本可以选择，本例使用的开发环境为 64 位 Windows 10，所以选择 jdk-8u60-windows-x64.exe 下载，读者可根据自己的实际情况选择适合自己的版本下载。下载完成后运行该安装文件，根据默认设置进行安装即可。安装时需要记录 JDK 的安装路径，安装完成后需要使用安装路径设置环境变量，打开 Windows“环境变量”对话框，如图 15-12 所示。

图 15-12　添加环境变量

通过“环境变量”对话框新建环境变量 JAVA_HOME，并设置其值为 JDK 安装路径，本例为 C:\Program Files\Java\jdk1.8.0_60。新建环境变量 CLASSPATH

并设定其值为.;%JAVA_HOME%\lib;% JAVA_HOME%\lib\tools.jar。

- Android SDK。下载地址为http://developer. android.com/sdk/index.html，通过该链接找到如图 15-13 所示的下载页面，选择相应版本进行下载。

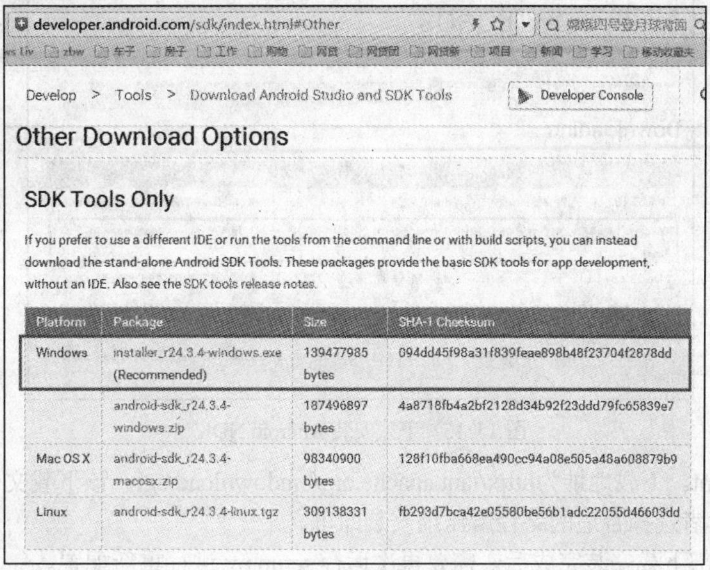

图 15-13　下载 Android SDK

下载完成后运行该安装程序，安装 Android SDK 管理程序，安装完成后以管理员身份运行 Android SDK Manager，显示窗口如图 15-14 所示。读者可根据编译目标平台版本选择下载安装相应版本的 Android SDK。本例下载安装的 Android SDK 是 API 级别为 19 和 23 的两个版本。

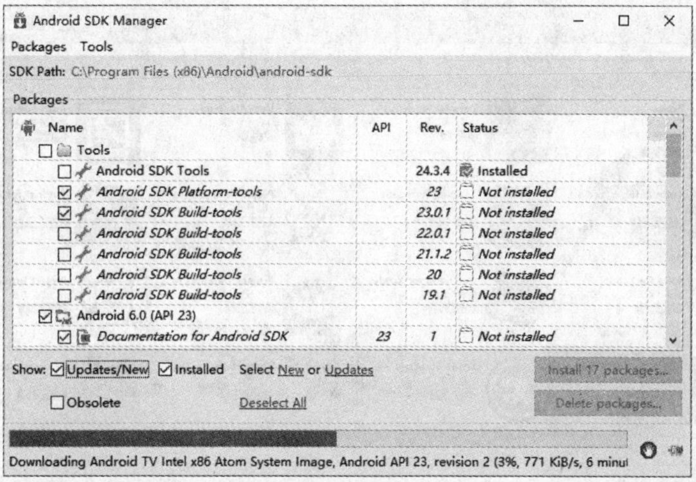

图 15-14　使用 Android SDK Manager 下载安装 Android SDK

- Android NDK。下载地址为http://developer.android.com/ndk/downloads/index.html，读者可根据该链接找到如图 15-15 所示的下载页面，选择相应文件进行下载。

该下载文件为一个自解压文件，读者选择合适的路径解压缩安装即可。

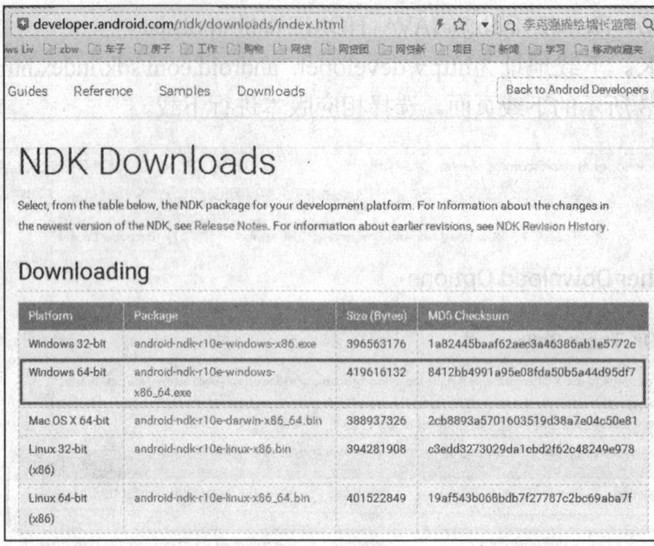

图 15-15　下载安装 Android NDK

- Apache ant。下载地址为http://ant.apache.org/bindownload.cgi。该下载文件为一个自解压文件，读者选择合适的路径解压缩安装即可。

以上文件全部下载安装完成后，需要再次运行 setup.py 进行重新配置。

5）安装 Xcode。Xcode 是一个集成开发环境，由苹果公司在 GCC（GCC 为 Linux/UNIX 下的自由编译软件）基础上创建，它适用于 OS X 系统及 iOS 系统的应用软件开发。在手机软件开发过程中可以不需要 Xcode，只有在打包发布到苹果 OS X 系统或 iOS 系统时才需要。用户在苹果计算机上的 App Store 中搜索 Xcode 关键字，即可在搜索列表中找到它，如图 15-16 所示，单击下载安装即可。

图 15-16　下载安装 Xcode

要在手机上调试和运行 iOS 应用程序，需要到苹果的开发者网站（developer.apple.com）注册开发者账号，注册费用为 99 美元。开发者账号注册成功后申请证书并下载安装，安装成功后才能在手机上调试和运行用户所编写的程序。

15.3.3 创建跨平台项目

使用命令行方式创建项目。首先运行 CMD 命令打开命令行窗口，使用 cocos 命令创建 C++项目的命令格式如下。

cocos new <项目名称> -p <包名称> -l <cpp> -d <项目存放路径>

项目名称、包名称及项目存放路径可由开发人员自行定义，cpp 代表创建 C++项目。本例将使用命令 cocos new A1502 -p A1502.Cocos2d -l cpp -d d:\在 D:\路径下创建一个基于 Cocos2d-x 应用框架的 C++项目，命令执行结果如图 15-17 所示：

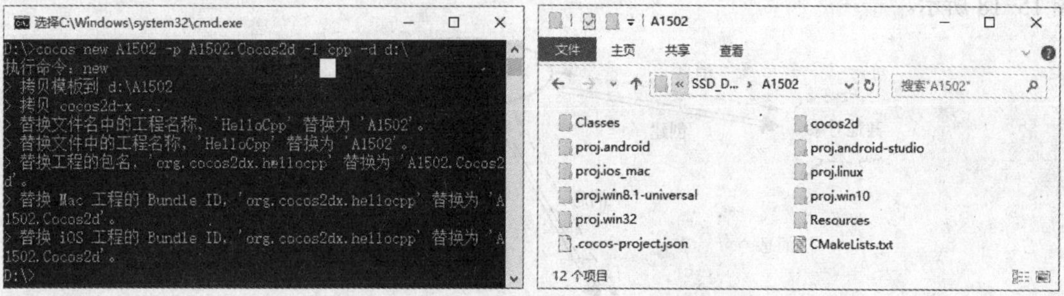

图 15-17 创建 Cocos2d-x 项目

项目创建完成后，cocos new 会在项目存放路径下以项目名称创建一个文件夹，用于保存项目相关的各项内容，简要说明如下。

- Classes 文件夹：用户编写的跨平台代码也应该保存在该文件夹下，在该文件夹中的代码为各平台所共享。
- cocos2d 文件夹：cocos2d 核心源代码目录。
- proj.android 文件夹：Android 项目目录，主要用于生成 Android 程序。
- proj.iso.mac 文件夹：XCode 的项目目录，主要用于生成 OS X 和 iOS 程序。
- proj.linux 文件夹：Linux 项目目录，主要用于生成 Linux 程序。
- proj.win32 文件夹：Win32 项目目录，主要用于生成 Win32 程序。
- proj.win8.1universal 文件夹：Win8 项目目录，主要用于生成 Windows 8 通用程序。
- Proj.win10 文件夹：Win10 项目目录，主要用于生成 Windows10 通用程序。
- Resource 文件夹：资源目录，用于存放贴图、音频、字体和地图等一些程序中使用的资源，在该文件夹中的资源为各平台所共享。
- cocos-project.json 文件：项目配置文件。
- CMakeLists.txt 文件：CMake 配置文件，管理跨平台项目的生成。

用 cocos 命令创建的项目是跨平台的。因为不同平台的编译工具和编译要求都可能是不同的，所以 cocos 为不同平台创建的专用文件夹下不但有专用于该平台的程序代码，也有专用于该平台的项目设置文件。例如 proj.win32 文件夹下的 A502.sln 等文件，就是 cocos 为该项目创建的适用于 Win32 平台下的 VS 2015 项目文件，如果用 VS 2015 打开该项目文件进行编译，生成的就是适用于 Win32 平台下的应用软件。

用户针对不同的目标平台，可以使用不同文件夹下的项目设置文件对项目进行编译，编译的结果即可在不同平台上运行。虽然软件的编译方法不同，很多代码也不相同，但编译得到的结果在不同平台上运行，软件实现的功能却是相同的。

15.3.4 运行模式

Cocos2d-x 框架程序的运行模式与 MFC 框架程序的运行模式相似，都是消息（事件）驱动的，都封装了启动函数，都有控制程序运行的应用程序对象和控制窗口显示的窗口对象，开发人员分别从应用程序类和窗口类派生子类，在派生类中编写代码，然后通过创建派生类对象实现程序功能。

由于 Cocos2d-x 框架隐藏了许多内部实现，用户可以看到的 Cocos2d-x 程序运行模式如图 15-18 所示。

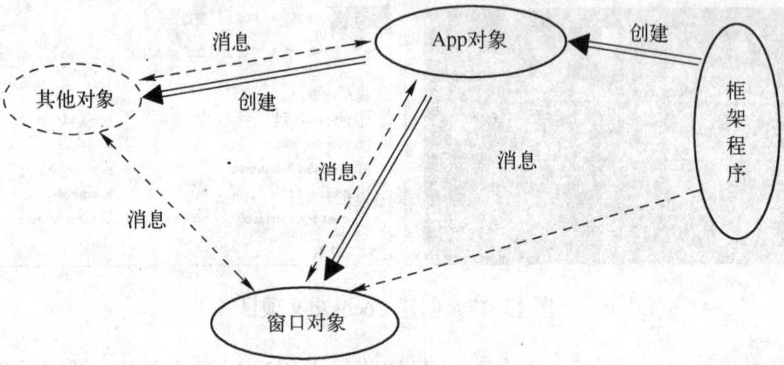

图 15-18　创建项目

使用 cocos new 生成的 Cocos2d-x 框架程序，默认的应用程序类 Application 派生类名称为 AppDelegate。该 Cocos2d-x 框架程序的工作流程如图 15-19 所示。

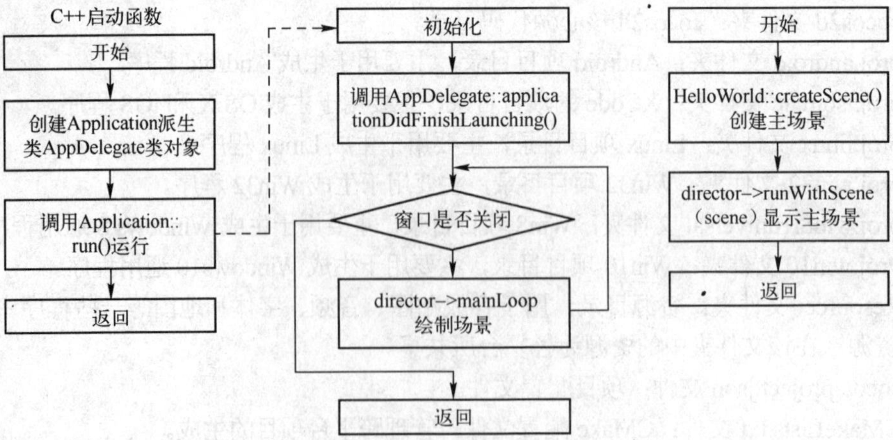

图 15-19　程序 A1502 工作流程

以上 Cocos2d-x 框架程序的工作流程的主要功能就是程序初始化，并创建一个场景，在消息循环中不断绘制场景直到退出程序。在以上工作流程中创建的场景只是一个环境，用户通常通过在场景上创建显示层来进行显示输出，并使用显示层来处理用户的输入，所以 Cocos2d-x 框架程序中的显示层更具有 Windows 程序中窗口的功能。本例中使用显示层的派生类 HelloWorld 创建显示层对象实现程序的输入和输出功能。

HelloWorld::createScene( ) 函数在创建主场景后，使用 HelloWorld::create( ) 创建层对象，并把该层对象附加到场景中，代码如下。

```
Scene* HelloWorld::createScene()
{
    auto scene = Scene::create();            //创建场景
    auto layer = HelloWorld::create();       //创建层
    scene->addChild(layer);                  //把新建的层添加到场景中
    return scene;
}
```

HelloWorld::create( ) 函数调用 HelloWorld::Init( ) 函数进行层对象的初始化，用户可以在该函数中添加代码实现程序的输入输出功能。在例 A1502 的 HelloWorld::Init( ) 函数中，使用 Menu 类在层中添加了菜单，使用 Label 在层中添加了文字，使用 sprite 在层中添加了图片。

回调函数 HelloWorld::menuCloseCallback( ) 在用户选择相应菜单项时被框架程序自动调用，实现退出程序的功能。

15.3.5 生成 Windows 程序

根据 15.3.3 节内容可知，Cocos2d-x 所创建的跨平台项目可以直接被 VS 2015 打开，并编译生成可在 Windows 平台运行的软件。

在 VS 2015 中选择“文件”→“打开”→“项目”命令打开项目路径下 proj.win32 文件夹下的 A1502.sln 文件，结果如图 15-20 所示。

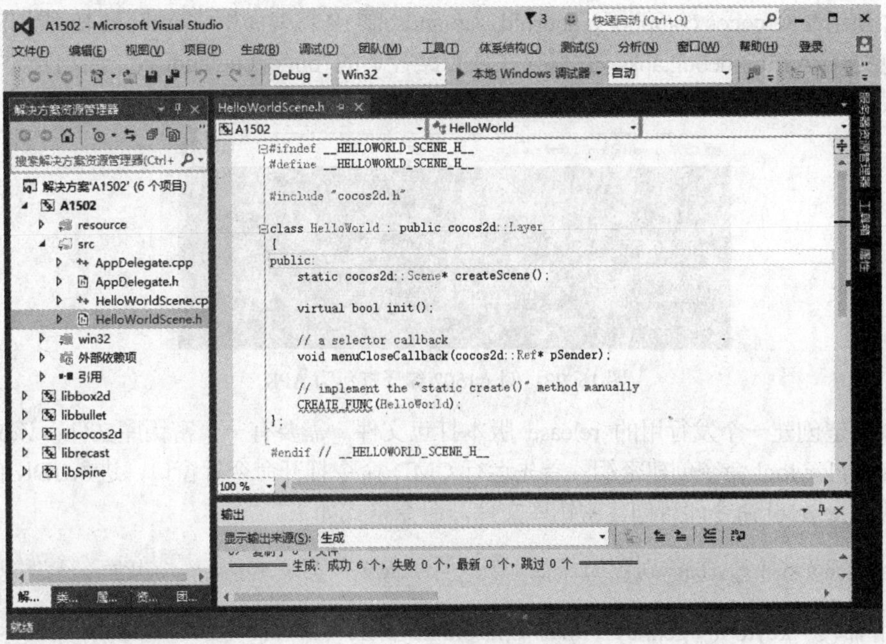

图 15-20 打开 A1502 项目

使用 Cocos2d-x 创建的解决方案包含 A1502、libbox2d、libcocos2d、libSpine、libBullet 和 librecase 等子项目，其中 A1502 子项目为解决方案的主项目，跨平台的软件开发工作主要在这个项目中完成；libcocos2d 项目内容为 Cocos2d-x 核心代码库；其他为各种支持库。

用户可直接对该解决方案进行编译。因为 Cocos2-x 中所有类库都是以源码的方式提供的，所以首次编译需要对这些类进行编译，比较耗时。编译完成后运行 A1502，运行结果如图 15-21 所示。

15.3.6 生成 Android 程序

根据 15.3.3 节内容可知，Cocos2-x 所创建的跨平台项目中包含可以直接使用 Android 开发工具进行编译的项目设置，使用该项目设置进行编译即可生成在 Android 平台上运行的手机应用软件。

图 15-21 例 A1502 在 Windows 下的运行结果

Android 系统相关的代码和项目设置文件均保存在项目文件夹下的 Proj.Android 子文件夹中，对 Android 项目进行编译需要使用命令行的方式进行。首先运行 CMD 命令，打开命令行窗口，使 Proj.Android 文件夹成为当前文件夹，使用 cocos 命令进行编译。cocos 的编译命令格式如下。

```
cocos compile -p <平台名称> [-m 生成版本] [--ap 目标 API 版本]
```

项目名称可以是 ios、Mac、Android 或 Win32 等，生成版本可以是 debug 或 release，默认是 debug。目标 API 版本为编译生成的程序使用的 Android API 级别。因为编译生成的高 API 级别的程序可能无法在低版本的 Android 系统上运行，所以用户需要指定编译的目标 API 级别。读者可以自行在网上查询 API 级别对应的 Android 系统版本。

例如使用命令 cocos compile -p android --ap android-19 将编译生成 android-19 级别的 Debug 版本打包文件 A1502-debug.apk，并保存在项目路径下的 bin\debug\android 子文件夹中。命令执行结果如图 15-22 所示。

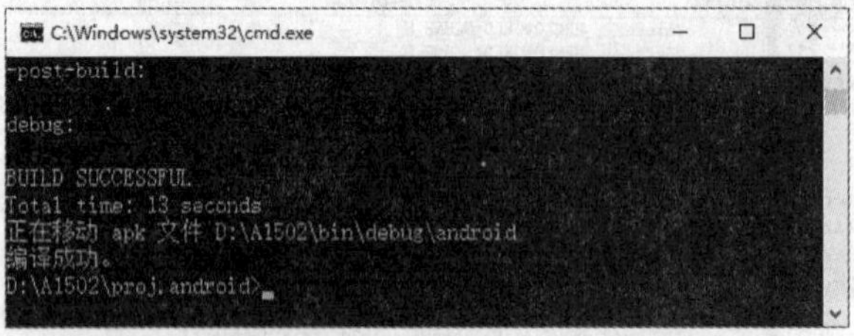

图 15-22 例 A1502 编译打包为 APK

如果希望创建一个发行用的 release 版本打包文件，需要有一个密钥库文件。该文件可以使用 JDK 的 keytool 命令创建密钥。首先运行 CMD 命令打开命令行窗口，进入 JDK 的 bin 文件夹，使用 keytool 命令即可创建密钥库文件，命令格式如下。

```
keytool -genkey -alias <别名> -keyalg <算法> -validity <有效期> -keystore <密钥库路径名称>
```

使用命令 keytool -genkey -alias android.keystore -keyalg RSA -validity 365 -keystore d:\android.keystore 将在 D：盘根目录创建一个别名为 android.keystore、加密算法为 RSA、有效期为 365 天的密钥库文件 android.keystore。

获得密钥库文件后，可以使用 cocos compile 命令创建 release 版本的打包文件。在创建打包文件过程中编译程序会提示用户输入密钥库文件的路径、别名及密钥库的密码，用户输入完成后，编译程序使用该密钥库内容创建 release 版本打包程序。

使用命令 cocos compile -p android -m release --ap android-19 编译生成的打包文件 My001-release-signed.apk 即保存在项目路径下的 bin\release\android 子文件夹中。

将打包文件用 15.2.4 节讲述的方法发送到 Android 手机，运行结果如图 15-23 所示。

图 15-23　例 A1502 在手机上的运行效果

15.3.7　生成 iOS 程序

根据 15.3.3 节内容可知，Cocos2-x 所创建的跨平台项目可以直接被 Xcode 打开，并编译生成可在 OS X 和 iOS 平台运行的应用软件。

Xcode 只能在苹果计算机上运行。将 15.3.3 节创建的项目文件夹复制到苹果计算机中，在苹果计算机中启动 Xcode，选择 File→Open 命令，打开本项目路径下的 proj.ios_mac\A1502.xcodeproj，结果如图 15-24 所示。

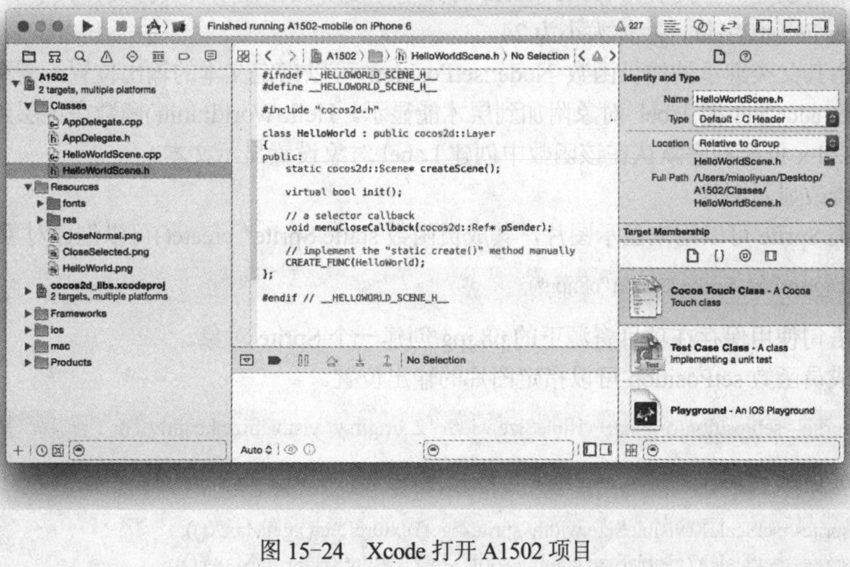

图 15-24　Xcode 打开 A1502 项目

如图 15-24 所示，XCode 打开解决方案所看到的内容与 VS 2015 打开解决方案所看到的内容相似，该解决方案中包含多个子目录，其中 Classes 目录下是用户需要修改完成的跨平台程序，其他目录下的内容为项目用到的 Cocos2d-x 类库中代码。可直接对该项目编译、运行，结果如图 15-25 所示。

图 15-25　例 A1502 在 OS X 下的运行效果

使用 XCode 可以将该程序打包发送到 iOS 手机。

15.3.8　跨平台开发初步

所谓跨平台，即在一个系统平台上开发的程序，可以不做修改或只进行很少修改即编译出可在多平台上运行的软件。本节将通过一个简单的实例演示使用 VS 2015+Cocos2d X 开发一个小程序，该程序不做修改可同时发布到 Windows、Android、OS X 和 iOS 等平台上运行。

1．在手机屏幕上绘图

（1）修改显示文字。

文本类 Label 可以用来创建并显示文本，其成员函数 static Label * createWithTTF()可以创建文本。如下面的代码所示。

```
auto label = Label::createWithTTF("Hello World", "fonts/Marker Felt.ttf ", 24);
```

该条语句创建一个内容为 Hello World 的文本，使用保存在项目资源文件夹下 fonts 文件夹下的 Marker Felt.ttf 字体，字体大小为 24。

使用由其父类继承的成员函数 Node::setPosition 可以指定文本的输出位置，需要使用层类的成员函数 addChild 把 label 对象附加到层才能显示。HelloWorld::init()函数在该层创建时被调用，Cocos2d-x 框架程序默认在该函数中创建 Label 对象设置显示文本。

（2）修改显示图片。

精灵类 Sprite 可以用来显示图片，其成员函数 static Sprite* create()可以创建对象。例如：

```
auto sprite = Sprite::create("p8.jpg");
```

该条语句使用保存在项目资源下的 p8.jpg 创建一个 Sprite 对象。

使用成员函数 setPosition 可以指定图片的输出位置。

```
sprite->setPosition(origin.x+visibleSize.width / 2, origin.y+visibleSize.height / 2);
```

使用成员函数 setScaleX、setScaleY 可以指定图片水平和垂直方向的显示比例。

```
sprite->setScaleX(visibleSize.width/ sprite->getTextureRect().getMaxX());
sprite->setScaleY(visibleSize.height / sprite->getTextureRect().getMaxY());
```

同样需要使用层类的成员函数 addChild 把 Sprite 对象附加到层才能显示。HelloWorld::init()函数在该层创建时被调用，Cocos2d-x 框架程序默认在该函数中创建 Sprite 对象显示图片。

需要注意的是，如果使用 XCode 仅仅把图片保存到项目资源文件夹下还不够，还需要用 XCode 打开项目后，通过资源添加的方式把图片资源添加到项目的资源（Resources\Res）中才能在程序运行时显示。

（3）显示黄色透明矩形。

可以新建一个显示层，设定它的颜色、尺寸和位置，然后把它附加到当前层，即可进行显示。在 HelloWorld::init( ) 函数中添加代码如下。

```
#01. auto layer = LayerColor::create(Color4B(255, 255, 0, 128));//创建 LayerColor 层
#02. layer->setContentSize(Size(100, 100));                  //设定层的尺寸
#03. layer->setPosition(200, 100);                            //设定层的显示位置
#04. addChild(layer);                                         //附加到当前层
```

直接在 VS 2015 中编辑程序并编译、运行，结果如图 15-26 所示。将解决方案 A1502 目录复制到苹果计算机上，用 XCode 打开该项目，直接编译、运行，结果如图 15-27 所示。

2．处理手机屏幕输入

以下内容将演示在 HelloWorld 类中添加代码实现触摸移动“黄色透明矩形”的方法。

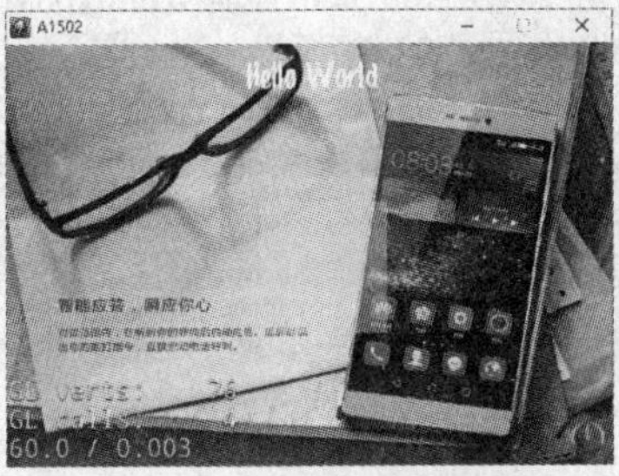

图 15-26　例 A1502 修改后的运行效果

（1）添加回调函数声明。

所谓回调函数，即由系统或框架程序在发生指定事件时自动调用的函数。因为在屏幕上触摸及移动触摸，都要改变“黄色透明矩形”显示位置，所以需要在类 HelloWorld 中添加以上两个事件的回调函数。添加方法如下。

```
bool onTouchesBegan(cocos2d::Touch *touch, cocos2d::Event *unused_event);
void onTouchesMoved(cocos2d::Touch *touch, cocos2d::Event *unused_event);
```

函数 onTouchesBegan( ) 为触摸事件开始，手指按下事件的回调函数；onTouchesMoved( ) 为手指在屏幕滑动的过程中持续产生的事件的回调函数。

（2）添加“黄色透明矩形”层对象指针。

在 HelloWorld 类中添加“黄色透明矩形”层的指针，即可在触摸回调函数中通过该指针操作“黄色透明矩形”层对象，根据触摸位置更改“黄色透明矩形”显示的位置。在类 HelloWorld 中添加类成员变量的定义如下。

```
Layer *m_pLayer;
```

（3）为触摸事件指定回调函数。

在 HelloWorld::init()函数中创建一个事件监听对象 listener，该对象根据创建方式不同可以管理触摸、鼠标、键盘、加速计和重力感应等各种事件。创建一个单点触摸监听对象的方式如下。

```
#01. auto listener = EventListenerTouchOneByOne::create();
```

为监听对象指定触摸事件和触摸移动事件的回调函数。

```
#02. listener->onTouchBegan = CC_CALLBACK_2(HelloWorld::onTouchesBegan, this);
#03. listener->onTouchMoved = CC_CALLBACK_2(HelloWorld::onTouchesMoved, this);
```

为监听对象指定触摸事件的传递方式。

```
#04. listener->setSwallowTouches(true);//不向下传递触摸
```

获取事件调度器。

```
auto dispatcher = Director::getInstance()->getEventDispatcher();
```

把触摸监听对象添加到事件调度器。

```
dispatcher->addEventListenerWithSceneGraphPriority(listener, this);
```

通过以上 6 行代码，即可完成触摸及触摸移动事件回调函数的添加。

（4）定义回调函数。

触摸事件的回调函数即在触摸刚发生时，onTouchesBegan 函数被自动调用。当函数返回 true，本层的后续 Touch 事件可以被触发，并阻挡向后层传递。当函数返回 false，本层的后续 Touch 事件不能被触发，并向后层传递，onTouchesMoved 不会被调用。onTouchesBegan 函数定义如下。

```
bool HelloWorld::onTouchesBegan(cocos2d::Touch *touch, cocos2d::Event *unused_event)
{
        auto pos1 = touch->getLocationInView();                      //取得屏幕坐标
        auto pos2 = Director::getInstance()->convertToUI(pos1);      //转换为屏幕坐标系统
        m_pLayer->setPosition(pos2.x - 50, pos2.y - 50);             //以 pos2 坐标为矩形中心
        return true;
}
```

移动触摸事件的回调函数即手指在屏幕滑动的过程中 onTouchesMoved( ) 函数不断被自动调用。onTouchesMoved( ) 函数定义如下。

```
void HelloWorld::onTouchesMoved(cocos2d::Touch *touch, cocos2d::Event *unused_event)
{
        auto pos1 = touch->getLocationInView();
        auto pos2 = Director::getInstance()->convertToUI(pos1);
        m_pLayer->setPosition(pos2.x - 50, pos2.y - 50);
}
```

在 VS 2015 中编译、运行，结果如图 15-26 所示。用鼠标在屏幕上单击，黄色透明矩形移动到鼠标所在位置；用鼠标在屏幕上拖动，黄色透明矩形跟随鼠标移动。将解决方案 A1502 目录复制到苹果计算机上，用 XCode 打开该项目，直接编译、运行，结果如图 15-27 所示。

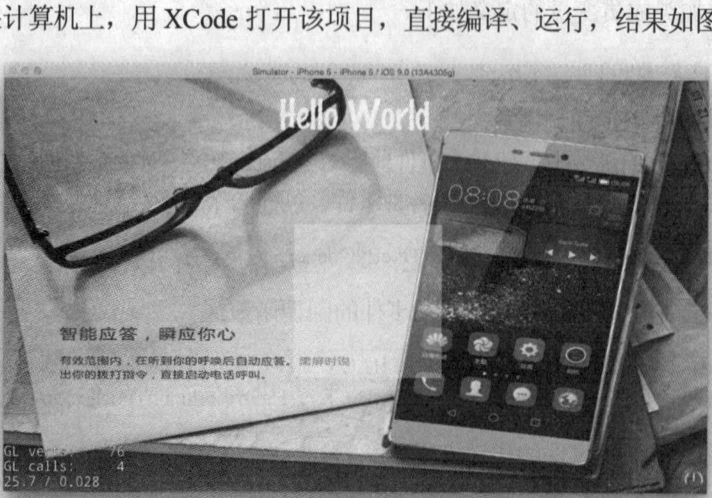

图 15-27　例 A1502 修改后在 OS X 下的运行效果

将项目编译打包发布到 Android 手机或 iOS 手机，运行结果也相同。

15.4 小结

VS 2015 可以开发跨平台软件，在本章讲解了使用 VS2015 开发手机应用程序的基本步骤和方法。通过本章的学习，读者应掌握以下几点内容。

- 跨平台开发的基本概念。
- 使用 VS 2015 内置功能开发手机程序的步骤和方法。
- 使用 VS 2015 + Cocos2d-x 开发手机程序的步骤和方法。
- 发布手机程序的步骤和方法。

15.5 习题

1. 安装并配置 VS 2015 跨平台开发环境，创建一个 Android 手机应用程序，并把它打包发布到 Android 手机，在手机上运行该程序。

2. 修改教材例题 A1501，固定背景颜色为蓝色。

3. 修改教材例题 A1501，固定显示鼠标拖动矩形方块的移动范围。

4. 安装并配置 VS 2015+Cocos2d-x 跨平台开发环境，用 cocos new 命令创建一个跨平台应用程序，并把它编译、打包、发布到 Android 手机，在手机上运行该程序。

5. 把第 4 题创建的程序复制到苹果计算机上，用 Xcode 编译、运行。

6. 修改例题 A1502，将程序背景换成其他图片，分别用 VS 2015 和 XCode 编译、运行该程序。

7. 编写一个手机程序，程序运行后在屏幕中心显示一张卡通图片（图片可自定），用手指可在手机屏幕上拖动该卡通图片。

8. 编写一个手机程序，程序运行后在手机屏幕中部区域显示一个按钮，当手指按在上面时，按钮显示凹下效果，屏幕显示“按钮按下”信息；当手指离开时，按钮显示凸起效果，屏幕显示“按钮弹起”信息。

9. 修改第 8 题，编写一个手机计算器程序，包含数字和运算按钮，可显示用户通过数字按钮输入的数据，根据运算按钮完成运算功能并显示运算结果。

附　录

附录 A　Windows 窗口样式

1. 标准窗口样式

WS_BORDER	一个有边界的窗口。
WS_CAPTION	一个有标题条的窗口（隐含 WS_BORDER 风格）。不能与 WS_DLGFRAME 风格一起使用。
WS_CHILD	一个子窗口。不能与 WS_POPUP 风格一起使用。
WS_CLIPCHILDREN	当在父窗口中绘图时，除去子窗口所占的区域。在创建父窗口的时候使用。
WS_CLIPSIBLINGS	剪裁相关的子窗口，这意味着当一个特定的子窗口接收到重绘消息时，WS_CLIPSIBLINGS 风格将在子窗口要重画的区域中去掉与其他子窗口重叠的部分（如果没有指定 WS_CLIPSIBLINGS 风格，并且子窗口有重叠，当在一个子窗口的客户区绘图时，它可能会画在相邻的子窗口的客户区中）。只与 WS_CHILD 风格一起使用。
WS_DISABLED	一个被禁止的窗口。
WS_DLGFRAME	一个窗口，具有双重边界，但是没有标题条。
WS_GROUP	指定一组控件中的第一个，用户可以用箭头键在这组控件中移动。在第一个控件后面把 WS_GROUP 风格设置为 FALSE 的控件都属于这一组。下一个具有 WS_GROUP 风格的控件将开始下一组（这意味着一个组在下一组的开始处结束）。
WS_HSCROLL	一个具有水平滚动条的窗口。
WS_MAXIMIZE	一个最大化的窗口。
WS_MAXIMIZEBOX	一个具有最大化按钮的窗口。
WS_MINIMIZE	一个初始状态为最小化的窗口。仅与 WS_OVERLAPPED 风格一起使用。
WS_MINIMIZEBOX	一个具有最小化按钮的窗口。
WS_OVERLAPPED	一个重叠窗口。重叠窗口通常具有标题条和边界。
WS_OVERLAPPEDWINDOW	创建一个具有 WS_OVERLAPPED、WS_CAPTION、WS_SYSMENU、WS_THICKFRAME、WS_MINIMIZEBOX 和 WS_MAXIMIZEBOX 风格的重叠式窗口。
WS_POPUP	一个弹出式窗口，不能与 WS_CHILD 风格一起使用。
WS_POPUPWINDOW	一个具有 WS_BORDER、WS_POPUP 和 WS_SYSMENU 风格的弹出窗口。为了使控制菜单可见，必须与 WS_POPUPWINDOW 一起使用 WS_CAPTION 风格。

WS_SYSMENU	一个在标题条上具有控制菜单的窗口。仅对带标题条的窗口使用。
WS_TABSTOP	指定了一些控件中的一个，用户可以通过 Tab 键来选中它。使用 Tab 键可以在 WS_TABSTOP 风格的控件间选择。
WS_THICKFRAME	一个具有厚边框的窗口，可以通过厚边框来改变窗口大小。
WS_VISIBLE	一个可见的窗口。
WS_VSCROLL	一个具有垂直滚动条的窗口。

2．扩展窗口样式

WS_EX_ACCEPTFILES	指明用这个风格创建的窗口能够接受拖放文件。
WS_EX_CLIENTEDGE	指明窗口具有 3D 外观，这意味着边框具有下沉的边界。
WS_EX_CONTEXTHELP	在窗口的标题条中包含问号。当用户单击问号时，鼠标光标的形状变为带指针的问号。如果用户随后单击一个子窗口，子窗口将接收到一个 WM_HELP 消息。
WS_EX_CONTROLPARENT	允许用户用 Tab 键遍历窗口的子窗口。
WS_EX_DLGMODALFRAME	指明一个具有双重边界的窗口，当在 dwStyle 参数中指定了 WS_CAPTION 风格标识时，它可以具有标题条（可选）。
WS_EX_LEFT	指定窗口具有左对齐属性。这是默认值。
WS_EX_LEFTSCROLLBAR	将垂直滚动条放在客户区的左边。
WS_EX_LTRREADING	按照从左到右的方式显示窗口文本。这是默认方式。
WS_EX_MDICHILD	创建一个 MDI 子窗口。
WS_EX_NOPARENTNOTIFY	指定用这个风格创建的子窗口在被创建或销毁时将不向父窗口发送 WM_PARENTNOTIFY 消息。
WS_EX_OVERLAPPEDWINDOW	组合了 WS_EX_CLIENTEDGE 和 WS_EX_WINDOWEDGE 风格。
WS_EX_PALETTEWINDOW	组合了 WS_EX_WINDOWEDGE 和 WS_EX_TOPMOST 风格。
WS_EX_RIGHT	赋予窗口右对齐属性。这与窗口类有关。
WS_EX_RIGHTSCROLLBAR	将垂直滚动条（如果有）放在客户区的右边。这是默认方式。
WS_EX_RTLREADING	按照从右到左的顺序显示窗口文本。
WS_EX_STATICEDGE	创建一个具有三维边界的窗口，用于不接受用户输入的项。
WS_EX_TOOLWINDOW	创建一个工具窗口，目的是被用做浮动工具条。工具窗口具有标题条，比通常的标题条要短，窗口的标题是用小字体显示的。工具窗口不出现在任务条或用户按下 Alt+Tab 组合键时出现的窗口中。
WS_EX_TOPMOST	指定用这个风格创建的窗口必须被放在所有非顶层窗口的上面，即使这个窗口已经不处于激活状态，它还是保留在最上面。应用程序可以用 SetWindowsPos 成员函数来加入或去掉这个属性。
WS_EX_TRANSPARENT	指定了用这个风格创建的窗口是透明的。这意味着在这个窗口下面的任何窗口都不会被这个窗口挡住。用该风格创建的窗口只有当它下面的窗口都更新过以后才接收 WM_PAINT 消息。
WS_EX_WINDOWEDGE	指定了具有凸起边框的窗口。

附录 B Windows 虚键码表

标　识	十六进制值	对应按键	标　识	十六进制值	对应按键
VK_LBUTTON	01	鼠标左键	VK_3	33	3 键
VK_RBUTTON	02	鼠标右键	VK_4	34	4 键
VK_CANCEL	03	Ctrl+Break	VK_5	35	5 键
VK_MBUTTON	04	鼠标中键	VK_6	36	6 键
VK_BACK	08	Backspace 键	VK_7	37	7 键
VK_TAB	09	Tab 键	VK_8	38	8 键
VK_CLEAR	0C	Clear 键	VK_9	39	9 键
VK_RETURN	0D	Enter 键	VK_A	41	A 键
VK_SHIFT	10	Shift 键	VK_B	42	B 键
VK_CONTROL	11	Ctrl 键	VK_C	43	C 键
VK_MENU	12	Alt 键	VK_D	44	D 键
VK_PAUSE	13	Pause 键	VK_E	45	E 键
VK_CAPITAL	14	Caps Lock 键	VK_F	46	F 键
VK_ESCAPE	1B	Esc 键	VK_G	47	G 键
VK_SPACE	20	Spacebar	VK_H	48	H 键
VK_PRIOR	21	Page Up 键	VK_I	49	I 键
VK_NEXT	22	Page Down 键	VK_J	4A	J 键
VK_END	23	End 键	VK_K	4B	K 键
VK_HOME	24	Home 键	VK_L	4C	L 键
VK_LEFT	25	Left Arrow 键	VK_M	4D	M 键
VK_UP	26	Up Arrow 键	VK_N	4E	N 键
VK_RIGHT	27	Right Arrow 键	VK_O	4F	O 键
VK_DOWN	28	Down Arrow 键	VK_P	50	P 键
VK_SELECT	29	Select 键	VK_Q	51	Q 键
VK_EXECUTE	2B	Execute 键	VK_R	52	R 键
VK_SNAPSHOT	2C	Print screen 键	VK_S	53	S 键
VK_INSERT	2D	Ins 键	VK_T	54	T 键
VK_DELETE	2E	Delete 键	VK_U	55	U 键
VK_HELP	2F	Help 键	VK_V	56	V 键
VK_0	30	0 键	VK_W	57	W 键
VK_1	31	1 键	VK_X	58	X 键
VK_2	32	2 键	VK_Y	59	Y 键
VK_Z	5A	Z 键	VK_F9	78	F9 键
VK_LWIN	5B	Left Windows 键	VK_F10	79	F10 键
VK_RWIN	5C	Right Windows 键	VK_F11	7A	F11 键
VK_APPS	5D	Applications 键	VK_F12	7B	F12 键
VK_NUMPAD0	60	数字小键盘上的 0 键	VK_F13	7C	F13 键

（续）

标　识	十六进制值	对应按键	标　识	十六进制值	对应按键
VK_NUMPAD1	61	数字小键盘上的 1 键	VK_F14	7D	F14 键
VK_NUMPAD2	62	数字小键盘上的 2 键	VK_F15	7E	F15 键
VK_NUMPAD3	63	数字小键盘上的 3 键	VK_F16	7F	F16 键
VK_NUMPAD4	64	数字小键盘上的 4 键	VK_F17	80H	F17 键
VK_NUMPAD5	65	数字小键盘上的 5 键	VK_F18	81H	F18 键
VK_NUMPAD6	66	数字小键盘上的 6 键	VK_F19	82H	F19 键
VK_NUMPAD7	67	数字小键盘上的 7 键	VK_F20	83H	F20 键
VK_NUMPAD8	68	数字小键盘上的 8 键	VK_F21	84H	F21 键
VK_NUMPAD9	69	数字小键盘上的 9 键	VK_F22	85H	F22 键
VK_MULTIPLY	6A	Multiply 键	VK_F23	86H	F23 键
VK_ADD	6B	Add 键	VK_F24	87H	F24 键
VK_SEPARATOR	6C	Separator 键	VK_NUMLOCK	90	Num Lock 键
VK_SUBTRACT	6D	Subtract 键	VK_SCROLL	91	Scroll Lock 键
VK_DECIMAL	6E	Decimal 键	VK_ATTN	F6	Attn 键
VK_DIVIDE	6F	Divide 键	VK_CRSEL	F7	CrSel 键
VK_F1	70	F1 键	VK_EXSEL	F8	ExSel 键
VK_F2	71	F2 键	VK_EREOF	F9	Erase EOF 键
VK_F3	72	F3 键	VK_PLAY	FA	Play 键
VK_F4	73	F4 键	VK_ZOOM	FB	Zoom 键
VK_F5	74	F5 键	VK_NONAME	FC	为将来使用保留
VK_F6	75	F6 键	VK_PA1	FD	PA1 键
VK_F7	76	F7 键	VK_OEM_CLEAR	FE	Clear 键
VK_F8	77	F8 键			

附录 C　常用数据结构

1. BITMAP 结构

```
typedef struct tagBITMAP {
    int bmType;
    int bmWidth;
    int bmHeight;
    int bmWidthBytes;
    BYTE bmPlanes;
    BYTE bmBitsPixel;
    LPVOID bmBits;
} BITMAP;
```

各成员的含义如下。

bmType：指定了位图的类型。对于逻辑位图，这个成员必须为 0。

bmWidth：指定了位图的宽度，以像素为单位。宽度必须大于 0。

bmHeight：指定了位图的高度，以扫描行为单位。高度必须大于 0。

bmWidthBytes：指定了每个扫描行中字节的数目。这个值必须是偶数，因为图形设备接口（GDI）假定位图中的位值构成一个整数（2 字节）数组。换句话说，bmWidthBytes×8 必须是 16 的倍数，大于或等于 bmWidth 与 bmBitsPixel 相乘所得的值。

bmPlanes：指定了位图中颜色平面的数目。

bmBitsPixel：指定了每个位平面中用于定义一个像素所需的颜色位数。

bmBits：指向位图中位值的位置。bmBits 成员必须是一个指向单字节数组的长指针。

2．LOGFONT 结构

在 Windows 内部，字体是以一个名为 LOGFONT 的结构来表示的，结构定义如下。

```
typedef struct tagLOGFONT {
    LONG lfHeight;
    LONG lfWidth;
    LONG lfEscapement;
    LONG lfOrientation;
    LONG lfWeight;
    BYTE lfItalic;
    BYTE lfUnderline;
    BYTE lfStrikeOut;
    BYTE lfCharSet;
    BYTE lfOutPrecision;
    BYTE lfClipPrecision;
    BYTE lfQuality;
    BYTE lfPitchAndFamily;
    TCHAR lfFaceName[LF_FACESIZE];
} LOGFONT;
```

各成员的含义如下。

lfHeight：以逻辑单位指定字体字符元（character cell）或字符的高度。字符高度值为字符元高度值减去内部行距（internal-leading）值。当 lfHeight 大于 0 时，字体映射程序将该值转换为设备单位，并将它与可用字体的字符元高度进行匹配；当该参数为 0 时，字体映射程度将使用一个匹配的默认高度值；如果该参数的值小于 0，则将其转换为设备单位，并将其绝对值与可用字体的字符高度进行匹配。

对于任何一种情况，字体映射程度最终得到的字体高度值不会超过所指定的值。在 MM_TEXT 映射模式下，字体高度值和磅值有以下的换算公式。

```
lfHeight=-MulDiv(PointSize, GetDeviceCaps(hDC, LOGPIXELSY), 72);
```

lfWidth：以逻辑单位指定字体字符的平均宽度。如果 lfWidth 的值为 0，则根据设备的纵横比从可用字体的数字转换纵横中选取最接近的匹配值，该值通过比较两者之间的差异的绝对值得出。

lfEscapement：以 0.1° 为单位指定每一行文本输出时相对于页面底端的角度。

ifOrientation：以 0.1° 为单位指定字符基线相对于页面底端的角度。

lfWeight：指定字体磅数。在 Windows 中，字体磅数这个术语用来指代字体的粗细程度。lfWeight 的范围为 0～1000，正常情况下的字体重量为 400，粗体为 700。如果 lfWeight 为 0，则使用默认的字体磅数，如表 C-1 所示。

表 C-1　字体磅数

常　　数	值	常　　数	值
FW_DONTCARE	0	FW_MEDIUM	500
FW_THIN	100	FW_SEMIBOLD、FW_DEMIBOLD	600
FW_EXTRALIGHT、FW_ULTRALIGHT	200	FW_BOLD	700
FW_LIGHT	300	FW_EXTRABOLD、FW_ULTRABOLD	800
FW_NORMAL、FW_REGULAR	400	FW_BLACK、FW_HEAVY	900

lfItalic：当 lfItalic 为 TRUE 时使用斜体。

lfUnderline：当 lfUnderline 为 TRUE 时给字体添加下画线。

lfStrikeOut：当 lfStrikeOut 为 TRUE 时给字体添加删除线。

lfCharSet：指定字符集。可以使用表 C-2 中所示的预定义值。

其中 OEM 字符集是与操作系统相关的。

lfOutPrecision：指定输出精度。输出精度定义了输出与所要求的字体高度、宽度及字符方向等的接近程度。它可以为表 C-3 中的值之一。

lfClipPrecision：指定剪辑精度。剪辑精度定义了当字符的一部分超过剪辑区域时对字符的剪辑方式，它可以为表 C-4 中的值之一。

表 C-2　字体字符集

常　　数	值	常　　数	值
ANSI_CHARSET	0	GB2312_CHARSET	134
DEFAULT_CHARSET	1	CHINESEBIG5_CHARSET	136
SYMBOL_CHARSET	2	OEM_CHARSET	255
SHIFTJIS_CHARSET	128		

表 C-3　字体输出精度

常　　数	值	常　　数	值
OUT_DEFAULT_PRECIS	0	OUT_TT_PRECIS	4
OUT_STRING_PRECIS	1	OUT_DEVICE_PRECIS	5
OUT_CHARACTER_PRECIS	2	OUT_RASTER_PRECIS	6
OUT_STROKE_PRECIS	3		

表 C-4　字体剪辑精度

常　　数	值	常　　数	值
CLIP_DEFAULT_PRECIS	0	CLIP_LH_ANGLES	16
CLIP_CHARACTER_PRECIS	1	CLIP_TT_ALWAYS	32
CLIP_STROKE_PRECIS	2	CLIP_EMBEDDED	128
CLIP_MASK	0x0f		

lfQuality：定义输出质量。输出质量定义了图形设备接口在匹配逻辑字体属性到实际的物理字体时所使用的方式，它可以为表 C-5 中的值之一。

lfPitchAndFamily：指定字体的字符间距和族。最低两位指定字体的字符间距为表 C-6 中的值之一。

第 4～7 位指定字体族为表 C-7 中的值之一。

表 C-5　字体输出质量

常　数	值
DEFAULT_QUALITY	字体的外观无关紧要
DRAFT_QUALITY	字体的外观不太重要
PROOF_QUALITY	字体的外观非常重要

表 C-6　字体字符间距

常　数	值
DEFAULT_PITCH	表示默认间距
VARIABLE_PITCH	表示可变间距
FIXED_PITCH	表示固定间距

表 C-7　字体族

常　数	值
FF_DECORATIVE	新奇字体，如以前英格兰的字体
FF_DONTCARE	不在意或不知道
FF_MODERN	笔型宽度不变的字体，有或无衬线。固定斜度的字体常是现代风格的，如 Pica、Elite 和 Courier New
FF_ROMAN	笔画宽度可变（按比例调整空间）及有衬线字体。如 Times New Roman 和 Century Schoolbook
FF_SCRIPT	与手写体相似的字体，如 Script 和 Cursive
FF_SWISS	笔画宽度可变（按比例调整空间）及不带有衬线字体，如 MS Sans Serif

这些值的具体含义可以参考 Visual C++中关于结构 LOGFONT 的文档。字符间距和字体族可以使用逻辑或（OR）运算符来进行组合。

lfFaceName：一个指定以 NULL 结尾的字符串的指针，它指定所用的字体名。该字符串的长度不能超过 32 个字符，如果 lfFaceName 为 NULL，图形设备接口将使用默认的字体名。

3．NMHDR 结构

在使用控件的通知消息 WM_NOTIFY 时，在该消息的 wParam 中含有控件的 ID，lParam 中则有一个指针，这个指针指向一个结构，这个结构通常为 NMHDR 结构或一个以 NMHDR 结构作为第一个成员的扩充结构，控件通过 NMHDR 结构或其扩充结构可以传递附加数据。

由于 NMHDR 结构是扩充结构的第一个成员，因此 lParam 中的指针既可以认为是指向 NMHDR 结构的，也可以认为是指向包含 NMHDR 结构的扩充结构的。

NMHDR 结构定义如下。

```
typedef struct tagNMHDR {
HWND hwndFrom;
UINT idFrom;
UINT code;
} NMHDR;
```

各成员的含义如下。

hwndFrom：控件窗口的句柄。

idFrom：控件的 ID。

code：控件的通知消息码。

4. TV_ITEM 结构

TV_ITEM 结构用来存放树控件中项目的内容和属性，它的定义如下。

```
Typedef struct _TV_ITEM
{
  UINT              mask;
  HTREEITEM         hitem;
  UINT              state;
  UINT              stateMask;
  LPSTR             pszText;
  INT               cchTextMax;
  INT               iImage;
  INT               iSelectedImage;
  INT               cChildren;
  LPARAM            lParam;
} TV_ITEM, *LPTVITEM;
```

各成员的含义如下。

mask：包含一些屏蔽位的组合，用来表明结构的哪些成员有效，可参见表 C−8 中的说明。

表 C−8　mask 屏蔽位及意义

状　态	含　义
TVIF_HANDLE	hItem 成员有效
TVIF_STATE	State 和 stateMask 成员有效
TVIF_TEXT	pszText 和 cchTextMax 成员有效
TVIF_IMAGE	iImage 成员有效
TVIF_SELECTEDIMAGE	iSelectedImage 成员有效
TVIF_CHILDREN	cChildren 成员有效
TVIF_PARAM	lParam 成员有效

hItem：项目的句柄。

state：项目的状态。

stateMask：项目状态的屏蔽组合。

常用项目状态及屏蔽位如表 C−9 所示。

表 C−9　常用项目状态及屏蔽组合

状态及屏蔽位	含　义
TVIS_SELECTED	项被选中
TVIS_EXPANDED	项的子项被展开
TVIS_EXPANDEDONCE	项的子项曾经被展开过
TVIS_CUT	项被选择用来进行剪切和粘贴操作
TVIS_FOCUSED	项具有输入焦点
TVIS_DROPHILITED	项成为拖动操作的目标

pszText：项目的标题正文。

cchTextMax：正文缓冲区的大小。

iImage：项目的图像索引。

iSelectedImage：选中项目的图像索引。

cChildren：表明项目是否有子项，为 1 则有，为 0 则没有。

lParam：一个 32 位的附加数据。

5．TV_INSERTSTRUCT 结构

TV_INSERTSTRUCT 结构用来表示树控件中项目在树中的位置，通常在向树形视图中插入新项时要用到该结构，它的定义如下。

```
typedef struct _TV_INSERTSTRUCT
{
    HTREEITEM    hParent;
    HTREEITEM    hInsertAfter
    TV_ITEM      item;
} TV_INSERTSTRUCT, *LPTVINSERTSTRUCT;
```

各成员的含义如下。

hParent：父项目的句柄，如果为 TVI_ROOT 或 NULL，则项目在树视图控件的根部。

hInsertAfter：可以为项目句柄，表示在此项目之后插入新项目，若取值为 TVI_FIRST、TVI_LAST 或 TVI_SORT，分别表示将新项插入到同一层中的开头、最后或排序插入。

item：为 TV_ITEM 结构，保存项目的详细信息。

6．NM_TREEVIEW 结构

树控件的大部分通知消息都会附带指向 NM_TREEVIEW 结构的指针以提供一些必要的信息，该结构的定义如下。

```
typedef struct _NM_TREEVIEW {
NMHDR hdr;
UINT action;
TV_ITEM itemOld;
TV_ITEM itemNew;
POINT ptDrag;
} NM_TREEVIEW , *LPNMTREEVIEWW;
```

各成员的含义如下。

hdr：标准的 NMHDR 结构。

action：表明是用户的什么行为触发了该通知消息。

itemOld：旧项的信息。

itemNew：新项的信息。

ptDrag：事件发生时鼠标的客户区坐标。

7．TV_KEYDOWN 结构

用于树控件通知消息，TV_KEYDOWN 结构提供与键盘事件有关的信息，该结构的定义如下。

```
typedef struct tagTVKEYDOWN {
NMHDR hdr;
WORD wVKey;
UINT flags;
} TV_KEYDOWN, *LPNMTVKEYDOWN;
```

各成员的含义如下。

hdr：标准的 NMHDR 结构。

wVKey：虚拟键盘码。

flags：通常为 0。

8．TV_DISPINFO 结构

用于树控件通知消息，TV_DISPINFO 结构提供与树控件项目的显示有关的信息，该结构的定义如下。

```
typedef struct _TV_DISPINFO {
NMHDR hdr;
TV_ITEM item;
} TV_DISPINFO , *LPNMTVDISPINFOW;
```

各成员的含义如下。

hdr：标准的 NMHDR 结构。

item：为 TV_ITEM 结构，保存项目的详细信息。

9．LV_COLUMN 结构

LV_COLUMN 结构仅用于报告式列表视图，用来描述项的某一列。要想向表项中插入新的一列，需要用到该结构。LV_COLUMN 结构的定义如下。

```
typedef struct _LV_COLUMN {
UINT mask;
int fmt;
int cx;
LPTSTR pszText;
int cchTextMax;
int iSubItem;
int iImage;
int iOrder;
} LV_COLUMN, *LPLVCOLUM;
```

各成员的含义如下。

mask：屏蔽位的组合，表明哪些成员是有效的，参见表 C-10 中的说明。

表 C-10　mask 屏蔽位及意义

状　态	含　义
LVCF_FMT	fmt 成员有效
LVCF_FMT	cx 成员有效
LVCF_TEXT	pszText 和 cchTextMax 成员有效
LVCF_SUBITEM	iSubItem 成员有效
LVCF_IMAGE	iImage 成员有效
LVCF_ORDER	iOrder 成员有效

fmt：该列的表头和子项的标题显示格式。可以是 LVCFMT_CENTER、LVCFMT_LEFT 或 LVCFMT_RIGHT。

cx：以像素为单位的列的宽度。

pszText：指向存放列表头标题正文的缓冲区。

cchTextMax：标题正文缓冲区的长度。

iSubItem：说明该列的索引。

int iImage：说明该列包含的图像索引。

int iOrder：说明该列的显示位置。

10．LV_ITEM 结构

LV_ITEM 结构用来描述一个表项或子项，它包含了项的各种属性，其定义如下。

```
typedef struct _LV_ITEM {
UINT mask;
int iItem;
int iSubItem;
UINT state;
UINT stateMask;
LPTSTR pszText;
int cchTextMax;
int iImage;
LPARAM lParam;
int iIndent;
int iGroupId;
UINT cColumns; // tile view columns
PUINT puColumns;
} LV_ITEM，, *LPLVITEM;
```

各成员的含义如下。

mask：屏蔽位的组合，表明哪些成员是有效的，参见表 C-11 中的说明。

表 C-11　mask 屏蔽位及意义

状　态	含　义
LVIF_STATE	State 和 stateMask 成员有效
LVIF_TEXT	pszText 和 cchTextMax 成员有效
LVIF_IMAGE	iImage x 成员有效
LVIF_PARAM	lParam 成员有效
LVIF_INDENT	iIndent 成员有效
LVIF_GROUPID	iGroupId 成员有效
LVIF_COLUMNS	cColumns 成员有效

iItem：从 0 开始编号的表项索引（行索引）。

iSubItem：从 1 开始编号的子项索引（列索引），若值为 0，则说明该成员无效，结构描述的是一个项而不是子项。

state：项的状态。

stateMask：项的状态屏蔽。

常用项目状态及屏蔽位如表 C-12 所示。